高等职业教育土建类"十四五"系列教材

U0641648

地基与基础

DIJI

YU JICHU

主 编　李少和　林群仙　吴早生

副主编　李邵洋　周何铤　戴俊辉

　　　　石旻飞

课件PPT

华中科技大学出版社

http://press.hust.edu.cn

中国·武汉

图书在版编目(CIP)数据

地基与基础 / 李少和，林群仙，吴早生主编. -- 武汉：华中科技大学出版社，2025. 1. -- ISBN 978-7-5772-1641-6

Ⅰ. TU47

中国国家版本馆 CIP 数据核字第 2025NZ7464 号

地基与基础
Diji yu Jichu

李少和　　林群仙　　吴早生　主编

策划编辑：康　序
责任编辑：刘艳花
封面设计：岸　壳
责任校对：李　弋
责任监印：曾　婷

出版发行：华中科技大学出版社(中国·武汉)　　　电话：(027)81321913
　　　　　武汉市东湖新技术开发区华工科技园　　　邮编：430223
录　　排：武汉三月禾文化传播有限公司
印　　刷：武汉市洪林印务有限公司
开　　本：787mm×1092mm　1/16
印　　张：19.5
字　　数：496 千字
版　　次：2025 年 1 月第 1 版第 1 次印刷
定　　价：58.00 元

地基与基础作为支撑起万丈高楼的基石，其重要性不言而喻。随着时代的进步与科技的飞速发展，建筑领域对地基与基础的要求日益提高，不仅要求其承载能力强、稳定性好，还要求其兼顾经济性、环保性和可持续性。正是在这样的背景下，本书应运而生，旨在为读者提供一本全面、系统、深入的学习与参考指南。

本书根据专业教学标准对课程主要教学内容的要求，针对施工一线岗位工作需求，突出知识应用能力的培养，依据现行国家标准、行业标准编写而成。本书内容系统、全面、实用性强，注重新技术、新工艺的引入，力求为地基与基础施工提供理论与技能支持。本书包括土力学、基础工程两部分内容，突出基本概念与实用计算方法。全书共分为9个学习情境，包括土的物理性质与工程分类、土中应力计算、土的压缩与地基变形计算、土的抗剪强度与地基承载力、土压力与土坡稳定、岩土工程勘察、天然地基上的浅基础设计、桩基础及其他深基础、地基处理。各学习情境开始设有单元导读和知识链接，最后设有知识拓展、学习资源以及小结。学习资源中采用嵌入二维码的形式配置了相关数字资源，主要包括重难点知识、思考题、习题等。书中积极响应党的二十大精神，展示或引导读者挖掘与本课程相关的思政元素。针对课程内容，我们力求通过深入浅出的讲解使读者能够掌握地基与基础的核心理论与关键技术，同时了解国内外最新的研究成果与发展趋势；在本书编写过程中，我们广泛参考了国内外相关领域的经典著作、最新研究成果以及工程实践案例，力求做到内容全面、准确、实用。同时，我们也注重理论与实践相结合，通过案例分析、图表说明等方式帮助读者更好地理解理论知识，将其应用于实际工作中。

本书不仅可以作为土木工程、建筑工程、地质工程等相关专业师生的教材或参考书，也适合从事地基与基础工程设计、施工、监理及科研工作的专业技术人员阅读。我们相信，通过本书的学习，读者能够提升自己在地基与基础工程领域的专业素养和实践能力，为推动我国建筑事业的蓬勃发展贡献自己的力量。

本书由浙江工业职业技术学院李少和、林群仙和华汇工程设计集团股份有限公司吴早生担任主编，由浙江工业职业技术学院李邵洋、周何链、戴俊辉、石旻

飞担任副主编。编写分工如下:李少和编写绪论和第一部分的学习情境 1、2;林群仙编写第一部分的学习情境 4、5;吴早生编写第一部分的学习情境 6 和第二部分的学习情境 9;戴俊辉、李邵洋编写第一部分的学习情境 3;周何铤、石旻飞编写第二部分的学习情境 7、8。

最后,我们要感谢所有为本书编写提供支持和帮助的专家、学者及同行们。没有你们的辛勤付出和无私奉献,就没有本书的顺利出版。同时,我们也期待广大读者能够提出宝贵的意见和建议,以便我们在未来的修订和完善中不断进步。

为了方便教学,本书还配有电子课件等资料,任课教师可以发邮件至 husttujian@163.com 索取。

让我们携手共进,在地基与基础的广阔天地中不断探索、创新、前行!

编者
2024 年 08 月

目录 Contents

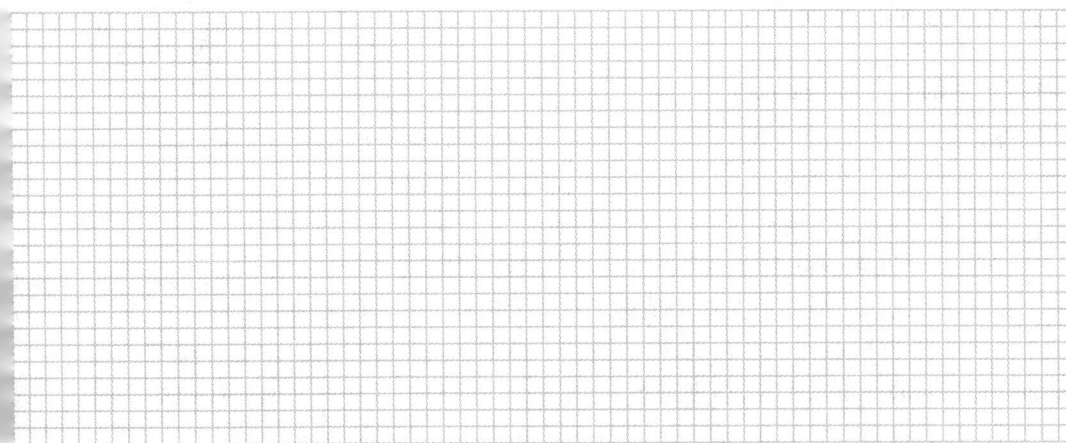

单元导读

基本要求

通过本单元的学习，要求掌握土、土力学、地基、基础的基本概念；熟悉持力层、下卧层、软弱下卧层的概念，熟悉地基与基础的重要性和地基与基础设计的基本要求；熟悉本课程的内容和学习要求；了解天然地基与人工地基、地基与基础的发展历史。

重点

地基、基础的概念与分类。

难点

地基与基础设计的基本要求。

思政元素

本课程融入的思政内容主要包括：① 鲁班工匠精神；② 质量与安全意识；③ 工程法规意识；④ 专业伦理意识；⑤ 工程创新意识。

建筑地基与基础阶段减碳节能意识：① 低碳设计；② 绿色施工；③ 能耗分析；④ 专项降碳节能方案。

知识链接

土，地之吐生物者也。"二"象地之上、地之中；"丨"物出形也。凡土之属皆从土。这是《说文解字》对土的解说。换为白话版就是：土，大地用以吐生万物的介质；上下两横"二"像地之下、地之中，中间一竖"丨"像植物从地面长出的样子。所有与土相关的字，都采用"土"作偏旁。土包括地上部分、表土层、地下部分和底土层四个层次。土地系指由地形、水文、局地气候、岩石圈的上层、土壤和生物有机体等相互作用组成的自然地域综合体，是地球表层历史发展的产物。

一、地基与基础课程简介

1. 课程研究的对象与内容

地球表面的大块岩体经自然界风化、侵蚀、搬运、沉积等地质作用形成松散的堆积物或沉淀物，在建筑工程中称为土。土是各种矿物颗粒的集合

绪论

体。土是自然界的产物，与其他建筑材料相比，在质地、强度等诸多方面存在较大差异，特别是在含水率很高的情况下，其压缩性很大、承受荷载的能力很低。

由于土的形成年代、生成环境及矿物成分不同，所以其性质也是复杂多样的。例如，沿海及内陆地区的软土，华北、东北及西北地区的黄土，分布在全国各地区的黏土、膨胀土和杂填土等，都具有不同的性质。因此，在进行建筑物设计之前，必须对建筑场地进行勘察，撰写工程地质报告，然后根据上部荷载、桥梁涵洞和房屋使用及构造上的要求，采用一些必要的措施，使地基变形不超过其允许值，并保证建筑物和构筑物是稳定的。

任何建筑物都支承于地层上,受建筑物荷载影响的那一部分地层称为地基。建筑物的下部通常要埋入地下一定的深度,使之坐落在较好的地层上,建筑物向地基传递荷载的下部结构称为基础。建筑物的地基与基础示意图如图 0-1 所示。

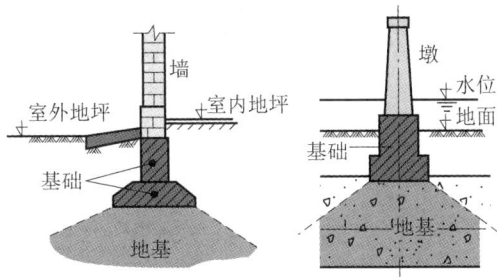

图 0-1　建筑物的地基与基础示意图

未经人工处理的地基称为天然地基。如果天然地基软弱,其承载力及变形不能满足设计要求,则要对地基进行加固处理,这种地基称为人工地基(如采用机械压实、强力夯实、换土垫层、排水固结等方法处理过的地基)。

基础根据埋深不同可分为浅基础和深基础。对一般房屋的基础,如果土质较好,则埋深通常不大(1~5 m),可用简便的方法开挖基坑和排水,这类基础称为浅基础。如果建筑物荷载较大或下部地层较软弱,则需要把基础埋置于深处的地层,要采用特殊的基础类型或特殊的施工方法,这种基础称为深基础(如桩基础、沉井、地下连续墙等)。

地基与基础这门课程包括土力学及基础工程两部分。土力学是利用力学的一般原理,以土为研究对象,研究土的特性及其受力后应力、变形、渗透、强度和稳定性随时间变化规律的学科。它是力学的一个分支,是为解决建筑物的地基基础、土工建筑物和地下结构物的工程问题服务的。基础工程主要研究常见的房屋、桥梁、涵洞等地基基础的类型、设计计算和施工方法。

建筑物的地基、基础和上部结构三部分虽然功能及研究方法不同,但对一个建筑物来说,在荷载作用下,三者都是相互联系、相互制约的整体。目前,尽管受人们对建筑物的研究程度及计算方法限制,要把三者完全统一起来进行设计计算尚有困难,但在解决地基基础问题时,从地基、基础、上部结构相互作用的整体概念出发,全面考虑问题,是建筑物设计的发展方向。

时至今日,在土建、水利、桥隧、道路、港口、海洋等有关工程中,以岩土体的利用、改造与整治问题为研究对象的科技领域,因其区别于结构工程的特殊性和各专业岩土问题的共同性,已融合为一个自成体系的新专业——"岩土工程"(Geotechnical Engineering)。它的工作方法是调查勘察、试验测定、分析计算、方案论证、监测控制、反演分析、修改方案;它的研究方法是以三种相辅相成的基本手段综合而成的,即数学模拟(建立岩土力学模型进行数值分析)、物理模拟(定性的模型试验,以离心机中的模型进行定量测试和其他物理模拟试验)和原位观测(对工程实体或建筑物的形状进行短期或长期观测)。我国的地基与基础科学技术作为岩土工程的一个重要组成部分,遵循现代岩土工程的工作方法和研究方法,阔步进入21 世纪,为我国的现代化建设作出了贡献。

2.地基基础问题的重要性

地基与基础是建筑物的重要组成部分,又属于地下隐蔽工程,因此它的质量好坏关系到建筑物的安全、经济和正常使用。由于基础工程在地下或水下进行,施工难度较大,造价、工期和劳动消耗量在整个工程中占的比重均较大。根据建筑物复杂程度和设计功能,基础工程费用在建筑物总造价中所占的比重变幅很大,其工期可占总工期的 1/4 以上。如果采用人工地基或深基础,则工期和造价所占的比例更大。实践证明,建筑物事故发生的原因大多与地基基础有关,并且地基基础一旦发生事故将不易补救。随着高层建筑物的兴起,深基础工程增多,这对地基基础的设计与施工提出了更高的要求。

建于 1941 年的加拿大特朗斯康谷仓由 65 个圆柱形筒仓组成,高 31 m,宽 23 m,其下为片筏基础。由于事前不了解其基础下埋藏厚达 16 m 的软黏土层,建成后初次贮存谷物时,基底压力超过了地基承载力,致使谷仓一侧突然陷入土中 8.8 m,另一侧抬高 1.5 m,仓身倾斜将近 27°,如图 0-2 所示。这是地基发生整体滑动、建筑物失稳的典型例子。由于该谷仓整体性较强,谷仓完好无损,事后在其基础下做了 70 多个支承于基岩上的混凝土墩,用 388 个 500 kN 的千斤顶才将仓体扶正,但其标高比原来降低了约 4 m。

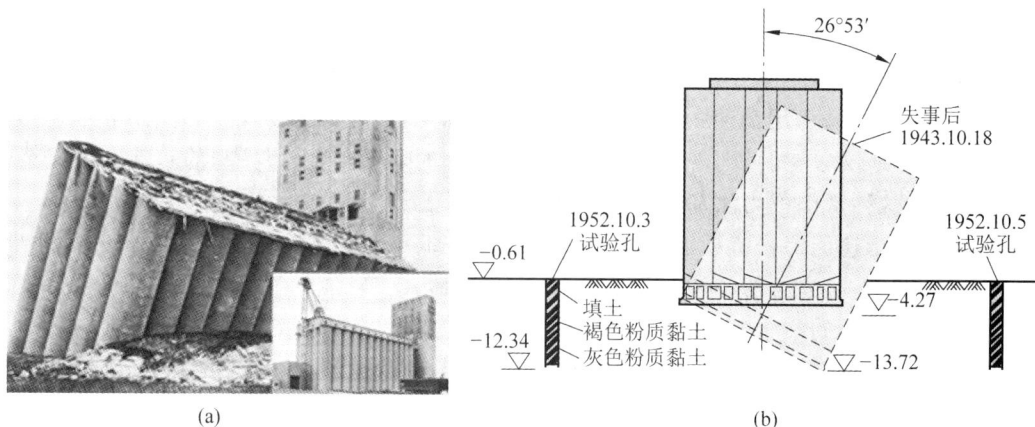

图 0-2 加拿大特朗斯康谷仓的地基事故

建于 1954 年的上海工业展览馆中央大厅总重约 10000 t,采用平面尺寸为 45 m×45 m 的两层箱形基础,地基为厚约 14 m 的淤泥质软黏土,建成后当年就下沉约 0.6 m,目前墙面由于不均匀沉降产生了较大裂缝。

1173 年兴建的意大利比萨斜塔如图 0-3 所示,建至 24 m 时发现倾斜,被迫停工。100 年后继续建至塔顶(高约 55 m)。至今塔身一侧下沉了约 1 m,另一侧下沉了约 3 m,倾斜约 5.8°。1932 年,塔基灌注了 1000 t 水泥,效果仍然不明显。在以后的数十年里该塔仍以每年 11 mm 的速度下沉,意大利当局被迫于 1990 年关闭斜塔,此后组成的专家组对斜塔进行了历时十多年的应力解除并辅以配重矫正,并声称比萨斜塔至少可以再良好地保持 300 年。

2009 年 6 月 27 日清晨 5 时 30 分左右,上海闵行区莲花南路、罗阳路口西侧"莲花河畔景苑"小区,一栋在建的 13 层住宅楼全部倒塌(见图 0-4(a)),造成一名工人死亡。庆幸的是倒塌的高楼尚未竣工交付使用,所以事故并没有酿成居民伤亡事故。该栋楼整体朝南侧倒下,13 层的楼房在倒塌中并未完全粉碎,但是楼房底部原本应深入地下的数十根混凝土管桩被"整齐"地折断后裸露在外(见图 0-4(b)),非常触目惊心。调查结果显示,倾覆的主要原因是楼房北侧在短期内堆土高达 10 m,南侧正在开挖 4.6 m 深的地下车库基坑,大楼两侧的压力差使土体产生水平位移,过大的水平力超过了桩基的抗侧冲切能力,导致房屋倾倒(摘自东方网、东方早报),如图 0-4(c)所示。

图 0-3　意大利比萨斜塔

(a) 楼倒塌事故现场　　　　　　　　　(b) 楼倒塌事故现场

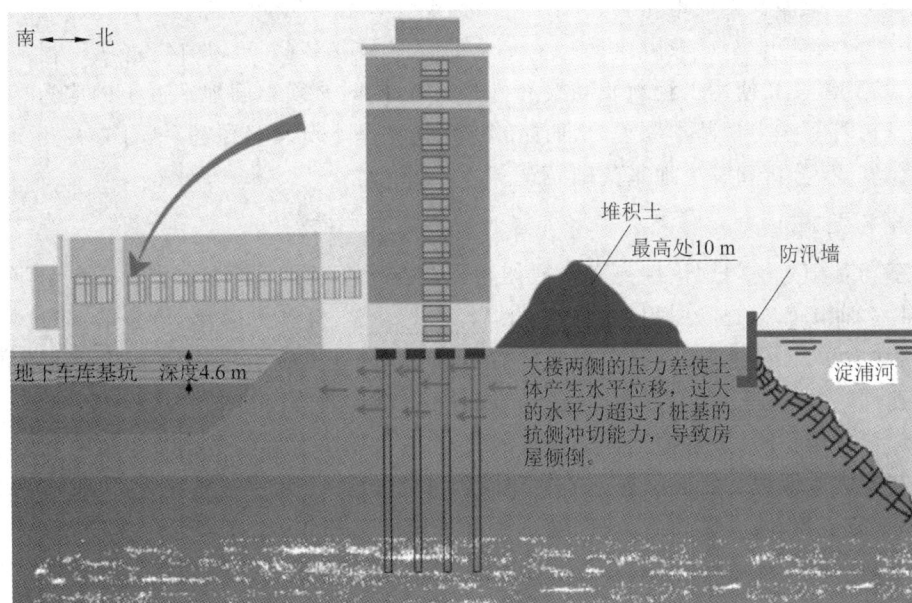

南 ←→ 北

堆积土
最高处 10 m

防汛墙

地下车库基坑　深度4.6 m

大楼两侧的压力差使土体产生水平位移,过大的水平力超过了桩基的抗侧冲切能力,导致房屋倾倒。

淀浦河

(c) 楼倒塌原因分析模拟示意图

图 0-4　上海"莲花河畔景苑"小区 13 层住宅楼倒塌事故

以上工程实例说明,在建筑物地基基础设计中建筑物必须遵守以下规则。

(1)应满足地基强度要求。

(2)地基变形应在允许范围之内。这就要求工程技术人员熟练掌握土力学与地基基础的基本原理和主要概念,结合建筑场地及建筑物的结构特点,因地制宜地进行设计和必要的验算。

(3)需要指出的是对于土工建筑物、水工建筑物地基,或其他挡土挡水结构,除了在荷载作用下土体要满足前述的稳定和变形要求外,还要研究渗流对土体变形和稳定的影响。

二、课程学习要求

由课程研究对象和内容得知土力学是以土为研究对象的。土不同于一般固体材料,它是由固体颗粒、土中水和气体组成。土颗粒构成土的骨架,土中孔隙由气体和液体填充,所以称土体为三相体系。

土体的强度一般比土粒强度小得多,这就决定了土的松散性。其成因类型和空间分布情况构成土的多样性。与连续介质相比,土体更具复杂性,并且受外界环境影响更大,如在温度、湿度、压力、水流、振动等环境影响下,其性质会显著变化,从而体现出土的易变性,人们正是充分认识到土体的这一特性,按土质变化的规律,能动地改善土体性质,使建筑物能够适应这种变化的规律,安全、正常使用。现有的土力学理论还很难准确地模拟天然土层在荷载作用下所显现出来的力学性质。土的上述特点决定了土力学研究工作的复杂性和广泛性。所以,土力学虽然是指导人们进行地基基础设计的重要理论依据,但还应通过试验、实测并根据实践经验进行综合分析,才能获得比较满意的结果。只有通过这种理论与实践的反复比较,才能逐步提高对理论的认识,从而不断增强解决地基基础问题的能力。

地基与基础涉及工程地质学、土力学、结构设计和施工几个学科领域,内容广泛、综合性强,学习时应该突出重点、兼顾全面。从专业的学习要求出发,学习时应重视工程地质的基本知识,培养阅读和使用工程地质勘察资料的能力,同时必须牢固地掌握土的应力、变形、强度和地基计算等土力学基本原理,从而能够应用这些基本概念和原理,结合有关建筑结构理论和施工知识,分析和解决地基基础问题。

1. 学习要求

地基与基础是一门理论性与实践性均较强的技术基础课,是联系基础课和专业课的桥梁。它以多种课程为先修课程,如物理、化学、理论力学、材料力学、结构力学、建筑材料、弹性理论、水力学、工程地质、钢筋混凝土及砖石结构等。它的后续课程是土木工程各相关专业的专业课,如房屋建筑学、钢结构、建筑施工技术、建筑抗震等。

在学习本课程时,要掌握土力学的基本理论,学会解决实际问题的基本方法和培养基本技能。在学完本课程之后应掌握土的物理性质研究方法;会计算土体应力,了解应力分布规律;掌握土的渗流理论、压缩理论、固结理论及有效应力原理,以及应力历史的概念,能熟练地进行地基沉降和固结计算;掌握土的强度理论及其应用,进行土压力计算、土坡稳定演算,确定地基承载力。要结合理论学习培养进行各种物理力学试验的技能,通过试验深化理论学习,理解和掌握计算参数的方法。

本课程内容的广泛性还体现在土力学学科应用的广泛性上,它可应用于土木建筑、道路桥梁、交通运输、冶金、能源、国防等方面,凡是有关土木工程的行业,建筑物都需建在地基上,从事这些行业的设计和施工人员都需具备坚实的土力学基础知识。

2. 研究方法的特殊性

土力学的研究方法与其他学科一样,具有共同性,但是也有自己的特殊性,表现在以下几方面。

(1)土力学需研究和解决工程中的三个基础性问题。一是土体稳定问题,这就要研究土体中的应力和强度,例如地基的稳定、土坝的稳定等。二是土体变形问题,即使土体具有足够的强度能保证自身稳定,然而土体的变形尤其是沉降(竖向变形)和不均匀沉降不应超过建筑物的允许值。三是对于基坑工程、水工建筑物地基,或其他挡土挡水结构,除了在荷载作用下土体要满足前述的稳定和变形要求外,还要研究渗流对土体变形和稳定的影响。但是,到目前为止,对于同一问题的研究,常常出现不同的模型假设和相应的各种理论方法,它们的解答结果往往相差很大。只有在生产和科学研究水平不断提高的过程中,上述矛盾才能逐步得到解决,使土力学的理论日益接近于土的客观实际。目前应用这些理论时,必须注意其应用场合和条件,结合一定的模型试验和工程经验加以比较分析。对待土力学的发展过程应当采用现实的态度,一方面承认原有理论的不足和待改进之处,另一方面也承认它们在当前条件下对生产实践的应用价值。

(2)土力学理论通常使用一些土的物理力学指标和参数。确定这些指标和参数的数值对理论解答的影响往往大于理论本身的精确性。因此,必须对这些指标和参数的概念有正确的理解,使所采用的试验方法和仪器都符合这些概念的要求。同时,还要弄清这些指标和参数被视为常数时所需的条件和范围,如果超出这个范围,就应当按因果关系考虑它们的变化。

(3)土力学中的公式和方法绝大部分都是半理论半经验性的混合产物,纯理论或纯经验的方法不多。我国土地辽阔,自然地理环境不同,分布着多种不同的土类,如软弱土、湿陷性黄土、膨胀土、多年冻土和红黏土等。天然地层的性质和分布因地而异,即使在较小的范围内,也可能有很大的变化,因此不像其他建筑材料一样,有统一的规格可供查阅。每一建筑场地都必须进行地基勘察,采取原状试样进行土工测试,以其试验结果作为地基基础设计的依据。在学习本课程时,要紧紧抓住研究对象复杂多变的特点,根据不同地区、不同地点土的特点,合理选用勘察和室内试验乃至原位测试方法,正确选用有关指标和参数,不断完善理论公式,既重视所运用的基础理论,又重视工程实践,做到理论和实践相结合是学好本课程的关键。

知识拓展

鲁班工匠精神

鲁班(前507—前444年),生活在春秋末期到战国初期,出身于世代工匠的家庭,从小就跟随家人参加过许多土木建筑工程劳动,逐渐掌握了生产劳动的技能,积累了丰富的实践经验。公元前450年,他从鲁国来到楚国,为楚国的军事和民用工程作出了重要贡献。他曾创制云梯等攻城器械,准备用于攻打宋国,但被墨子劝说阻止。墨子主张"非攻",反对战争。鲁班为楚国制造了许多建筑和生产工具,推动了工程技术的发展。

鲁班很注意对客观事物的观察、研究,他善于从自然现象中获得灵感,并结合当时的生产实践和技术水平,致力于发明创造。一次攀山时,手指被一棵小草划破,他摘下小草仔细察看,发现草叶两边全是排列均匀的小齿,于是结合当时已有的金属加工技术,发明了锯子,大大提高了伐木效率。他还受到小鸟飞翔的启发,尝试用竹木制作飞行模型,虽然未能实现长时间飞行,但体现了他对飞行原理的探索精神。经过反复研究和改进,他的模型在空中飞行的时间逐渐延长,展现了他精益求精的工匠精神。

鲁班还是一位高明的机械发明家。他制造的锁,机关隐藏在内部,外面不露痕迹,必须借助合适的钥匙才能打开。这些发明充分展现了他在机械设计方面的高超技艺。

鲁班一生注重实践,善于动脑,在建筑、机械等领域作出了巨大贡献。他能够建造"宫室台榭"等大型建筑,还发明了许多实用的工具和器械。除了制作出攻城用的"云梯"、舟战用的"钩强",他还创制了"机关备制"的木马车。此外,鲁班发明了曲尺、墨斗、刨子、凿子等木工工具,以及磨、碾、锁等生产和生活设备。这些发明不仅体现了古代劳动人民的智慧,也蕴含了朴素的物理科学原理,极大地提高了劳动效率,改善了工匠们的劳动条件,使土木工艺呈现出崭新的面貌。

由于鲁班的成就突出,他一直被建筑、木工等多个行业的工匠尊称为"祖师",成为中国古代工匠精神的象征。鲁班被视为技艺高超的工匠典范,被尊为木工工程的开山鼻祖。2000多年来,人们为了表达对他的热爱和敬仰,将许多古代劳动人民的集体创造和发明都归功于他。因此,有关他的发明和创造的故事实际上是我国古代劳动人民发明创造的生动体现。鲁班的名字已经成为古代劳动人民勤劳与智慧的象征,集中体现了实践精神、工程创新和精益求精的工匠精神。

小　结

(1) 由于地基与基础属于隐蔽工程,其勘察、设计和施工质量直接影响建筑物的安全,一旦发生质量事故,其补救和处理往往比上部结构困难得多,有时甚至是不可能的,因此,必须重视地基与基础在整个建筑物中的地位。

(2) 由于地基与基础是一门理论性和实践性均较强的专业基础课,其内容广泛、综合性强。因此,要求学生熟悉本课程各章节内容,掌握正确的学习方法,不断提高分析和解决地基与基础工程中实际问题的能力。

第一部分

土力学

TULIXUE

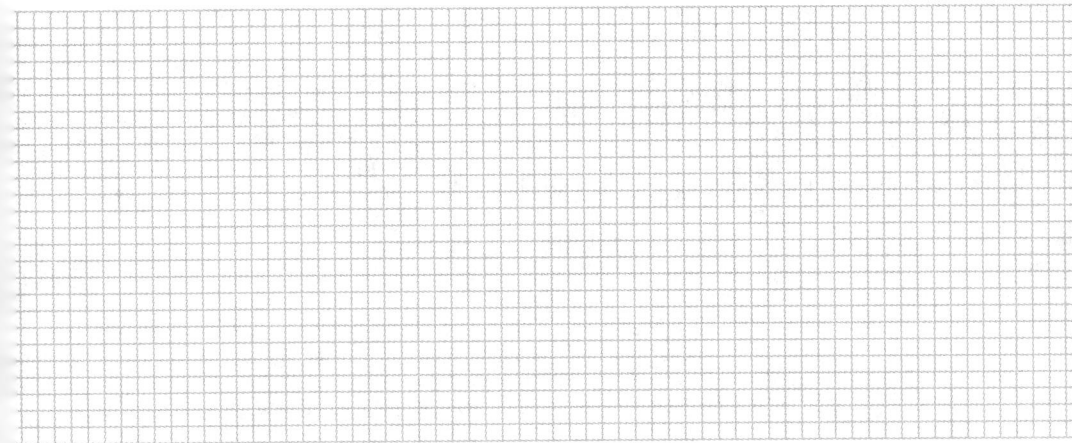

学习情境 1
土的物理性质与工程分类

单元导读

将土体作为一种力学材料,用力学的基本原理和土工测试技术来研究土的物理性质,以及所受外力发生变化时土的应力、变形、强度和渗透等特性及其规律,是土力学的根本任务。因此,讨论土这种力学材料的基本物理性质与工程分类便成为学习后续知识的基础。本单元将介绍土的生成和演变,土的物质组成及其结构与构造,土的物理性质及土的压实性和渗透性,并在此基础上介绍土的工程分类,为后续单元打下基础。

基本要求

通过本单元学习,应能够绘制土颗粒的级配曲线,并能够评价土的工程性质;熟练掌握土的三相比例指标的定义和计算;熟悉黏性土和无黏性土的各自特点,利用各种指标对它们的性质进行描述;了解土的成因,以及土中矿物成分、土中水、土的结构对土的工程性质的影响;了解土的分类原则。

重点

土的物理性质及状态指标;黏性土和无黏性土的物理性质;土的压实性;土的工程分类。

难点

土的三相比例指标定义及换算。

思政元素

① 专业认同感、专业自信心;② 家国情怀、使命担当。

在漫长的地质历史进程中,岩土在不停变化,或是缓慢固结,或是逐渐风化。浑浊的泥浆状的水流到江河下游,由于泥砂沉积固结,逐渐成为洪积土和沉积土,由液相变成固相;在漫长的地质年代过程中,它又被压缩、固化成沉积岩;岩石暴露于地表,经过风、雨、冰、霜的风化作用,通过"微风化—中风化—强风化"变成残积土;其后在风、水、重力的作用下,被搬运沉积,经历一个循环。岩与土之间的互相转化是一个漫长的生命过程,从这个意义上讲,岩土是有生命的。

任务1　土的物理性质

一、土的基本特征

土是岩石经风化、剥蚀、搬运、沉积所形成的产物。不同类型土的矿物成分和颗粒存在很大的差异,颗粒、水和气体的相对比例也各不相同。

土体的物理性质,如轻重、软硬、干湿、松密等在一定程度上决定了土的力学性质,它是土的最基本的特征。土的物理性质由三相物质的性质、相对含量及土的结构构造等因素决定。在工程设计中,必须掌握这些物理性质的测定方法和指标间存在的换算关系,能够熟练地按有关特征及指标对地基土进行工程分类,初步判定土体的工程性质。

二、土的形成

构成天然地基的物质是地壳外表的土和岩石。地壳厚度一般为 $30\sim80$ km,地壳以下存在高温、高压的复杂硅酸盐熔融体,即人们所说的岩浆。岩

土的形成

浆活动可使岩浆沿着地壳薄弱地带进入地壳或喷出地表,岩浆冷凝后生成的岩石称为岩浆岩。在地壳运动和岩浆活动的过程中,原来生成的各种岩石在高温、高压及挥发性物质的变质作用下,生成另外一种新的岩石,称为变质岩。地壳表层的岩石长期受自然界的空气、水、温度、周围环境及各种生物的共同作用,发生风化,使大块岩体不断地破碎与分解,产生新的产物——碎屑。这些风化产物在山洪、河流、海浪、冰川或风力作用下,被剥蚀、搬运到大陆低洼处或在海洋底部沉积。在漫长的地质年代中,沉积物越来越厚,在上覆压力和胶结物质的共同作用下,最初沉积的松散碎屑逐渐被压密、脱水、胶结、硬化(钙化),生成一种新的岩石,称为沉积岩。在上述过程中,未经成岩过程而形成的沉积物即是通常所说的大小、形状和成分都不相同的集合体——土。

风化分为物理风化和化学风化两种。长期暴露在大气中的岩石,受到温度、湿度变化的影响,体积经常发生膨胀、收缩,从而逐渐崩解、破裂为大小和形状各异的碎块,这个过程称为物理风化。物理风化的过程仅限体积大小和形状的改变,而不改变颗粒的矿物成分。其

产物保留了原来岩石的性质和成分,称为原生矿物,如石英、长石和云母等。砂、砾石和其他粗颗粒土(即无黏性土)就是物理风化的产物。如果原生矿物与周围的氧气、二氧化碳、水等接触,并受到有机物、微生物的作用,发生化学变化,产生与原来岩石颗粒成分不同的次生矿物,这个过程称为化学风化。化学风化所形成的细粒土颗粒之间具有黏结能力,该产物为黏土矿物,如蒙脱石、伊利石和高岭石等,通常称为黏性土。自然界中这两种风化过程是同时或相互交替进行的。由此可见,原生矿物与次生矿物是堆积在一起的,这就是我们所见到的性质复杂的土。

土由于不同的成因而具有各异的工程地质特征,下面简单介绍土的几种主要类型。

1. 残积土

残积土是残留在原地未被搬运的那一部分原岩风化剥蚀后的产物(见图 1-1)。未被搬运的颗粒棱角分明。残积土与基岩之间没有明显的界线,分布规律一般为上部残积土、中部风化带、下部新鲜基岩。残积土中残留碎屑的矿物成分在很大程度上和下卧基岩一致,根据这个道理也可推测下卧岩层的种类。由于残积土没有层理构造,土的物理性质相差较大,且有较大的孔隙,所以残积土作为建筑地基容易引起不均匀沉降。

2. 坡积土

坡积土是由于自身重力或暂时性水流(雨水或雪水)的作用,将高处岩石风化产物缓慢冲刷、剥蚀,顺着斜坡向下逐渐移动至较平缓的山坡上形成的沉积物。它分布于坡腰至坡脚,上部与残积土相接,基岩的倾斜程度决定了坡积土的倾斜度(见图 1-2)。坡积土随斜坡自上而下呈现水力分选现象,但层理不明显,其矿物成分与下卧基岩无直接关系,这一点与残积土不同。

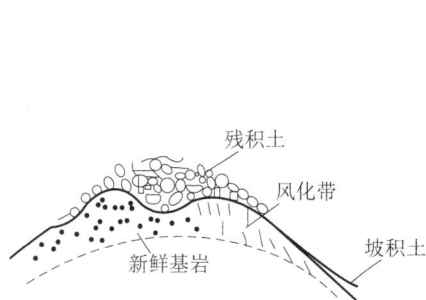

图 1-1　残积土示意图

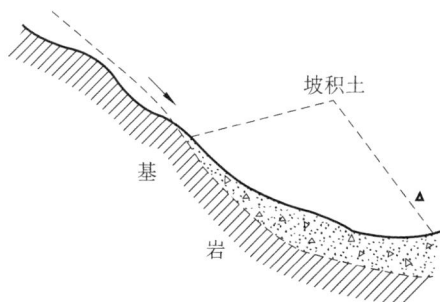

图 1-2　坡积土示意图

坡积土由于在山坡形成,故常发生沿下卧基岩斜面滑动的现象。组成坡积土的颗粒粗细混杂,土质不均匀,厚度变化大,土质疏松,压缩性较大。

3. 洪积土

降水造成的暂时性山洪急流具有很大的剥蚀和搬运能力。它可以挟带地表大量碎屑堆积在山谷冲沟出口或山前平原,形成洪积土。山洪流出山谷后,因过水断面增大,流速骤减,被搬运的粗颗粒大量堆积下来,离山越远,颗粒越细,分布范围越广(见图 1-3)。

洪积土的颗粒虽因搬运过程中的分选作用呈现由粗到细的变化,但由于搬运距离短,颗粒棱角仍较明显。靠近山的洪积土颗粒较粗,承载力一般较高,属于良好的天然地基。离山较远的地段所形成的洪积土颗粒较细、成分均匀、厚度较大,这部分土分为两种情况:一种因受到长期干旱的影响,土质较为密实,是良好的天然地基;另一种由于场地环境影响,地下水溢出地表,造成沼泽地带,因此承载力较低。

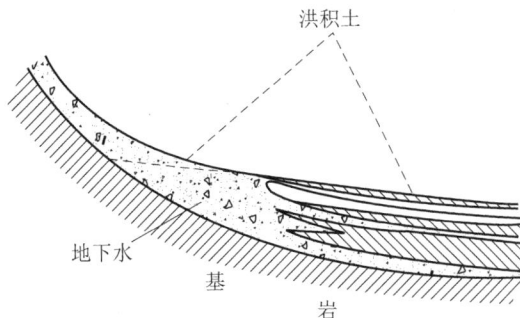

图 1-3　洪积土示意图

4. 冲积土

冲积土是流水的作用力将河岸基岩及上部覆盖的被积土、洪积土剥蚀后搬运、沉积在河道坡度较平缓地带形成的。随着水流的急、缓、消失重复出现,冲积土呈现出明显的层理构造。由于搬运过程长,搬运作用显著,碎屑物质由带棱角颗粒经碰撞、滚磨逐渐形成亚圆形或圆形的颗粒,搬运距离越长,沉积的颗粒越细。

5. 其他沉积土

除上述几种沉积土之外,还有海洋沉积土、湖泊沉积土、冰川沉积土、风积土和海陆交互相沉积土。它们分别由海洋、湖泊、冰川、风和地质作用形成。下面仅介绍湖泊沉积土。

湖泊沉积土主要由湖浪冲击湖岸,破坏岸壁形成的碎屑组成。近岸带沉积的主要是粗颗粒,远岸带沉积的是细颗粒。近岸带有较高的承载力,远岸带则差些。湖心沉积物是由河流和潮流夹带的细小颗粒到达湖心后沉积形成的,主要是黏土和淤泥,常夹有细砂、粉砂薄层,称为带状土。这种土压缩性高、强度低。

任务2　土的组成及其结构与构造

土是松散的颗粒集合体,它是由固体、液体和气体三部分组成(也称三相系)。固体部分即为土粒,它构成土的骨架,骨架中布满许多孔隙,孔隙被液体、气体占据。水及其溶解物构成土中的液体部分;空气及其他一些气体构成土中的气体部分。这些组成部分各自的数量比例关系和相互作用决定土的物理性质。

一、土的固体颗粒

1. 土粒的矿物组成

土中固体颗粒的形状、大小、矿物成分及组成情况是决定土的物理性质

土的组成

的主要因素。粗大颗粒往往是岩石经物理风化后形成的碎屑,即厚生矿物;细小颗粒主要是化学风化作用形成的次生矿物和生成过程中溶入的有机物质。粗大颗粒呈块状或粒状,细小颗粒主要呈片状。土粒的组合情况就是大大小小的土粒含量的相对数量关系。

2.土的颗粒级配

众所周知,自然界中的土都是由大小不同的颗粒组成的,土颗粒的大小与土的性质有密切的关系。但在自然界中,以单一粒径存在的颗粒并不多见,绝大部分是大小不同的颗粒混杂在一起的,那么要判断土的性质,需要对土的颗粒组成进行分析。

土的颗分实验

土粒由粗到细逐渐变化时,土的性质相应发生变化,由无黏性变为有黏性,渗透性由大变小。粒径大小在一定范围内的土粒的性质比较接近,因此可将土中不同粒径的土粒按适当的粒径范围分成若干小组,即粒组。划分粒组的分界尺寸称为界限粒径。表 1-1 是土粒的粒组划分,表中根据界限粒径 200 mm、20 mm、2 mm、0.075 mm 和 0.005 mm 把土粒分成六大组,即漂石(或块石)颗粒、卵石(或碎石)颗粒、圆砾(或角砾)颗粒、砂粒、粉粒和黏粒。

表 1-1　土粒的粒组划分

粒组名称		粒径范围/mm	一般特征
漂石(或块石)颗粒		＞200	透水性很大,无黏性,无毛细水
卵石(或碎石)颗粒		200～20	
圆砾(或角砾)颗粒	粗	20～10	透水性大,无黏性,毛细水上升高度不超过粒径大小
	中	10～5	
	细	5～2	
砂粒	粗	2～0.5	易透水,当混入云母等杂质时透水性减小,压缩性增加;无黏性,遇水不膨胀,干燥时松散;毛细水上升高度不大,随粒径变小而增大
	中	0.5～0.25	
	细	0.25～0.1	
	极细	0.1～0.075	
粉粒	细	0.075～0.01	透水性小;湿时稍有黏性,遇水膨胀小,干时稍有收缩;毛细水上升高度较大,极易出现冻胀现象
	粗	0.01～0.005	
黏粒		＜0.005	透水性小;湿时有黏性,可塑性,遇水膨胀大,干时收缩显著;毛细水上升高度大,但速度较慢

注:① 漂石、卵石和圆砾颗粒均呈一定的磨圆形状(圆形或亚圆形),块石、碎石和角砾颗粒都带有棱角。
② 黏粒又称黏土粒,粉粒又称粉土粒。
③ 黏粒的粒径上限也有采用 0.002 mm 的。

土中各粒组相对含量的百分数称为土的颗粒级配。

土的各粒组含量可通过土的颗粒分析试验测定。方法如下:将土样风干、分散之后,取具有代表性的土样倒入一套按孔径大小排列的标准筛(如孔径为 200 mm、20 mm、2 mm、0.5 mm、0.25 mm 和 0.075 mm 的筛,见图 1-4),经振摇后,分别称出留在各个筛及底盘上土的质量,即可求出各粒组相对含量的百分数。小于 0.075 mm 的土颗粒不能采用筛分的方法分析,可采用比重法测定其级配。

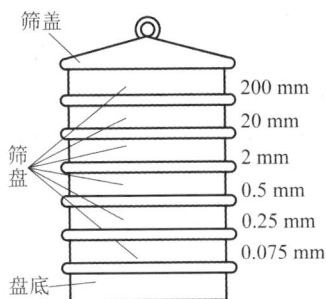

图 1-4 标准筛

根据颗粒大小分析试验结果,在坐标纸上,以纵坐标表示某粒径颗粒的土重含量,横坐标表示颗粒粒径,绘出颗粒级配曲线(见图 1-5)。由曲线的陡缓大致可判断土的均匀程度。如果曲线较陡,则表示颗粒大小相差不大,土粒均匀;反之曲线平缓,则表示粒径大小相差悬殊,土粒不均匀。

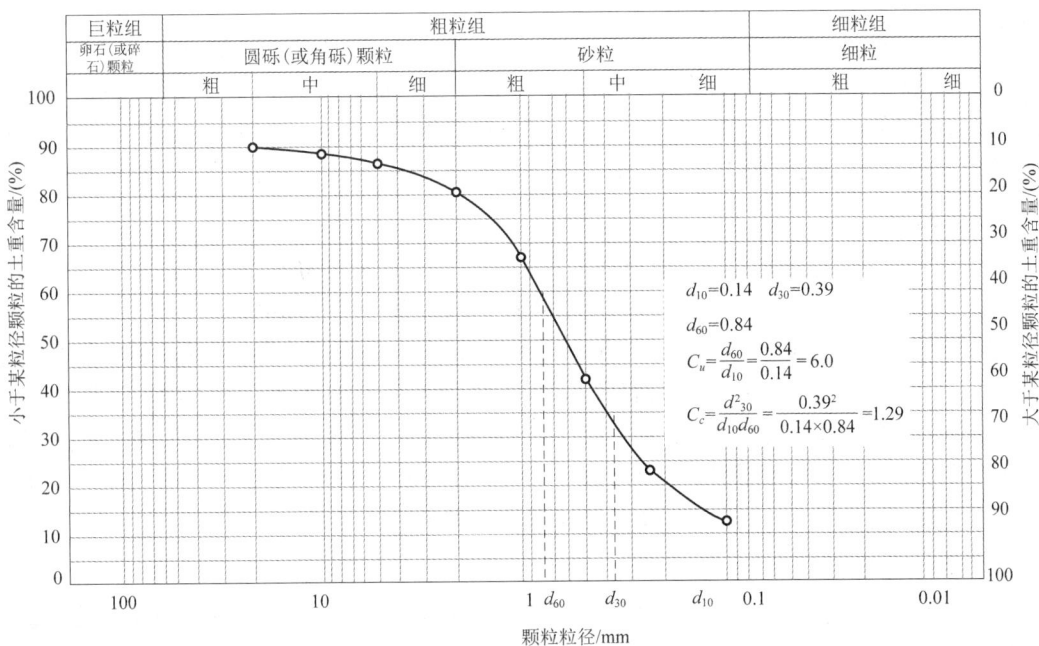

图 1-5 颗粒级配曲线

在工程中,采用定量分析的方法判断土的级配,常以不均匀系数 C_u 表示颗粒的不均匀程度,即

$$C_u = \frac{d_{60}}{d_{10}} \tag{1-1}$$

同时,以曲率系数 C_c 描述级配曲线的整体形状,即

$$C_c = \frac{d_{30}^2}{d_{10}d_{60}} \tag{1-2}$$

式中:d_{60}——小于某粒径颗粒质量占总土粒质量 60% 的粒径,该粒径称为限定粒径;

d_{10}——小于某粒径颗粒质量占总土粒质量 10％的粒径,该粒径称为有效粒径;

d_{30}——小于某粒径颗粒质量占总土粒质量 30％的粒径,该粒径称为连续粒径。

不均匀系数 C_u 反映颗粒的分布情况,C_u 越大,表示颗粒分布范围越广,越不均匀,其级配越好,在作为填方土料时,比较容易获得较大的干密度;C_u 越小,颗粒越均匀,级配越差。若曲率系数 C_c 在 1～3 之间,反映颗粒级配曲线形状没有突变,各粒组含量的配合使该土容易达到密实状态;反之,则表示缺少中间颗粒。工程中通常将不均匀系数 $C_u \geq 5$ 且曲率系数 $C_c = 1～3$ 的土称为级配良好的土,而不均匀系数 $C_u < 5$ 或曲率系数 $C_c \neq 1～3$ 的土称为级配不良的土。

颗粒级配可以在一定程度上反映土的某些性质。对于级配良好的土,较粗颗粒间的孔隙被较细的颗粒填充,颗粒之间粗细搭配填充好,易被压实,因而土的密实度较好,相应地基土的强度和稳定性较好,透水性和压缩性较小,可用作路基、堤坝或其他土建工程的填方土料。

二、土中水

在天然情况下,土中常有一定数量的水。土中细粒越多,水对土的性质影响越大。对水的研究包括其存在状态和与土的相互作用。存在于土粒晶格之间的水称为结晶水,它只有在较高的温度下才能化为气态水,与土粒分开。从工程性质上分析,结晶水作为矿物的一部分,建筑工程中所讨论的土中水主要是以液态形式存在的结合水与自由水。

1. 结合水

结合水是指在电分子引力下吸附于土粒表面的水。这种电分子引力高达几千到几万个大气压,使部分水分子和土粒表面牢固地黏结在一起。这一点已被电渗电泳试验验证。

黏土矿物的土粒表面一般带有负电荷,围绕土粒形成电场,在土粒电场范围内的水分子和水溶液中的阳离子被吸附在土粒表面,原来不规则排列的极性水分子被吸附后呈定向排列。在靠近土粒表面处,由于静电引力较强,能把水化离子和极性水分子牢固地吸附在颗粒表面形成固定层。在固定层外围,静电引力比较小,水化离子和极性水分子活性比在固定层中大些,形成扩散层。由此可将结合水分成强结合水和弱结合水两种。

1) 强结合水

强结合水是指紧靠土粒表面的结合水。它的特征是:没有溶解盐类的能力,不能传递静水压力,只有吸热变成蒸汽时才能移动。这种水分子极牢固地结合在土颗粒表面上,其性质接近固体,密度为 1.2～2.4 g/cm³,冰点为 -78 ℃,具有极大的黏滞性、弹性和抗剪强度。如果将干燥的土放在天然湿度和温度的空间,则土的质量增加,直到土中强结合水达到最大吸着度为止。土粒越细,吸着度越大。黏土中只有强结合水时才呈固体状态。

2) 弱结合水

弱结合水紧靠于强结合水的外围形成一层结合水膜。它仍不能传递静水压力,但水膜较厚的弱结合水能向邻近较薄的水膜缓慢移动。当土中含有较多的弱结合水时,土具有一定的可塑性,因砂粒比表面积较小,几乎不具有可塑性。黏土的表面积较大,含薄膜水较多,其可塑范围较大(见图 1-6)。随着弱结合水与土粒表面的距离增大,吸附力减小,弱结合水逐渐过渡为自由水。

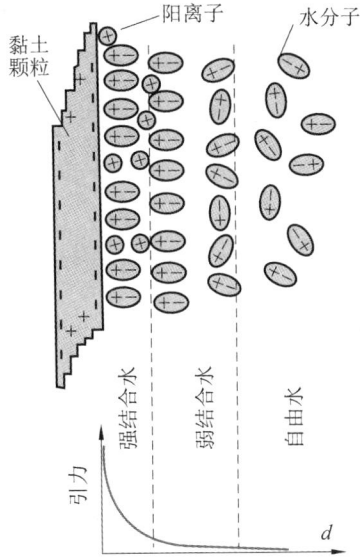

图 1-6　土中水示意图

2. 自由水

存在于土孔隙中颗粒表面电场影响范围以外的水称为自由水。它的性质和普通水一样,能传递静水压力和溶解盐类,冰点为 0 ℃。自由水按其移动所受作用力的不同分为重力水和毛细水。

1)重力水

重力水是在土孔隙中受重力作用、能自由流动的水,具有一般液态水的共性,存在于地下水位以下的透水层中。重力水在土的孔隙中流动时,能产生渗透力,带走土中细颗粒,还能溶解土中的盐类。这两种作用会使土的孔隙增大、压缩性提高、抗剪强度降低。地下水位以下的土粒受水的浮力作用,使土的自重应力状态发生变化。在水土作用下,重力水会产生渗透力,对开挖基坑、排水等方面产生较大影响。

2)毛细水

毛细水是受到水与空气界面处表面张力作用的自由水。毛细水存在于地下水位以上的透水层中。与地下水位无直接联系的毛细水称为毛细悬挂水,与地下水位相连的毛细水称为毛细上升水。

在土孔隙中局部存在的毛细水中,毛细水的弯液面和土粒接触处的表面引力反作用于土粒上,使土粒之间由于这种毛细压力而挤紧,土呈现出黏聚现象,这种力称为毛细黏聚力,也称假黏聚力(见图 1-7)。在施工现场稍湿状态的砂性地基可开挖成一定深度的直立坑壁,就是因为砂粒间存在假黏聚力的缘故。当地基饱和或特别干燥时,不存在水与空气的界面,假黏聚力消失,坑壁就会塌落。

在工程中,应特别注意毛细水上升的高度和速度,因为毛细水的上升对建筑物地下部分的防潮措施和地基土的浸湿和冻胀有重要影响。

地基土的土温随大气温度变化而变化。当地温降到 0 ℃以下,土体便因土中水冻结而形成冻土。细粒土在冻结时,往往发生膨胀,即所谓冻胀。冻胀的机理如下:土层冻结时,下

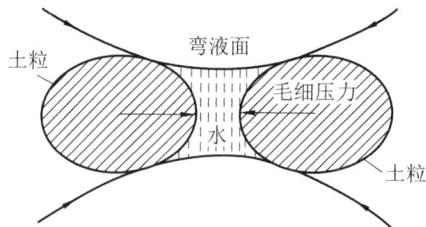

图 1-7   毛细水压力示意图

部未冻区土中的水分向冻结区迁移、集聚。弱结合水的外层已接近自由水,在−0.5 ℃时冻结,越靠近土粒表面,冰点越低,在大约−30 ℃以下才能全部冻结。当低温传入土中时,土中的自由水首先冻结成冰,弱结合水的外层开始冻结,使冰晶体逐渐扩大,冰晶体周围土粒的水膜变薄,土粒产生剩余的电分子引力;另外,由于结合水膜变薄,使水膜中的离子浓度增加,产生吸附力。在这两种力的作用下,下部未冻结区的自由水便被吸到冻结区维持平衡,受温度影响而冻结,冰晶体增大,不平衡引力继续形成,引发水分迁移现象。若下卧不冻结区能不断地给予水源补充,则冰晶体不断扩大,在土层中形成夹冰层,地面随之隆起,出现冻胀现象。当土层解冻时,夹冰层融化,地面下陷,即出现融陷现象。对此,在道路、房屋设计中应给予足够的重视。

三、土中气体

土中气体有两种存在形式:一种与大气相通;另一种在土的孔隙中被水封闭着,与大气隔绝。

与大气相通的气体存在于接近地表的土孔隙中,其含量与孔隙体积大小及孔隙被填充的程度有关,它对土的工程性质影响不大。在细粒土中常存在与大气隔绝的封闭气泡,其成分可能是空气、水汽或天然气等,它不易逸出,因气泡的栓塞作用,降低了土的透水性。封闭气体的存在增强了土的弹性和压缩性,对土的性质有较大的影响。

四、土的结构

土的结构是指土颗粒的大小、形状、表面特征、相互排列及其联结关系的综合特征,一般分为单粒结构、蜂窝结构、絮状结构。

1. 单粒结构

单粒结构(见图 1-8)是无黏性土的基本组成形式,由较粗的砾石颗粒、砂粒在自重作用下沉积而成。因颗粒较大,粒间没有黏聚力,有时仅有微弱的假黏聚力,土的密实程度受沉积条件影响。如果土粒受波浪的反复冲击推动作用,其结构紧密、强度大、压缩性小,是良好的天然地基;洪水冲积形成的砂层和砾石层一般较疏松。由于孔隙大,土的骨架不稳定,当受到动力荷载或其他外力作用时,土粒易于移动,以趋于更加稳定的状态,同时产生较大变形,这种土不宜做天然地基。如果细砂或粉砂处于饱和疏松状态,在强烈振动作用下,土的结构趋于紧密,在瞬间变成了流动状态,即所谓"液化",土体强度丧失,在地震区将产生震害。1976 年唐山大地震后,当地许多地方出现了喷砂冒水现象,这就是砂土液化的结果。

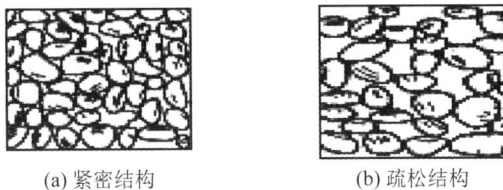

(a) 紧密结构　　　　　　　　(b) 疏松结构

图 1-8　单粒结构

2. 蜂窝结构

组成蜂窝结构的颗粒主要是粉粒。研究发现,粒径为 0.005~0.05 mm 的颗粒在水中沉积时,仍然是以单个颗粒下沉,当集聚到已沉积的颗粒时,由于它们之间的相互引力大于自重力,因此土粒停留在最初的接触点上不再下沉,形成的结构像蜂窝一样,具有很大的孔隙(见图 1-9)。

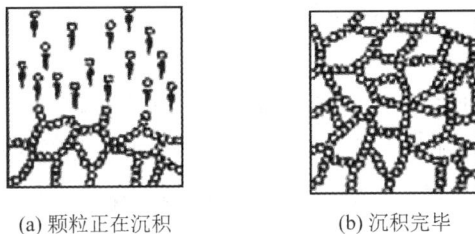

(a) 颗粒正在沉积　　　　　　(b) 沉积完毕

图 1-9　蜂窝结构

3. 絮状结构

粒径小于 0.005 mm 的黏粒在水中处于悬浮状态,不能靠自重下沉。当这些悬浮在水中的颗粒被带到电解质浓度较大的环境中(如海水)时,黏粒间的排斥力因电荷中和而破坏,聚集成絮状的黏粒集合体,因自重增大而下沉,并与已下沉的絮状集合体接触,形成孔隙很大的絮状结构(见图 1-10)。

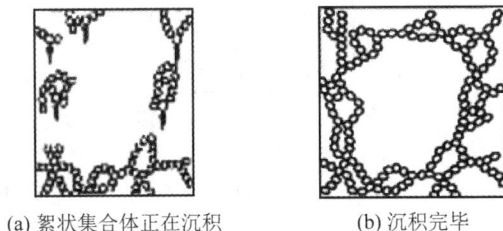

(a) 絮状集合体正在沉积　　　　(b) 沉积完毕

图 1-10　絮状结构

具有蜂窝结构和絮状结构的土因为存在大量的细微孔隙,所以渗透性小、压缩性大、强度低,土粒间黏结较弱。在受扰动时,土粒接触点可能脱离,导致结构强度损失,强度迅速下降,静置一段时间后,随时间增长,强度还会逐渐恢复。这类土颗粒间的黏聚力往往由于长期的压密作用和胶结作用而得到加强。

五、土的构造

土的构造是指同一土层中颗粒或颗粒集合体相互间的分布特征,通常分为层状构造、分散构造和裂隙构造。

层状构造的土粒在沉积过程中,由于不同阶段沉积的物质成分、颗粒大小不同,沿竖向呈层状分散。分散构造的土层颗粒间无大的差别、分布均匀、性质相近,常见于厚度较大的粗粒土。裂隙构造的土体被许多不连续的小裂隙所分割。裂隙的存在大大降低了土的强度和稳定性,增大了透水性,对工程不利。

任务3   土的物理性质指标

组成土的三相成分及各自的性质对土的性质有显著影响。三相成分的体积和质量间的比例关系决定着土的物理、力学性质。土的各组成部分质量和体积之间的比例关系用土的三相比例指标表示。它们对评价土的工程性质有重要的意义。

一、三相简图

土、水和气体是混杂在一起的。为分析问题方便,设想将三部分分别集中起来,如图 1-11 所示,称为三相关系简图。各参数用下列符号表示。

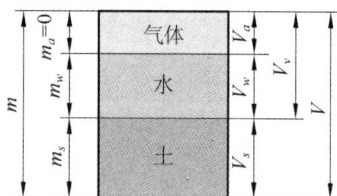

土的三相
比例指标

图 1-11 三相关系简图

m_s——土粒的质量;m_w——土中水的质量;m——土的总质量;m_a——土中气体的质量;
V_s——土粒的体积;V_w——土中水的体积;V_a——土中气体的体积;V_v——土中空隙的体积;V——土的总体积。

二、基本试验指标

1. 土的密度 ρ 与重度 γ

天然状态下(即保持原始状态和含水率不变)单位土体体积内天然土体的质量称为土的密度,简称天然密度或密度,用符号 ρ 表示,即

$$\rho = \frac{m}{V}(单位为 t/m^3 或 g/cm^3) \tag{1-3}$$

单位体积土受到的重力称为土的重度,又称土的重力密度,用符号 γ 表示,其值等于土的密度乘以重力加速度 g,工程中可取 $g = 10 \ \mathrm{m/s^2}$,即

$$\gamma = \rho g \ (单位为 \ \mathrm{kN/m^3}) \tag{1-4}$$

天然状态下,土的密度变化范围较大,其值一般介于 $1.8 \sim 2.2 \ \mathrm{g/cm^3}$。若土较软,则介于 $1.2 \sim 1.8 \ \mathrm{g/cm^3}$,有机质含量高或塑性指数大的极软黏性土可降至 $1.2 \ \mathrm{g/cm^3}$ 以下。土的密度通常在试验室采用环刀法测定。

2. 土粒相对密度 d_s

土粒的质量与同体积 4 ℃纯水的质量之比称为土粒相对密度(又称土粒比重),用符号 d_s 表示,即

$$d_s = \frac{m_s}{V_s \rho_w} = \frac{\rho_s}{\rho_w} \tag{1-5}$$

式中:ρ_w——4 ℃纯水的密度,一般取 $1 \ \mathrm{t/m^3}$ 或 $1 \ \mathrm{g/cm^3}$;

ρ_s——土体的密度,即单位土体体积内土粒的质量。

土粒相对密度取决于土的矿物成分和有机质含量。砂土的土粒相对密度介于 $2.63 \sim 2.67$,黏性土的土粒相对密度介于 $2.67 \sim 2.75$。土粒相对密度可用比重瓶法测定。

3. 含水率 w

在天然状态下,土中水的质量与土颗粒的质量之比称为土的含水率,以百分数表示,符号为 w,即

$$w = \frac{m_w}{m_s} \times 100\% \tag{1-6}$$

含水率 w 是标志土的湿度的一个重要指标。天然土层的含水率变化范围较大,它与自然环境和土的种类有关。一般干砂土的含水率接近零,而饱和砂土可高达 40%;黏性土处于坚硬状态时,含水率可小于 30%,处于流塑状态时,可能大于 60%。一般情况下,同一类土含水率越大,强度越低,即土的力学性质随含水率变化而变化。土的含水率一般采用烘干法测定。

三、其他换算指标

1. 表示土中孔隙含量的指标

表示土中孔隙含量的指标有土的孔隙比 e 和孔隙率 n。

1) 土的孔隙比 e

土的孔隙体积与土粒体积之比称为孔隙比,用小数表示,符号为 e,即

$$e = \frac{V_v}{V_s} \tag{1-7}$$

孔隙比是一个重要的物理性质指标,可以评价天然土层的密实程度。当 $e < 0.6$ 时,是低压缩性的密实土;当 $e > 1.0$ 时,是高压缩性的疏松土。

2) 土的孔隙率 n

土的孔隙体积与土的总体积之比称为土的孔隙率,用百分数表示,符号为 n,即

$$n = \frac{V_v}{V} \times 100\%$$ (1-8)

2. 表示土中含水程度的指标

土中水的体积与孔隙体积之比称为土的饱和度,用小数表示,符号为 S_γ,即

$$S_r = \frac{V_w}{V_v}$$ (1-9)

饱和度是反映孔隙被水充满程度的一个指标,即反映土体潮湿程度的物理性质指标。当 $S_\gamma < 0.5$ 时,土为稍湿的状态;当 S_γ 为 $0.5 \sim 0.8$ 时,土为很湿的状态;当 $S_\gamma > 0.8$ 时,土为饱和的状态;当 $S_\gamma = 1.0$ 时,土处于完全饱和状态。

3. 不同情况下土的密度与重度

1) 土粒密度 ρ_s

单位体积土颗粒的质量称为土粒密度,符号为 ρ_s,即

$$\rho_s = \frac{m_s}{V_s} (单位为 \text{ t/m}^3 \text{ 或 g/cm}^3)$$ (1-10)

2) 土的干密度 ρ_d 和干重度 γ_d

单位体积土体内土颗粒的质量称为土的干密度或干土密度,符号为 ρ_d,即

$$\rho_d = \frac{m_s}{V} (单位为 \text{ t/m}^3 \text{ 或 g/cm}^3)$$ (1-11)

单位体积土颗粒受到的重力称为土的干重度或干土的重度,符号为 γ_d,其值等于土的干密度乘以重力加速度,即

$$\gamma_d = \rho_d g (单位为 \text{ kN/m}^3)$$ (1-12)

工程中以土的干密度作为评定土体紧密程度的标准,控制填土工程的施工质量。

3) 土的饱和密度 ρ_{sat} 和饱和重度 γ_{sat}

土体孔隙被水充满时,单位土体积内饱和土的质量称为土的饱和密度,符号为 ρ_{sat},即

$$\rho_{\text{sat}} = \frac{m_s + V_v \rho_w}{V} (单位为 \text{ t/m}^3 \text{ 或 g/cm}^3)$$ (1-13)

单位体积土体内饱和土所受到的重力称为土的饱和重度,符号为 γ_{sat},其值等于土的饱和密度乘以重力加速度,即

$$\gamma_{\text{sat}} = \rho_{\text{sat}} g (单位为 \text{ kN/m}^3)$$ (1-14)

4) 土的浮重度 γ'

对处在水面以下的土,在考虑土粒受浮力作用时,单位体积土体内土粒所受到的重力在扣除浮力后的重度称为土的浮重度,符号为 γ',即

$$\gamma' = \frac{m_s g - V_s \rho_w g}{V} = \gamma_{\text{sat}} - \gamma_w$$ (1-15)

式中:γ_w——水的重度,一般为 10 kN/m^3。

以上对各指标进行了定义,在测得三个基本物理性质指标后,替换三相图中的各符号即可得出其他三相比例指标(见图 1-12)。

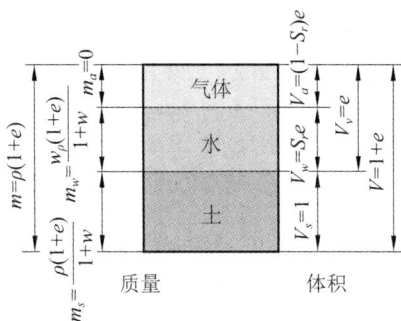

图 1-12　土的三相比例指标换算图

在换算时，一般设 $V_s=1$，由式（1-10）知 $m_s=\rho_s$；由式（1-5）知 $m_s=d_s\rho_w$；由式（1-6）知 $m_w=wd_s\rho_w$。因为 $\rho_w=\dfrac{m_w}{V_w}$，所以 $V_w=\dfrac{wd_s\rho_w}{\rho_w}=wd_s$，则 $m=d_s(1+w)\rho_w$，$V=\dfrac{d_s(1+w)\rho_w}{\rho}$，$V_a=V-V_s-V_w=\dfrac{d_s(1+w)\rho_w}{\rho}-wd_s-1$，推导得

$$\rho_d=\frac{m_s}{V}=\frac{\rho}{1+w} \tag{1-16}$$

$$e=\frac{V_v}{V_s}=\frac{d_s(1+w)\rho_w}{\rho}-1 \tag{1-17}$$

$$n=\frac{V_v}{V}=1-\frac{\rho}{d_s(1+w)\rho_w} \tag{1-18}$$

对于其他换算指标推导过程，将换算公式列于表 1-2。

表 1-2　土的三相比例指标换算公式

名称	符号	表达公式	常用换算公式	单位	常见的数值范围
含水率	w	$w=\dfrac{m_w}{m_s}\times100\%$	$w=\dfrac{S_r e}{d_s}=\dfrac{\gamma}{\gamma_d}-1$		$20\%\sim60\%$
土粒比重	d_s	$d_s=\dfrac{\rho_s}{\rho_w}$	$d_s=\dfrac{S_r e}{w}$		黏性土：$2.67\sim2.75$ 砂土：$2.63\sim2.67$
密度	ρ	$\rho=\dfrac{m}{V}$	$\rho=\dfrac{d_s+S_r e}{1+e}\rho_w$	t/m³	$1.6\sim2.2$ t/m³
重度	γ	$\gamma=\rho g$	$\gamma=\dfrac{d_s+S_r e}{1+e}\rho$	kN/m³	$16\sim20$ kN/m³
干密度	ρ_d	$\rho_d=\dfrac{m_s}{V}$	$\rho_d=\dfrac{\rho}{1+w}$	t/m³	$1.3\sim1.8$ t/m³
干重度	γ_d	$\gamma_d=\rho_d g$	$\gamma_d=\dfrac{\rho}{1+w}g=\dfrac{\gamma}{1+w}$	kN/m³	$13\sim18$ kN/m³
饱和密度	ρ_{sat}	$\rho_{sat}=\dfrac{m_s+V_v\rho_w}{V}$	$\rho_{sat}=\dfrac{d_s+e}{1+e}\rho_w$	t/m³	$1.8\sim2.3$ t/m³
饱和重度	γ_{sat}	$\gamma_{sat}=\rho_{sat}g$	$\gamma_{sat}=\dfrac{d_s+e}{1+e}\gamma_w$	kN/m³	$18\sim23$ kN/m³
浮重度	γ'	$\gamma'=\dfrac{m_s-V_s\rho_w}{V}g$	$\gamma'=\gamma_{sat}-\gamma_w$	kN/m³	$8\sim13$ kN/m³

续表

名称	符号	表达公式	常用换算公式	单位	常见的数值范围
孔隙比	e	$e=\dfrac{V_v}{V_s}$	$e=\dfrac{d_s\rho_w}{\rho_d}-1$		一般黏性土:0.40~1.20 砂土:0.30~0.90
孔隙率	n	$n=\dfrac{V_v}{V}\times100\%$	$n=\dfrac{e}{1+e}\times100\%$		一般黏性土:30%~60% 砂土:25%~45%
饱和度	S_r	$S_r=\dfrac{V_w}{V_v}$	$S_r=\dfrac{wd_s}{e}$		0~1.0

例 1　某一原状土样,经试验测得基本物理性质指标为:土粒比重 $d_s=2.67$,含水率 $w=12.9\%$,密度 $\rho=1.67$ g/cm³。求干密度 ρ_d、孔隙比 e、孔隙率 n、饱和密度 ρ_{sat}、浮重度 γ' 及饱和度 S_γ。

解　方法一:直接应用土的三相比例指标换算公式计算。

(1) 干密度:$\rho_d=\dfrac{\rho}{1+w}=\dfrac{1.67}{1+0.129}$ g/cm³ $=1.48$ g/cm³。

(2) 孔隙比:$e=\dfrac{d_s\rho_w}{\rho_d}-1=\dfrac{2.67\times1}{1.48}-1=0.804$。

(3) 孔隙率:$n=\dfrac{e}{1+e}\times100\%=\dfrac{0.804}{1+0.804}\times100\%=44.6\%$。

(4) 饱和密度:$\rho_{sat}=\dfrac{d_s+e}{1+e}\rho_w=\dfrac{2.67+0.804}{1+0.804}$ g/cm³ $=1.93$ g/cm³。

(5) 浮重度:$\gamma'=\gamma_{sat}-\gamma_w=(\rho_{sat}-\rho_w)g=(1.93-1)\times10$ kN/m³ $=9.3$ kN/m³。

(6) 饱和度:$S_r=\dfrac{wd_s}{e}=\dfrac{0.129\times2.67}{0.804}=0.43$。

方法二:利用土的三相图计算。

绘三相图,如图 1-13 所示。设土的体积 $V=1.0$ cm³。

(1) 根据密度定义得

$$m=\rho V=1.67 \text{ g}$$

(2) 根据含水率定义得

$$m_w=wm_s=w(m-m_w)$$

解得

$$m_w=\frac{wm}{1+w}=\frac{0.129\times1.67}{1+0.129} \text{ g}=0.19 \text{ g}$$

则

$$m_s=m-m_w=1.67 \text{ g}-0.19 \text{ g}=1.48 \text{ g}$$

(3) 根据土粒相对密度定义得

$$V_s=\frac{m_s}{d_s\rho_w}=\frac{1.48}{2.67\times1} \text{ cm}^3=0.554 \text{ cm}^3$$

(4) 根据水的密度=1.0 g/cm³,则水的体积为

$$V_w=\frac{m_w}{\rho_w}=\frac{0.19}{1} \text{ cm}^3=0.19 \text{ cm}^3$$

(5) 从三相图可知

$$V_a=V-V_s-V_w=1 \text{ cm}^3-0.554 \text{ cm}^3-0.19 \text{ cm}^3=0.256 \text{ cm}^3$$

至此,土的三相图中体积和质量均已求出。将计算结果填入三相图中,如图 1-13(b)所示。

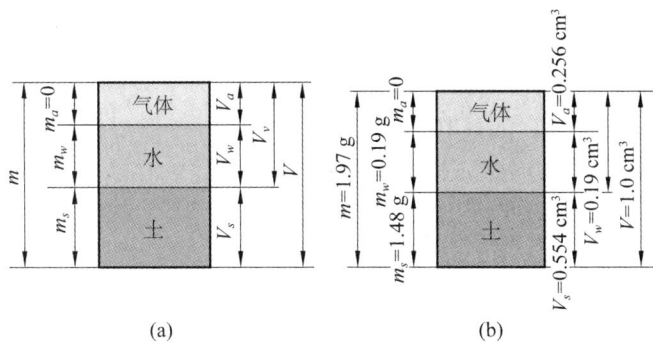

图 1-13 土的三相图

（6）根据干密度定义得

$$\rho_d = \frac{m_s}{V} = \frac{1.48 \text{ g}}{1 \text{ cm}^3} = 1.48 \text{ g/cm}^3$$

（7）根据孔隙比定义得

$$e = \frac{V_v}{V_s} = \frac{V_w + V_a}{V_s} = \frac{0.19 + 0.256}{0.554} = 0.805$$

（8）根据孔隙率定义得

$$n = \frac{V_v}{V} \times 100\% = \frac{V_w + V_a}{V} \times 100\% = \frac{0.19 + 0.256}{1} \times 100\% = 44.6\%$$

（9）根据饱和密度定义得

$$\rho_{\text{sat}} = \frac{m_s + V_v \rho_w}{V} = \frac{m_s + (V_w + V_a)\rho_w}{V} = \frac{1.48 + (0.19 + 0.256) \times 1}{1} \text{ g/cm}^3 = 1.926 \text{ g/cm}^3$$

（10）根据浮重度定义得

$$\gamma' = \frac{m_s - V_s \rho_w}{V} g = \frac{1.48 \times 10 - 0.554 \times 10}{1} \text{ kN/m}^3 = 9.26 \text{ kN/m}^3$$

（11）根据饱和度定义得

$$S_r = \frac{V_w}{V_v} = \frac{V_w}{V_w + V_a} = \frac{0.19}{0.19 + 0.256} = 0.426$$

虽然实际计算中用换算公式比按三相图简单、迅速，但学习中应首先掌握三相图的概念，熟练地通过三相图推出主要指标，这样比利用换算公式的概念清楚，不易出错。

例 2 某土样经试验测得体积为 100 cm³，湿土质量为 187 g，烘干后，干土质量为 167 g。若土粒的相对密度 d_s 为 2.66，求该土样的含水率 w、密度 ρ、重度 γ、干重度 γ_d、孔隙比 e、饱和重度 γ_{sat} 和浮重度 γ'。

解 （1）含水率：$w = \frac{m_w}{m_s} \times 100\% = \frac{187 - 167}{167} \times 100\% = 11.98\%$。

（2）密度：$\rho = \frac{m}{V} = \frac{187}{100} \text{ g/cm}^3 = 1.87 \text{ g/cm}^3$。

（3）重度：$\gamma = \rho g = 1.87 \times 10 \text{ kN/m}^3 = 18.7 \text{ kN/m}^3$。

（4）干重度：$\gamma_d = \rho_d g = \frac{167}{100} \times 10 \text{ kN/m}^3 = 16.7 \text{ kN/m}^3$。

（5）孔隙比：$e = \frac{d_s(1+w)\rho_w}{\rho} - 1 = \frac{2.66(1+0.1198)}{1.87} - 1 = 0.593$。

（6）饱和重度：$\gamma_{sat} = \dfrac{d_s + e}{1 + e}\gamma_w = \dfrac{2.66 + 0.593}{1 + 0.593} \times 10 \ \text{kN/m}^3 = 20.4 \ \text{kN/m}^3$。

（7）浮重度：$\gamma' = \gamma_{sat} - \gamma_w = (20.4 - 10) \ \text{kN/m}^3 = 10.4 \ \text{kN/m}^3$。

例3 某干砂试样 $\rho = 1.69 \times 10^3 \ \text{kg/m}^3$，$d_s = 2.70$，经细雨后，体积未变，饱和度达到 $S_r = 40\%$，试问细雨后砂样的密度、重度和含水率各是多少？

解 对于干砂试样，其密度为：$\rho_d = 1.69 \times 10^3 \ \text{kg/m}^3$。

（1）孔隙比：$e = \dfrac{d_s \rho_w}{\rho_d} - 1 = 0.60$。

（2）雨后含水率：$w = \dfrac{S_r e}{d_s} = 9.0\%$。

（3）雨后砂样密度：$\rho = \dfrac{d_s(1 + w)}{1 + e}\rho_w = 1.84 \times 10^3 \ \text{kg/m}^3$。

（4）雨后砂样重度：$\gamma = \rho g = 18.4 \ \text{kN/m}^3$。

例4 有一个完全饱和的黏性土土样，测得总体积 $V_1 = 100 \ \text{cm}^3$，已知土粒对水的相对密度 $d_s = 2.66$，土样含水率 $w_1 = 45\%$，将该土样置于烘箱中烘了一段时间之后，测得土样的体积 $V_2 = 95 \ \text{cm}^3$，$w_2 = 35\%$，问土样烘干前后的密度、干密度、孔隙比、饱和度各为多少？

解 烘烤前土样完全饱和，即 $S_{r_1} = 100\%$。

孔隙比：$e_1 = d_s w_1 = 1.20$。

干密度：$\rho_{d_1} = \dfrac{d_s}{1 + e_1}\rho_w = 1.21 \ \text{g/cm}^3$。

密度：$\rho_1 = \rho_{d_1}(1 + w_1) = 1.755 \ \text{g/cm}^3$。

烘烤后土样中的干土质量不变，即 $m_s = \rho_{d_1} V_1 = 121 \ \text{g}$。

此时土样的总质量：$m_2 = m_s(1 + w_2) = 121 \times 1.35 \ \text{g} = 163.4 \ \text{g}$。

土样密度：$\rho_2 = \dfrac{m_2}{V_2} = 1.72 \ \text{g/cm}^3$。

土样干密度：$\rho_{d_2} = \dfrac{m_s}{V_2} = 1.274 \ \text{g/cm}^3$。

土样孔隙比：$e_2 = \dfrac{d_s(1 + w_2)}{\rho_2}\rho_w - 1 = 1.088$。

土样的饱和度：$S_{r_2} = \dfrac{d_s w_2}{e_2} = 85.57\%$。

任务4　土的物理状态指标

一、无黏性土的密实度

　　无黏性土的密实度与其工程性质有着密切的关系。无黏性土呈密实状态时，强度较大，属于良好的天然地基；呈松散状态时，属不良

无黏性土的密实度

地基。

1. 砂土的密实度

砂土的密实度可用天然孔隙比衡量,当 $e<0.6$ 时,属密实砂土,强度高,压缩性小。当 $e>0.95$ 时,为松散状态,强度低,压缩性大。这种判别方法简单,但没有考虑土颗粒级配的影响。例如,同样孔隙比的砂土,当颗粒均匀时较密实,当颗粒不均匀时较疏松。考虑土粒级配的影响,通常用砂土的相对密实度 D_r 表示:

$$D_r = \frac{e_{max} - e}{e_{max} - e_{min}} \tag{1-19}$$

式中:e_{max}——砂土的最大孔隙比,即最疏松状态的孔隙比,其测定方法是将疏松的风干土样通过长颈漏斗轻轻地倒入容器,求其最小干密度,计算孔隙比,即为 e_{max};

e_{min}——砂土的最小孔隙比,即最密实状态的孔隙比,其测定方法是将疏松风干土样分三次装入金属容器,并加以振动和锤击,至体积不变为止,测出最大干密度,算出其孔隙比,即为 e_{min};

e——砂土在天然状态下的孔隙比。

从式(1-19)可知,当砂土的天然孔隙比 e 接近于 e_{min},D_r 接近 1 时,土呈密实状态;当 e 接近 e_{max},D_r 接近 0 时,土呈疏松状态。按 D_r 的大小将砂土分成三种密实度状态:$1 \geqslant D_r>0.67$,密实;$0.67 \geqslant D_r>0.33$,中密;$0.33 \geqslant D_r>0$,松散。

相对密实度 D_r 从理论上能反映土粒级配、形状等因素。但是由于对砂土很难取得原状土样,故天然孔隙比不易测准,其相对密度的精度也就无法保证了。《建筑地基基础设计规范》(GB 50007—2011)(以下简称《规范》)用标准贯入锤击数 N 划分砂土的密实度(见表1-3)。N 是在标准贯入试验时,使用质量为 63.5 kg 的重锤,以 76 cm 的落距自由落下,将贯入器竖直击入土中 30 cm 所需的锤击数(详见后述章节)。

表 1-3 砂土的密实度

密实度	松散	稍密	中密	密实
标准贯入锤击数 N	$N \leqslant 10$	$10<N \leqslant 15$	$15<N \leqslant 30$	$N>30$

例 5 某天然砂土试样,其天然含水率 $w=15\%$,天然重度 $\gamma=17.8$ kN/m³,最小干重度 $\gamma_{d_{min}}=14.3$ kN/m³,最大干重度 $\gamma_{d_{max}}=18.5$ kN/m³,试判断该砂土所处的物理状态。

解 根据已知条件,可计算该砂土的干重度为

$$\gamma_d = \frac{\gamma}{1+w} = \frac{17.8}{1+0.15} \text{ kN/m}^3 = 15.48 \text{ kN/m}^3$$

可计算砂土的相对密实度为

$$D_r = \frac{(\gamma_d - \gamma_{d_{min}})\gamma_{d_{max}}}{(\gamma_{d_{max}} - \gamma_{d_{min}})\gamma_d} = \frac{15.48 - 14.3}{18.5 - 14.3} \times \frac{18.5}{15.48} = 0.336$$

由于 $\frac{1}{3}<D_r<\frac{2}{3}$,该砂土处于中密状态。

2. 碎石土的密实度

碎石土既不易获得原状土样,也难将贯入器击入土中。对这类土可根据《规范》要求,用重型圆锥动力触探锤击数 $N_{63.5}$ 划分碎石土的密实度(见表1-4)。

表 1-4　碎石土的密实度

密实度	松散	稍密	中密	密实
重型圆锥动力触探锤击数 $N_{63.5}$	$N_{63.5} \leqslant 5$	$5 < N_{63.5} \leqslant 10$	$10 < N_{63.5} \leqslant 20$	$N_{63.5} > 20$

注：① 表中的 $N_{63.5}$ 为重型圆锥动力触探锤击数。

　② 本表适用于平均粒径小于或等于 50 mm 且最大粒径不超过 100 mm 的卵石（或碎石）、圆砾（或角砾）。对于平均粒径大于 50 mm 或最大粒径大于 100 mm 的碎石土,可按野外鉴别的方法划分其密实度。

　　平均粒径大于 50 mm 或最大粒径大于 100 mm 的碎石土可根据《规范》要求,按野外鉴别方法划分为密实、中密、稍密、松散四种,如表 1-5 所示。

表 1-5　碎石土密实度野外鉴别方法

密实度	骨架颗粒含量和排列	可挖性	可钻性
密实	骨架颗粒含量大于总质量的 70%,呈交错排列,连续接触	锹镐挖掘困难,用撬棍方能松动,井壁一般稳定	钻进极困难,在冲击钻探时钻杆、吊锤跳动剧烈,孔壁较稳定
中密	骨架颗粒含量为总质量的 60%~70%,呈交错排列,大部分接触	锹、镐可挖掘,井壁有掉块现象,从井壁取出大颗粒时能保持颗粒凹面形状	钻进困难,在冲击钻探时钻杆、吊锤跳动不剧烈,孔壁有塌落现象
稍密	骨架颗粒含量为总质量的 55%~60%,排列混乱,大部分不接触	锹可以挖掘,井壁易塌陷,从井壁取出大颗粒后砂土立即塌落	钻进较容易,在冲击钻探时钻杆稍有跳动,孔壁易塌陷
松散	骨架颗粒含量小于总质量的 55%,排列十分混乱,绝大部分不接触	锹易挖掘,井壁极易坍塌	钻进容易,在冲击钻探时钻杆无跳动,孔壁极易坍塌

注：① 骨架颗粒指与表 1-13 碎石土的分类名称相对应的粒径颗粒。

　② 碎石土密实度的划分应按表内各项要求综合确定。

二、黏性土的稠度

　　黏性土颗粒细小,比表面积大,受水的影响较大。当土中含水率较小时,土体比较坚硬,处在固体或半固体状态。当含水率逐渐增大时,土体具有可塑状态的性质,即在外力作用下,土可以塑造成一定形状而不开裂,也不改变其体积,外力去除后,仍保持原来所得的形状。含水率继续增大,土体即开始流动。我们把黏性土在某一含水率下对外力引起的变形或破坏所具有的抵抗能力称为黏性土的稠度。

黏性土的稠度

1. 黏性土的界限含水率

　　黏性土由一种状态过渡到另一种状态的分界含水率称为界限含水率,分为缩限含水率、塑限含水率、液（流）限含水率、黏限含水率、浮限含水率五种,在建筑工程中常用前三种含水率。固态与半固态间的界限含水率称为缩限含水率,简称为缩限,用 w_s 表示。半固态与可塑状态间的含水率称为塑限含水率,简称塑限,用 w_p 表示。可塑状态与流动状态间的含水率称为液（流）限含水率,简称液限,用 w_L 表示。黏性土的状态与含水率的关系如图 1-14 所示。界限含水率用百分数表示。从图 1-14 可知,天然含水率大于液限时土体处于流动状态;天然含水率小于缩限时,土体处于固态;天然含水率大于缩限、小于塑限时,土体处于半固态;天然含水率大于塑限、小于液限时,土体处于可塑状态。

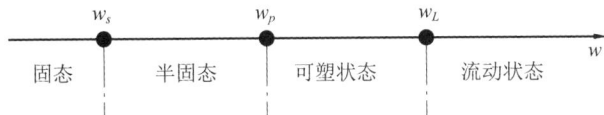

图 1-14　黏性土的状态与含水率的关系

下面介绍工程中最常用的液限与塑限的测定方法。

塑限 w_p 一般用"搓条法"测定。取代表性试样,如枣核大小试样(若土中含有大于 0.5 mm 的颗粒,则先过 0.5 mm 的筛,将大颗粒去掉,再加入少量水调匀),放在毛玻璃板上,用手掌较平的部位均匀加压,同时搓滚小土条,当土条搓至直径 3 mm 时,土条表面出现大量裂纹并开始断开(见图 1-15),此时的含水率即为塑限 w_p 值。如果土条搓至直径 3 mm 尚未断裂,说明此时土的含水率超过塑限,应另取土样,或者在空气中稍加风干,使水分蒸发一些再搓。如果土条搓不到直径 3 mm 就已断裂,说明土的含水率小于塑限,应加少量的水调匀后再搓条。

液塑限实验

液限 w_L 可采用锥式液限仪测定。土样要求同塑限,加少许纯净水将其调成土膏,装入锥式液限仪的试杯内,用修土刀刮平表面,将锥式液限仪的 76 g 圆锥体锥尖对准中心缓缓下降,当锥尖与土面接触时,放开锥体,让其在自重作用下下沉(见图 1-16),如果锥体经 5 s 恰好下沉 10 mm 深度,这时杯中土样的含水率就是液限 w_L。若经 5 s 锥体下沉超过 10 mm,说明土样含水率大于液限 w_L,反之,小于液限 w_L。这两种情况均应重新试验,至满足要求为止。

上述测定液限、塑限的方法,特别是测定塑限的方法,存在的主要缺点是采用手工操作,受人为因素的影响较大,结果不稳定。许多单位都在探索一些新方法,以减少人为因素的影响,如《土工试验方法标准》(GB/T 50123—2019)(以下简称《标准》)介绍的液限、塑限联合测定法。

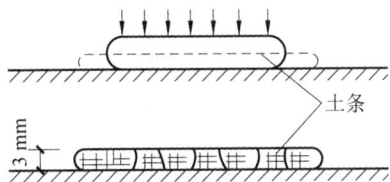

图 1-15　塑限试验

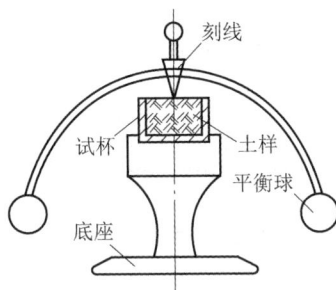

图 1-16　锥式液限仪

联合测定法求液限、塑限是采用液塑限联合测定仪,以电磁放锥法对黏性土样以不同的含水率进行若干次试验,并按测定结果在双对数坐标纸上作出 76 g 圆锥入土深度与含水率的关系曲线。大量试验资料证明,它接近一条直线(见图 1-17),并且圆锥仪法及搓条法得到的液限、塑限分别对应该直线上圆锥入土深 10 mm 及 2 mm 的含水率值。因此,《标准》规定,使用液塑限联合测定仪对土样以不同含水率做几次(3 次以上)试验,即可在双对数坐标纸上以相应的几个点近似地定出直线,然后在直线上求出液限和塑限。

2. 黏性土的塑性指数

液限与塑限的差值称为塑性指数,用符号 I_p 表示,即

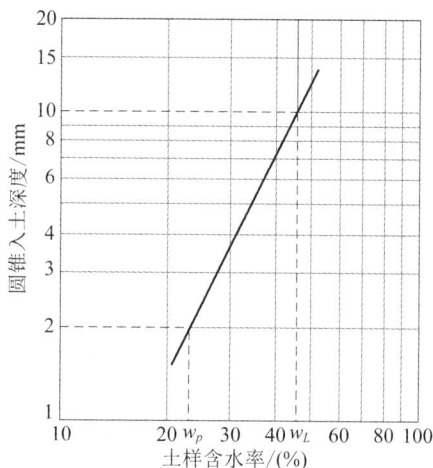

图 1-17　圆锥入土深度与含水率的关系

$$I_p = w_L - w_p \tag{1-20}$$

式中 w_L 和 w_p 用百分数表示,计算所得的塑性指数 I_p 也应用百分数表示,但是习惯上 I_p 不带百分号,如 $w_L = 36\%$、$w_p = 21\%$、$I_p = 15$。液限与塑限之差越大,说明土体处于可塑状态的含水率变化范围越大。也就是说,塑性指数的大小与土中结合水的含量有直接关系。从土的颗粒讲,土粒越细、黏粒含量越高,其比表面积越大,则结合水越多,塑性指数 I_p 也越大。从土的矿物成分讲,土中含蒙脱石越多,塑性指数 I_p 越大。此外,塑性指数 I_p 还与水中离子浓度和成分有关。

由于 I_p 反映了土的塑性大小和影响黏性土特征的各种重要因素,因此,《规范》用 I_p 作为黏性土的分类标准(见表 1-6)。

表 1-6　黏性土按塑性指数分类

土的名称	塑性指数
黏土	$I_p > 17$
粉质黏土	$10 < I_p \leqslant 17$

3. 黏性土的液性指数

土的天然含水率与塑限的差与塑性指数的比称为土的液性指数,用符号 I_L 表示,即

$$I_L = \frac{w - w_p}{I_p} = \frac{w - w_p}{w_L - w_p} \tag{1-21}$$

由式(1-21)可知,当天然含水率 w 小于 w_p 时,I_L 小于 0,土体处于固态或半固态;当 w 大于 w_L 时,$I_L > 1$,天然土体处于流动状态;当 w 在 w_p 与 w_L 之间时,I_L 在 0~1 之间,天然土体处于可塑状态。因此,可以利用液性指数表示黏性土所处的天然状态。I_L 值越大,土体越软;I_L 值越小,土体越坚硬。

《规范》按 I_L 的大小将黏性土划分为坚硬、硬塑、可塑、软塑和流塑五种软硬状态(见表 1-7)。

表 1-7　黏性土软硬状态的划分

液性指数	$I_L \leqslant 0$	$0 < I_L \leqslant 0.25$	$0.25 < I_L \leqslant 0.75$	$0.75 < I_L \leqslant 1$	$I_L > 1$
状态	坚硬	硬塑	可塑	软塑	流塑

4. 黏性土的灵敏度

处在天然状态的黏性土一般都具有一定的结构性,当受到外界扰动时,其强度降低,压缩性增大。土体的这种受扰动而降低强度的性质通常用灵敏度衡量。原状土的强度与同一种土经重塑后(含水率保持不变)的强度之比称为土的灵敏度,用符号 S_t 表示,即

$$S_t = \frac{q_u}{q'_u} \tag{1-22}$$

式中:q_u——原状试样的无侧限抗压强度,单位为 kPa;

q'_u——重塑试样的无侧限抗压强度,单位为 kPa。

根据灵敏度 S_t 的大小,可将黏性土分为不灵敏、低灵敏、中等灵敏、灵敏、很灵敏和流动六类,详见学习情境 4 有关内容。土体灵敏度越高,结构性越强,受扰动后强度降低越多,所以在这类地基上进行施工时,应特别注意保护基槽,尽量减少对土体的扰动。工程中因土体受扰动而发生的事故时有发生。

饱和黏性土的结构受到扰动,导致强度降低,当扰动结束后,土的强度随时间变化而逐渐增长,但有一部分强度不能恢复。在黏性土地基上打桩或进行重锤夯实时,地基土的强度因受扰动而降低,在施工结束后,土的强度逐渐恢复。因此,在施工结束一定时间后再进行测试,所获得的结果才是接近实际的。

由此可见,上述利用 I_L 判别出的黏性土的状态只能代表黏性土重塑后的状态,而原状土的状态还与其有所差异,两者之间的关系还有待进一步探讨。

任务5　土的击实原理

人类在很早以前就用土作为工程材料以修筑道路、堤坝和用土修筑某些建筑物。通过实践人们认识到使土变密可以显著地改善土的力学特性。公元前 200 多年,我国秦朝修建行车大道时就已懂得用铁锤夯土使之坚实的道理。后来的工程实践证明,对填土或软土进行地基处理(见第二部分学习情境 9),设法使土变密是一种经济、合理改善土的工程性质的措施。

土的击实原理

在路基、堤坝填筑过程中,土体都要经过夯实或击(压)实。软弱地基也可以用重锤夯实或机械碾压的方法进行一定程度的改善。挡土墙、地下室周围的填土、房心回填土也要经过夯实。所以,有必要研究在击(压)实下土的密度变化的特性,这就是土的击实。研究击实的目的在于用最小的击实功把土击实到所要求的密度。通常可在室内用击实仪进行击实试验,也可在现场用碾压机械进行填筑碾压试验。限于篇幅,本书仅介绍室内击实试验。

实践证明,对过湿的土进行夯实或碾压会出现软弹现象(俗称橡皮土),此时土的密度是不会增大的;对很干的土进行夯实或碾压,也不能将土充分压实。所以,要使土的压实效果最好,含水率一定要适宜。在一定的击实能量作用下土最容易被压实,并能达到最大密实度,这时的含水率称为土的最优含水率(或称最佳含水率),用 w_{op} 表示,相对应的干密度称为最大干密度,用 $\rho_{d_{max}}$ 表示。

室内击实试验方法大致过程(详见《标准》)是把某一含水率的试样分三层放入击实筒内,每放一层用击实锤打击一定击数,对每一层土所做的击实功为锤体质量、锤体落距和击打次数三者的乘积,将土层分层击实至满筒后(试验时,使击实土稍超出筒高,然后将多余部分削去),测定击实后土的含水率和湿密度,算出干密度。用同样的方法将五个以上的不同含水率的土样击实,每一土样均可得到击实后的含水率与干密度。以含水率为横坐标、以干密度为纵坐标绘出这些数据点,连接各点绘出的曲线即为能反映土体击实特性的曲线,称为击实曲线。

1. 黏性土的击实特性

用黏性土的击实数据绘出的击实曲线如图 1-18 所示。由图可知,当含水率较低时,随着含水率的增加,土的干密度逐渐增大,表明压实效果逐步提高;当含水率超过某一限量 w_{op} 时,干密度随着含水率增大而减小,即压密效果下降。这说明土的压实效果随着含水率变化而变化,并在击实曲线上出现一个峰值,相应于这个峰值的含水率就是最优含水率。

黏性土的击实机理为:当含水率较小时,土中水主要是强结合水,土粒周围的水膜很薄,颗粒间具有很大的分子引力,阻止颗粒移动,受到外力作用时不易改变原来位置,因此压实就比较困难;当含水率适当增大时,土中结合水的水膜变厚,土粒间的连接力减弱而使土粒易于移动,压实效果就变好;但当含水率继续增大时,土中水膜变厚,以致土中出现了自由水,击实时由于土样受力时间较短,孔隙中过多的水分不易立即排出,势必阻止土粒靠拢,所以击实效果反而下降。

通过大量试验,人们发现,黏性土的最优含水率 w_{op} 与土的塑限很接近,大约是 $w_{op}=w_p+2\%$。因此,当土中所含黏土矿物越多、颗粒越细时最优含水率越大。最优含水率还与击实功的大小有关。对同一种土,如果用人力夯实或轻量级的机械压实,因为能量较小,要求土粒间有更多的水分使其润滑,因此最优含水率较大,得到的最大干密度较小,如图 1-19 中的曲线 3 所示。当用机械夯实或用重量级的机械压实时,压实能量大,得出的击实曲线如图 1-19 中的曲线 1 和 2 所示。所以当土体压实程度不足时,可以加大击实功,以达到所要求的密度。

正如前文所述,土粒级配对压实效果影响很大,均匀颗粒的土不如不均匀的土容易压实。

图 1-19 中还给出了理论饱和曲线,它表示了当土处于饱和状态时含水率与干密度的关系。击实试验不可能将土击实到完全饱和状态,击实过程只能将与大气相通的气体排出去,而封闭气体无法排出,仅能产生部分压缩。试验证明,黏性土在最优含水率时,压实到最大干密度,其饱和度一般为 0.8 左右。因此,击实曲线位于饱和曲线的左下方,且不会相交。

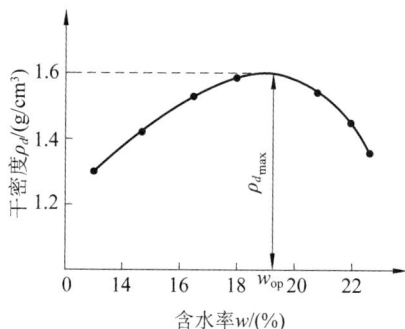

图 1-18 黏性土的击实曲线

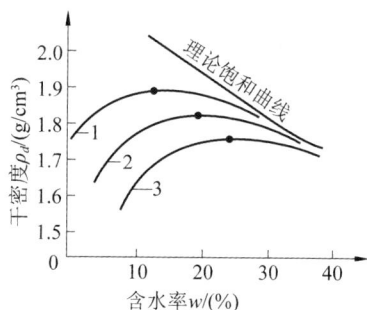

图 1-19 击实功对击实曲线的影响

2. 无黏性土的击实特性

相对于黏性土来说,无黏性土具有下列特性:颗粒较粗,颗粒之间没有或只有很小的黏聚力,不具有可塑性,多呈单粒结构,压缩性小,透水性高,抗剪强度较大,且含水率的变化对它的性质影响不显著。因此,无黏性土的击实特性与黏性土相比有显著差异。

用无黏性土的击实试验数据绘出的击实曲线如图 1-20 所示。由图可以看出,在风干和饱和状态下,击实都能得出较好的效果。其机理是在这两种状态时不存在假黏聚力。在这两种状态之间时,击实受假黏聚力的影响,击实效果较差。

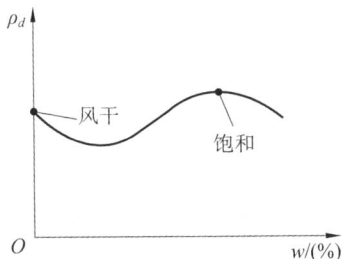

图 1-20　无黏性土的击实曲线

工程实践证明,对于无黏性土的压实,只有具有一定静荷载与动荷载联合作用,才能达到较好的压实度。所以,对不同性质的无黏性土,振动碾是最为理想的压实工具。

任务6　地基土(岩)的工程分类

对地基土(岩)进行工程分类的目的是判别土的工程特性和评价土作为建筑材料的适宜性。把工程性质接近的土划为一类,这样既便于对土选择正确的研究方法,也便于对土作出合理的评价,又能使工程人员对土有共同的概念,便于经验交流。因此,必须选择对土的工程性质最有影响、最能反映土的基本属性和便于测定的指标作为分类的依据。

土的工程分类

地基土(岩)的分类方法很多,我国不同行业根据其用途采用各自的分类方法。建筑物地基的岩、土主要依据它们的工程性质和力学性能分为岩石、碎石土、砂土、粉土、黏性土和人工填土等。

一、岩石的工程分类

岩石是颗粒间牢固联结,呈整体或具有节理裂隙的岩体。它作为建筑场地和建筑物地基,除应确定岩石的地质名称外,还应划分坚硬程度、完整程度和质量等级。

(1)岩石按其成因分为岩浆岩、沉积岩和变质岩(详见学习情境1任务1中土的生成)。

(2)岩石的坚硬程度应根据岩块的单轴饱和抗压强度标准值 f_{rk} 按表 1-8 分为坚硬岩、

较硬岩、较软岩、软岩和极软岩。

表 1-8　岩石坚硬程度划分

坚硬程度类别	坚硬岩	较硬岩	较软岩	软岩	极软岩
单轴饱和抗压强度标准值 f_{rk}/MPa	$f_{rk}>60$	$60 \geqslant f_{rk}>30$	$30 \geqslant f_{rk}>15$	$15 \geqslant f_{rk}>5$	$f_{rk} \leqslant 5$

当缺乏单轴饱和抗压强度资料或不能进行该项试验时,可在现场通过观察定性划分,划分标准可按表 1-9 执行。岩石的风化程度可分为未风化、微风化、中风化、强风化和全风化。

表 1-9　岩石坚硬程度的定性划分

名称		定性鉴定	代表性岩石
硬质岩	坚硬岩	锤击声清脆,有回弹,振手,难击碎;基本无吸水反应	未风化或微风化的花岗岩、闪长岩、辉绿岩、玄武岩、鞍山岩、片麻岩、石英岩、硅质砾岩、石英砂岩、硅质石灰岩
	较硬岩	锤击声较清脆,有轻微回弹,稍振手,较难击碎;有轻微吸水反应	① 微风化的坚硬岩; ② 未风化或微风化的大理岩、板岩、石灰岩、钙质砂岩等
软质岩	较软岩	锤击声不清脆,无回弹,较易击碎;指甲可划出印痕	① 中风化的坚硬岩和较硬岩; ② 未风化或微风化的凝灰岩、千枚岩、砂质泥岩、泥灰岩等
	软岩	锤击声哑,无回弹,有凹痕,易击碎;浸水后,可捏成团	① 强风化的坚硬岩和较硬岩; ② 中风化的较软岩; ③ 未风化或微风化的泥质砂岩、泥岩等
极软岩		锤击声哑,无回弹,有较深凹痕,手可捏碎;浸水后,可捏成团	① 风化的软岩; ② 全风化的各种岩石; ③ 各种半成岩

（3）岩体完整程度应按表 1-10 划分为完整、较完整、较破碎、破碎和极破碎。

表 1-10　岩体完整程度划分一

完整程度等级	完整	较完整	较破碎	破碎	极破碎
完整性指数	>0.75	0.75～0.55	0.55～0.35	0.35～0.15	<0.15

注:完整性指数为岩体纵波波速与岩块纵波波速之比的平方,选定岩体、岩块测定波速时应注意其代表性。

当缺乏试验数据时,岩体完整程度划分按表 1-11 执行。

表 1-11　岩体完整程度划分二

名称	结构面组数	控制性结构面平均间距/m	相应结构类型
完整	1～2	>1.0	整状结构
较完整	2～3	0.4～1.0	块状结构
较破碎	>3	0.2～0.4	镶嵌状结构
破碎	>3	<0.2	碎裂状结构
极破碎	无序	—	散体状结构

（4）岩石的质量等级应按表 1-12 划分。

表 1-12 岩石的质量等级划分

名称	完整	较完整	较破碎	破碎	极破碎
坚硬岩	I	II	III	IV	V
较硬岩	II	II	III	IV	V
较软岩	III	III	III	V	V
软岩	IV	IV	V	V	V
极软岩	V	V	V	V	V

二、碎石土的工程分类

碎石土为粒径大于 2 mm 的颗粒含量超过全重 50% 的土。根据粒组含量和颗粒形状划分为漂石、块石、卵石、碎石、圆砾、角砾。碎石土可按表 1-13 划分。

表 1-13 碎石土的分类

土的名称	颗粒形状	粒组含量
漂石	圆形及亚圆形为主	粒径大于 200 mm 的颗粒含量超过全重的 50%
块石	棱角形为主	
卵石	圆形及亚圆形为主	粒径大于 20 mm 的颗粒含量超过全重的 50%
碎石	棱角形为主	
圆砾	圆形及亚圆形为主	粒径大于 2 mm 的颗粒含量超过全重的 50%
角砾	棱角形为主	

注：分类时应根据粒组含量栏从上到下以最先符合者确定。

三、砂土的工程分类

砂土是粒径大于 2 mm 的颗粒含量不超过全重 50%、粒径大于 0.075 mm 的颗粒含量超过全重 50% 的土。根据各粒组含量，砂土分为砾砂、粗砂、中砂、细砂和粉砂（见表 1-14）。

表 1-14 砂土分类

砂土的名称	粒组含量
砾砂	粒径大于 2 mm 的颗粒含量占全重的 25%～50%
粗砂	粒径大于 0.5 mm 的颗粒含量超过全重的 50%
中砂	粒径大于 0.25 mm 的颗粒含量超过全重的 50%
细砂	粒径大于 0.075 mm 的颗粒含量超过全重的 85%
粉砂	粒径大于 0.075 mm 的颗粒含量超过全重的 50%

注：分类时应根据粒组含量栏从上到下以最先符合者确定。

砂土的密实度按标准贯入锤击数 N 可分为密实、中密、稍密和松散四种。砂土的湿度按饱和度 S_r 可分为稍湿、很湿和饱和三种（见表 1-15）。

表 1-15　砂土湿度按饱和度 S_r 划分

饱和度	$S_r \leqslant 50\%$	$50\% < S_r \leqslant 80\%$	$S_r > 80\%$
湿度	稍湿	很湿	饱和

四、黏性土的工程分类

黏性土应为塑性指数 $I_p > 10$ 的土,可按表 1-6 分为黏土和粉质黏土。

由于黏性土的工程性质与土的成因、生成年代的关系很密切,不同成因或不同生成年代的黏性土即使某些物理性质指标很接近,其工程性质也可能相差悬殊。因此,某些行业标准与规范又将黏性土按生成年代进行分类,在此不赘述。

五、粉土的工程分类

粉土是介于砂土与黏性土之间,塑性指数 $I_p \leqslant 10$,且粒径大于 0.075 mm 的颗粒含量不超过全重 50% 的土。粉土按表 1-16 分类。

表 1-16　粉土的分类

土的名称	粒组含量
粉土	粒径小于 0.005 mm 的颗粒含量超过全重的 10%
砂质粉土	粒径大于 0.075 mm 的颗粒含量超过全重的 30%

六、常见的特殊土

1. 人工填土

人工填土是指由于人类活动而堆填的土。这类土物质成分复杂、均匀性差。根据其组成和成因,可分为素填土、杂填土、冲填土和压实填土。

素填土为由碎石土、砂土、粉土、黏性土等组成的填土,不含杂质或含杂质很少。经分层压实或夯实的素填土称为压实填土。杂填土为含有建筑垃圾、工业废料、生活垃圾等杂物的填土。冲填土为由水力冲填泥砂形成的填土。

工程中遇到的人工填土在各地均不相同。在古城区的人工填土一般都保留着人类活动的遗物或古建筑的碎砖、瓦砾、灰渣等(俗称房渣土)。山区建设和新城区、新开发区建设中的人工填土一般填土的时间较短。城市市区的人工填土常会有不少炉渣、生活垃圾及建筑垃圾等杂填土。

2. 软土

软土是指沿海的滨海相、溺谷相,内陆或山区的河流相、湖泊相、沼泽相等主要由细粒土组成的高压缩性、高含水率、大孔隙比、低强度的土层,包括淤泥、淤泥质土。这类土大多具有高灵敏度的特性。

淤泥是在静水或缓慢流水环境中沉积,并经过生物、化学作用,天然含水率大于液限,天然孔隙比大于或等于 1.5 的黏性土。天然含水率大于液限而天然孔隙比小于 1.5 但大于 1.0 的黏性土或粉土为淤泥质土。土的有机质含量大于 5% 时称为有机质土,大于 60% 时称为泥炭。

由于海浪的作用,沿海地区的淤泥和淤泥质土有极薄的粉土夹层,俗称"千层饼"土。这类土的强度很低、压缩性很高,作为建筑地基,往往需要进行人工处理。

3. 湿陷性土

湿陷性土是土体在一定压力下受水浸湿后产生湿陷变形达到一定数值的土,可进一步划分为自重湿陷性土和非自重湿陷性土。湿陷性土的湿陷性可由湿陷系数衡量,当自重湿陷系数 δ_{zs} 大于或等于 0.015 时为湿陷性土,即

$$\delta_{zs} = \frac{h_z - h_z'}{h_o} \tag{1-23}$$

在工程设计中应高度重视土的这种特性,以防出现重大工程事故。

4. 膨胀土

膨胀土一般是指黏粒成分主要由亲水性黏土矿物所组成的黏性土,受温度、湿度的变化影响,可产生强烈的胀缩变形,同时具有吸水膨胀和失水收缩的特性。在这类地基上修建建筑物,当土体吸水膨胀时,强烈的膨胀力可能使建筑物发生破坏,而当土体失水收缩时,建筑物可能产生大量裂隙,使土体自身强度下降或消失。

5. 红黏土

红黏土是碳酸盐岩系的岩石经过红土化作用形成的高塑性黏土,其液限一般大于 50%。红黏土经再搬运后仍保留其基本特性,液限大于 45% 的土应定义为次生红黏土。

除上述几种特殊土之外,还有多年冻土、混合土、盐渍土、污染土(如油浸土)等,它们都具有显著的工程特性,有关内容可参考有关文献。

知识拓展

土力学发展过程中涌现出的著名学者

实施科教兴国战略必须坚持科技是第一生产力、人才是第一资源、创新是第一动力,要深入实施科教兴国战略、人才强国战略、创新驱动发展战略,开辟发展新领域新赛道,不断塑造发展新动能、新优势。以下是土力学发展过程中涌现出的著名学者,他们是岩土领域科教兴国的典范。

(1) 陈宗基(1922—1991):福建安溪人。1954 年,在国际上率先开辟土的流变学研究,接着又率先进行岩石流变学研究。在国际上最早创立了土流变学。鉴于长江三峡等水利水电工程的需求,他又深入研究岩石流变学,并将研究成果成功用于多项工程。可见,陈宗基的理论研究是"从实践中来,再到实践中去"。

(2) 黄文熙(1909—2001):江苏吴江人。我国土力学奠基人之一,中国科学院学部委员(院士)。1939 年,在国内大学中率先开设土力学课程,建立土力学试验室。在砂土液化、黏性土固结、弹塑性本构关系、水力劈裂等土力学前沿领域均有重大建树。

学习资源

思考题二维码　　　　习题二维码

小　结

1. 土的定义

地球表面的岩石经风化、剥蚀、搬运、沉积而形成的松散集合物。

2. 土的组成

固体颗粒——土体骨架部分。土由大小不同的颗粒组成,土颗粒的形状、大小、矿物成分及组成情况是决定土的物理力学性质的主要因素。土的颗粒级配可以在一定程度上反映土的某些性质。

液体——主要是水,对细粒土的性质影响很大。根据存在形式可将其分为结晶水、结合水和自由水。

气体——根据存在形式分为与大气连通气体和封闭气体。

3. 土的物理性质指标(三相比例指标)

直接测定的指标: ρ 、d_s 、w 。

间接换算的指标: ρ_d 、γ' 、ρ_{sat} 、e 、n 、S_r 。

4. 土的物理状态指标

1) 砂土的密实度

通常用砂土的相对密实度衡量砂土的密实度状态。相对密实度从理论上能反映土粒级配、形状等因素,但其精度无法保证。

2) 黏性土的稠度

黏性土的界限含水率——缩限 w_s 、塑限 w_p 、液限 w_L ,以及 w_p 、w_L 的测定方法。

塑性指数: $I_p = w_L - w_p$ 。

液性指数: $I_L = \dfrac{w - w_p}{I_p}$ 。

5. 土的击实特性

细粒土的密实程度是可以改变的,在一定的击实功下,其密实程度(压实效果)随含水率变化而变化,并在击实曲线上出现一个峰值,该峰值对应的含水率为最优含水率,对应的干密度为最大干密度。粗粒土在风干或饱和状态下易于压实。

6. 地基土的工程分类

粗粒土(粒径大于 $0.075\ \text{mm}$)按颗粒形状、粒径大小和级配状况分类,细粒土(粒径小于 $0.075\ \text{mm}$)按塑性指数分类(有时需考虑其形成年代)。

学习情境 2
土中应力计算

单元导读

物体由于外因(受力、湿度、温度场变化等)而变形时,会在物体内各部分之间产生相互作用的内力,单位面积上的内力称为应力。与截面垂直的应力称为正应力或法向应力,与截面相切的应力称为剪应力或切应力。作为材料之一的土也存在内力、应力,土体中的应力即为本部分的重点学习内容。

基本要求

本章主要讲述土中自重应力和附加应力的概念、计算方法及其分布规律,以及饱和土有效应力概念、原理和一般计算方法。通过本章的学习,应达到以下目标。

① 学习并掌握土中应力的基本形式及基本定义;

② 熟练掌握土中各种应力在不同条件下的计算方法;

③ 熟知附加应力在土中的分布规律;

④ 了解非均匀地基中附加应力的变化规律及修正方法。

重点

土中自重应力和基底压力的分析与计算。

难点

地基土中附加应力的计算。

思政元素

本课程融入的思政内容主要包括:① 扎根基层意识;② 质量与安全意识;③ 工程法规意识;④ 精益求精;⑤ 工程创新意识。

　　在根据建筑物的上部结构条件(建筑物的用途和安全等级、建筑布置、上部结构类型等)和工程地质条件(建筑场地、地基岩土和气候条件等),以及其他方面的要求(工期、施工条件、造价和节约资源等)进行基础工程设计时,最基本也是最重要的任务就是遵循确保建筑物安全、经济和正常使用的基本原则,确定基础类型和尺寸,以及地基的沉降、承载力和稳定性等是否满足工程要求。而解决这些问题的前提就是要根据上部荷载和地基基础条件分析计算地基土中的应力及其分布规律。因此,在土力学和基础工程中,分析计算地基土的沉降、承载力和稳定性等问题,必须首先计算土中的应力。从工程角度考虑,土中应力计算也是基础工程设计和施工的依据。本章研究土中应力计算问题,为后面各章及基础工程设计奠定基础。

　　为了对建筑物地基进行稳定性分析和沉降(变形)计算,首先必须了解和计算建筑物修建前后土体中的应力。

　　在实际工程中,地基土中应力主要包括:① 由土体自重引起的自重应力;② 由建筑物荷载于地基土体中引起的附加应力;③ 水在孔隙中流动产生的渗透应力;④ 由于地震作用在土体中引起的地震应力或其他振动荷载作用在土体中引起的振动应力等。本章只介绍自重应力和附加应力,如图 2-1 所示。

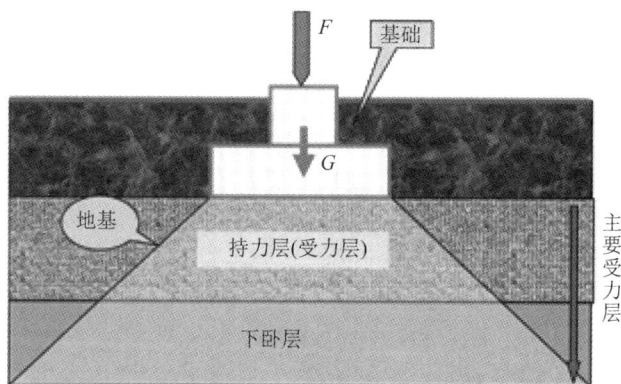

图 2-1　地基中自重应力和附加应力示意图

　　地基土中应力计算通常采用经典的弹性力学方法求解,即假定地基是均匀、连续、各向同性的半无限空间线性弹性体。这样的假定与土的实际情况不尽相符,实际地基土体往往是层状、非均质、各向异性的弹塑性材料。但在通常情况下,尤其在中、小应力条件下,弹性理论计算结果与实际较为接近,且计算方法比较简单,能够满足一般工程设计的要求。

任务 1　　土中的自重应力

　　如图 2-2 所示,在地基中,土体的自重引起自重应力,当把地基土视为无限空间体时,由天然土重引起的垂直方向的自重应力按下式计算:

$$\sigma_{cz} = \gamma z \tag{2-1}$$

式中:σ_{cz}——垂直方向土的自重应力,单位为 kPa;

　　　γ——土的天然重度,单位为 kN/m³;

　　　z——地面至计算点之间的距离,单位为 m。

自重应力

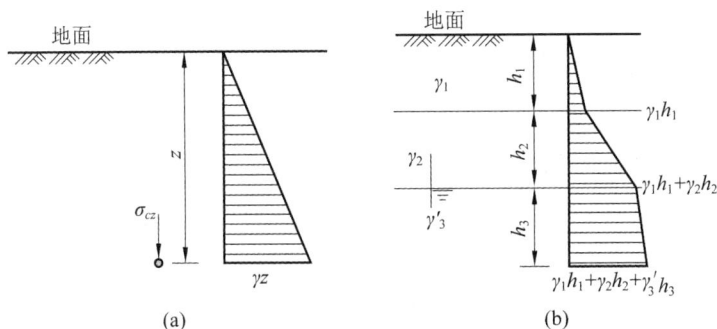

图 2-2　土自重应力示意图

　　由式(2-1)可知,σ_{cz} 随深度加深成正比例增加,沿水平面均匀分布。

　　一般情况下,地基是成层的或有地下水存在的,各层土的重度各不相同。若天然地面下深度 z 范围内各土的厚度自上而下分别 $h_1,h_2,\cdots,h_n$,相应的重度为 $\gamma_1,\gamma_2,\cdots,\gamma_n$,则 z 深度处的竖向自重应力可按下式进行计算:

$$\sigma_{cz} = \gamma_1 h_1 + \gamma_2 h_2 + \cdots + \gamma_n h_n = \sum_{i=1}^{n} \gamma_i h_i \tag{2-2}$$

式中:n——从天然地面到深度 z 处的土层数;

　　　γ_i——第 i 层土的重度,地下水位以下用浮重度 γ_i' 表示,单位为 kN/m³;

　　　h_i——第 i 层土的厚度,单位为 m。

　　按式(2-2)计算出各土层界面处的自重应力后,在所计算竖直线的左侧用水平线按一定比例将自重应力表示出来,再用直线连接,即得到成层土的自重应力分布线。图 2-2(b)是由三层土组成的土体,在第三层底面处土体竖向方向的自重应力为 $\sigma_{cz} = \gamma_1 h_1 + \gamma_2 h_2 + \gamma_3' h_3$。

　　地基中除在水平面上作用着竖向自重应力外,在竖向面上也作用着水平向的自重应力,根据弹性力学,由广义胡克定律知 $\varepsilon_x = \varepsilon_y$,$\varepsilon_x = \dfrac{\sigma_x}{E_0} - \dfrac{\mu(\sigma_y + \sigma_z)}{E_0} = \varepsilon_y = 0$,经过整理后得

$$\sigma_{cx} = \sigma_{cy} = k_0 \sigma_{cz} \tag{2-3}$$

式中:k_0——土的侧压力系数(也称静止土压力系数),其值如表 2-1 所示。

表 2-1 k_0 的经验值

土的种类和状态		k_0
碎石土		$0.18 \sim 0.25$
砂土		$0.25 \sim 0.33$
粉土		0.33
粉质黏土	坚硬状态	0.33
	可塑状态	0.43
	软塑及流塑状态	0.53
黏土	坚硬状态	0.33
	可塑状态	0.53
	软塑及流塑状态	0.72

水平面与竖向面剪应力为零,即

$$\tau_{zx} = \tau_{xy} = \tau_{yz} = 0 \tag{2-4}$$

应该说明,只有通过土粒接触点传递的粒间应力才能使土粒相互挤密,从而引起地基变形,并且具有粒间的这种应力才能影响土体的强度,因此,粒间传递应力称为有效应力。土的自重应力是指由土体自身有效重力引起的应力,土中竖向和水平向的自重应力均指有效应力在进行自重应力计算时,地下水位以下土层必须以浮重度(即有效重度)γ'代替天然重度 γ。

自然界中的天然土层一般从形成至今已经经历了很长的地质年代,在自重应力作用下引起的压缩变形早已完成。但对于近期沉积或堆积而成的土层,因为在自重作用下压缩变形还未完成,即所谓欠固结土(详见地基变形部分),应考虑在自重作用下还将产生一定的变形。

另外,地下水位的升降会引起自重应力的变化(见图 2-3),故应对造成地面高程的变化引起足够重视。近年来华北东部地区大范围地面沉降就是长期过量开采地下水,使地下水位下降造成的。

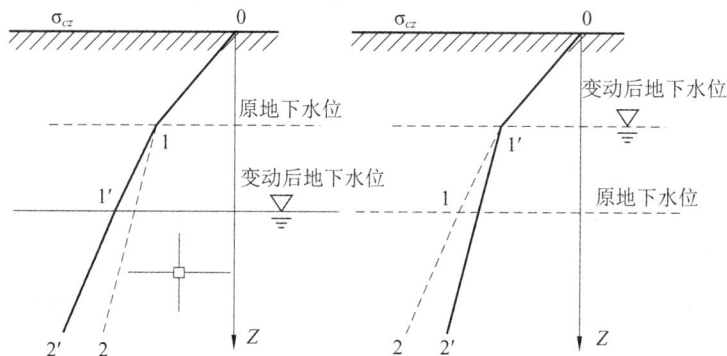

图 2-3   地下水位升降对自重应力的影响

例 1　某地基土由四层土组成,厚度与容重如图 2-4(a)所示,试计算每土层接触面处的竖向自重应力,并画出应力曲线。

解　1—1 面:

$$\sigma_{cz_1} = \gamma_1 h_1 = 18.23 \times 2.5 \text{ kPa} = 45.58 \text{ kPa}$$

2—2 面:

$$\sigma_{cz_2} = \sigma_{cz_1} + \gamma_2 h_2 = (45.58 + 18.62 \times 2) \text{ kPa} = 82.82 \text{ kPa}$$

3—3 面:

$$\sigma_{cz_3} = \sigma_{cz_2} + \gamma'_3 h_3 = (82.82 + 9.8 \times 1.5) \text{kPa} = 97.52 \text{ kPa}$$

4—4 面:

$$\sigma_{cz_4} = \sigma_{cz_3} + \gamma'_4 h_4 = (97.52 + 9.4 \times 2) \text{kPa} = 116.32 \text{ kPa}$$

各土层的应力曲线如图 2-4(b)所示。

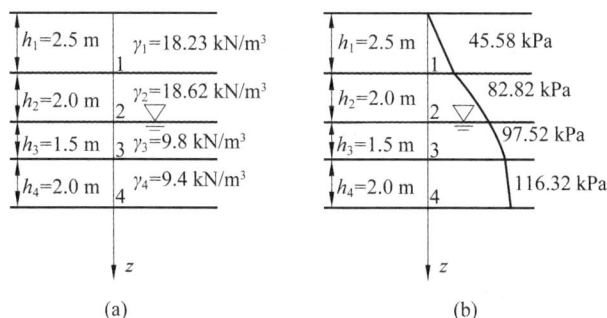

图 2-4　地基自重应力相关指标

例 2　某工地地基剖面如图 2-5(a)所示,基岩埋深 7.5 m,其上分别为粗砂及黏土层,粗砂层厚 4.5 m,黏土层厚 3.0 m,地下水位在地面下 2.1 m 处,各土层的物理性质指标标于图中,计算点 0、1、2、3 处 σ_{cz} 的大小,并绘出其分布图(提示:黏土层完全饱和)。

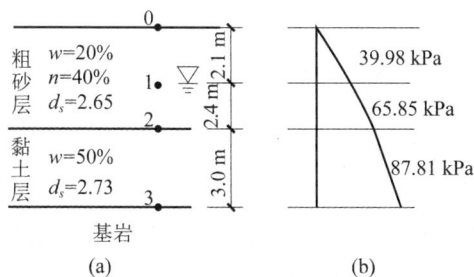

图 2-5　地基自重应力相关指标

解　(1) 计算各土层的重度。

粗砂层:

$$e = \frac{n}{1-n} = \frac{0.4}{1-0.4} = 0.67$$

$$\gamma = \frac{d_s(1+w)}{1+e}\gamma_w = \frac{2.65(1+0.20)}{1+0.67} \times 10 \text{ kN/m}^3 = 19.04 \text{ kN/m}^3$$

$$\gamma_{sat} = \frac{\gamma_s + e\gamma_w}{1+e} = \frac{2.65 + 0.53}{1+0.53} \times 10 \text{ kN/m}^3 = 20.78 \text{ kN/m}^3$$

黏土层:

$$S_t = 1 \text{ 时}, e = wd_s = 0.50 \times 2.73 = 1.365$$

$$\gamma_{sat}=\frac{\gamma_s+e\gamma_w}{1+e}=\frac{2.73+1.365}{1+1.365}\times10\ kN/m^3=17.32\ kN/m^3$$

（2）各层应力计算。

$$\sigma_{cz_0}=0$$
$$\sigma_{cz_1}=19.04\times2.1\ kPa=39.98\ kPa$$
$$\sigma_{cz_2}=[39.98+(20.78-10)\times2.4]kPa=65.85\ kPa$$
$$\sigma_{cz_3}=[65.85+(17.32-10)\times3.0]\ kPa=87.81\ kPa$$

（3）各土层的应力曲线如图 2-5（b）所示。

例3　试计算如图 2-6 所示土层的自重应力及作用在基岩顶面的土自重应力和静水应力之和，并绘制自重应力分布图。

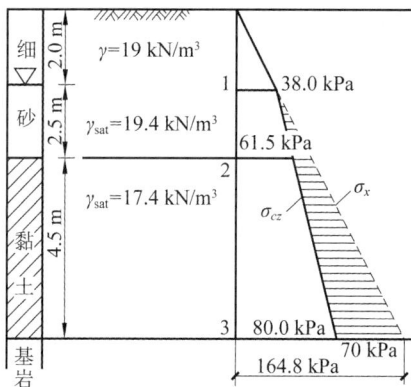

图 2-6　土层的自重应力计算及其分布图

解
$$\sigma_{cz_1}=\gamma_1h_1=19\times2.0\ kPa=38.0\ kPa$$
$$\sigma_{cz_2}=\gamma_1h_1+\gamma_1'h_1=[38.0+(19.4-10)\times2.5]kPa=61.5\ kPa$$
$$\sigma_{cz_3}=\gamma_1h_1+\gamma_1'h_2+\gamma_2'h_3=[61.5+(17.4-10)\times2.5]\ kPa=80.0\ kPa$$
$$\sigma_w=\gamma_w(h_2+h_3)=10\times7.0\ kPa=70.0\ kPa$$

作用在基岩顶面处土的自重应力为 80.0 kPa，静水应力为 70.0 kPa，总应力 $\sigma_x=80.0+70.0=150.0\ kPa$。

注意：① 在此所讨论的自重应力是指土颗粒之间接触点传递的粒间应力，故又称有效自重应力；② 一般土层形成地质年代较长，在自重作用下变形早已稳定，故自重应力不再引起建筑物基础沉降，但对于近期沉积或堆积的土层以及地下水位升降等情况，还应考虑自重应力作用下的变形，这是因为地下水位的变动引起土的重度改变，如图 2-3 所示。在深基坑开挖中，需大量抽取地下水，使地下水位大幅度下降，引起土的重度改变（地下水位下降之后土的重度为天然重度 γ）。显然，地下水位下降之后土的重度 γ 大于之前土的有效重度 γ'，故自重应力增加会造成地表大面积下沉。反之，若地下水位长期上升，如大量工业废水渗入地下的地区或在人工抬高蓄水水位地区，水位上升会引起地基承载力减小、湿陷性土塌陷等现象，必须引起注意。

任务2　基底压力

在计算地基中的附加应力时，必须先知道基础底面处单位面积土体所受到的压力，即基底压力（又称接触压力），它是建筑物荷载通过基础传给地基的压力。

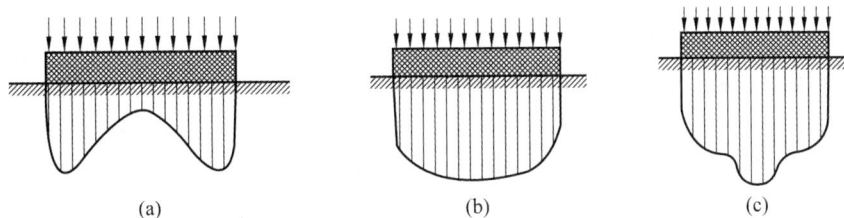

准确地确定基底压力的分布是相当复杂的问题，它既受基础刚度、尺寸、形状和埋置深度的影响，又受作用于基础上荷载的大小、分布和地基土性质的影响。例如，在较硬的黏性土层上，有一受中心荷载作用的圆形刚性基础，当基础周围有刚性基础荷载且荷载不大时，由于存在黏聚力，实测基底压力为马鞍形分布，如图2-7(a)所示；若将该基础放置在砂土地基表面上，基底压力呈抛物线形分布，如图2-7(b)所示。这是由于当基底下土体受压产生变形时，周围的黏性土体靠黏聚力阻止其下沉，使得黏性土地基上基础外围的基底压力较大，中心压力较小；砂土地基上基础边缘的颗粒容易朝外侧挤出，因此外荷载主要由基础中部土粒承担。如果荷载逐渐增大，则基底压力分布趋向一致，当地基接近破坏时，基底压力分布呈钟形，如图2-7(c)所示。

图2-7　圆形刚性基础底面压力分布图

一、中心荷载下的基底压力

在基础受中心荷载作用时，荷载的合力通过基础形心，基底压力呈均匀分布（见图2-8），如果基础为矩形，则基底压力设计值按下式计算：

$$p = \frac{F + G}{A} \tag{2-5}$$

式中：F——作用在基础上的竖向力，单位为 kN；

G——基础自重及其上回填土重的总和，$G = \gamma_G A d$，单位为 kN，γ_G 为基础及回填土的平均重度，一般取 20 kN/m³，地下水位以下应扣除浮力 10 kN/m³，d 为基础埋深，必须从设计地面或室内外平均设计地面算起，单位为 m；

A——基底面积，单位为 m²。

如果基础长度大于宽度10倍，可将基础视为条形基础，则沿长度方向截取一单位长度

进行基底压力 p 计算,此时式(2-5)中的 A 取基础宽度 b,而 F 和 G 为单位长度基础内的相应值,单位为 kN/m。

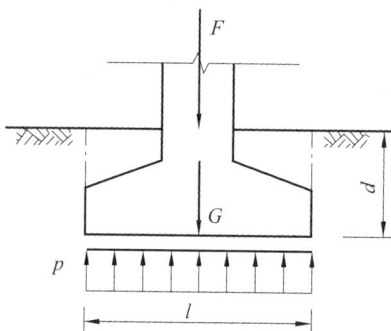

图 2-8　中心荷载作用下的基底压力分布

二、偏心荷载下的基底压力

在单向偏心荷载作用下,设计时通常将基础长边方向定为偏心方向(见图 2-9),此时基础边缘压力可按下式计算:

$$p_{\max(\min)} = \frac{F+G}{bl} \pm \frac{M}{W} = \frac{F+G}{BL}\left(1 \pm \frac{6e}{l}\right) \qquad (2\text{-}6)$$

式中:$p_{\max(\min)}$——基底边缘最大(最小)压力,单位为 kPa;

　　M——作用在基底形心上的力矩,单位为 kN·m;

　　W——基础底面的抵抗矩,$W = \dfrac{bl^2}{6}$,单位为 m³;

　　e——偏心矩,$e = \dfrac{M}{F+G}$,单位为 m。

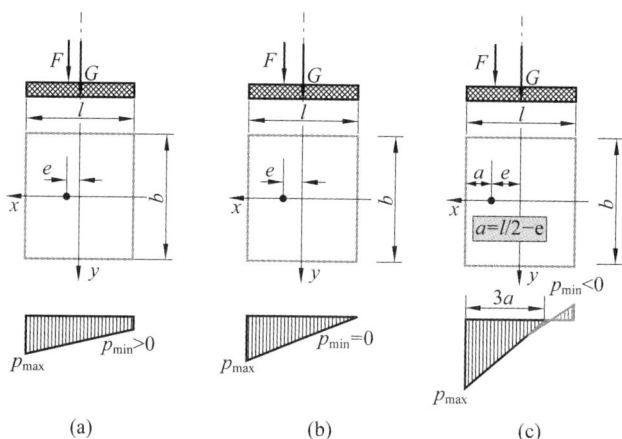

图 2-9　按简化方法计算偏心受压情况下的基底压力

由式(2-6)可知,当 $e < \dfrac{l}{6}$ 时,基底力呈梯形分布(见图 2-9(a));当 $e = \dfrac{l}{6}$ 时,呈三角形分布(见图 2-9(b));当 $e > \dfrac{l}{6}$ 时,按式(2-6)计算出 $p_{\min}$ 为负值,即 $p_{\min} < 0$,如图 2-9(c)中灰色线

所示。由于基底与地基之间承受拉力的能力很小,在 $p_{\min}<0$ 的情况下,基底与地基局部脱开,基底压力将重新分布。由基底压力与上部荷载相平衡的条件,荷载合力($F+G$)应通过三角形反力分布图的形心,由此得

$$\frac{3a}{2}p_{\max}b = F+G$$

化简得

$$p_{\max} = \frac{2(F+G)}{3ab} \tag{2-7}$$

式中:a——合力作用点至 $p_{\max}$ 处的距离,单位为 m。

三、基底附加压力

一般土层在自重作用下已压缩稳定,因此只有新增加于基底平面处的外荷载——基底附加压力才能引起地基变形。

在实际工程中,一般基础都埋置在天然地面以下一定深度处,该处原有的自重应力由于开挖基坑而卸除。因此,由建筑物建造后的基底压力应扣除基底高程处原有的自重应力才是基底处新增加给地基的附加压力,也称基底净压力。基底附加压力可按下式计算(见图2-10):

$$p_0 = p - \sigma_{cz} = p - \gamma_0 d \tag{2-8}$$

式中:p——基底压力,单位为 kPa;

σ_{cz}——基底自重应力,单位为 kPa;

γ_0——基础底面标高以上天然土层的加权平均重度,$\gamma_0 = (\gamma_1 h_1 + \gamma_2 h_2 + \cdots + \gamma_n h_n)/(h_1 + h_2 + \cdots + h_n)$,单位为 kN/m³;

d——基础埋深,从天然地面算起,对新近填土场地,则应从原天然地面算起,单位为 m。

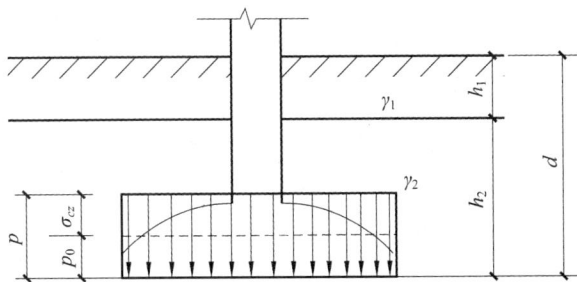

图 2-10 基底附加压力计算简图

有了基底附加压力(即使是作用在地表以下一定深度处的),就可以把它看作是作用在弹性半无限空间体表面上的局部荷载,采用弹性力学公式计算地基中不同深度处的附加压力。应注意:当基坑的平面尺寸和深度相差较大时,由于基底压力的卸除,基坑回弹是很明显的,在计算沉降时,应考虑这种回弹再压缩而增加的沉降,改用 $p_0 = p - \alpha\sigma_{cz}$ 计算,系数 $\alpha = 0\sim1$。

任务 3 土中附加应力

在外荷载作用下,地基中各点均会产生应力,称为附加应力。为说明应力在土中的传递情况,假定地基土是由无数等直径的小圆球组成(见图 2-11)。设地面有 1 kN 的作用力,则第一层受力的小球将受到 1 kN 的竖向力,第二层受力小球增为两个,而每个小球受力减小,各受竖向力 2 kN,以此类推,可知土中小球受力情况如图 2-11 所示。从图中还可看到附加应力的分布规律:① 在荷载轴线上,离荷载越远,附加应力越小;② 在地基中任一深度处的水平面上,沿荷载轴线上的附加应力最大,向两边逐渐减小,该现象称为应力扩散。实际上,应力在地基中的分布、传递情况要比图 2-11 复杂得多,并且基底压力也并非集中力。在计算地基中的附加应力时,一般均假定土体是连续、均质、各向同性的,采用弹性力学解答。下面介绍工程中常遇到的一些荷载情况和应力计算方法。

土中附加应力

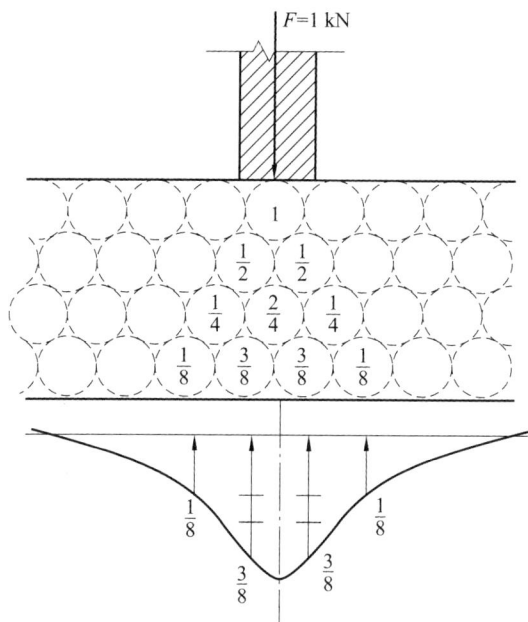

图 2-11 土中应力扩散示意图

一、竖向集中荷载作用下的附加应力

早在 1885 年,法国的布西涅斯克(J. Boussinesg)就推导出弹性半无限空间体(见图 2-12)内任一点 $M(x, y, z)$ 处,由竖向集中力 F 引起的六个应力分量和三个位移分量的计算式为

$$\sigma_x = \frac{3F}{2\pi} \left\{ \frac{x^2 z}{R^5} + \frac{1-2\mu}{3} \times \left(\frac{R^2 - R_z - z^2}{R^3(R+z)} - \frac{X^2(2R+z)}{R^3(R+z)^2} \right) \right\} \tag{2-9a}$$

$$\sigma_y = \frac{3F}{2\pi} \left\{ \frac{y^2 z}{R^5} + \frac{1-2\mu}{3} \times \left(\frac{R^2 - R_z - z^2}{R^3(R+z)} - \frac{y^2(2R+z)}{R^3(R+z)^2} \right) \right\} \tag{2-9b}$$

$$\sigma_z = \frac{3F}{2\pi} \times \frac{z^3}{R^5} = \frac{3F}{2\pi R^2} \cos^3 \vartheta \tag{2-9c}$$

$$\tau_{xy} = \tau_{yx} = -\frac{3F}{2\pi} \left\{ \frac{xyz}{R^5} - \frac{1-2\mu}{3} \times \frac{xy(2R+z)}{R^3(R+z)^2} \right\} \tag{2-10a}$$

$$\tau_{yz} = \tau_{zy} = -\frac{3F}{2\pi} \times \frac{yz^2}{R^5} = -\frac{3Fy}{2\pi R^3} \cos^2 \vartheta \tag{2-10b}$$

$$\tau_{xz} = \tau_{zx} = -\frac{3F}{2\pi} \times \frac{xz^2}{R^5} = -\frac{3Fx}{2\pi R^3} \cos^2 \vartheta \tag{2-10c}$$

$$u = \frac{F(1+\mu)}{2\pi E} \left\{ \frac{xz}{R^3} - (1-2\mu) \frac{x}{R(R+z)} \right\} \tag{2-11a}$$

$$v = \frac{F(1+\mu)}{2\pi E} \left\{ \frac{yz}{R^3} - (1-2\mu) \frac{y}{R(R+z)} \right\} \tag{2-11b}$$

$$w = \frac{F(1+\mu)}{2\pi E} \left[\frac{z^2}{R^3} + 2(1-\mu) \frac{1}{R} \right] \tag{2-11c}$$

式中：σ_x、σ_y、σ_z——平行于 x、y、z 坐标轴的正应力；

τ_{xy}、τ_{yz}、τ_{zx}——剪应力，其中各下标的前一下标为与它作用的微面的法线方向平行的坐标轴，后一下标表示与它作用方向平行的坐标轴；

u、v、w ——M 点沿 x、y、z 轴方向的位移；

F——作用在坐标原点的竖向集中力；

R——应力计算点至坐标原点的距离，$R = \sqrt{x^2 + y^2 + z^2} = \sqrt{r^2 + z^2} = \dfrac{z}{\cos\theta}$；

θ——R 线与 z 轴的夹角；

r——M 点与集中力作用点的水平距离；

E——弹性模量（或用土力学中专用的变形模量 E_0）；

μ——泊松比。

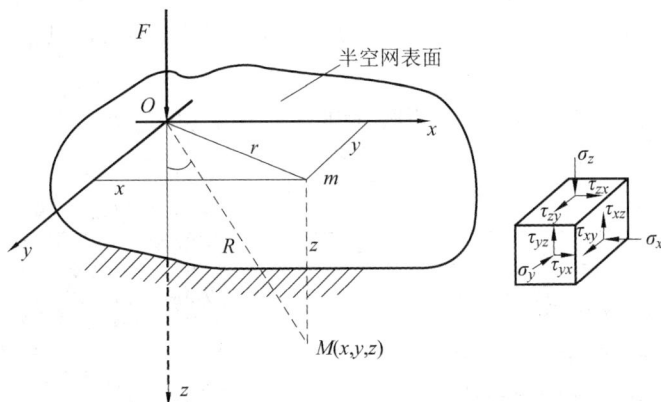

图 2-12 竖向集中力所引起的附加应力

计算最常用的竖向附加应力 σ_z 为

$$\sigma_z = \frac{3F}{2\pi} \times \frac{z^3}{(r^2+z^2)^{\frac{5}{2}}} = \frac{2}{3\pi} \times \frac{1}{\left[\left(\frac{r}{2}\right)^2+1\right]^{\frac{5}{2}}} \times \frac{F}{z^2} \tag{2-12}$$

化简得

$$\sigma_z = \alpha \frac{F}{z^2} \tag{2-13}$$

式中：$\alpha = \frac{2}{3\pi} \times \dfrac{1}{\left[\left(\frac{r}{2}\right)^2+1\right]^{\frac{5}{2}}}$，为竖向集中荷载作用下地基竖向附加应力系数，其值可查表

2-2。

表 2-2　竖向集中荷载作用下地基竖向附加应力系数 α

$\dfrac{r}{z}$	α	$\dfrac{r}{z}$	α	$\dfrac{r}{z}$	α	$\dfrac{r}{z}$	α	$\dfrac{r}{z}$	α
0	0.4775	0.50	0.2733	1.00	0.0844	1.50	0.0251	2.00	0.0085
0.05	0.4745	0.55	0.2466	1.05	0.0744	1.55	0.0224	2.20	0.0058
0.10	0.4657	0.60	0.2214	1.10	0.0658	1.60	0.0200	2.40	0.0040
0.15	0.4516	0.65	0.1978	1.15	0.0581	1.65	0.0179	2.60	0.0029
0.20	0.4329	0.70	0.1762	1.20	0.0513	1.70	0.0160	2.80	0.0021
0.25	0.4103	0.75	0.1565	1.25	0.0454	1.75	0.0144	3.00	0.0015
0.30	0.3849	0.80	0.1386	1.30	0.0402	1.80	0.0129	3.50	0.0007
0.35	0.3577	0.85	0.1226	1.35	0.0357	1.83	0.0116	4.00	0.0004
0.40	0.3294	0.90	0.1083	1.40	0.0317	1.90	0.0105	4.50	0.0002
0.45	0.3011	0.95	0.0956	1.45	0.0282	1.95	0.0095	5.00	0.0001

利用式(2-13)可求出地基中任意点的附加应力值。将地基划分成许多网格，求出各网格交点上的 σ_z 值，即可绘出如图 2-13 所示的土中附加应力分布图（将附加应力相同的点连在一起）及附加应力沿荷载轴线上和不同深度处的水平面上的分布。从图中可清楚地看到：在 $r=0$ 的荷载轴线上，随着深度 z 的增大，σ_z 减小（$z=0$ 时，$\sigma_z=\infty$）；当 z 一定，$r=0$ 时，σ_z 最大，随着 r 的增大，σ_z 逐渐减小。这个规律和前面已阐述的应力在土中传递（扩散）的情况是一致的。

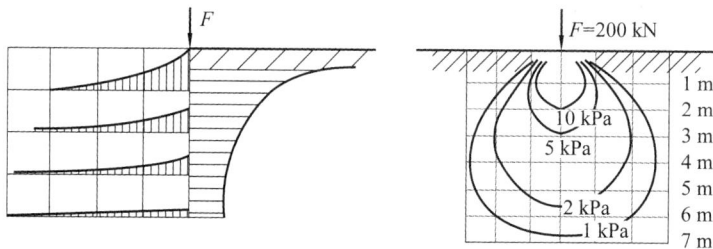

(a) 在荷载轴线及不同深度上 σ_z 的分布　　(b) σ_z 等值线图

图 2-13　土中附加应力分布图

若地基表面作用着多个竖向集中荷载 $F_i(i=1,2,3,\cdots,n)$，则按照叠加原理，地面下 z 深度某点 M 处的竖向附加应力 σ_z 应为各个集中力单独作用时产生的附加应力之和，即

$$\sigma_z = \alpha_1 \frac{F_1}{z^2} + \alpha_2 \frac{F_2}{z^2} + \cdots + \alpha_n \frac{F_n}{z^2} = \sum_{i=1}^{n} \alpha_i \frac{F_i}{z^2} \tag{2-14}$$

式中：α_i——第 i 个集中力作用下地基中的竖向附加应力系数，根据 $\dfrac{r_i}{z}$ 按表 2-2 查得，其中 r_i 为第 i 个集中力作用点到 M 点的水平距离。

例 4 某基础受力示意图如图 2-14 所示，基底尺寸长度 $l=4$ m，宽度 $b=3$ m，其上作用有竖向荷载 $F_1=3600$ kN，水平荷载 $F_2=600$ kN，弯矩 $M_{顶}=100$ kN·m，基础宽度方向没有偏心。基础埋深 $d=3.5$ m，$\gamma_G=20$ kN/m³，$\gamma_0=16$ kN/m³。画出基底压力和基底附加压力示意图。

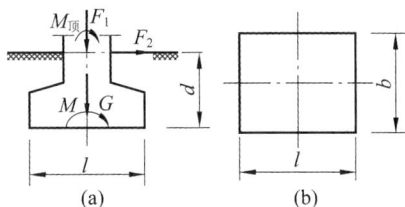

图 2-14　某基础受力示意图

解　基础底面作用的总弯矩：
$$M = M_{顶} + F_2 d = 2200 \text{ kN·m}$$

传到基底的力为 F，偏心距为 e：
$$F = F_1 + \gamma_G \cdot A \cdot d = (3600 + 20 \times 12 \times 3.5) \text{ kN} = 4440 \text{ kN}$$

$$e = \frac{M}{F} = \frac{2200}{4440} \text{ m} = 0.495 \text{ m}$$

单向偏心荷载作用下的基底压力：

当 $e < l/6$ 时，小偏心受压，基底压力呈梯形分布；

当 $e = l/6$ 时，临界偏心受压，基底压力呈三角形分布；

当 $e > l/6$ 时，大偏心受压，基底压力进行重分布。

$e = 0.495 < l/6 = 0.667$，判断为小偏心受压。

偏心受压计算公式：

$$p_{\max(\min)} = \frac{F+G}{A} \pm \frac{M}{W} = \frac{F+G}{A}\left(1 \pm \frac{6e}{l}\right)$$

（1）基底压力：
$$p_{\max} = \frac{F+G}{A} + \frac{M}{W} = \frac{F+G}{A}\left(1 + \frac{6e}{l}\right) = \frac{4440}{4 \times 3}\left(1 + \frac{6 \times 0.495}{4}\right) \text{ kPa} = 645 \text{ kPa}$$

$$p_{\min} = \frac{F+G}{A} - \frac{M}{W} = \frac{F+G}{A}\left(1 - \frac{6e}{l}\right) = \frac{4440}{4 \times 3}\left(1 - \frac{6 \times 0.495}{4}\right) \text{ kPa} = 95 \text{ kPa}$$

（2）基底附加压力：

$$p_{0\max} = p_{\max} - \gamma_0 d = 589 \text{ kPa}$$

$$p_{0\min} = p_{\min} - \gamma_0 d = 39 \text{ kPa}$$

（3）基底水平方向附加压力：

$$p_H = \frac{F_2}{A} = \frac{600}{3 \times 4} \text{ kPa} = 50 \text{ kPa}$$

基底压力和基底附加压力如图 2-15 所示。

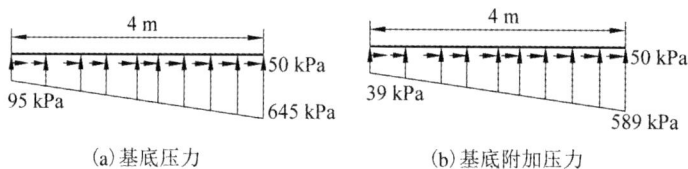

(a)基底压力　　　　　　　　(b)基底附加压力

图 2-15　基底压力和基底附加压力

例 5　基础及基底尺寸同例 4,作用有荷载 $F_1 = 3600$ kN, $F_2 = 600$ kN, $M_顶 = 1600$ kN · m,基础宽度方向没有偏心。基础埋深 $d = 3.5$ m, $\gamma_G = 20$ kN/m³, $\gamma_0 = 16$ kN/m³。画出基底压力和基底附加压力示意图。

解　基础底面作用的总弯矩:

$$M = M_顶 + F_2 d = 3700 \text{ kN} \cdot \text{m}$$

传到基底的力为 F,偏心距为 e,则

$$F = F_1 + \gamma_G \cdot A \cdot d = (3600 + 20 \times 12 \times 3.5) \text{ kN} = 4440 \text{ kN}$$

$$e = \frac{M}{F} = \frac{3700}{4440} \text{ m} = 0.833 \text{ m} > \frac{l}{6}$$

当 $e > l/6$ 时,大偏心受压,基底压力进行重分布。故判断为大偏心受压。

三角形基底反力的合力与上部外荷载的合力 $F_1 + G$ 大小相等、方向相反、互相平衡,由此得出边缘最大压力 p_{max} 的计算公式:

$$\frac{1}{2} p_{max} \times 3a \times b = F_1 + G$$

$$p_{max} = \frac{2(F_1 + G)}{3ba}, \quad a = \frac{l}{2} - e$$

式中:a——偏心荷载作用点(也就是地基反力三角形的中心)到最大压力 p_{max} 作用边缘的距离。

$$a = \frac{l}{2} - e = 1.167 \text{ m}$$

(1)基底压力

$$p_{max} = \frac{2F}{3ba} = \frac{2 \times 4440}{3 \times 3 \times 1.167} \text{ kPa} = 845.5 \text{ kPa}$$

$$p_{min} = 0$$

(2)基底附加压力

$$p_{0max} = p_{max} - \gamma_0 d = (845.5 - 16 \times 3.5) \text{ kPa} = 789.5 \text{ kPa}$$

$$p_{0min} = 0$$

(3)基底水平方向附加压力

$$p_H = \frac{F_2}{A} = \frac{600}{3 \times 4} \text{ kPa} = 50 \text{ kPa}$$

基底压力和基底附加压力如图 2-16 所示。

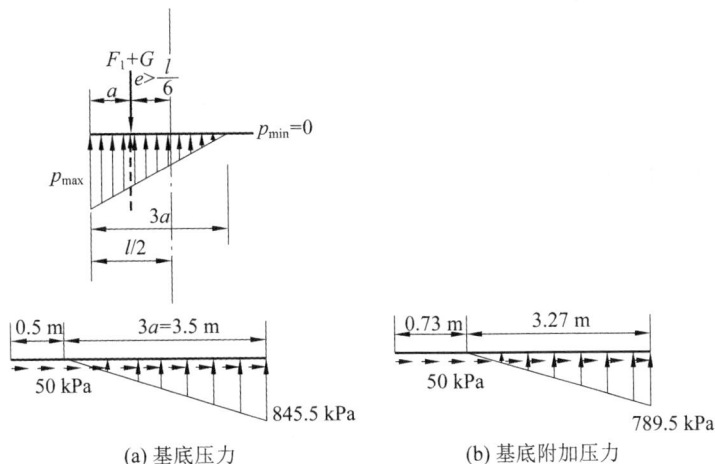

(a) 基底压力   (b) 基底附加压力

图 2-16 基底压力和基底附加压力

二、矩形基础底面竖向荷载作用下地基中的附加应力

1. 竖向均布荷载作用角点下的附加应力

矩形(指基础底面)基础边长分别为 b、l,基底附加压力均匀分布,计算基础四个角点下地基中的附加应力。因四个角点下应力相同,只计算一个即可。

将坐标原点选在基底角点处(见图 2-17),在矩形面积内取一微面积 $\mathrm{d}x\mathrm{d}y$,距离坐标原点 O 为 x、y,微面积上的均布荷载用集中力 $\mathrm{d}P = p_0\mathrm{d}x\mathrm{d}y$ 代替,则角点下任意深度 z 处的 M 点由集中力 $\mathrm{d}P$ 引起的竖向附加应力 $\mathrm{d}\sigma_z$ 可按式(2-9c)计算,即

$$\mathrm{d}\sigma_z = \frac{3}{2\pi} \times \frac{p_0 z^3}{(x^2 + y^2 + z^2)^{\frac{5}{2}}}\mathrm{d}x\mathrm{d}y \qquad (2\text{-}15)$$

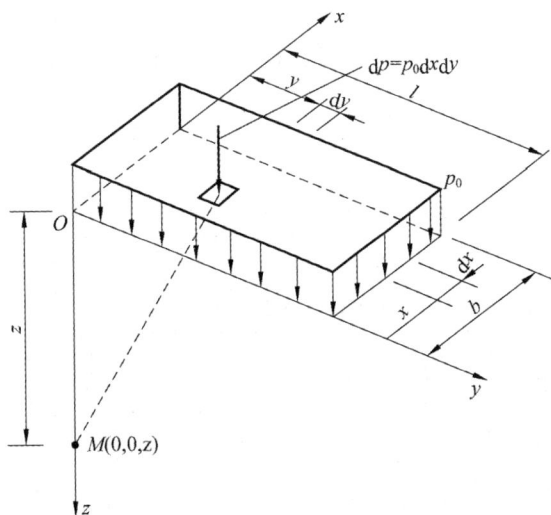

图 2-17 矩形基底竖向均布荷载作用角点下的附加应力

将其在基底 A 范围内进行积分可得

$$\sigma_z = \iint_A \mathrm{d}\sigma_z = \frac{3p_0 z^3}{2\pi} \int_0^b \int_0^l \frac{1}{(x^2 + y^2 + z^2)^{\frac{5}{2}}} \mathrm{d}x \mathrm{d}y$$

$$= \frac{p_0}{2\pi} \left[\frac{blz(b^2 + l^2 + 2z^2)}{(b^2 + z^2)(l^2 + z^2)\sqrt{b^2 + l^2 + z^2}} + \arctan \frac{bl}{z\sqrt{b^2 + l^2 + z^2}} \right] \tag{2-16}$$

令

$$a_c = \frac{1}{2\pi} \left[\frac{blz(b^2 + l^2 + 2z^2)}{(b^2 + z^2)(l^2 + z^2)\sqrt{b^2 + l^2 + z^2}} + \arctan \frac{bl}{z\sqrt{b^2 + l^2 + z^2}} \right] \tag{2-17}$$

则

$$\sigma_z = a_c p_0 \tag{2-18}$$

式中：a_c——矩形基础底面竖向均布荷载作用角点下的竖向附加应力系数，由 l/b、z/b 查表 2-3 取得。必须注意，l 恒为基础长边，b 为基础短边。

表 2-3　矩形基底竖向均布荷载作用下的竖向附加应力系数 a_c

z/b	l/b											
	1.0	1.2	1.4	1.6	1.8	2.0	3.0	4.0	5.0	6.0	10.0	条形
0.0	0.250	0.250	0.250	0.250	0.250	0.250	0.250	0.250	0.250	0.250	0.250	0.250
0.2	0.249	0.249	0.249	0.249	0.249	0.249	0.249	0.249	0.249	0.249	0.249	0.249
0.4	0.240	0.242	0.243	0.243	0.244	0.244	0.244	0.244	0.244	0.244	0.244	0.244
0.6	0.223	0.228	0.230	0.232	0.232	0.233	0.234	0.234	0.234	0.234	0.234	0.234
0.8	0.200	0.207	0.212	0.215	0.216	0.218	0.220	0.220	0.220	0.220	0.220	0.220
1.0	0.175	0.185	0.191	0.195	0.198	0.200	0.203	0.204	0.204	0.204	0.205	0.205
1.2	0.152	0.163	0.171	0.176	0.179	0.182	0.187	0.188	0.189	0.189	0.189	0.189
1.4	0.131	0.142	0.151	0.157	0.161	0.164	0.171	0.171	0.174	0.174	0.174	0.174
1.6	0.112	0.124	0.133	0.140	0.145	0.148	0.157	0.159	0.160	0.160	0.160	0.160
1.8	0.097	0.108	0.117	0.124	0.129	0.133	0.143	0.146	0.147	0.148	0.148	0.148
2.0	0.084	0.095	0.103	0.110	0.116	0.120	0.131	0.135	0.136	0.137	0.137	0.137
2.2	0.073	0.083	0.092	0.098	0.104	0.108	0.121	0.125	0.126	0.127	0.128	0.128
2.4	0.064	0.073	0.081	0.088	0.093	0.098	0.111	0.116	0.118	0.118	0.119	0.119
2.6	0.057	0.065	0.072	0.079	0.084	0.089	0.102	0.107	0.110	0.111	0.112	0.112
2.8	0.050	0.058	0.065	0.071	0.076	0.080	0.084	0.100	0.102	0.104	0.105	0.105
3.0	0.045	0.052	0.058	0.064	0.069	0.073	0.087	0.093	0.096	0.097	0.099	0.099
3.2	0.040	0.047	0.053	0.058	0.063	0.067	0.081	0.087	0.090	0.092	0.093	0.094
3.4	0.036	0.042	0.048	0.053	0.057	0.061	0.075	0.081	0.085	0.086	0.088	0.089
3.6	0.033	0.038	0.043	0.048	0.052	0.056	0.069	0.076	0.080	0.082	0.084	0.084
3.8	0.030	0.035	0.040	0.043	0.048	0.052	0.065	0.072	0.075	0.077	0.080	0.080
4.0	0.027	0.032	0.036	0.040	0.044	0.048	0.060	0.067	0.071	0.073	0.076	0.076

z/b	l/b											
	1.0	1.2	1.4	1.6	1.8	2.0	3.0	4.0	5.0	6.0	10.0	条形
4.2	0.025	0.029	0.033	0.037	0.041	0.044	0.056	0.063	0.067	0.070	0.072	0.073
4.4	0.023	0.027	0.031	0.034	0.038	0.041	0.053	0.060	0.064	0.066	0.069	0.070
4.6	0.021	0.025	0.028	0.032	0.035	0.038	0.049	0.056	0.061	0.063	0.066	0.067
4.8	0.019	0.023	0.026	0.029	0.032	0.035	0.046	0.053	0.058	0.060	0.064	0.064
5.0	0.018	0.021	0.024	0.027	0.030	0.033	0.043	0.050	0.055	0.057	0.061	0.062
6.0	0.013	0.015	0.017	0.020	0.022	0.024	0.033	0.039	0.043	0.046	0.051	0.052
7.0	0.009	0.011	0.013	0.015	0.016	0.018	0.025	0.031	0.035	0.038	0.043	0.045
8.0	0.007	0.009	0.010	0.011	0.013	0.014	0.020	0.025	0.028	0.031	0.037	0.039
9.0	0.006	0.007	0.008	0.009	0.010	0.011	0.016	0.020	0.024	0.026	0.032	0.035
10.0	0.005	0.006	0.007	0.007	0.008	0.009	0.013	0.017	0.020	0.022	0.028	0.032
12.0	0.003	0.004	0.005	0.005	0.006	0.006	0.009	0.012	0.014	0.017	0.022	0.026
14.0	0.002	0.003	0.004	0.004	0.004	0.005	0.007	0.009	0.011	0.013	0.018	0.023
16.0	0.002	0.002	0.003	0.003	0.003	0.004	0.005	0.007	0.009	0.010	0.014	0.020
18.0	0.001	0.002	0.002	0.002	0.003	0.003	0.004	0.006	0.007	0.008	0.012	0.018
20.0	0.001	0.001	0.002	0.002	0.002	0.002	0.004	0.005	0.006	0.007	0.010	0.015
25.0	0.001	0.001	0.001	0.001	0.001	0.002	0.002	0.003	0.004	0.004	0.007	0.013
30.0	0.001	0.001	0.001	0.001	0.001	0.001	0.002	0.002	0.003	0.003	0.005	0.011
35.0	0.000	0.000	0.001	0.001	0.001	0.001	0.001	0.002	0.002	0.002	0.004	0.009
40.0	0.000	0.000	0.000	0.000	0.001	0.001	0.001	0.001	0.001	0.002	0.003	0.008

2. 竖向均布荷载作用任意点下的附加应力

在实际工程中,常需计算地基中任意点下的附加应力。此时,只要按角点下附加应力的计算公式分别进行计算,然后采用叠加原理求代数和即可。

图 2-18 中列出了几种计算点不在角点的情况(即任意点),其计算方法为通过任意点 o,把荷载面分成若干个矩形面积,这样 o 点就必然落到所划出的各个小矩形的公共角点上,然后按式(2-18)计算每个矩形角点下同一深度 z 处的附加应力 σ_z,并求出代数和。应该注意每个小矩形的长边为 l_i,短边为 b_i。

(1) o 点在基底边缘上:

$$\sigma_z = (\alpha_{c\text{I}} + \sigma_{c\text{II}})P_0$$

式中:$\alpha_{c\text{I}}$、$\sigma_{c\text{II}}$——相应于面积Ⅰ、面积Ⅱ的角点下附加应力系数。

(2) o 点在基础底面内:

$$\sigma_z = (\alpha_{c\text{I}} + \sigma_{c\text{II}} + \sigma_{c\text{III}} + \sigma_{c\text{IV}})P_0$$

若 o 点在基底中心,则 $\sigma_z = 4\alpha_{c\text{I}}P_0$(也可直接查中心点应力系数表计算)。

(3) o 点在基础底面边缘以外时,可设想将基础底面增大,使 o 点成为基础底面边缘上

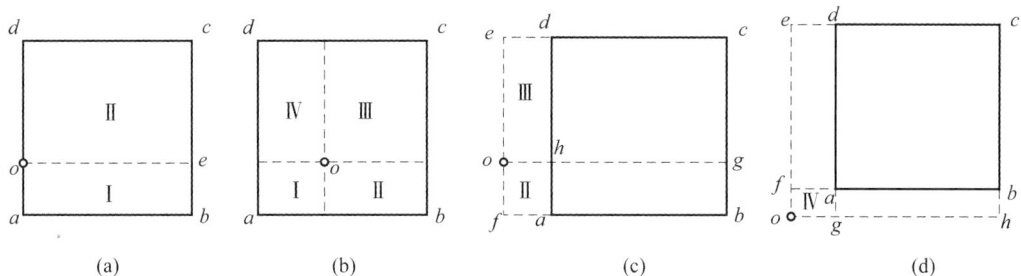

图 2-18　角点法计算任意点下附加应力示意图

的点。基础底面是由 $\mathrm{I}(ofbg)$ 与 $\mathrm{II}(ofah)$ 之差和 $\mathrm{III}(oecg)$ 与 $\mathrm{IV}(oedh)$ 之差合成，因此

$$\sigma_z = (\alpha_{c\mathrm{I}} - \sigma_{c\mathrm{II}} + \sigma_{c\mathrm{III}} - \sigma_{c\mathrm{IV}})P_0$$

（4）o 点在基底角点外侧。设想将基础底面扩大，使 o 点位于基础底面的角点上。基础底面是由图 2-18（d）中的 $\mathrm{I}(ohce)$ 扣除 $\mathrm{II}(ohbf)$ 和 $\mathrm{III}(ogde)$ 之后再加上 $\mathrm{IV}(ogaf)$ 而成，因此

$$\sigma_z = (\alpha_{c\mathrm{I}} - \sigma_{c\mathrm{II}} - \sigma_{c\mathrm{III}} + \sigma_{c\mathrm{IV}})P_0$$

三、竖向均布线荷载作用下地基中的附加应力

在地基表面作用一竖向均布线荷载 p（单位为 kN/m），该线荷载沿 y 轴无限延伸。计算由该荷载作用在 M 点引起的附加应力，如图 2-19 所示。

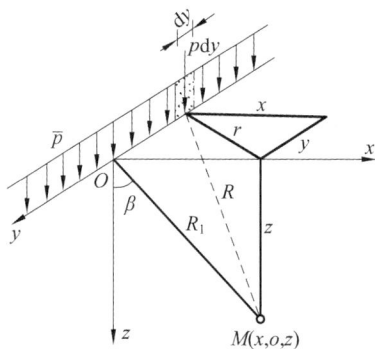

图 2-19　竖向均匀分布荷载作用下任意点的附加应力

在 y 轴某微分段 $\mathrm{d}y$ 上的分布荷载可以用集中力 $\mathrm{d}F = p\mathrm{d}y$ 表示，在该集中力作用下，地基中任意点 M 处的竖向附加应力 σ_z 可按式（2-9c）计算，则

$$\mathrm{d}\sigma_z = \frac{3p}{2\pi}\frac{z^3}{R^5}\mathrm{d}y \tag{2-19}$$

将上式沿整个 y 轴积分，得

$$\sigma_z = \int_{-\infty}^{\infty}\mathrm{d}\sigma_z = \int_{-\infty}^{\infty}\frac{3p}{2\pi}\frac{z^3}{R^5}\mathrm{d}y$$

$$= \frac{2p}{\pi}\frac{z^3}{R_1^4} = \frac{2o}{\pi z}\cos^4\beta \tag{2-20}$$

根据相同的方法，也可求出竖向均布线荷载作用下地基中任意点的水平向应力 σ_x 及剪应力 τ_{zx}：

$$\sigma_x = \frac{2pzx^2}{\pi R_1^4} = \frac{2p}{\pi z}\cos^2\beta\sin^2\beta \tag{2-21}$$

$$\tau_{zx} = \tau_{xz} = \frac{2pxz^2}{\pi R_1^4} = \frac{2p}{\pi z}\cos^2\beta\sin\beta \tag{2-22}$$

因为竖向均布线荷载沿 y 轴是无限延伸的,因此与 y 轴垂直的任何平面上的应力状态应完全相同。这种情况属于弹性力学的平面问题,此时有

$$\tau_{xy} = \tau_{yx} = \tau_{zy} = \tau_{yz} = 0 \tag{2-23}$$

$$\sigma_y = \mu(\sigma_x + \sigma_z) \tag{2-24}$$

式中:μ——泊松比。

知识拓展

虎丘塔倾斜之谜

(1)虎丘塔概况。

位于苏州市西北虎丘公园山顶,原名云岩寺塔,落成于公元 961 年,距今已有 1000 多年悠久历史。

全塔七层,高 47.5 m。塔的平面呈八角形,由外壁、回廊与塔心三部分组成。虎丘塔全部砖砌,每层都有八个壶门,拐角处的砖特制成圆弧形,十分美观,在建筑艺术上是一个创造。它是八角形楼阁式砖塔中现存年代最早、规模宏大且结构精巧的实例,是中国古代劳动人民智慧的结晶。

(2)虎丘塔倾斜。

1980 年 6 月,在虎丘塔现场调查时发现,全塔向东北方向严重倾斜,不仅塔顶离中心线已达 2.31 m,而且底层塔身产生不少裂缝,成为危险建筑。此后虎丘塔封闭、停止开放。仔细观察塔身的裂缝,发现一个规律,塔身的东北方向是垂直裂缝,塔身的西南面却是水平裂缝。

虎丘塔倾斜

（3）虎丘塔倾斜原因分析。

地质：经勘察，虎丘山是由火山喷发和造山运动形成的，为坚硬的凝灰岩和晶屑流纹岩。山顶岩面倾斜，西南高，东北低。

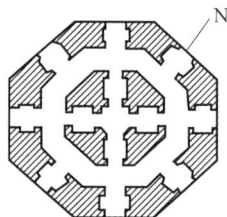

平面图

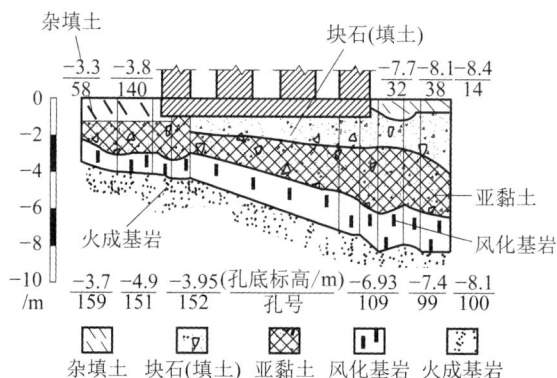

过塔心南北向地质剖面图

地基：虎丘塔地基为人工地基，由大块石组成，块石最大粒径达 1 m。人工块石填土层厚 1～2 m，西南薄、东北厚。填土层下为粉质黏土，也称亚黏土，呈可塑至软塑状态，也是西南薄、东北厚。地基底部为风化岩石和基岩。

在塔底层直径 13.66 m 范围内，覆盖层厚度为西南 2.8 m，东北 5.8 m，厚度相差 3.0 m，造成地基不均匀沉降，塔身发生倾斜。

气候、地质环境：南方多暴雨，雨水渗入地基块石填土层，冲走块石之间的细粒土，形成很多空洞。由于树叶堵塞虎丘塔周围排水沟，大量雨水下渗，加剧了地基不均匀沉降，危及塔身安全。

虎丘塔结构设计：没有做扩大的基础，砖砌塔身垂直向下砌八层砖，即埋深 0.5 m，直接置于块石填土人工地基上。塔重约 63000 kN，地基单位面积压力高达 435 kPa，超过了地基承载力。塔倾斜后，使东北部位应力集中，超过砖体抗压强度而压裂。

（4）维修加固方案。

按照文物工程的维修原则和对虎丘塔产生倾斜、裂缝等原因的分析，虎丘塔加固工程采用了"加固地基、补做基础、修缮塔体、恢复台基"的整修原则，并确定了保持塔身倾斜原貌的控制原则。根据上述原则，具体分为"围""灌""盖""调""换"五项工程。

学习资源

思考题二维码　　　　习题二维码

小　结

(1) 自重应力：竖向自重应力 $\sigma_{cz} = \gamma z$，水平向自重应力 $\sigma_{cx} = k_0 \sigma_{cz}$。注意成层土及地下水位以下的自重应力计算。

(2) 基底压力：基础底面处单位面积土体所受到的压力，又称接触压力。基底压力分布近似按直线变化考虑。

① 中心荷载作用下基底压力按 $p = \dfrac{F+G}{A}$ 计算。

② 偏心荷载作用下基底压力按 $p_{\max(\min)} = \dfrac{F+G}{bl} \pm \dfrac{M}{W} = \dfrac{F+G}{bl}\left(1 \pm \dfrac{6e}{l}\right)$ 计算。

③ 基底附加压力按 $P_0 = p - \gamma_0 d$ 计算。

(3) 地基附加应力。

① 基本课题。当弹性半无限空间体表面作用一个竖向集中力时，空间体内任意点的应力与位移可由布辛涅斯克公式得出。

② 空间问题。对矩形基础下地基中的附加应力计算，必须将坐标原点选在基底角点处，利用布辛涅斯克公式并在基底范围内积分可得。此法又称角点法。

③ 平面问题。对条形基础下地基中的附加应力计算，可任意选择计算点，不受角点法约束，但计算公式仍需利用布西涅斯克公式推导得出。

④ 为方便起见，空间问题和平面问题下的附加应力计算可借助附加应力系数表格。

学习情境 3
土的压缩与地基变形计算

单元导读

　　土与其他材料一样,受荷后会产生变形。由于建筑物是建在地基中的,因此,地基的变形必然引起建筑物的变形。显然,如果地基的变形导致建筑物的变形超过了其容许变形能力,则可能使建筑物无法正常工作,甚至倒塌、破坏。鉴于此,确定地基的变形就成为地基基础设计的一个重要内容。

基本要求

　　通过本单元的学习,从试验出发,分析土的压缩性并掌握土的压缩性指标的应用范围,利用学习情境 2 的内容计算土中应力,熟练掌握地基最终变形的计算方法;熟悉土的渗透性和有效应力原理及固结理论,并能分析地基变形与时间的关系,能计算建筑物某时刻的沉降,为建筑物设计提供科学依据。

重点

　　土的压缩性指标计算及其应用、土的渗透性和有效应力原理及固结理论。

难点

　　地基的最终变形计算、地基变形与时间的关系。

思政元素

　　本课程融入的思政内容主要包括:① 骡子精神;② 质量与安全意识;③ 职业素养;④ 专业伦理意识;⑤ 技术创新意识。

地基土体在建筑物荷载作用下会发生变形,建筑物基础也随之沉降。如果沉降超过容许范围,就会导致建筑物开裂或影响其正常使用,甚至造成建筑物破坏。因此,在建筑物设计与施工时,必须重视基础的沉降与不均匀沉降问题,并将建筑物的沉降量控制在《规范》容许的范围内。

为了准确计算地基的变形量,必须了解土的压缩性。通过室内和现场试验,可求出土的压缩性指标,利用这些指标可计算基础的最终沉降量,并可研究地基变形与时间的关系,求出建筑物使用期间某一时刻的沉降量或完成一定沉降量所需要的时间。

任务1　土的压缩性

一、基本概念

土体在外部压力和周围环境作用下体积减小的特性称为土的压缩性。土体体积减小包括三个方面:① 土颗粒发生相对位移,土中水及气体从孔隙中排出,从而使土体孔隙体积减小;② 土颗粒本身的压缩性;③ 土中水及封闭在土中的气体被压缩。在一般情况下,土受到的压力常在 $100 \sim 600$ kPa,这时土颗粒及水的压缩变形量不到全部土体压缩变形量的 $1/400$,可以忽略不计。因此,土的压缩变形主要是因为土体孔隙体积减小。

土体压缩变形的快慢取决于土中水排出的速度,排水速率既取决于土体孔隙通道的大小,又取决于土中黏粒含量的多少。对透水性大的砂土,其压缩过程在加荷后的较短时间内即可完成;对于黏性土,尤其是饱和软黏土,由于黏粒含量多,排水通道狭窄,孔隙水的排出速率很低,其压缩周期比砂性土长得多。土体在外部压力下,随时间增长的压缩过程称为土的固结。依赖孔隙水压力变化而产生的固结称为主固结。不依赖孔隙水压力变化,在等效应力不变时,由于颗粒间位置变动引起的固结称为次固结。土的固结在土力学中是很复杂并且非常重要的课题。

在相同压力条件下,不同土的压缩变形量差别很大,可通过室内压缩试验或现场荷载试验测定。

二、压缩试验及压缩性指标

1. 压缩试验

土的压缩性一般可通过室内压缩试验确定,试验过程大致如下:先用金属环刀切取原状

土的压缩性

土样,然后将土样连同环刀一起放入压缩仪内(见图 3-1),再分级加载。在每级荷载作用下压至变形稳定,测出土样稳定变形量后,再加下一级压力。一般土样加四级荷载,即 50 kPa、100 kPa、200 kPa、400 kPa,根据每级荷载下的稳定变形量,可以计算出相应荷载作用下的孔隙比。由于在整个压缩过程中土样不能侧向膨胀,这种方法又称为侧限压缩试验。

设土样的初始高度为 h_0(见图 3-2(a))、土样的截面面积为 A(即压缩仪取样环刀的断面面积),此时土样的初始孔隙比 e_0 和土颗粒体积 V_s 可用下式表示:

$$e_0 = \frac{V_v}{V_s} = \frac{Ah_0 - V}{V_s}$$

式中:V_v——土中孔隙体积。

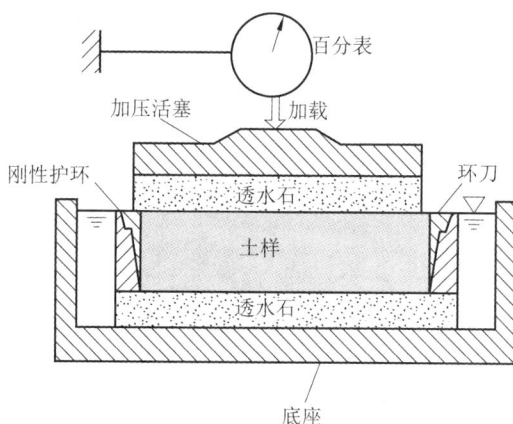

图 3-1　压缩仪的压缩容器简图

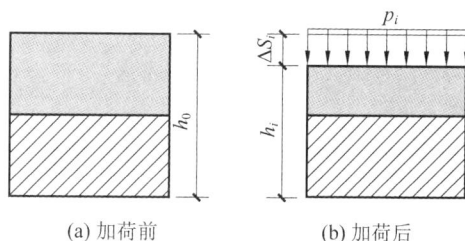

(a) 加荷前　　(b) 加荷后

图 3-2　压缩试验土样变形示意图

土粒体积为

$$V_s = \frac{Ah_0}{1 + e_0} \tag{3-1}$$

当压力增加至 p_i 时,土样的稳定变形量为 ΔS_i,土样的高度 $h_i = h_0 - \Delta S_i$(见图 3-2(b))。此时土样的孔隙比为 e_i,土颗粒体积为

$$V_{si} = \frac{A(h_0 - \Delta S_i)}{1 + e_i} \tag{3-2}$$

由于土样是在侧限条件下受压缩,所以土样的截面面积 A 不变。假定土颗粒是不可压缩的,故 $V_s = V_{si}$,即

$$\frac{Ah_0}{1 + e_0} = \frac{A(h_0 - \Delta S_i)}{1 + e_i}$$

则

$$\Delta S_i = \frac{(e_0 - e_i)h_0}{1 + e_0} \tag{3-3}$$

或

$$e_i = e_0 - \frac{\Delta S_i}{h_0}(1 + e_0) \tag{3-4}$$

式中:$e_0 = \left(d_s \dfrac{\rho_w}{\rho_d}\right) - 1$,其中 d_s、ρ_w、ρ_d 分别为土粒的相对密度、水的密度和土样的初始干密度(即试验前土样的干密度)。

根据某级荷载下的稳定变形量 ΔS_i，按式(3-4)即可求出该级荷载下的孔隙比 e_i，然后以横坐标表示压力 p、纵坐标表示孔隙比 e，可绘出 e-p 关系曲线，此曲线称为压缩曲线(见图 3-3(a))。

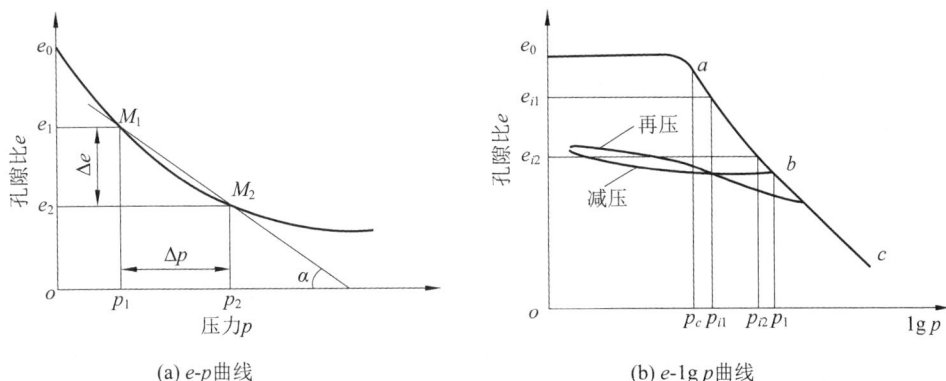

(a) e-p曲线　　　　　　　(b) e-$\lg p$曲线

图 3-3　压缩曲线

2. 压缩系数 a 和压缩指数 C_c

1) 压缩系数 a

从压缩曲线可见，在侧限压缩条件下，孔隙比 e 随压力的增加而减小。在压缩曲线上相应于压力 p 处的切线斜率 a 表示在压力 p 作用下土的压缩性：

$$a = -\frac{\mathrm{d}e}{\mathrm{d}p} \tag{3-5}$$

式中的负号表示随着压力 p 增加，孔隙比 e 减小。当压力从 p_1 增至 p_2 时，孔隙比由 e_1 减至 e_2，在此区段内的压缩性可用直线 $M_1 M_2$ 的斜率表示(见图 3-3(a))。设 M_1、M_2 与横轴的夹角为 α，则

$$a = \tan\alpha = -\frac{\Delta e}{\Delta p} = \frac{e_1 - e_2}{p_2 - p_1} \tag{3-6a}$$

a 称为压缩系数。《规范》规定：p_1 和 p_2 的单位用 kPa 表示，a 的单位用 MPa^{-1}(或 $\mathrm{m^2/MN}$)表示，则上式可写为

$$a = -1000 \frac{e_1 - e_2}{p_2 - p_1} \tag{3-6b}$$

从图 3-3(a)可见，a 大表示在一定压力范围内孔隙比变化大，说明土的压缩性高。不同的土的压缩性变化很大。就同一种土而言，压缩曲线的斜率也是变化的，当压力增加时，曲线的直线斜率将减小。一般对土中实际压力变化范围内的压缩性，均以压力由原来的自重应力 p_1 增加到外部承载作用下的土中应力 p_2(自重应力与附加应力之和)时土体显示的压缩性为代表。在工程应用中，取土的压力变化范围为 $p_1 = 100$ kPa，$p_2 = 200$ kPa。对应的土的压缩系数用 a_{1-2} 表示，利用 a_{1-2} 可评价土的压缩性高低。

当 $a_{1-2} < 0.1$ MPa^{-1} 时，属于低压缩性土。

当 0.1 $\mathrm{MPa}^{-1} \leqslant a_{1-2} < 0.5$ MPa^{-1} 时，属中压缩性土。

当 $a_{1-2} \geqslant 0.5$ MPa^{-1} 时，属高压缩性土。

2) 压缩指数 C_c

根据压缩试验资料，如果横坐标采用对数值，可绘出 e-$\lg p$ 曲线(见图 3-3(b))，从图中

可以看出，$e\text{-}\lg p$ 曲线的后段接近直线，它的斜率称为压缩指数，用 C_c 表示：

$$C_c = \frac{e_{i1} - e_{i2}}{\lg p_{i2} - \lg p_{i1}} \tag{3-7}$$

压缩指数越大，土的压缩性越高，一般 $C_c > 0.4$ 时属高压缩性土；$C_c < 0.2$ 时属低压缩性土；$C_c = 0.2 \sim 0.4$ 时属中等压缩性土。$e\text{-}\lg p$ 曲线除了用于计算 C_c 之外，还用于分析土层固结历史对沉降计算的影响，这里不作赘述。

3. 压缩模量 E_s

土的压缩模量 E_s 是指在完全侧限条件下土的竖向应力增量与应变增量 ε_z 的比值。它与一般材料的弹性模量的区别在于：① 土在压缩试验时不能侧向膨胀，只能竖向变形；② 土不是弹性体，当压力卸除后，不能恢复到原来的位置。除了部分弹性变形外，还有相当一部分是不可恢复的残余变形。

在压缩试验过程中，在 p_1 作用下至变形稳定时，土样的高度为 h_1，此时土样的孔隙比为 e_1（见图 3-4）。当压力增至 p_2，待土样变形稳定时，其稳定变形量为 ΔS，此时土样的高度为 h_2，相应的孔隙比为 e_2，根据式(3-3)可得

$$\Delta S = \frac{e_1 - e_2}{1 + e_1} h_1 \tag{3-8}$$

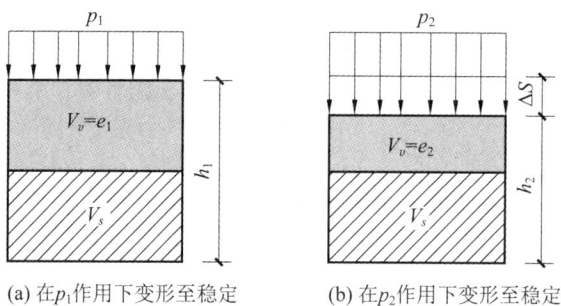

(a) 在 p_1 作用下变形至稳定   (b) 在 p_2 作用下变形至稳定

图 3-4　压缩过程中土样变形示意图

根据 E_s 的定义及式(3-8)可得

$$E_s = \frac{\sigma_z}{\varepsilon_z} = \frac{\Delta P_z}{\Delta S} = \frac{p_2}{\dfrac{\Delta S}{h_1}} = \frac{p_2 - p_1}{\dfrac{e_1 - e_2}{1 + e_1}} = \frac{1 + e_1}{a} \tag{3-9}$$

式中：ΔP_z——土的竖向应力增量；

ε_z——土的竖向应变增量。

土的压缩模量 E_s 是表示土压缩性高低的又一个指标，从式(3-9)可见，E_s 与 a 成反比，即 a 越大，E_s 越小，土越软。

一般 $E_s < 4$ MPa 属高压缩性土，$E_s = 4 \sim 15$ MPa 属中等压缩性土，$E_s > 15$ MPa 属低压缩性土。

应当注意，这种划分与按压缩系数划分不完全一致，因为不同土的天然孔隙比是不相同的。

4. 变形模量 E_0

土的变形模量 E_0 是土体在无侧限条件下的应力增量与应变增量的比值，可以由室内侧限

压缩试验得到的压缩模量求得,也可通过静荷载试验确定。

1)由室内试验测定的 E_s 推求 E_0。

土样在侧限压缩试验时,由于受到压缩仪容器侧壁的阻挡(见图 3-5,假定容器壁的摩擦力为零),在竖向压力作用下,试样中的正应力为 σ_z,由于试样的受力条件和土体中自重引起的应力完全相同,属轴对称问题,所以相应的水平向正应力 $\sigma_x = \sigma_y$,与 σ_z 的关系为

图 3-5 容器中土样受力示意图

$$\sigma_x = \sigma_y = k_0 \sigma_z \tag{3-10}$$

式中:k_0——土的侧压力系数,通过侧限条件下的试验确定,在无试验条件时,可查表 2-1 所列经验值。

在侧限条件下,水平方向的应变为

$$\varepsilon_x = \varepsilon_y = 0 \tag{3-11}$$

根据广义胡克定律

$$\varepsilon_x = \frac{\sigma_x}{E_0} - \mu \frac{\sigma_y}{E_0} - \mu \frac{\sigma_z}{E_0} = 0 \tag{3-12}$$

$$\sigma_x - \mu \sigma_y - \mu \sigma_z = 0$$

$$k_0 \sigma_z - \mu k_0 \sigma_z - \mu \sigma_z = 0$$

$$k_0 (1 - \mu) - \mu = 0$$

$$k_0 = \frac{\mu}{1 - \mu} \tag{3-13}$$

竖向的应变 ε_z 可按下式计算:

$$\varepsilon_z = \frac{\sigma_z}{E_0} - \mu \frac{\sigma_x + \sigma_y}{E_0} = \frac{\sigma_z}{E_0} - \mu \frac{2k_0 \sigma_z}{E_0} = \frac{\sigma_z}{E_0}(1 - 2\mu k_0) = \frac{\sigma_z}{E_0}\left(1 - \frac{2\mu^2}{1-\mu}\right) \tag{3-14}$$

上式写成

$$E_0 = \frac{\sigma_z}{\varepsilon_z}\left(1 - \frac{2\mu^2}{1-\mu}\right) \tag{3-15}$$

令

$$\beta = \left(1 - \frac{2\mu^2}{1-\mu}\right)$$

则

$$E_0 = \beta \frac{\sigma_z}{\varepsilon_z} = \beta E_s \tag{3-16}$$

式(3-16)即为按室内侧限压缩试验测定的压缩模量 E_s 计算变形模量的公式。应该说明上式只是 E_0 与 E_s 之间的理论关系。实际上室内侧限压缩试验与现场土体受力情况是不完全一致的,如:① 室内压缩试验的土样一般受到的扰动较大(尤其是低压缩性土体);② 现场压缩情况与室内压缩试验的加荷速率也不对应;③ 土的泊松比不易精确测定。因此,要得到能较好反映土压缩性的指标,应在现场进行静荷载试验。

2)由静荷载试验确定 E_0。

土的变形模量除由压缩试验确定外,还可通过现场原位测试求出,如利用静荷载试验或旁压试验(详见第一部分学习情境 6 的有关内容)测定土的变形与应力之间的近似比例关

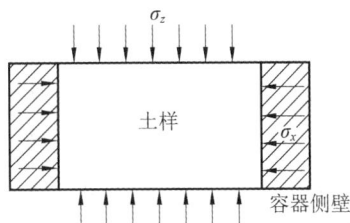

系,利用弹性力学公式反算地基土的变形模量 E_0。

静荷载试验装置一般由加荷装置、反力装置及观测装置三大部分组成。加荷装置由荷载板、承压板、千斤顶组成。反力装置由地锚或堆载组成。观测装置包括百分表、固定支架等。

在试验过程中,由逐级增加的荷载测定相应的荷载板的稳定沉降量。根据试验结果,按一定比例,以压力 p 为横坐标,以稳定沉降量 S 为纵坐标,可绘出压力与变形(p-S)的关系曲线(见图 3-6)。此时,可以采用弹性力学公式反求地基土的变形模量 E_0,计算公式为

$$E_0 = w(1 - \mu^2) \frac{pb}{s} \tag{3-17}$$

式中:E_0——地基土的变形模量,单位为 MPa;

   w——荷载板形状系数,方形板取 0.88,圆形板取 0.79;

   μ——土的泊松比;

   b——荷载板宽度或直径,单位为 mm。

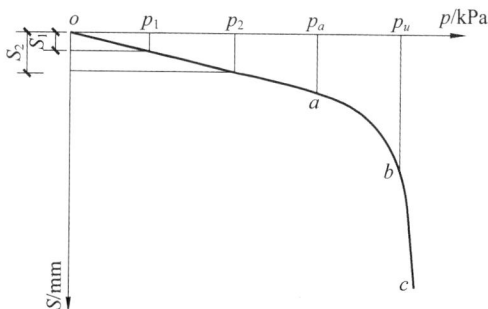

图 3-6 荷载试验 p-S 曲线

按现场静荷载试验确定的土体变形模量 E_0 比按 βE_s 计算的值更能反映土体压缩性质。只有当土体为软土时,二者才比较接近,对于坚硬土,E_0 可能是 βE_s 的几倍。因此,对于重要建筑物,最好采用现场荷载试验确定 E_0 值。现场荷载试验还具有下列优点:① 压力影响深度可达 1.5~2 倍的荷载板直径,试验成果能反映较大一部分土的压缩性质;② 对土体的扰动程度比钻孔取样、室内测试要小得多;③ 荷载板下土体受力与实际工程情况一致。但现场荷载试验存在的缺点也是显而易见的,如工作量大、费时、不经济,所规定的沉降稳定标准也带有很大的近似性,特别对于软黏土,由于土的渗透系数小,难以测定稳定变形量。虽然测定深度达到 1.5~2 倍的荷载板直径,但对深层土仍显不足。对于深层土,目前可采用螺旋板深层荷载试验、旁压试验和触探试验进行测试(参阅有关书籍)。

三、土的回弹与再压缩性质

根据室内侧限压缩试验不仅可以得到逐级加荷的压缩曲线,也可以得到逐级卸荷的回弹曲线,如图 3-7 所示,这两条曲线并不重合,这说明土的变形由两部分组成,卸荷后能恢复的部分称为弹性变形,不能恢复的部分称为塑性变形。如果卸荷后重新逐级加荷,则可以得到再压缩曲线。从 e-p 曲线及 e-$\lg p$ 曲线均可看到,压缩曲线、回弹曲线、再压缩曲线都不重合,只有再次加荷超过卸除荷载之后,再压缩曲线才趋于压缩曲线的延长线。从图 3-7 中可看到:回弹曲线和再压缩曲线构成一滞后环,这是土体并非完全弹性体的又一表征;压缩曲

线的斜率大于再压缩曲线的斜率。

当有些基坑开挖量很大、开挖时间较长时,就可能造成基坑土的回弹,因此在预估这种基础的沉降时,应该考虑因回弹产生的沉降量在增加。

在计算地基变形量时,相同的附加应力产生的变形不同往往是由于土的压缩性质不同,由图 3-7 可看到,对同一种土,根据同一压力 p 值可以得到不同的孔隙比 e,这说明孔隙比的变化不仅与荷载有关,还与土体受荷载的历史(即应力历史)有关,这将在后面详细介绍。

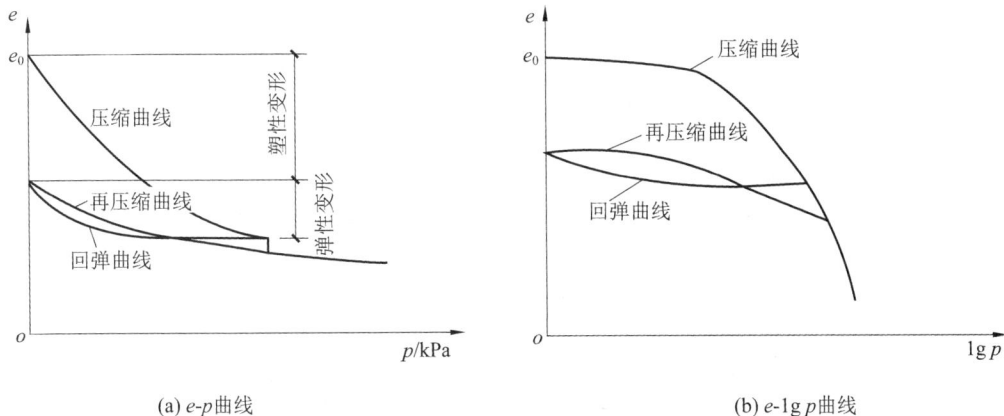

(a) e-p 曲线　　　　　　　　　　(b) e-$\lg p$ 曲线

图 3-7　回弹曲线

任务2　地基最终沉降量

地基最终变形计算是建筑物地基基础设计的重要内容,目前地基最终变形计算常用室内土压缩试验进行。由于室内土压缩试验具有侧限条件,所以该计算未考虑侧向变形的影响。

本节介绍的方法是求地基变形完全稳定后基础的最终沉降量。计算地基最终变形的方法较多,以下主要阐述计算地基最终变形的单向压缩分层总和法、规范法及 e-$\lg p$ 曲线法。

一、单向压缩分层总和法

在荷载作用下,地基最终变形计算常用单向压缩分层总和法进行。所谓单向压缩是指只计算地基土竖向的变形,不考虑侧向变形,并以基础中心点的沉降代表基础的沉降量。

1. 计算公式

在荷载 p_1 作用下,土体已压缩稳定,试样高度为 h_1,孔隙比为 e_1,试样截面面积为 A_1,现在荷载由 p_1 增加到 p_2,荷载增量 $\Delta p = p_2 - p_1$。在荷载 p_2 的作用下,土样压缩稳定后的高度为 h_2,孔隙比为 e_2,截面面积为 A_2,因为试验是在侧限条件下进行的,所以 $A_1 = A_2$,如图 3-8 所示。

分层总和法

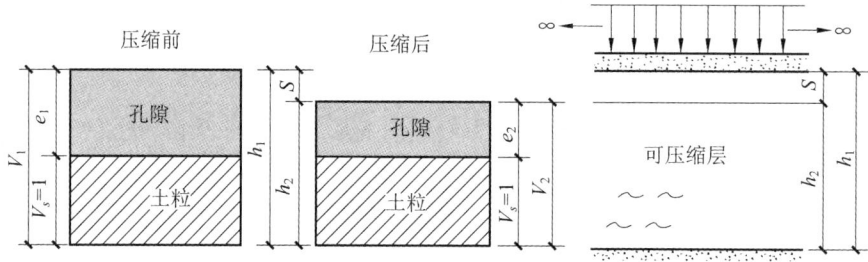

图 3-8　土的侧限压缩示意图

设压缩前的颗粒体积 $V_s = 1$，则 $V_v = e_1$，$V = 1 + e_1$，试样内颗粒的总体积为

$$\frac{1}{1+e_1} A_1 h_1 \tag{3-18}$$

同理可得压缩后颗粒体积为

$$\frac{1}{1+e_2} A_2 h_2 \tag{3-19}$$

在压缩过程中，颗粒不可压缩，因此

$$\frac{1}{1+e_1} A_1 h_1 = \frac{1}{1+e_2} A_2 h_2$$

$$h_2 = \frac{1+e_2}{1+e_1} h_1$$

因为 $h_1 - h_2 = S$，所以

$$S = h_1 - h_2 = h_1 - \frac{1+e_2}{1+e_1} h_1 = \frac{e_1 - e_2}{1+e_1} h_1 \tag{3-20}$$

将 $-\Delta e = a \Delta p$ 代入上式得

$$S = \frac{a}{1+e_1} \Delta p h_1 \tag{3-21}$$

将 $E_s = \dfrac{1+e_1}{a}$ 代入上式得

$$S = \frac{\Delta p}{E_s} h_1 \tag{3-22}$$

将地基土在压缩范围内划分为若干薄层，按式（3-20）计算每一薄层的变形量，然后叠加即得到地基变形量。

$$S = S_1 + S_2 + \cdots + S_n = \sum_{i=1}^{n} \frac{e_{1i} - e_{2i}}{1+e_{1i}} h_i \tag{3-23}$$

以上各式中：e_1——通过薄压缩土层顶面和底面处自重应力的平均值 σ_{cz}（即 p_i）在压缩曲线上查得的相应的孔隙比；

e_2——通过薄压缩土层顶面和底面处自重应力平均值与附加应力平均值（即 Δp）之和（即 p_2）在压缩曲线上查得的相应的孔隙比；

a——土的压缩系数；

E_s——土的压缩模量；

Δp——薄压缩土层顶面和底面的附加应力平均值，单位为 kPa；

e_{1i}——第 i 层土的自重应力平均值 $\dfrac{\sigma_{czi} + \sigma_{cz(i-1)}}{2}$（即 p_{1i}）对应的压缩曲线上的孔隙比；

σ_{czi}、$\sigma_{cz(i-1)}$——第 i 层土底面、顶面处的自重应力,单位为 kPa;

e_{2i}——第 i 层自重应力平均值与附加应力平均值之和对应的压缩曲线上的孔隙比;

h_i——第 i 层土的厚度,单位为 m。

2. 计算步骤

(1) 将土分层。

将基础下的土层分为若干薄层,分层的原则是:① 不同土层的分界面;② 地下水位;③ 应保证每薄层内附加应力分布线近似于直线,以便较准确地求出分层内附加应力的平均值,一般可采用上薄下厚的方法分层;④ 每层土的厚度应不超过基础宽度的 0.4 倍。

(2) 计算自重应力。

按计算公式 $\sigma_{cz} = \sum_{i=1}^{n} \gamma_i h_i$ 计算出竖向自重应力在基础中心点沿深度 z 的分布,并按一定比例将其绘于 z 深度线的左侧。

注意:若开挖基坑后土体不产生回弹,自重应力从地面算起;地下水位以下采用土的浮重度计算。

(3) 计算附加应力。

计算附加应力在基底中心点处沿深度 z 的分布,按一定比例绘在 z 深度线右侧。注意:附加应力应从基础底面算起。

(4) 受压层下限的确定。

从理论上讲,在无限深度处仍有微小的附加应力,仍能引起地基变形。考虑到在一定的深度处,附加应力已很小,它对土体的压缩作用已不大,可以忽略不计。因此,在实际工程计算中,可采用基底以下某一深度 z_n 作为基础沉降计算的下限深度。

工程中常以下式作为确定 z_n 的条件

$$\sigma_{z_n} \leqslant 0.2\sigma_{cz_n} \tag{3-24}$$

式中:σ_{z_n}——深度 z_n 处的竖向附加应力,单位为 kPa;

σ_{cz_n}——深度 z_n 处的竖向自重应力,单位为 kPa。

在深度 z_n 处,自重应力应该超过附加应力的 5 倍,其下的土层压缩量可忽略不计。但是,当 z_n 深度以下存在较软的高压缩性土层时,实际计算深度还应加大,对软黏土应该加深至 $\sigma_{z_n} \leqslant 0.1\sigma_{cz_n}$。

(5) 计算各分层的自重应力、附加应力平均值。

在计算各分层自重应力平均值与附加应力平均值时,可将薄层底面与顶面的计算相加除以 2(即取算术平均值)。

(6) 确定各分层压缩前后的孔隙比。

根据各分层平均自重应力、平均自重应力与平均附加应力之和,在相应的压缩曲线上查得初始孔隙比 e_{1i}、压缩稳定后的孔隙比 e_{2i}。

(7) 计算地基最终变形量:

$$S = \sum_{i=1}^{n} \frac{e_{1i} - e_{2i}}{1 + e_{1i}} h_i$$

(8) 检验地基最终变形计算精度。

例1　某建筑物的柱下独立基础底面的长和宽均为 4 m,基础埋深 $d = 2$ m。上部结构传至基础顶面中心的荷载 $F = 4720$ kN。地基土表层为细砂,重度 $\gamma_1 = 17.5$ kN/m³,压缩模

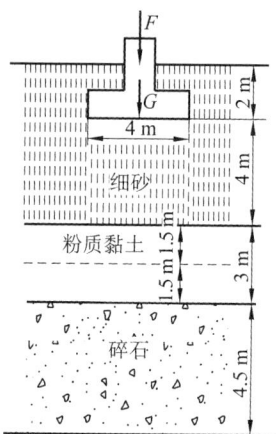

图 3-9 基础剖面和土层示意图

量 $E_{s1}=8$ MPa,厚度 $h_1=6$ m;第二层为粉质黏土,$E_{s2}=3.33$ MPa,$h_2=3$ m;第三层为碎石,$E_{s3}=22$ MPa,$h_3=4.5$ m。用分层总和法计算该粉质黏土层产生的沉降量。

解 (1) 按比例绘制地基土层和基础的剖面图(见图 3-9)。

(2) 确定分层厚度。

分层厚度基本原则如下。

① 对不同土性的土层,将分界面和地下水位面均作为分层面;

② 分层不宜过厚,对相同土性的土层,按每层厚度为基础宽度 b 的 0.4 倍或 1～2 m 再细分。

每层厚度 $h_i \leqslant 0.4b=1.6$ m。

粉质黏土层按每层厚 1.5 m 分为 2 层。

(3) 计算基底压力 p:

$$G = \gamma_G \cdot A \cdot d = 20 \times 4 \times 4 \times 2 \text{ kN} = 640 \text{ kN}$$

$$p = \frac{F+G}{A} = \frac{4720+640}{4 \times 4} \text{ kPa} = 335 \text{ kPa}$$

(4) 计算基底附加压力 P_0:

$$P_0 = p - \gamma_1 d = (335 - 17.5 \times 2) \text{ kPa} = 300 \text{ kPa}$$

(5) 计算地基中附加应力,基础平面图如图 3-10 所示。用角点法计算基础中心点 o 下地基中的附加应力:

$$\sigma_z = 4\alpha_c P_0$$

(6) 计算粉质黏土层沉降量。

沉降量计算公式为

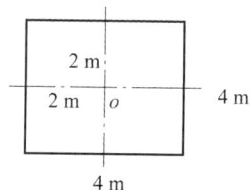

图 3-10 基础平面图

$$S_i = \frac{\bar{\sigma}_{zi}}{E_{zi}} h_i$$

其中压缩模量已知:$E_{s2}=3.33$ MPa,计算结果清单及试验结果如表 3-1 和表 3-2 所示。

表 3-1 计算结果清单

z/m	l/b	z'/b	a_c	σ_z/kPa
0	1	2	0.0840	100.8
1.5	1	2.75	0.0518	62.16
3.0	1	3.5	0.0344	41.28

注:z 从粉质黏土层顶面算起,z' 的取值从基础底面算起。

表 3-2 粉质黏土侧限压缩试验结果

h_i/mm	平均附加应力/kPa	沉降量 S_i/mm
1500	81.48	36.7
1500	51.72	23.3

粉质黏土层的沉降量为

$$s = s_1 + s_2 = (36.7 + 23.3) \text{ mm} = 60 \text{ mm}$$

例 2 某正常固结土地基自天然地面向下的土层情况为:第一层为厚度 1.5 m 的杂填土,重度 $\gamma = 18$ kN/m³;第二层为厚度 3 m 的粉质黏土,重度 $\gamma = 19.5$ kN/m³;第三层为淤泥质土,重度 $\gamma = 19.1$ kN/m³。地下水位在杂填土底面处。现拟在该地基内修建一个柱下独立基础,设计地面在天然地面以下 0.5 m,埋深 1.0 m,底面尺寸为 3 m×2 m。作用在设计地面处的竖向力 $N = 762$ kN,弯矩 $M = 80$ kN·m(沿基础长边方向)。粉质黏土和淤泥质土侧限压缩试验的 e-p 结果如表 3-3、表 3-4 和图 3-11 所示。试用分层总和法计算该地基的最终沉降量。

表 3-3 粉质黏土侧限压缩试验结果

压力 p/kPa	0	50	100	200	300
孔隙比 e	0.866	0.799	0.770	0.736	0.721

表 3-4 淤泥质土侧限压缩试验结果

压力 p/kPa	0	50	100	200	300
孔隙比 e	1.085	0.960	0.890	0.803	0.748

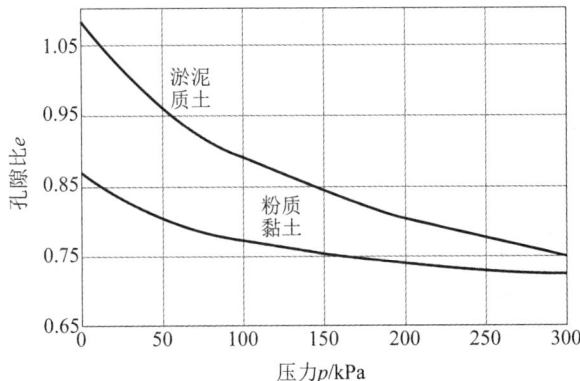

图 3-11 孔隙比曲线

解 (1)基底中点处的基底压力 p 与弯矩无关,故

$$p = \frac{N}{A} + \gamma_G d = \left(\frac{762}{3 \times 2} + 20 \times 1.0 \right) \text{ kPa} = 147 \text{ kPa}$$

基底处自重应力为

$$\sigma_c = 18 \times 1.5 \text{ kPa} = 27 \text{ kPa}$$

故基底中点处的基底附加压力为

$$p_0 = p - \sigma_c = (147 - 27) \text{ kPa} = 120 \text{ kPa}$$

(2)对地基分层。

分层厚度 $\leqslant 0.4b = 0.4 \times 2$ m $= 0.8$ m,取层厚 0.6 m。

(3)计算各分层面的自重应力和附加应力。

自重应力应从天然地面算起,且地下水位以下土层的重度应采用有效重度 γ';附加应力应从基底算起。当地基内有软土层时,沉降计算深度 z_n 按标准 $\sigma_z \leqslant 0.1\sigma_c$ 确定。对本算例,当采用角点法计算基础中心点以下的附加压力 σ_z 时,$\sigma_z = 4p_0 a_c$;当查表确定角点附加应力系数 K_c 时,$l = 3/2$ m $= 1.5$ m,$b = 2/2$ m $= 1$ m,$l/b = 1.5/1 = 1.5$。沉降计算深度 $z_n = 6.6$ m。

（4）计算各分层最终沉降量及地基最终沉降量。

计算过程如表 3-5 所示。基础的最终沉降量 $s=113$ mm。

表 3-5　用分层总和法计算基础最终沉降量（$l=1.5$ m，$b=1$ m，$l/b=1.5$）

计算点	从基底算起的深度 z/m	自重应力 σ_{ci}/kPa	附加应力 σ_{zi}/kPa 附加应力系数 a_c	$\sigma_{zi}=4a_c p_0$	层厚 h_i/m	层内平均自重应力 $\bar{\sigma}_{ci}=p_{1i}/kPa$	层内平均附加应力 $\bar{\sigma}_{zi}/kPa$	层内平均自重应力与附加应力之和 $p_{2i}=\bar{\sigma}_{ci}+\bar{\sigma}_{zi}/kPa$	受压前孔隙比 e_{1i}	受压后孔隙比 e_{2i}	分层最终沉降量 $\Delta S_i = \dfrac{e_{1i}-e_{2i}}{1+e_{1i}}h_i$ /mm
0	0	27.00	0.2500	120.00							
						29.85	115.39	145.24	0.826	0.755	23.33
1	0.6	32.70	0.2308	110.78							
						35.55	96.96	132.51	0.818	0.759	19.47
2	1.2	38.40	0.1732	83.14							
						41.25	70.54	111.79	0.811	0.766	14.91
3	1.8	44.10	0.1207	57.94							
						46.95	49.28	96.23	0.803	0.772	10.32
4	2.4	49.80	0.0846	40.61							
						52.65	35.00	87.65	0.798	0.777	7.01
5	3.0	55.50	0.0612	29.38		0.6					
						58.23	25.66	83.89	0.948	0.913	10.78
6	3.6	60.96	0.0457	21.94							
						63.69	18.77	82.46	0.941	0.915	8.04
7	4.2	66.42	0.0325	15.6							
						69.15	14.47	83.62	0.933	0.913	6.21
8	4.8	71.88	0.0278	13.34							
						74.61	12.00	86.61	0.926	0.909	5.30
9	5.4	77.34	0.0222	10.66							
						80.07	9.77	89.84	0.918	0.904	4.38
10	6.0	82.80	0.0185	8.88							
						85.58	8.32	93.82	0.910	0.899	3.46
11	6.6	88.26	0.0162	7.76							
										$\sum \Delta S_i$	$=113$

二、规范法

《规范》推荐的最终变形量计算方法是由单向压缩分层总和法推导出的一种简化形式，目的在于减少繁重的计算工作，如附加应力计算等。因此，它仍然是采用侧限条件下的压缩试验获得的压缩性指标。在单向压缩分层总和法中，计算一薄层的附加应力平均值采用薄层顶面和底面附加应力的算术平均值，规范法采用平均附加应力系数计算。该方法还规定了计算深度的标准，提出了基础沉降计算的修正系数，使计算结果与基础实际沉降量更趋于一致。另外规范法对建筑物基础埋置较深的情况，提出了考虑开挖基坑时地基土的回弹在施工时又产生压缩变形量的计算方法。

在推导计算公式时，设想地基是均质的，在侧限条件下土的压缩模量不随深度变化而变化，由式（3-22）知以下算式。

z_i 深度范围内土体的变形量为

$$S_i = \frac{\Delta p_i}{E_s} z_i \tag{3-25}$$

z_{i-1}深度范围内土体的变形量为

$$S_{i-1} = \frac{\Delta p_{i-1}}{E_s} z_{i-1} \tag{3-26}$$

$h_i = z_i - z_{i-1}$范围内土的变形量为

$$S_i' = S_i - S_{i-1} = \frac{\Delta p_i}{E_s} z_i - \frac{\Delta p_{i-1}}{E_s} z_{i-1} \tag{3-27}$$

以上各式中：Δp_i——z_i深度范围内附加应力平均值，单位为 kPa；

　　　　　Δp_{i-1}——z_{i-1}深度范围内附加应力平均值，单位为 kPa。

　　令$\Delta p_i = \overline{a_i} p_0$，$\Delta p_{i-1} = \overline{a_{i-1}} p_0$，则式（3-27）可写成

$$S_i' = \frac{p_0}{E_s} (\overline{a_i} z_i - \overline{a_{i-1}} z_{i-1}) \tag{3-28}$$

式中：S_i'——第i层土变形量，单位为 mm；

　　　E_s——土的压缩模量，单位为 MPa；

　　　p_0——基底附加压力，单位为 kPa；

　　　$\overline{a_i} z_i$、$\overline{a_{i-1}} z_{i-1}$——对应$z_i$、$z_{i-1}$深度的平均附加应力系数。对于矩形基底竖向均布荷载，由l/b、z/b查表 3-6（条形基底l/b取 10），l为基础长边，b为基础短边，对于矩形基底竖向三角形分布荷载，由l/b、z/b查表 3-7，b为荷载变化；

　　　z_i、z_{i-1}——基础底面至第i层底面和第$i-1$层底面的距离，单位为 m。

表 3-6　矩形基底竖向均布荷载作用角点下的平均竖向附加应力系数$\overline{a}$

z/b	l/b												
	1.0	1.2	1.4	1.6	1.8	2.0	2.4	2.8	3.2	3.6	4.0	5.0	10.0
0.0	0.2500	0.2500	0.2500	0.2500	0.2500	0.2500	0.2500	0.2500	0.2500	0.2500	0.2500	0.2500	0.2500
0.2	0.2496	0.2497	0.2497	0.2498	0.2498	0.2498	0.2498	0.2498	0.2498	0.2498	0.2498	0.2498	0.2498
0.4	0.2474	0.2479	0.2481	0.2483	0.2484	0.2485	0.2485	0.2485	0.2485	0.2485	0.2485	0.2485	0.2485
0.6	0.2423	0.2437	0.2444	0.2448	0.2451	0.2452	0.2454	0.2455	0.2455	0.2455	0.2455	0.2455	0.2456
0.8	0.2346	0.2372	0.2387	0.2395	0.2400	0.2403	0.2407	0.2408	0.2409	0.2409	0.2410	0.2410	0.2410
1.0	0.2252	0.2291	0.2330	0.2326	0.2335	0.2340	0.2346	0.2349	0.2351	0.2352	0.2352	0.2353	0.2353
1.2	0.2149	0.2199	0.2229	0.2248	0.2260	0.2268	0.2278	0.2282	0.2285	0.2286	0.2287	0.2288	0.2289
1.4	0.2043	0.2102	0.2140	0.2164	0.2190	0.2191	0.2204	0.2211	0.2215	0.2217	0.2218	0.2220	0.2221
1.6	0.1936	0.2006	0.2049	0.2079	0.2099	0.2113	0.2130	0.2138	0.2143	0.2146	0.2148	0.2150	0.2152
1.8	0.1840	0.1912	0.1960	0.1994	0.2018	0.2034	0.2055	0.2066	0.2073	0.2077	0.2079	0.2082	0.2084
2.0	0.1746	0.1822	0.1875	0.1912	0.1938	0.1958	0.1982	0.1996	0.2004	0.2009	0.2012	0.2015	0.2018
2.2	0.1659	0.1737	0.1793	0.1833	0.1862	0.1883	0.1911	0.1927	0.1937	0.1943	0.1947	0.1952	0.1955
2.4	0.1578	0.1657	0.1715	0.1757	0.1789	0.1812	0.1843	0.1862	0.1873	0.1880	0.1885	0.1890	0.1895
2.6	0.1503	0.1583	0.1642	0.1686	0.1719	0.1745	0.1779	0.1799	0.1812	0.1820	0.1825	0.1832	0.1838
2.8	0.1433	0.1514	0.1574	0.1619	0.1654	0.1680	0.1717	0.1739	0.1753	0.1763	0.1769	0.1777	0.1784
3.0	0.1369	0.1449	0.1510	0.1556	0.1592	0.1619	0.1658	0.1682	0.1698	0.1708	0.1715	0.1725	0.1733
3.2	0.1310	0.1390	0.1450	0.1497	0.1533	0.1562	0.1602	0.1628	0.1645	0.1657	0.1664	0.1675	0.1685

z/b	l/b												
	1.0	1.2	1.4	1.6	1.8	2.0	2.4	2.8	3.2	3.6	4.0	5.0	10.0
3.4	0.1256	0.1334	0.1394	0.1441	0.1478	0.1508	0.1550	0.1577	0.1595	0.1607	0.1616	0.1628	0.1639
3.6	0.1205	0.1282	0.1342	0.1389	0.1427	0.1456	0.1500	0.1528	0.1548	0.1561	0.1570	0.1583	0.1595
3.8	0.1158	0.1234	0.1293	0.1340	0.1378	0.1408	0.1452	0.1482	0.1502	0.1516	0.1526	0.1541	0.1554
4.0	0.1114	0.1189	0.1248	0.1294	0.1332	0.1362	0.1408	0.1438	0.1459	0.1474	0.1485	0.1500	0.1516
4.2	0.1073	0.1147	0.1205	0.1251	0.1289	0.1319	0.1365	0.1396	0.1418	0.1434	0.1445	0.1462	0.1479
4.4	0.1035	0.1107	0.1164	0.1210	0.1248	0.1279	0.1325	0.1357	0.1379	0.1396	0.1407	0.1425	0.1444
4.6	0.1000	0.1070	0.1127	0.1172	0.1209	0.1240	0.1287	0.1319	0.1342	0.1359	0.1371	0.1390	0.1410
4.8	0.0967	0.1036	0.1091	0.1136	0.1173	0.1204	0.1250	0.1283	0.1307	0.1324	0.1337	0.1357	0.1379
5.0	0.0935	0.1003	0.1057	0.1102	0.1139	0.1169	0.1216	0.1249	0.1273	0.1291	0.1304	0.1325	0.1348
5.2	0.0906	0.0972	0.1026	0.1070	0.1106	0.1136	0.1183	0.1217	0.1241	0.1259	0.1273	0.1295	0.1320
5.4	0.0878	0.0943	0.0996	0.1039	0.1075	0.1105	0.1152	0.1186	0.1211	0.1229	0.1243	0.1265	0.1292
5.6	0.0852	0.0916	0.0968	0.1010	0.1046	0.1076	0.1122	0.1156	0.1181	0.1200	0.1215	0.1238	0.1266
5.8	0.0828	0.0890	0.0941	0.0983	0.1018	0.1047	0.1094	0.0028	0.1153	0.1172	0.1187	0.1211	0.1240
6.0	0.0805	0.0866	0.0915	0.0957	0.0991	0.1021	0.1067	0.1101	0.1126	0.1146	0.1161	0.1185	0.1216
6.2	0.0783	0.0842	0.0891	0.0932	0.0966	0.0995	0.1041	0.1075	0.1101	0.1120	0.1136	0.1161	0.1193
6.4	0.0762	0.0820	0.0869	0.0909	0.0942	0.0971	0.1016	0.1050	0.1076	0.1096	0.1111	0.1137	0.1171
6.6	0.0742	0.0799	0.0847	0.0886	0.0919	0.0948	0.0993	0.1027	0.1053	0.1073	0.1088	0.1114	0.1149
6.8	0.0723	0.0779	0.0826	0.0865	0.0898	0.0926	0.0970	0.1004	0.1030	0.1050	0.1066	0.1092	0.1129
7.0	0.0705	0.0761	0.0806	0.0844	0.0877	0.0904	0.0949	0.0982	0.1008	0.1028	0.1044	0.1071	0.1109
7.2	0.0688	0.0742	0.0787	0.0825	0.0857	0.0884	0.0928	0.0962	0.0987	0.1008	0.1023	0.1051	0.1090
7.4	0.0672	0.0725	0.0769	0.0806	0.0838	0.0865	0.0908	0.0942	0.0967	0.0988	0.1004	0.1031	0.1071
7.6	0.0656	0.0709	0.0752	0.0789	0.0820	0.0846	0.0889	0.0922	0.0948	0.0968	0.0984	0.1012	0.1054
7.8	0.0642	0.0693	0.0736	0.0771	0.0802	0.0828	0.0871	0.0904	0.0929	0.0950	0.0966	0.0994	0.1036
8.0	0.0627	0.0678	0.0720	0.0755	0.0785	0.0811	0.0853	0.0885	0.0912	0.0932	0.0948	0.0976	0.1020
8.2	0.0614	0.0663	0.0705	0.0739	0.0769	0.0795	0.0837	0.0869	0.0894	0.0914	0.0931	0.0959	0.1004
8.4	0.0601	0.0649	0.0690	0.0724	0.0754	0.0779	0.0820	0.0852	0.0878	0.0898	0.0914	0.0943	0.0988
8.6	0.0588	0.0636	0.0676	0.0710	0.0739	0.0764	0.0805	0.0836	0.0862	0.0882	0.0898	0.0927	0.0973
8.8	0.0576	0.0623	0.0663	0.0696	0.0724	0.0749	0.0790	0.0821	0.0846	0.0866	0.0882	0.0912	0.0959
9.2	0.0554	0.0599	0.0637	0.0670	0.0697	0.0721	0.0761	0.0792	0.0817	0.0837	0.0853	0.0882	0.0931
9.6	0.0533	0.0577	0.0614	0.0645	0.0672	0.0696	0.0734	0.0765	0.0789	0.0809	0.0825	0.0855	0.0905
10.0	0.0514	0.0556	0.0592	0.0622	0.0649	0.0672	0.0710	0.0739	0.0763	0.0783	0.0799	0.0829	0.0880
10.4	0.0496	0.0533	0.0572	0.0601	0.0627	0.0649	0.0686	0.0716	0.0739	0.0759	0.0775	0.0904	0.0857

续表

z/b	l/b												
	1.0	1.2	1.4	1.6	1.8	2.0	2.4	2.8	3.2	3.6	4.0	5.0	10.0
10.8	0.0479	0.0519	0.0553	0.0581	0.0606	0.0628	0.0664	0.0693	0.0717	0.0736	0.0751	0.0781	0.0834
11.2	0.0463	0.0502	0.0535	0.0563	0.0587	0.0606	0.0644	0.0672	0.0695	0.0714	0.0730	0.0759	0.0813
11.6	0.0448	0.0486	0.0518	0.0545	0.0569	0.0590	0.0625	0.0652	0.0975	0.0694	0.0709	0.0738	0.0793
12.0	0.0435	0.0471	0.0502	0.0529	0.0552	0.0573	0.0606	0.0634	0.0656	0.0674	0.0690	0.0719	0.0774
12.8	0.0409	0.0444	0.0474	0.0499	0.0521	0.0541	0.0573	0.0599	0.0621	0.0639	0.0654	0.0682	0.0739
13.6	0.0387	0.0420	0.0448	0.0472	0.0493	0.0512	0.0543	0.0568	0.0589	0.0607	0.0621	0.0649	0.0707
14.4	0.0367	0.0398	0.0425	0.0448	0.0468	0.0486	0.0516	0.0540	0.0561	0.0577	0.0592	0.0619	0.0677
15.2	0.0349	0.0379	0.0404	0.0426	0.0446	0.0463	0.0492	0.0515	0.0535	0.0551	0.0565	0.0592	0.0650
16.0	0.0332	0.0361	0.0385	0.0407	0.0425	0.0442	0.0469	0.0469	0.0511	0.0527	0.0540	0.0567	0.0625
18.0	0.0297	0.0323	0.0345	0.0364	0.0381	0.0396	0.0422	0.0442	0.0460	0.0475	0.0487	0.0512	0.0570
20.0	0.0269	0.0262	0.0312	0.0330	0.0345	0.0359	0.0383	0.0402	0.0418	0.0432	0.0444	0.0468	0.0524

表 3-7　矩形基底竖向三角形分布荷载作用角点下的平均竖向附加应力系数 $\bar{a}$

z/b	l/b									
	0.2		0.4		0.6		0.8		1.0	
	1	2	1	2	1	2	1	2	1	2
0.0	0.0000	0.2500	0.0000	0.2500	0.0000	0.2500	0.0000	0.2500	0.0000	0.2500
0.2	0.0112	0.2161	0.0140	0.2308	0.0148	0.2333	0.0151	0.2339	0.0152	0.2341
0.4	0.0179	0.1810	0.0245	0.2084	0.0270	0.2153	0.0280	0.2175	0.0285	0.2184
0.6	0.0207	0.1505	0.0308	0.1851	0.0355	0.1966	0.0376	0.2011	0.0388	0.2030
0.8	0.0217	0.1277	0.0340	0.1640	0.0405	0.1787	0.0440	0.1852	0.0459	0.1883
1.0	0.0217	0.1104	0.0351	0.1461	0.0430	0.1624	0.0476	0.1704	0.0502	0.1746
1.2	0.0212	0.0970	0.0351	0.1312	0.0439	0.1480	0.0492	0.1571	0.0525	0.1621
1.4	0.0204	0.0865	0.0344	0.1187	0.0436	0.1356	0.0495	0.1451	0.0534	0.1507
1.6	0.0195	0.0779	0.0333	0.1082	0.0427	0.1247	0.0490	0.1345	0.0533	0.1405
1.8	0.0186	0.0709	0.0321	0.0993	0.0415	0.1153	0.0480	0.1252	0.0525	0.1313
2.0	0.0178	0.0650	0.0308	0.0917	0.0401	0.1071	0.0467	0.1169	0.0513	0.1232
2.5	0.0157	0.0538	0.0276	0.0769	0.0365	0.0908	0.0429	0.1000	0.0478	0.1063
3.0	0.0140	0.0458	0.0248	0.0661	0.0330	0.0786	0.0392	0.0871	0.0439	0.0931
5.0	0.0097	0.0289	0.0175	0.0424	0.0236	0.0476	0.0285	0.0576	0.0324	0.0624
7.0	0.0073	0.0211	0.0133	0.0311	0.0180	0.0352	0.0219	0.0427	0.0251	0.0465
10.0	0.0053	0.0150	0.0097	0.0222	0.0133	0.0253	0.0162	0.0308	0.0186	0.0336

z/b	l/b									
	1.2		1.4		1.6		1.8		2.0	
	1	2	1	2	1	2	1	2	1	2
0.0	0.0000	0.2500	0.0000	0.2500	0.0000	0.2500	0.0000	0.2500	0.0000	0.2500
0.2	0.0153	0.2342	0.0153	0.2343	0.0253	0.2343	0.0153	0.2343	0.0153	0.2343
0.4	0.0288	0.2187	0.0289	0.2189	0.0290	0.2190	0.0290	0.2190	0.0290	0.2191
0.6	0.0394	0.2039	0.0397	0.2043	0.0399	0.2046	0.0400	0.2047	0.0401	0.2048
0.8	0.0470	0.1899	0.0476	0.1907	0.0480	0.1912	0.0482	0.1915	0.0483	0.1917
1.0	0.0518	0.1769	0.0528	0.1781	0.0534	0.1789	0.0538	0.1794	0.0540	0.1797
1.2	0.0546	0.1649	0.0560	0.1666	0.0568	0.1678	0.0574	0.1684	0.0577	0.1689
1.4	0.0559	0.1541	0.0575	0.1562	0.0586	0.1576	0.0594	0.1585	0.0599	0.1591
1.6	0.0561	0.1443	0.0580	0.1467	0.0594	0.1484	0.0603	0.1494	0.0609	0.1502
1.8	0.0556	0.1354	0.0578	0.1381	0.0593	0.1400	0.0604	0.1413	0.0611	0.1422
2.0	0.0547	0.1274	0.0570	0.1303	0.0587	0.1324	0.0599	0.1338	0.0608	0.1348
2.5	0.0513	0.1107	0.0540	0.1139	0.0560	0.1163	0.0575	0.1180	0.0586	0.1193
3.0	0.0476	0.0976	0.0503	0.1008	0.0525	0.1033	0.0541	0.1052	0.0554	0.1067
5.0	0.0356	0.066	0.0382	0.0690	0.0403	0.0714	0.0421	0.0734	0.0435	0.0749
7.0	0.0277	0.0496	0.0299	0.0520	0.0318	0.0541	0.0333	0.0558	0.0347	0.0572
10.0	0.0207	0.0359	0.0224	0.0379	0.0239	0.0395	0.0252	0.0409	0.0263	0.0403

对于成层土,公式可改写成

$$S' = \sum_{i=1}^{n} \frac{p_0}{E_s} (\overline{a_i} z_i - \overline{a_{i-1}} z_{i-1}) \tag{3-29}$$

平均附加应力系数 $\bar{a}$ 表的制作原理为按式(3-22)计算第 i 层土的变形量:

$$S_i = \frac{\overline{\sigma_{zi}}}{E_{si}} h_i \tag{3-30}$$

式中:$\overline{\sigma_{zi}}$——第 i 层土的平均附加应力;

$\overline{\sigma_{zi}} h_i$——第 i 层土的附加应力面积,如图 3-12 所示的 $cdfe$。

由图 3-12 可知

$$A_{cdfe} = A_{abfe} - A_{abdc}$$

式中:A_{cdfe}——$cdfe$ 的面积;

A_{abfe}——$abfe$ 的面积;

A_{abdc}——$abdc$ 的面积。

令

$$A_{abfe} = p_0 z_i \overline{a_i}$$
$$A_{abdc} = p_0 z_{i-1} \overline{a_{i-1}}$$

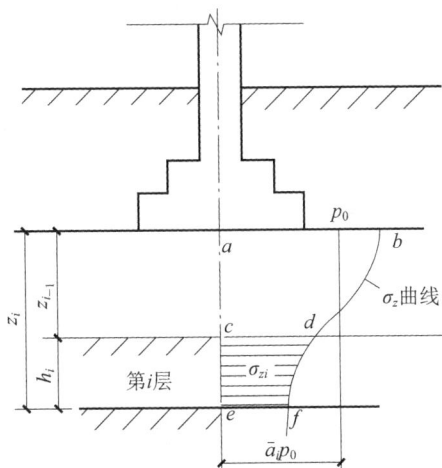

图 3-12　平均附加应力系数的物理意义

因此

$$\overline{a_i} = \frac{A_{abfe}}{p_0 z_i}, \qquad \overline{a_{i-1}} = \frac{A_{abdc}}{p_0 z_{i-1}}$$

用 z_i 深度范围内的附加应力面积 A_{abfe} 除以基底附加应力 p_0,再除以深度 z_i,即可制成平均附加应力系数表格(见表 3-6、表 3-7)供查用。因此,《规范》称此方法为应力面积法。

与单向压缩分层总和法相同,地基变形计算深度采用符号 z_n 表示,规定 z_n 应满足下列条件:由该深度向上取计算厚度 Δz(Δz 由基础宽度 b 查表 3-8 确定)所得的计算变形量 $\Delta S_n'$ 应小于或等于 z_n。深度范围内总的计算变形量 S' 的 2.5% 应满足下式要求:

$$\Delta S_n' \leqslant 0.025 \sum_{i=1}^{n} S_i' \tag{3-31}$$

表 3-8　Δz 值

基础宽度 b/cm	$\leqslant 2$	$2 \sim 4$	$4 \sim 8$	>8
$\Delta z/\mathrm{m}$	0.3	0.6	0.8	1.0

若 z_i 以下存在软土层时,还应向下继续计算,至软土层中 $\Delta S_n'$ 满足式(3-31)为止。

式(3-31)中 S_i' 包括相邻建筑的影响,可按应力叠加原理,采用角点法计算。当无相邻建筑物荷载影响,基础宽度在 $1 \sim 30$ m 范围内时,基础中心点的沉降计算深度可按下式计算:

$$z_n = b(2.5 - 0.4 \ln b) \tag{3-32}$$

式中:b——基础宽度;

$\ln b$——b 的自然对数。

在计算深度范围内存在的基岩时,z_n 可取至基岩表面;在存在较厚的坚硬黏性土,其孔隙比小于 0.5、压缩模量大于 50 MPa,以及存在较厚的密实砂卵石层,其压缩模量大于 80 MPa 时,z_n 可取至该层土表面。

根据大量沉降观测资料与式(3-29)计算结果比较发现:对较紧密的地基土,公式计算值较实测沉降值偏大;对较软的地基土,按公式计算得出的沉降值偏小。这是由于在公式推导过程中做了某些假定,有些复杂情况在公式中得不到反映,如在使用弹性力学公式计算弹塑性地基土的应力时,将三向变形假定为单向变形,非均质土层按均质土层计算等。因此,《规

范》对式(3-29)用乘以经验系数的方法进行修正,即

$$S' = \psi_s \sum_{i=1}^{n} \frac{p_0}{E_s}(\overline{a_i z_i} - \overline{a_{i-1} z_{i-1}}) \tag{3-33}$$

式中:ψ_s——沉降计算经验系数,可按当地沉降观测资料和经验确定,也可以按表 3-9 确定;

n——地基沉降计算深度 z_n 范围内所划分的土层数。

表 3-9　沉降计算经验系数中的 ψ_s

基底附加压力	E_s/MPa				
	2.5	4.0	7.0	15.0	20.0
$p_0 \geqslant f_{ak}$	1.4	1.3	1.0	0.4	0.2
$p_0 \leqslant 0.75 f_{ak}$	1.1	1.0	0.7	0.4	0.2

表 3-9 中,f_{ak} 为地基承载力特征值(见第一部分的学习情境 4);E_s 为沉降计算深度范围内土体压缩模量的当值,按下式计算:

$$E_s = \frac{\sum A_i}{\sum \dfrac{A_i}{E_{si}}}\overline{E} = \frac{\sum A_i}{\sum \dfrac{A_i}{E_{si}}} \tag{3-34}$$

式中:A_i——第 i 层土平均附加应力系数沿该土层厚度的积分值;

E_{si}——第 i 层土的压缩模量。

表 3-6、表 3-7 均为矩形基底角点下的平均附加应力系数表。在计算荷载作用面(基底面)中心或任意点的平均附加应力时,仍可按叠加法计算;梯形荷载仍可分为均布荷载与三角形分布荷载进行计算。

当建筑物地下室基础埋置较深时,应考虑开挖基坑时土的回弹,建筑物施工时又产生地基土再压缩的状况,该部分沉降量可按下式计算:

$$S_c = \psi_c \sum_{i=1}^{n} \frac{p_{zc}}{E_{ci}}(\overline{a_i z_i} - \overline{a_{i-1} z_{i-1}}) \tag{3-35}$$

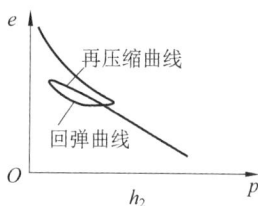

图 3-13　土的回弹再压缩模量

式中:S_c——考虑回弹影响的地基变形量;

ψ_c——考虑回弹影响的沉降计算经验系数,$\psi_c = 1.0$;

p_{zc}——基坑底面以上土的自重压力,单位为 kPa,地下水位以下应扣除浮力;

E_{ci}——土的回弹再压缩模量,按《土工试验方法标准》(GB/T 50123—2019)进行试验,根据土的自重压力下退至零的回弹量确定(见图 3-13)。

例 3　试用规范法计算例 2 地基的最终沉降量。设地基承载力特征值 $f_{ak} = 150$ kPa。

解　(1)由例 2 知基底附近压力 $p_0 = 120$ kPa。

(2)对地基分层。

本地基有 3 层天然土层,但第一层的杂填土与沉降量计算无关,加之地下水位刚好位于第一、二层的分界面上,故可分为粉质黏土和淤泥质土两层。

(3)确定沉降计算深度 z_n。

因本基础无相邻荷载影响,故 z_n 按式(3-32)确定,即

$$z_n = b(2.5 - 0.4 \ln b) = 2(2.5 - 0.4 \ln 2) \text{ m} = 4.5 \text{ m}$$

（4）确定各层的侧限压缩模量 E_s。

当分层厚度不大时，各层的平均侧限压缩模量可近似取层中点的值。

对粉质黏土层，层中点 $z=1.5$ m，自重应力 $\sigma_c=[27+(19.4-10)\times1.5]$ kPa $=41.1$ kPa，查 $e\text{-}p$ 曲线可得对应的起始孔隙比 $e_1=0.811$；附加压力 $\sigma_z=4p_0a_c=4\times120\times0.14505$ kPa $=69.62$ kPa，自重应力与附加压力之和 $\sigma_c+\sigma_z=(41.1+69.62)$ kPa $=110.72$ kPa，对应的孔隙比 $e_2=0.766$，故该层的 E_s 为

$$E_s=\frac{1+e_1}{e_1-e_2}\Delta p=\frac{1+0.811}{0.811-0.766}\times69.62\approx2802\text{ kPa}$$

对淤泥质土层，层中点 $z=3+(4.5-3)/2$ m $=3.75$ m，自重应力 $\sigma_c=27+(19.4-10)\times3+(19.1-10)\times0.75$ kPa $=62.03$ kPa，查 $e\text{-}p$ 曲线可得对应的起始孔隙比 $e_1=0.943$；附加压力 $\sigma_z=4p_0K_c=4\times120\times0.03945$ kPa $=18.94$ kPa，自重应力与附加压力之和 $\sigma_c+\sigma_z=(62.03+18.94)$ kPa $=80.97$ kPa，对应的孔隙比 $e_2=0.916$，故该层的 E_s 为

$$E_s=\frac{1+e_1}{e_1-e_2}\Delta p=\frac{1+0.943}{0.943-0.916}\times18.94=1363\text{ kPa}$$

（5）计算地基最终沉降量 s'。

虽然本算例 $l/b=1.5/1=1.5$ 在表 3-1 中无对应的平均附加应力系数值可查，但可取 $l/b=1.4$ 与 $l/b=1.6$ 的平均值。此外应注意，表 3-1 给出的是角点以下的平均附加应力系数，当计算基础中心点以下的平均附加应力系数时，应采用角点法。鉴于本算例基底附加压力作用范围是矩形，因此中点下的平均附加应力系数应当等于角点下的 4 倍。计算过程如表 3-10 所示。地基沉降量 $s'=102$ mm。

表 3-10 用规范法计算基础最终沉降量（$l=1.5$ m，$b=1$ m，$l/b=1.5$）

从基底算起的深度 z/m	z/b	角点下 $\bar{a}_i$	$\bar{a}_i z_i$	$\bar{a}_i z_i-\bar{a}_{i-1}z_{i-1}$	E_s/kPa	分层最终沉降量/mm $\Delta S_i=\dfrac{4p_0}{E_{si}}(\bar{a}_i z_i-\bar{a}_{i-1}z_{i-1})$
0	0	0.2500	0			
3	3	0.1533	0.4599	0.4599	2802	78.95
4.5	4.5	0.1168	0.5256	0.0657	1363	22.64
						$\sum\Delta S_i=102$

（6）确定 $\overline{E}_s$ 及 ψ_s。

因基础中心点以下沉降计算深度 $z_n=4.5$ m 处的平均附加应力系数 $\bar{a}_n=4\times0.1164=0.4656$，故

$$\overline{E}_s=\frac{p_0z_n\bar{a}_n}{s'}=\frac{120\times4.5\times0.4656}{0.102}\text{ kPa}=2.465\text{ MPa}<2.5\text{ MPa}$$

又因 $f_{ak}=150$ kPa $>p_0=120$ kPa $>0.75f_{ak}=0.75\times150$ kPa $=112.5$ kPa，故 ψ_s 在 1.4 与 1.1 之间线性内插，即

$$\psi_s=1.1+\frac{1.4-1.1}{f_{ak}-0.75f_{ak}}(p_0-0.75f_{ak})=1.1+\frac{0.3}{0.25\times150}(120-0.75\times150)=1.16$$

（7）地基最终沉降量。

$$s=\psi_s s'=1.16\times102\text{ mm}=118\text{ mm}$$

三、$e\text{-}\lg p$ 曲线法

1. 土层的应力历史

如前所述,根据室内压缩试验可绘出反映土体压缩性质的 $e\text{-}p$ 曲线及 $e\text{-}\lg p$ 曲线,根据 $e\text{-}p$ 曲线可计算土层变形量,根据 $e\text{-}\lg p$ 曲线同样也能计算。因为土层在历史上所受到的应力不尽相同,在相同压力作用下产生的变形也不相同。下面首先讨论土层的应力历史。

1)土的先(前)期固结压力

天然土层在历史上所经受过的最大固结压力(指土体在固结过程中所受到的最大有效压力)称为先(前)期围结压力。通常将先期固结压力与土层现在所受压力进行比较,将土层分为三种情况:土层在历史上所受到的先期固结压力等于现有上覆土重时,称为正常固结土;土层在历史上所受到的先期固结压力大于现有上覆土重时,称为超固结土;土层在历史上所受的先期固结压力小于现有上覆土重时,称为欠固结土。图 3-14(a)表示 A 类土层是逐渐沉积到现在地面的,由于土体的这段形成过程是漫长的,在土体自重应力作用下已经达到了固结稳定状态,其先期固结压力 p_c 等于现有的覆盖土自重应力 $p_1 = \gamma h$,所以称 A 类土为正常固结土。图 3-14(b)表示 B 类土层在历史上有过相当厚的上覆土层,它在上覆土层产生的自重作用下也压缩稳定,图中示出了剥蚀前地面,后来由于流水、冰川(或人类活动)等的剥蚀作用形成现在地面,因此先期固结压力 $p_c = \gamma h_c$(h_c 为土层剥蚀前地面下的计算点深度)超过了现有土体自重应力 $p_1 = \gamma h (h_c > h)$,所以 B 类土是超固结(超密实)土,而土层先期固结压力 p_c 与土层现有自重应力 p_1 之比称为超固结比(OCR)。OCR 越大表明土的超固结作用越大。图 3-14(c)所示的 C 类土层也和 A 类土层一样是逐渐沉积到现在地面的,所不同的是这种土沉积速度较快,或土层的渗透性很差,在自重应力作用下没有达到固结稳定的状态,如新近沉积的黏性土、人工填土等由于沉积后经历年代很短,在自重作用下还未完全固结,图 3-14(c)中示出了固结稳定后现在地面将下沉的位置(虚线位置)。在这种情况下,C 类土孔隙中多余的水分还未完全排出,土体的自重由土颗粒和孔隙水两部分承担,因此,C 类土的先期固结压力(土颗粒承担的部分)p_c 还小于现有土体的自重应力 p_1,所以 C 类土是欠固结土。

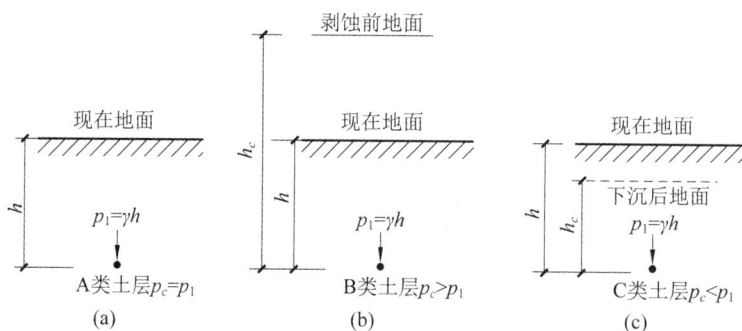

图 3-14   土层应力历史情况

通常使用卡萨格兰德(A. Casagrande)建议的经验作图法确定先期固结压力 p_c,其步骤如下。

（1）在 e-$\lg p$ 曲线上找出曲率半径最小的一点 A，过 A 点作水平线 $A1$ 和切线 $A2$。

（2）作 $\angle 1A2$ 的平分线 $A3$，与 e-$\lg p$ 曲线尾部直线段的延长线相交于 B 点。

（3）B 点的横坐标即为先期固结压力 p_c，如图 3-15 所示。

必须指出，采用这种方法确定先期固结压力的精度在很大程度上取决于曲率最大点 A 的确定。这要求取土质量高、绘制 e-$\lg p$ 曲线选用适当的比例尺等，有时很难找到一个突变的点，因此不一定都能得到可靠的结

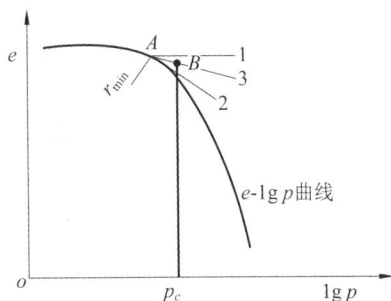

图 3-15 先期固结压力的推求

果。确定先期固结压力还应结合场地形成历史的调查资料加以判断。例如，历史上由于自然力和人工开挖等剥去原始地表土层或在现场堆载预压等，都可能使土层成为超固结土，而新近沉积的黏性土、淤泥及年代不久的人工填土等属欠固结土。

2）现场原始压缩曲线的推求

现场原始压缩曲线是指室内压缩曲线 e-$\lg p$ 经修正后得出的符合现场原始土体孔隙比与有效应力的关系曲线。在计算地基的固结沉降时，必须首先弄清土层的应力历史，即判定土体属正常固结土、超固结土还是欠固结土，然后根据不同的固结情况，由现场原始压缩曲线确定不同的压缩性指标。

对于正常固结土（$p_c = p_1$），图 3-16 所示的 e-$\lg p$ 曲线中的 ab 段表示土层在形成过程中受到自重应力的作用，逐渐达到了固结稳定状态，与固结应力的对数 $\lg p$ 保持直线关系。b 点对应的横坐标即土层在历史上所受到的先期固结压力 p_c，它等于现在的上覆土产生的自重应力 p_1。在场地修建建筑物，土层中将产生附加应力，在附加应力作用下，土层孔隙比 e 的变化将沿着 ab 段的延长线发展，如图中虚线 bc 段。但是由于现场取土、室内试验对土的结构和应力状态总会有一些扰动影响，现场原始压缩曲线 abc 不能由室内直接测定，必须将室内压缩曲线经过一定的修正后才能获得。图中的 bd 段即是由于现场取土应力释放后 e-$\lg p$ 的关系线（取土时保持孔隙比不变）。图中也绘出了室内压缩曲线，由图可见室内压缩曲线在现场原始压缩曲线的左下方。

正常固结土的现场原始压缩曲线可由室内压缩曲线按下列步骤加以修正后求得（见图 3-17）。

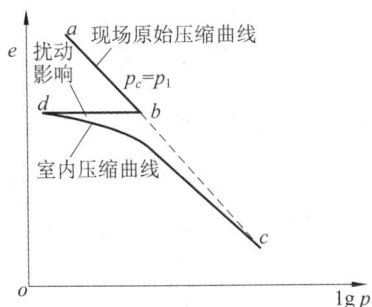

图 3-16 现场原始压缩曲线与室内压缩曲线的关系

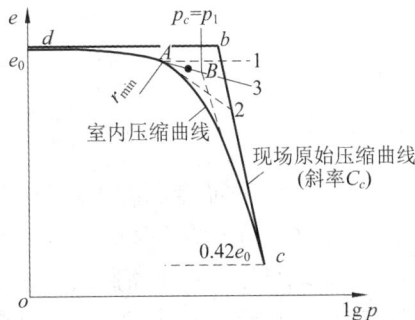

图 3-17 正常固结土的现场原始压缩曲线推求

（1）按适当比例，将室内压缩试验结果（通常最大压力超过 1600 kPa）绘成 $e\text{-}\lg p$ 曲线。

（2）在 $e\text{-}\lg p$ 曲线上确定曲率半径最小的 A 点，过 A 点作水平线 $A1$、切线 $A2$、$\angle 1A2$ 的平分线 $A3$。

（3）$A3$ 与 $e\text{-}\lg p$ 曲线尾部直线段延长线交于 B 点，B 点的横坐标为先期固结压力 p_c。

（4）过纵坐标为 e_0（初始孔隙比）的点作水平线，与过 B 点的竖向线相交于 b 点（对照图 3-16 可知，b 点即为现场原始压缩曲线上的一点）。

（5）由大量室内试验发现，将试样加以不同程度的扰动，所得到的 $e\text{-}\lg p$ 曲线不同，土样受扰动程度越大，$e\text{-}\lg p$ 曲线越靠近左下方。但这些曲线都大致交于 $e=0.42e_0$ 这一点，由此推想，现场原始压缩曲线（扰动程度为零）也经过这一点。因此，室内压缩曲线 $e\text{-}\lg p$ 上孔隙比等于 $0.42e_0$ 的点为现场原始压缩曲线上的 c 点。

（6）连接 b、c 点的直线即为现场原始压缩曲线，该直线的斜率为正常固结土的压缩指数 C_c。

超固结土受力孔隙比变化情况如图 3-18 所示，相应于现场原始压缩曲线 abc 中 b 点的压力，是土样在历史上所受到的最大固结压力 p_c，由于上覆土层的剥蚀，有效压力减小到现在的自重应力 p_1，因为土在剥蚀过程中产生部分回弹，所以应力 p_c 减小到 p_1，孔隙比有所增大，如图中的原始回弹曲线部分。b 点为现场原始压缩曲线上的一点，b_1 点为现场原始再压缩曲线上的一点。图中的 $b_1 d$ 段为取土过程（在取土过程中，孔隙比保持不变，应力释放）。从理论上讲，当荷载在地基中产生附加应力时，孔隙比将沿现场原始再压缩曲线 $b_1 c$ 变化。当压力超过先期固结压力时，曲线将沿现场原始压缩曲线的延长线 bc 变化。由于土样受到了一定程度的扰动，室内压缩曲线如图 3-18 所示，仍处于现场原始压缩曲线、现场原始再压缩曲线左下方。

超固结土的现场原始压缩曲线和现场原始再压缩曲线可由室内压缩曲线按下列步骤进行修正后求得（见图 3-19）。

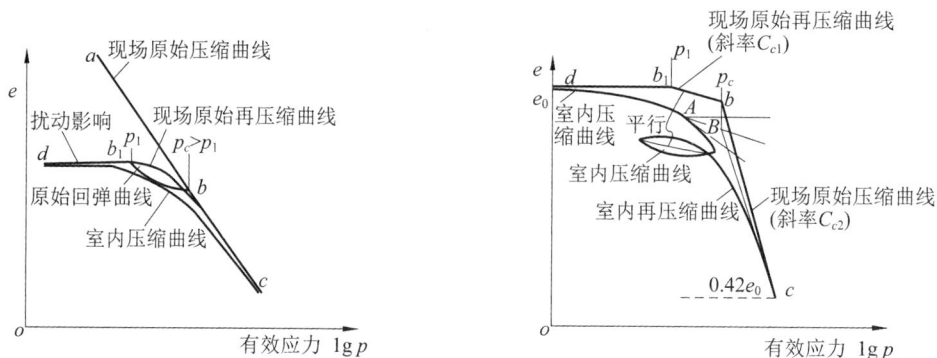

图 3-18   超固结土受力孔隙比变化情况   图 3-19   超固结土的现场原始压缩曲线和现场原始再压缩曲线

第（1）～（3）步同正常固结土。

第（4）步过土的天然孔隙比 e_0 作一条水平线，过试样的现场自重应力作一条竖向线，交点为 b_1，b_1 是现场原始再压缩曲线上的一点。

第（5）步过 b_1 点作一条直线，其斜率为室内压缩曲线、现场原始再压缩曲线的平均斜率，该直线与过先期固结压力 p_c 的铅垂线相交于 b 点，b 点既是现场原始再压缩曲线上的点，又是现场原始压缩曲线上的点。$b_1 b$ 就近似看作现场原始再压缩曲线，其斜率为压缩指

数 C_{c1}（通过大量试验发现，室内所做的多次回弹再压缩试验的曲线平均斜率基本相同，故推想现场回弹再压缩曲线的平均斜率也与此相同）。

第（6）步在室内压缩曲线上找到现场原始压缩曲线上的另一点 c（纵坐标为 $0.42e_0$ 的点）。

第（7）步连接 b、c 点的直线即为现场原始压缩曲线，其斜率为压缩指数 C_{c2}。

对于欠固结土，如前所述，它实际上是正常固结土的一类，它的现场原始压缩曲线的推求与正常固结土是相同的。

为了清楚地说明问题，上面按土的不同固结情况分别阐述了现场原始压缩曲线的推求方法。在实际工程中，一般事先无法判断土的固结情况，所以按室内压缩曲线推求现场原始压缩曲线的实用方法。

（1）通过高压固结仪（最大压力超过 1600 kPa）在室内做压缩试验。在某一级压力下做回弹、再压缩试验。

（2）绘 $e\text{-}\lg p$ 曲线（包括室内压缩曲线、室内再压缩曲线）。

（3）按上述方法确定试样的先期固结压力 p_c。

（4）判断土的固结情况（$p_c = p_1$ 为正常固结土，$p_c > p_1$ 为超固结土，$p_c < p_1$ 为欠固结土）。

（5）按土的固结情况由上述方法推求现场原始压缩曲线，确定 C_c（或 C_{c1} 和 C_{c2}）。

2. 基础沉降计算

按 $e\text{-}\lg p$ 曲线计算基础沉降与 $e\text{-}p$ 曲线一样，都是假定地基只产生单向变形，采用侧限压缩试验结果推导公式，并采用分层总和法进行。下面主要介绍正常固结土的沉降计算方法。

公式的推求方法可参照 $e\text{-}p$ 曲线法进行

$$S_i = \frac{h_i}{1 + e_{0i}} C_{ci} \lg \left(\frac{p_{1i} + \Delta p_i}{p_{1i}} \right) \tag{3-36}$$

$$S_i = \sum_{i=1}^{n} S_i = \sum_{i=1}^{n} \frac{h_i}{1 + e_{0i}} C_{ci} \lg \left(\frac{p_{1i} + \Delta p_i}{p_{1i}} \right) \tag{3-37}$$

式中：n——分层数；

e_{0i}——第 i 层土的初始孔隙比；

h_i——第 i 层厚度，单位为 m；

C_{ci}——由现场原始压缩曲线确定的第 i 层土的压缩指数；

p_{1i}——第 i 层土的平均自重应力，单位为 kPa，$p_{1i} = \dfrac{\sigma_{czi} + \sigma_{cz(i-1)}}{2}$；

Δp_i——第 i 层土的平均附加应力，单位为 kPa，$\Delta p_i = \dfrac{\sigma_{zi} + \sigma_{z(i-1)}}{2}$。

任务3　土的渗透性与渗透变形

一、土的渗透性

土体属于多孔介质，土孔隙中的水在水头差作用下会发生流动。如图 3-20 所示的水闸,上、下游水位不同时,上游的水就在水头差作用下,通过地基土的孔隙流向下游。又如在水位较高的建筑场地开挖基坑,地下水在水头差作用下,也会发生这种现象。在水头差的作用下,水透过土中孔隙流动的现象称为渗透或者渗流。土能被水透过的性能称为土的渗透性。

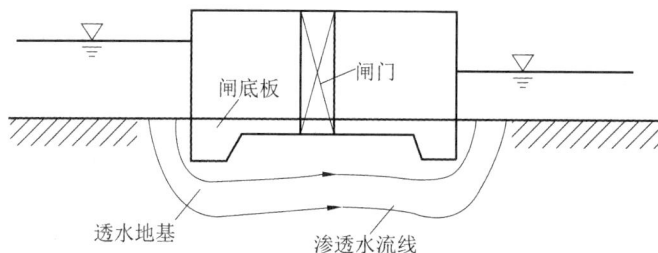

图 3-20　渗透示意图

二、达西定律

工程中常见的土(黏性土、粉土及砂土)孔隙较小,因而水在其中流动时,流速一般均很小,其渗流多属层流(流速很大的水流属紊流)。通过图 3-21 所示的试验装置研究砂土的渗透性,可以得到如下的关系式:

$$v = ki = k\frac{h}{L} \tag{3-38}$$

或

$$v = \frac{Q}{At} \tag{3-39}$$

式中:v——渗透速度,单位为 cm/s;

　　Q——渗透水量,单位为 cm^3;

　　i——水力梯度,$i = \frac{h}{L}$;

　　h——水头差,单位为 cm;

　　L——渗透路径长度,单位为 cm;

　　A——试样截面面积,单位为 cm^2;

　　t——渗透时间,单位为 s;

　　k——渗透系数,即水力梯度为 1 时的渗透速度,单位为 cm/s。

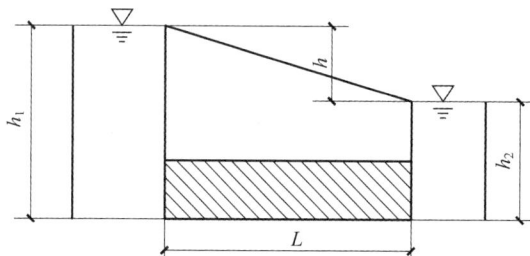

图 3-21　渗透试验示意图

式(3-38)称为渗透定律,表明水在土中的渗透速度与水力梯度成正比例关系。这一定律是达西(H.Darcy)首先提出的,故又称达西定律。

砂土的渗透速度与水力梯度间的关系线是通过坐标原点的直线,如图 3-22 所示。

国内外研究者曾认为:密实黏土中孔隙全部或大部分充满薄膜水时,黏土渗透性就具有特殊的性能。对于砂性较重及密实度较低的黏土,其渗透规律与达西定律相符,如图 3-23 中通过坐标原点的直线 a 所示。至于密实黏土,由于受薄膜水的阻碍,其渗透规律与达西定律不符,如图 3-23 中的曲线 b 所示。当水力梯度较小时,渗透速度与水力梯度不成线性关系,甚至不发生渗流。只有当水力梯度达到一定值时,克服了薄膜水的阻力后,水才开始流动。通常将曲线 b 简化为直线 c,截距 i_{cr} 称为黏土的起始水力梯度。在实际渗流时,只有水力梯度大于起始水力梯度时,水才能通过土体的孔隙流动。近年来的研究结果倾向于黏土中不存在起始水力梯度。因而在后面的章节中研究土的各种渗流理论时仍采用式(3-38)。

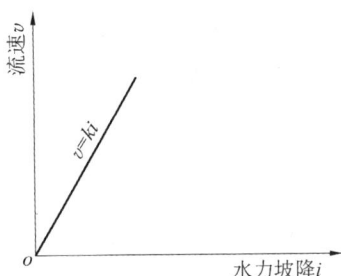

图 3-22　砂土的 $v\text{-}i$ 关系曲线

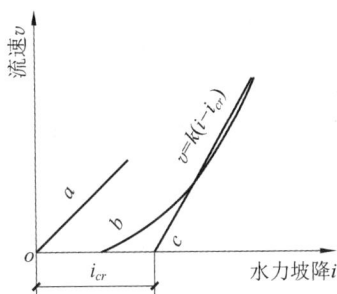

图 3-23　黏性土的 $v\text{-}i$ 关系曲线

对于粗颗粒土(如砾石、卵石等)中的渗流,只有在水力梯度很小、流速不大时才属层流,遵从达西定律;否则属紊流,渗透流速与水力梯度之间不再是直线关系,如图 3-24 所示。由层流变为紊流的临界流速 v_{cr} 为 $0.3\sim0.5$ cm/s。还应指出:水在土中渗透,并不是通过土体的整个截面,仅是通过土粒间的孔隙,所以达西定律中的渗透速度只是假想的平均速度。因此,水在土中的实际平均流速要比达西定律求得的值大得多。它们之间的大致关系为

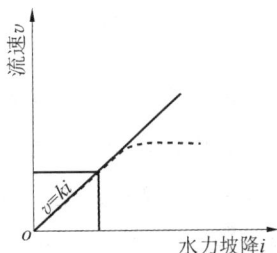

图 3-24　砾石的 $v\text{-}i$ 关系曲线

$$v' = \frac{1+e}{e}v = \frac{v}{n} \tag{3-40}$$

式中:v——达西定律求得的平均渗透速度;

$\quad v'$——实际平均渗透速度;

$\quad e$、n——土的孔隙比、孔隙率。

式(3-40)的所谓平均流速仍不是土体孔隙中的真正平均流速,因为土的孔隙通道并非直道,而是弯弯曲曲不规则的曲道。由于土中孔隙的大小和形状极为复杂,尚难确定通过孔隙的真正流速,所以在工程中都采用达西定律计算的平流速。

三、渗透力

水在土的孔隙中流动时会产生水头损失。这种水头损失是由于水在土的孔隙中流动时

作用在土粒上的拖曳力引起的,渗透水流作用在单位土体土粒上的拖曳力称为渗透力。

下面通过试验观察水在土体孔隙中流动时的一些现象。图 3-25 的圆筒容器 1 中装有均匀的砂土,厚度为 L,容器底部由管子与供水容器 2 相通,当两个容器的水面保持齐平时,无渗流发生;若容器 2 逐渐提升,由于水头差 h 逐渐增大,容器 2 内的水便从底部透过砂层从容器 1 的顶部边缘不断溢出,当水头差 h 达到某一高度时,砂土表面便会出现类似沸腾的现象,这种现象称为流土。

上述现象说明水在土的孔隙中流动时,确实有沿水流方向的渗透力存在。

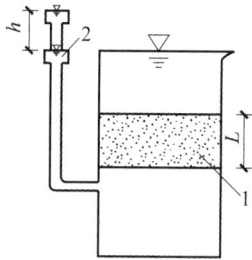

如图 3-25 所示,设试样截面面积为 A,渗透进口(试样底面)与出口(试样顶面)的水头差为 h,说明水流在流经试样长度 L 过程中,土粒对水流的阻力所引起的水头损失为 h。土粒对水流的阻力为

$$F = \gamma_w h A \tag{3-41}$$

根据力的平衡条件,渗透作用于试样上的总渗透力 J 应与试样中土粒对水流的阻力 F 大小相等、方向相反,即

$$J = F = \gamma_w h A \tag{3-42}$$

图 3-25　流土试验示意图　　渗透作用于单位土体的力为

$$j = \frac{J}{AL} = \frac{\gamma_w h A}{AL} = \gamma_w i \tag{3-43}$$

渗透力 j 的作用方向与渗流方向一致,大小与水力梯度 i 成正比,j 是体积力,单位为 $\mathrm{kN/m^3}$。

四、渗透变形

大量的研究和实践均表明,渗透失稳可分为流土与管涌两种基本类型。

1. 流土及临界水力梯度

流土通常指在渗流作用下,黏性土或无黏性土中某一范围内的颗粒或颗粒群同时发生移动的现象,如图 3-26(a)所示。流土发生在水流溢口处,不发生在土体内部。在开挖基坑时常遇到的所谓流砂现象均属流土的类型。

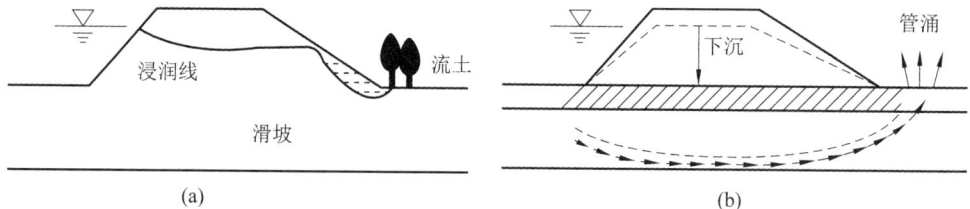

图 3-26　渗透变形示意图

流土的临界水力梯度 i 为濒临发生流土的水力梯度。根据力的平衡关系计算得

$$j = i_{cr} \gamma_w = \gamma'$$

$$i_{cr} = \frac{\gamma'}{\gamma_w} = \frac{\gamma_{\mathrm{sat}} - \gamma_w}{\gamma_w} = \frac{d_s - 1}{1 + e} \tag{3-44}$$

式中:d_s——土粒比重;

e——土的孔隙比；

γ_{sat}——土的饱和重度；

γ_w——水的重度。

防止发生流土的允许水力梯度为$[i]=\dfrac{i_{cr}}{F_s}$，F_s为安全系数，一般取$2.0\sim2.5$。

2. 管涌及临界水力梯度

管涌是指在渗透力作用下，无黏性土中的细小颗粒通过粗大颗粒的孔隙，发生移动或被水流带出，导致土体内形成贯通的渗流通道的现象，在水流溢口处或土体内部均有可能发生，如图 3-26(b)所示。

由于黏性土土粒间具有黏聚力，颗粒连接较紧，不易发生管涌。

产生管涌的水力条件比较复杂，我国科学家在总结前人经验的基础上，经过研究，得出了发生管涌的临界水力梯度i_{cr}的简化经验公式，即

$$i_{cr}=\frac{d}{\sqrt{\dfrac{k}{n^3}}} \tag{3-45}$$

式中：d——被冲动的细粒粒径，单位为 cm；

k——土的渗透系数，单位为 cm/s；

n——土的孔隙率。

防止发生管涌的允许水力梯度为$[i]=\dfrac{i_{cr}}{F_s}$，F_s为安全系数，一般取$1.5\sim2.0$。

任务 4　饱和黏性土的单向渗透固结理论

前面研究了地基最终变形的计算理论和方法，由于土体在压力作用下要经历一定的时间才能完成全部压缩变形而达到基本稳定，因此本节主要讨论变形与时间的关系，并介绍计算方法。

一、有效应力原理

前面在介绍土体的自重应力时，只考虑了土中某单位面积上的平均应力。实际上，饱和土是由土颗粒和孔隙水组成的两相体，如图 3-27(a)所示。当荷载作用于饱和土体时，这些荷载是由土颗粒和孔隙水共同承担的。通过土粒接触点传导的粒间应力称为有效应力，通过孔隙水传递的应力为静孔隙水压力，习惯上称为孔隙水压力。

取饱和土单元体中任一水平横截面，如图 3-27(b)所示。横截面面积为 A，应力 σ 等于该单元体以上土、水自重或外荷，通常把这个应力称为总应力。在 $b\text{-}b$ 截面上，作用在孔隙面积上的孔隙水压力为 μ，作用在各个颗粒接触面上的力分别为 F_1，F_2，$\cdots$，相应各接触面面积

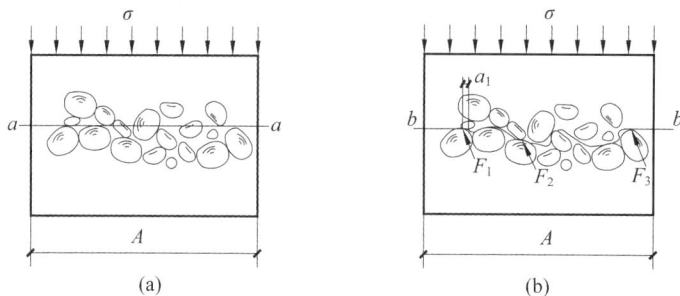

图 3-27　土体截面上力的传递示意图

为 $A_1, A_2, \cdots$，各力的竖向向分量之和为 $\sum F_{vi} = F_{v1} + F_{v2} + \cdots$，可得平衡方程式为

$$\sigma = \frac{\sum F_{vi}}{A} + \frac{(A - \sum A_i)\mu}{A}$$

或

$$\sigma = \sigma' + \left(1 - \frac{\sum A_i}{A}\right)\mu \qquad (3\text{-}46)$$

$\sum A_i$ 为所求平面内颗粒的接触面面积，试验表明，颗粒间接触面面积甚微，可以忽略不计。于是，式（3-46）可简化为

$$\sigma = \sigma' + u \qquad (3\text{-}47)$$

或

$$\sigma' = \sigma - u \qquad (3\text{-}48)$$

由此得出结论：饱和土中任意点的总应力 σ 总是等于有效应力 σ' 与孔隙水压力 u 之和，这就是著名的有效应力原理，是由太沙基（K. Terzaghi）于 1925 年率先提出的。

二、太沙基渗压模型

太沙基为研究土的固结问题提出了一维渗压模型以模拟现场土层中一点的固结过程，如图 3-28 所示。它由圆筒、开孔的活塞板、弹簧及筒中充满的水组成。活塞板上的小孔模拟土的孔隙，弹簧模拟土的颗粒骨架，筒中水模拟孔隙中的水。把土颗粒承担的应力称为有效应力，用 σ' 表示；由外荷在孔隙水中引起的压力称为超静水压力，用 u 表示。

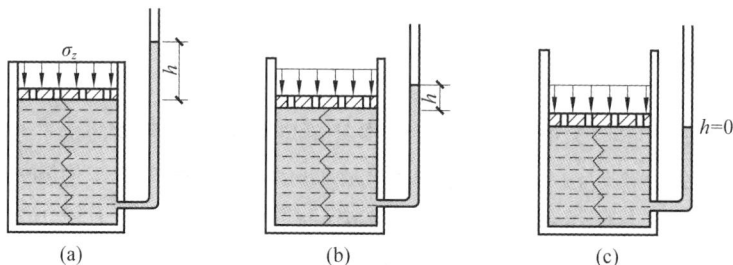

图 3-28　太沙基饱和土一维（单向）渗压模型

当活塞板上没有外荷载作用时，测压管中的水位与圆筒中的静水位齐平，没有超静水压力，筒中水不会通过活塞板上的小孔流出，说明土中未出现渗流。而当活塞板上作用一压力

σ 时,在荷载作用的瞬间,筒中水来不及排出,弹簧无变形,说明弹簧没受力,那么外荷产生的压力只能由孔隙水承担,超静水压力 $u=\sigma$,测压管中的水位升高,升高水头差为

$$h = \frac{u}{\gamma_w} \tag{3-49}$$

在超静水压力作用下,筒中水通过活塞板上的小孔向外挤出,筒内水的体积减小,活塞随之下沉,继而弹簧发生变形,承担部分外荷,超静水压力减小,孔隙水不再承担全部应力。此时,应力由弹簧(颗粒骨架)和孔隙水共同承担,$\sigma = u + \sigma'$。

随着时间的增加,筒中的水不断挤出,筒内水体积逐渐减小,弹簧变形增大,承担更多的外荷,而孔隙水承担的超静水压力越来越小。当筒内水承担的超静水压力消散为零时,活塞停止下沉,弹簧(颗粒骨架)承担全部应力,即 $\sigma = \sigma'$,而超静水压力 $u=0$,渗流过程终止。这一过程即为固结过程。

由上述分析可知,土层的排水固结过程是土中孔隙水压力消散、有效应力增长的过程,即两种应力相互转换的过程。这个过程可表述如下。

荷载施加瞬间:$t=0$,$u=\sigma$,$\sigma'=0$,$\sigma = u + \sigma'$。

渗流过程中:$0 < t < \infty$,$u \neq 0$,$\sigma' \neq 0$,$\sigma = u + \sigma'$。

渗流终止时:$t = \infty$,$u=0$,$\sigma' = \sigma$,$\sigma = u + \sigma'$。

三、土层固结过程中的应力转换

上述渗压模型说明了土中一点的应力随时间的转化过程。现用图 3-29 所示的多层渗压模型研究饱和土层固结过程中的应力变化规律。图 3-29(a)为饱和黏土层在均布荷载 p 作用下的固结情况;图 3-29(b)为相应情况的多层渗压模型。该模型由多层开孔的活塞板、弹簧和容器中的水组成。模型的各层分别表示不同的土层;弹簧仍然模拟土骨架;筒中水模拟土层中的孔隙水;活塞板上的小孔模拟土层中的孔隙;模型不同深度处测压管中水位的变化情况可以反映土层在固结过程中超静水压力的变化过程。

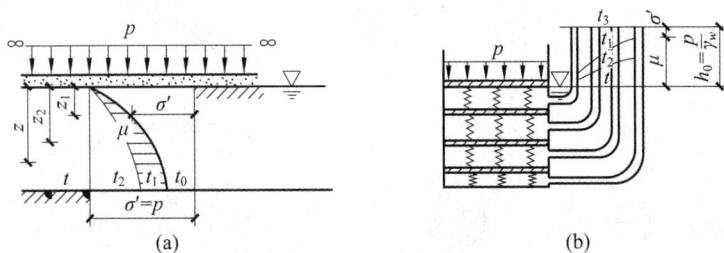

图 3-29 土层固结的渗压模型

在荷载施加之前,测压管中的水位相同,且与筒中的静水位齐平,说明水中的超静水压力为零,没有渗流发生。在施加荷载瞬间,即 $t=0$ 时,筒中水来不及排出,活塞板没有产生下沉,弹簧不会发生变形,因此弹簧没有受力,外荷全部由孔隙水承担。各测压管中的水位都升高了,$h_0 = p/\gamma_w$,表明在土层任何深度处,超静水压力相同,即

$$u_1 = u_2 = u_3 = u_4 = p = \sigma$$

而有效应力

$$\sigma_1' = \sigma_2' = \sigma_3' = \sigma_4' = 0$$

在超静水压力 u 作用下，模型筒内的水随时间由下向上通过活塞板上的小孔逐渐排出，各测压管中的水位也随之下降。上层水由于渗径短，易排出，所以超静水压力下降比较快；下层土渗径长，超静水压力下降较慢，因此，下层土的测压管水位上升高度较上层大。若将同一时间各测压管中的水面连接起来，可得到图 3-29（b）所示的曲线。在孔隙水排出的同时，弹簧按各层排出水量的多少产生相应的变形，并承担部分荷载，各点均满足 $\sigma' + u = p = \sigma$ 的条件，这个过程说明了土层的固结过程是孔隙水压力向颗粒转移，变成有效应力的过程。

随着时间延长，孔隙水排出，孔隙水压力逐渐减小，测压管水位降低，最终又恢复到与静水位齐平。此时，渗流终止，弹簧支撑的活塞板不再下沉，弹簧承担了全部应力，超静水压力消散为零，即超静水压力完全转换给颗粒，变成了有效应力，即

$$u_1 = u_2 = u_3 = u_4 = 0$$
$$\sigma_1' = \sigma_2' = \sigma_3' = \sigma_4' = p = \sigma$$

知识拓展

墨西哥城的下沉

墨西哥城的土层为深厚的湖相沉积层，土的天然含水率高达 650%，液限 500%，塑性指数 350，孔隙比为 15，具有极高的压缩性。

土层中地下水位的下降使其中有效应力增加，并进一步导致地基沉降。该城自 1850 年左右开始抽取地下水，在 1940—1974 年间达到高峰，共有 3000 眼浅水井和 200 眼深水井（>100 m），抽水速度约为 12 m³/s。由于过度抽水，并且墨西哥城的墨西哥黏土是一种高压缩性土，整个老城 1891—1973 年下沉达 8.7 m，造成地面道路、建筑及其他基础设施的破坏。1951 年后，当地政府开始采取措施控制地下水的抽取，使沉降速度由 460 毫米/年（1950 年）降到了 50～70 毫米/年。

上左图所示为地球资源卫星拍摄并经分析处理后得到的墨西哥城一幢建筑的下沉情况，可清晰地看见其发生的不均匀沉降。图中每个颜色循环一次代表 5 厘米/年的沉降速度，可见最大沉降速度约为 40 厘米/年，与其他方法得到的结果相吻合。

上右图是该城的一座圣母教堂，因地表不均匀下沉使其发生严重倾斜，成为危房。

小　结

1.最终沉降量的计算

(1) 土的压缩性指标——压缩系数、压缩模量、压缩指数等。

(2) 最终沉降量的计算方法。

① 概念清晰的分层总和法。

② 充分考虑应力历史对土的变形影响的 e-$\lg p$ 曲线法。

③ 简便、实用、计算结果更接近实际的规范法。

2. 土的渗透性与渗透变形

(1) 土的渗透性:在水头差的作用下,水透过土孔隙流动的现象称为渗透;土能被水透过的性能称为土的渗透性。

(2) 达西定律:在层流状态下,水在土中的渗透速度与水力梯度成正比,即 $v=ki$。

(3) 渗透力是一种体积力,其作用方向与渗透方向一致,其表达式为 $j=\gamma_w i$。

(4) 渗透变形有两种基本类型,即流土与管涌。

3. 饱和黏性土的单向渗透固结理论——地基变形与时间的关系

(1) 有效应力原理:$\sigma=\sigma'+u$。

(2) 饱和黏性土单向渗透固结理论的偏微分方程式:$\dfrac{\partial u}{\partial t}=C_v\dfrac{\partial^2 u}{\partial z^2}$。

学习情境 4
土的抗剪强度与地基承载力

抗剪强度是指外力与材料轴线垂直，并对材料呈剪切作用时的强度极限；或指抵抗剪切破坏的最大能力。土的抗剪强度是土的一个重要的力学性质。建筑物地基和路基的承载力，挡土墙和地下结构的土压力，堤坝、基坑、路堑以及各类边坡的稳定性均由土的抗剪强度控制。在土木工程建设工作中，对土体稳定性计算分析而言，抗剪强度是其中最重要的计算参数，能否正确测定土的抗剪强度往往是设计质量和工程成败的关键所在。土的抗剪强度可分为两部分：一部分与颗粒间的法向应力有关，其本质是摩擦力；另一部分与法向应力无关，称为黏聚力。当外部载荷在地基内部产生的剪应力达到土的抗剪强度时，土体就遭到破坏，严重时将产生滑坡，导致建筑物地基丧失稳定。

基本要求

本单元主要讲述土的抗剪强度概念与极限平衡条件、土的抗剪强度试验及强度指标的确定方法、在不同的排水条件下饱和土和砂土剪切过程中的性状、非饱和土抗剪强度的确定方法及应力路径、地基的变形及其破坏模式、地基的临塑荷载与极限荷载、地基的极限承载力、地基极限承载力与容许承载力的关系等。通过学习，需要掌握土的抗剪强度概念与极限平衡条件；熟悉并掌握土的抗剪强度试验及强度指标的确定方法；掌握地基的变形及其破坏模式，以及它的极限承载力等。

重点

土的抗剪强度概念、库仑公式、剪切试验、地基承载力的确定方法。

难点

利用土的极限平衡条件判定土体状态、确定地基承载力的计算方法。

思政元素

① 专业认同感、专业自信心；② 家国情怀、使命担当。

屹立千年不倒的历史文物——赵州桥

位于河北赵县城南，建造至今已有一千四百多年历史的赵州桥是中国著名的古代建筑之一，其蕴含的历史气息十分浓厚。迄今为止，赵州桥进行了八次修缮。唐贞元八年（792年）七月，第一次修缮，是因大水冲坏桥北面西侧的金刚墙，桥台下沉，使排（小拱）有欹斜崩裂现象，用补石重砌的方法恢复了原状，并复制栏板望柱，以还原貌，桥工坚固。宋治平三年（1066年），第二次修缮，因凿铁腐蚀脱落使外侧拱出现侧倾现象，于是众工扶正复原。明嘉靖四十至四十二年（1561—1563年），第三次修缮，此次修缮是因桥面石经车辆长期碾轧，"辙迹"很深，凹凸不平，不便行车，因而新铺了桥面石。明嘉靖四十二年（1563年），第四次修缮，主要修缮了南北码头及栏槛柱脚，并仿照原来栏板、望柱上的龙兽图案雕刻，另外增加了一些新的故事性图案。同年，赵州桥第五次修缮，修复桥石缝隙，加固了腰铁。明万历二十五年（1597年）秋，赵州桥第六次修缮，多年车辆滚轧致使桥面破损，秋天动工，冬天完成。清道光元年（1821年），赵州桥第七次修缮。1955—1958年，第八次修缮，对赵州桥进行了全面、彻底修整，整个工程采用护拱石、钩石、腰铁、铁拉杆和收分五种做法，还在桥面上下加设了二毡三油防水层（二层防水亚麻布和三层沥青），防止漏水腐蚀现象发生，桥面的所有栏板、望柱按早期样式新制。

赵州桥能巍然挺立在洨河之上上千年，其的合理选址是一个很重要的原因：李春将赵州桥的基址选在洨河的粗砂之地，是因为以粗砂为根基可提升桥梁的承重力度，以确保桥梁的稳定性。现代勘测表明，赵州桥的桥址区域地层分布稳定，地基土主要以密实的粉质黏土为主，中间有粉土和砂土夹层，是修建这种特大跨度单孔桥梁的比较理想的场所。根据化验分析，这种土层基本承载力为34吨/平方米，并且黏土层压缩性小，地震时不会产生砂土液化，属良好天然地基。其稳定的地基基础是这座古老的桥梁能承受多次地震考验的重要原因之一。赵州桥的桥台为低拱脚、浅基础、短桥台，直接建在天然砂石上，并在此基础上用五层石条砌成桥台，每层较上一层都稍出台。

这里就涉及本课程一个很重要的专业术语——地基承载力。地基承载力是指地基土单位面积上所能承受的荷载，通常把地基土单位面积上所能承受的最大荷载称为极限荷载或极限承载力。如果基底压力超过地基的极限承载力，地基就会失稳破坏。工程中地基承载力达到极限状态而发生破坏的实例虽然较少，但一旦发生这类破坏，后果会非常严重。由于地基土的复杂性，使得准确确定地基极限承载力变得非常困难。目前工程实际中使用的承载力指标很多已经包含了沉降控制的含义，带有较大的经验性，在此应引起特别注意。

任务1　土的抗剪强度与极限平衡理论

一、抗剪强度的基本概念

土的抗剪强度是指土体抵抗剪切破坏的极限能力。土的抗剪强度的数值等于剪切破坏时滑动面上的剪应力大小。

为确保建筑物的安全,在各类建筑物地基基础设计中,必须同时满足地基变形和地基强度两个条件。大量的工程实践和室内试验都表明,土的破坏大多为剪切破坏。例如,堤坝边坡大陆时常发生滑坡,即边坡上的一部分土体相对于坝体发生的剪切破坏。土体中滑动面的产生是由于滑动面上的剪应力达到土的抗剪强度所引起的。

土体破坏形式示意图如图 4-1 所示。试验结果和理论验证均说明:在土样上施加一个轴向力,土样的破坏都沿着某斜面 m-n 发生错动,如图 4-1(c)所示。

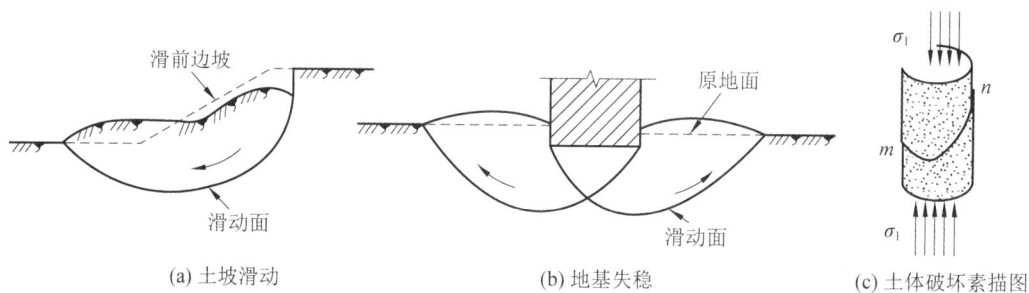

(a) 土坡滑动　　　　　　(b) 地基失稳　　　　　　(c) 土体破坏素描图

图 4-1　土体破坏形式示意图

m-n 斜面称为土剪切的主滑动面。在 m-n 斜面周围还可观察到许多细小的错缝(裂缝),这也是滑动面。这些滑动面按排列方向大体上可分为两组:一组与主滑动面平行,另一组与主滑动面斜交,且每组滑动面都大致平行。若土体内某一部分的剪应力达到了它的抗剪强度,则土体就在该部分出现剪切破坏或产生塑性流动,最终可能导致一部分土体沿着某个面相对于另一部分土体产生滑动,即整体剪切破坏。

土的抗剪强度是土的重要力学性质之一。地基承载力、挡土墙土压力、边坡的稳定等都受土的抗剪强度控制。因此,研究土的抗剪强度及其变化规律对工程设计、施工及管理都具有非常重要的意义。

土的抗剪强度受多种因素影响。首先,取决于土的基本性质,即土的组成、土的状态和土的结构,这些性质又与它形成的环境和历史应力等因素有关。例如,土颗粒越粗、形状越不规则、表面越粗糙、级配越好的土,其内摩擦力就越大,抗剪强度越大。砂土级配中随粗颗粒含量的增多,抗剪强度也随之增大。土的原始密度越大,土粒之间接触越紧密,土粒间孔隙越小,土颗粒间的表面摩擦力和咬合力就越大,剪切时需要克服这些力的剪应力就越大。随着土的含水率增多,土的抗剪强度随之降低。若土的结构受到扰动破坏,则其抗剪强度也随之减小。其次,抗剪强度还取决于土当前所受的应力状态。再次,土的抗剪强度主要依靠室内试验和野外现场原位测试确定,试验中仪器的种类和试验方法对确定土的强度值有很大的影响。最后,试样的不均一、试验误差,甚至整理资料的方法都会影响试验的结果。

土体是否达到剪切破坏状态,除了取决于土本身的性质外,还与它所受的应力组合密切相关。这种破坏时的应力组合关系就称为破坏准则。土的破坏准则是一个十分复杂的问题,目前在生产实践中广泛采用的准则是莫尔-库仑破坏准则。

测定土的抗剪强度的常用方法有室内直接剪切试验、三轴压缩试验、无侧限抗压强度试验及原位十字板剪切试验等。

二、库仑公式

1776 年,法国科学家库仑(C. A. Coulomb)根据砂土的摩擦试验,总结砂土的破坏现象和影响因素后,将砂土抗剪强度表达为滑动面上法向总应力的线性函数,即

$$\tau_f = \sigma \tan\phi \tag{4-1}$$

后来为适应不同土类和试验条件,把上式改写成更为普遍的形式,即

$$\tau_f = c + \sigma \tan\phi \tag{4-2}$$

式中:τ_f——土的抗剪强度,单位为 kPa;

σ——剪切滑动面上的法向总应力,单位为 kPa;

c——土的黏聚力,单位为 kPa,对于无黏性土,$c=0$;

ϕ——土的内摩擦角,单位为°。

式(4-1)和式(4-2)即为库仑公式。土的抗剪强度曲线如图 4-2 所示,对于无黏土,直线通过坐标原点,其抗剪强度仅仅是土粒间的摩擦力;对于黏性土,直线在 τ_f 轴上的截距为 c,其抗剪强度由黏聚力和摩擦力两部分组成。

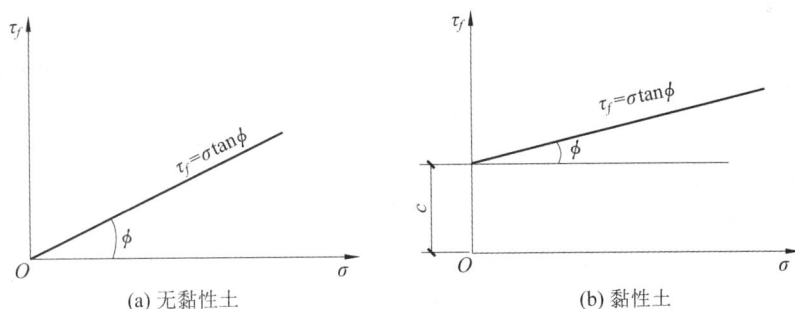

图 4-2　土的抗剪强度曲线

随着有效应力原理的发展,库仑公式用有效应力改写为

$$\tau_f = c' + \sigma' \tan\phi' = c' + (\sigma - u)\tan\phi' \tag{4-3}$$

式中:σ'——剪切破坏面上的有效法向应力,单位为 kPa;

u——土中的超静孔隙水压力,单位为 kPa;

c'——土的有效黏聚力,单位为 kPa;

ϕ'——土的有效内摩擦角,单位为°。

c'、ϕ' 称为土的有效抗剪强度指标。从理论上讲,同一种土,c'、ϕ' 值应接近于常数,而与试验方法无关。

式(4-2)称为总应力抗剪强度公式,式(4-3)称为有效应力抗剪强度公式。

与一般固体材料不同,土的抗剪强度不是常数,它与剪切滑动面上的法向应力相关,随着 σ 的增大而增大。实践证明,在一般压力范围内,抗剪强度 τ_f 采用这种直线关系,是能够满足工程精度要求的。

应当指出,土的抗剪强度指标 c'、ϕ' 的测定随试验方法和土样排水条件的不同而有较大的差异。

三、土中一点的应力状态

在工程实践中,若已知地基或结构物的应力状态和抗剪强度指标,利用库仑公式,就可以判断土体所处的状态。通常以研究土体内任一微小单元体的应力状态为切入点。

土体内某微小单元体的任一平面上一般都作用着一个合应力,它与该面法向成某一倾角,并可分解为法向应力 σ(正应力)和切向应力 τ(剪应力)两个分量。如果某一平面上只有法向应力,没有切向应力,则该平面称为主应力面,而作用在主应力面上的法向应力就称为主应力。由材料力学可知,通过一微小单元体的三个主应力面是彼此正交的,因此微小单元体上三个主应力也是彼此正交的。

对于平面问题,某单元土体的应力如图 4-3 所示,假设最大主应力 σ_1 和最小主应力 σ_3 的大小和方向都已知,l_{ab}、l_{ac}、l_{bc} 分别为法向应力与剪应力作用面、最大主应力作用面、最小主应力作用面,则与最大主应力面成 θ 角的任一平面上的法向应力 σ 和剪应力 τ 可由力的平衡条件求得。

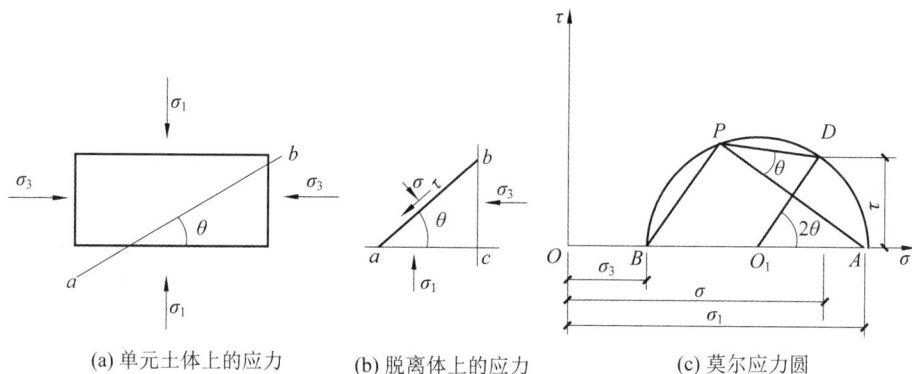

(a) 单元土体上的应力   (b) 脱离体上的应力   (c) 莫尔应力圆

图 4-3 某单元土体的应力

按 σ 方向的静力平衡条件有

$$\sigma l_{ab} = \sigma_1 l_{ac} \cos\theta + \sigma_3 l_{bc} \sin\theta$$

则

$$\sigma = \sigma_1 \frac{l_{ac}}{l_{ab}} \cos\theta + \sigma_3 \frac{l_{bc}}{l_{ab}} \sin\theta = \sigma_1 \cos^2\theta + \sigma_3 \sin^2\theta$$

经换算可得

$$\sigma = \frac{\sigma_1 + \sigma_3}{2} + \frac{\sigma_1 - \sigma_3}{2} \cos(2\theta) \tag{4-4}$$

按 τ 方向的静力平衡条件有

$$\tau l_{ab} = \sigma_1 l_{ac} \sin\theta - \sigma_3 l_{bc} \cos\theta$$

$$\tau = \sigma_1 \frac{l_{ac}}{l_{ab}}\sin\theta - \sigma_3 \frac{l_{bc}}{l_{ab}}\cos\theta = \sigma_1 \cos\theta\sin\theta - \sigma_3 \sin\theta\cos\theta$$

则

$$\tau = \frac{\sigma_1 - \sigma_3}{2}\sin(2\theta) \tag{4-5}$$

根据土力学中的规定,法向应力以压为正(＋)、拉为负(－);剪应力以逆时针方向为正(＋)、顺时针方向为负(－)。

现消去式(4-4)和式(4-5)中的 θ,则得应力圆方程为

$$\left(\sigma - \frac{\sigma_1 + \sigma_3}{2}\right)^2 + \tau^2 = \left(\frac{\sigma_1 - \sigma_3}{2}\right)^2 \tag{4-6}$$

可见,在 σ-τ 坐标平面内,单元土体的应力状态的轨迹将是一个圆,圆心落在 σ 轴上,与坐标原点的距离为 $\frac{\sigma_1 + \sigma_3}{2}$,半径为 $\frac{\sigma_1 - \sigma_3}{2}$,该圆称为莫尔应力圆,如图 4-3(c)所示。某单元土体的莫尔应力圆一经确定,那么该单元体的应力状态也就确定了。

例 1　地基中某点的应力状态为 $\sigma_1 = 350$ kPa, $\sigma_3 = 100$ kPa,已知该土体的抗剪强度指标为 $c = 20$ kPa, $\varphi = 18°$。试问该点是否出现剪切破坏。

解　方法 1:假定 $\sigma_3 = 100$ kPa,求土体破坏时对应的 σ_{1f}。

依据极限平衡条件得出

$$\sigma_{1f} = \sigma_3 \tan^2\left(45° + \frac{\phi}{2}\right) + 2c \cdot \tan\left(45° + \frac{\phi}{2}\right)$$
$$= (100 \tan^2 54° + 40 \tan 54°)\, \text{kPa} = 244.5\, \text{kPa}$$

因 $\sigma_1 = 350$ kPa $> \sigma_{1f} = 244.5$ kPa,且 σ_1 是促使土体破坏的应力,所以土体已剪破。

方法 2:假定 $\sigma_1 = 350$ kPa,求土体破坏时对应的 σ_{3f}。

依据极限平衡条件得出

$$\sigma_{3f} = \sigma_1 \tan^2\left(45° - \frac{\phi}{2}\right) - 2c \cdot \tan\left(45° - \frac{\phi}{2}\right)$$
$$= (350 \tan^2 36° - 40 \tan 36°)\, \text{kPa} = 155.69\, \text{kPa}$$

因 $\sigma_3 = 100$ kPa $< \sigma_{3f} = 155.69$ kPa,且 σ_3 是对土体起着保护作用的,该保护应力不够,所以土体已剪破。

方法 3:判断剪破面是否破坏。

(1) 如果土体剪破,必先沿剪破面剪破。土体剪破面与大主应力作用面的夹角 a_f 为

$$a_f = 45° + \frac{\phi}{2} = 54°$$

(2) 该剪破面上的法向应力 σ 与剪应力分别为

$$\sigma = \frac{1}{2}(\sigma_1 + \sigma_3) + \frac{1}{2}(\sigma_1 - \sigma_3)\cos 2a_f = \left[\frac{1}{2}(350 + 100) + \frac{1}{2}(350 - 100)\cos 108°\right] \text{kPa}$$
$$= 186.37\, \text{kPa}$$

$$\tau = \frac{1}{2}(\sigma_1 - \sigma_3)\sin(2a_f) = \frac{1}{2}(350 - 100)\sin 108°\, \text{kPa} = 118.88\, \text{kPa}$$

(3) 判断该剪破面是否破坏。

已知 $\sigma = 186.37$ kPa,如沿剪破面剪破时对应的抗剪强度 τ_f 为

$$\tau_f = c + \sigma\tan\varphi = (20 + 186.37\tan 18°)\, \text{kPa} = 80.56\, \text{kPa}$$

因实际剪破面上的剪应力 $\tau = 118.88$ kPa $> \tau_f = 80.56$ kPa,所以土体已剪破。

四、莫尔-库仑破坏准则

莫尔在采用应力圆表示一点应力状态的基础上提出剪破面的法向应力 σ 与抗剪强度 τ_f 之间有一曲线的函数关系，即 $\tau_f = f(\sigma)$。实际上常取与试验应力圆相切的包线（莫尔包线，一般为曲线）反映两者的关系，在应力范围内，可用直线代替该曲线，该直线就是库仑公式表示的抗剪强度线。莫尔圆与库仑公式的关系如图 4-4 所示。

土中某点的剪应力如果等于土的抗剪强度，则该点处于极限平衡状态，此时的应力圆称为莫尔极限应力圆。某点处于极限平衡状态时最大主应力和最小主应力之间的关系称为莫尔-库仑破坏准则。

为了判断土体中某点的平衡状态，现将抗剪强度包线与描述土体中某点应力状态的莫尔圆绘于同一坐标系中，如图 4-4 所示。当莫尔圆在强度线以下时，如 A 圆，表示通过该单元的任何平面上的剪应力都小于它的强度，故土中单元体处于稳定状态，没有剪破。当莫尔圆与强度线相切时，如 B 圆，表示已有一对平面上的剪应力达到了它的强度，该单元体处于极限平衡状态，濒临剪切破坏。当莫尔圆与强度线相交时，如 C 圆，表示该单元体已剪破。实际上，这种应力状态并不存在，因为在此之前，单元土体早已沿某一平面剪破了。

图 4-5 表示某单元土体处于极限平衡状态时的应力条件，抗剪强度线和极限应力圆相切于 A 点。根据几何关系可得

$$\sin\phi = \frac{\dfrac{(\sigma_1 - \sigma_3)}{2}}{c \cdot \cos\phi + \dfrac{1}{2}(\sigma_1 + \sigma_3)}$$

于是

$$\frac{\sigma_1 - \sigma_3}{2} = \frac{\sigma_1 + \sigma_3}{2}\sin\phi + c \cdot \cos\phi \tag{4-7}$$

经整理后可得

$$\sigma_1 = \sigma_3 \cdot \tan^2\left(45° + \frac{\phi}{2}\right) + 2c \cdot \tan\left(45° + \frac{\phi}{2}\right) \tag{4-8}$$

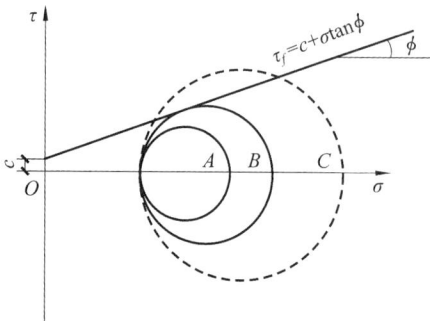

图 4-4　莫尔圆与库仑公式的关系

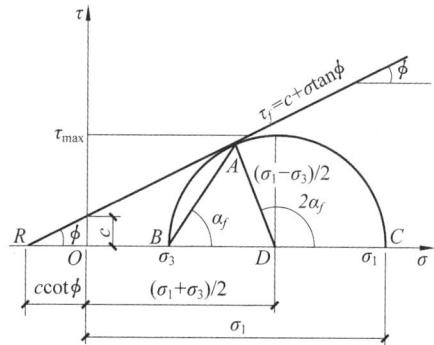

图 4-5　某单元土体的极限平衡状态

或

$$\sigma_3 = \sigma_1 \cdot \tan^2\left(45° - \frac{\phi}{2}\right) - 2c \cdot \tan\left(45° - \frac{\phi}{2}\right) \tag{4-9}$$

土体处于极限平衡状态时破坏面与最大主应力作用面间的夹角为 α_f，且

$$\alpha_f = \frac{1}{2}(90° + \phi) = 45° + \frac{\phi}{2} \tag{4-10}$$

式(4-7)~式(4-10)即为土体的极限平衡条件。当为无黏性土时，将 $c=0$ 代入式(4-8)、式(4-9)，可得

$$\sigma_1 = \sigma_3 \cdot \tan^2\left(45° + \frac{\phi}{2}\right) \tag{4-11}$$

$$\sigma_3 = \sigma_1 \cdot \tan^2\left(45° - \frac{\phi}{2}\right) \tag{4-12}$$

上面推导的极限平衡表达式(4-8)~式(4-12)是用来判别土体是否达到破坏的强度条件，是土的强度理论，通常称为莫尔-库仑强度理论。由该理论所描述的土体极限平衡状态可知，土的剪切破坏并不是由最大剪应力 $\tau_{max} = \frac{\sigma_1 - \sigma_3}{2}$ 控制的，即剪切破坏并不产生于最大剪应力面，而是与最大剪应力面呈 $\left(45° + \frac{\phi}{2}\right)$ 夹角的面。

例 2 设砂土地基中某点的最大主应力 σ_1 为 450 kPa，最小主应力 σ_3 为 200 kPa，土的内摩擦角 ϕ 为 30°，黏聚力 c 为零，问该点处于什么状态？

解 已知 $\sigma_1 = 450$ kPa，$\sigma_3 = 200$ kPa，$\phi = 30°$，$c = 0$，则

$$\sin a_{max} = \frac{\sigma_1 - \sigma_3}{\sigma_1 + \sigma_3} = \frac{450 - 200}{450 + 200} = 0.38$$

$$a_{max} = \sin^{-1} 0.38 = 22.6° < 30°$$

故该点处于稳定状态。

例 3 某粉质黏土地基内一点的最大主应力 σ_1 为 135 kPa，最小主应力 σ_3 为 20 kPa，黏聚力 $c = 19.6$ kPa，内摩擦角 $\phi = 28°$，试判断该点土体是否破坏。

解 设达到极限平衡状态时所需的最小主应力为 σ_{3f}，则由式(4-9)可得

$$\sigma_{3f} = \sigma_1 \tan^2\left(45° - \frac{\phi}{2}\right) - 2c \cdot \tan\left(45° - \frac{\phi}{2}\right)$$

$$= \left[135 \cdot \tan^2\left(45° - \frac{28°}{2}\right) - 2 \times 19.6 \cdot \tan\left(45° - \frac{28°}{2}\right)\right] \text{kPa}$$

$$= (48.74 - 23.55) \text{kPa} = 25.19 \text{ kPa} > \sigma_3 = 20 \text{ kPa}$$

故该点土体已破坏。

若设达到极限平衡状态时的最大主应力为 σ_{1f}，则由式(4-8)可得

$$\sigma_{1f} = \sigma_3 \cdot \tan^2\left(45° + \frac{\phi}{2}\right) + 2c \cdot \tan\left(45° + \frac{\phi}{2}\right)$$

$$= 20 \cdot \tan^2\left(45° + \frac{28°}{2}\right) + 2 \times 19.6 \cdot \tan\left(45° + \frac{28°}{2}\right) \text{kPa}$$

$$= (55.40 + 65.24) \text{kPa} = 120.64 \text{ kPa} < \sigma_1 = 135 \text{ kPa}$$

故该点土体已破坏。

任务 2　土的剪切试验

测定土的抗剪强度指标的试验称为剪切试验。土的剪切试验既可在室内进行,也可在现场进行原位测试。室内试验的特点是边界条件比较明确,并且容易控制。但是室内试验要求从现场采集样品,在取样的过程中不可避免地引起土的应力释放和土的结构扰动。原位试验的优点是简捷、快速,能够直接在现场进行,不需取试样,能够较好反映土的结构和构造特性。

土的抗剪强度实验

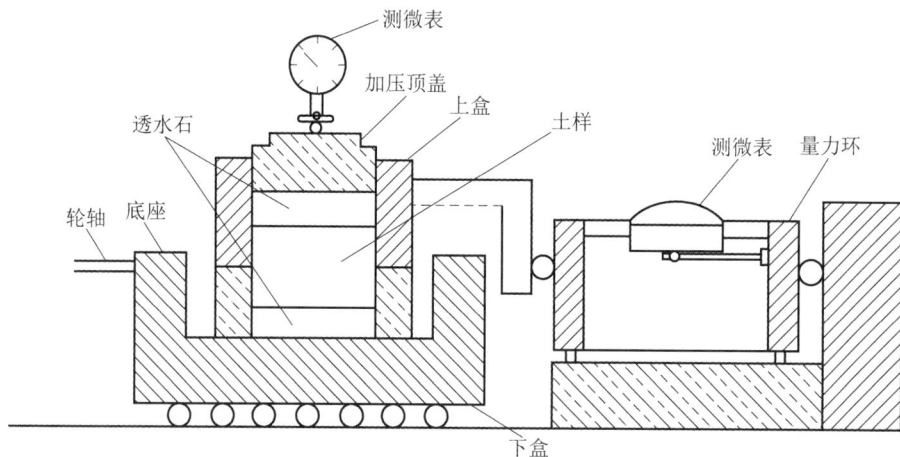

下面分别介绍工程上常用的土的抗剪强度的试验方法。

1. 直接剪切试验

直接剪切试验是测定土的抗剪强度指标的室内试验方法之一,它可以直接测出预定剪切破坏面上的抗剪强度。直接剪切试验的仪器称直剪仪,可分为应变控制式和应力控制式两种,前者以等应变速率使试样产生剪切位移直至剪破,后者是分级施加水平剪应力并测定相应的剪切位移。目前我国用得较多的是应变控制式直剪仪,如图 4-6 所示,剪切盒由两个可互相错动的上、下金属盒组成。试样一般呈扁圆柱形,高 2 cm,面积为 30 cm^2。试验中若不允许试样排水,则以不透水板代替透水石。

图 4-6　应变控制式直剪仪

试验时,首先通过加压顶盖对试样施加某一竖向压力,然后以规定速率对下盒施加水平剪切力并逐渐加大,直至试样沿上、下盒间预定的水平交界面剪破。在剪切力施加过程中,要记录下盒的位移及所加水平剪切力的大小。由于破坏面为水平面,且试样较薄,试样侧壁摩擦力可不计,故剪前施加在试样顶面上的竖向压力即为剪破面上的法向应力 σ。剪切面上的剪应力由试验中测得的剪切力除以试样断面面积求得。根据试验记录数据可绘制竖向应力 σ 下的剪应力与剪切位移关系曲线,如图 4-7 所示。以曲线的剪应力峰值作为该级法向应力下土的抗剪强度。如果剪应力不出现峰值,则取某一剪切位移(如上述尺寸的试样,常取

4 mm)对应的剪应力作为它的抗剪强度。

为了确定土的抗剪强度指标,通常取 4 组(或 4 组以上)相同的试样,分别施加不同的竖向应力,测出它们相应的抗剪强度,将结果绘在以竖向应力 σ 为横轴、以抗剪强度 τ_f 为纵轴的平面图上。连接图上各试验点可绘一直线,此直线即为土的抗剪强度线,如图 4-8 所示。抗剪强度线与水平线的夹角为试样的内摩擦角 ϕ,直线与纵坐标的截距为试样的黏聚力 c。

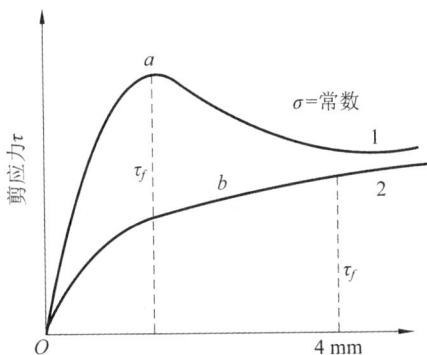

图 4-7 剪应力与剪切位移关系曲线　　　　图 4-8 抗剪强度线

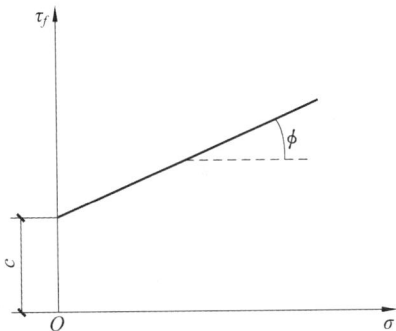

为了近似模拟土体在现场受剪时的排水条件,通常将直剪按加荷速率的不同分为快剪、固结快剪和慢剪三种,具体做法如下。

(1)快剪:施加竖向应力后立即进行剪切,剪切速率要快。如《土工试验方法标准》(GB/T 50123—2019)规定,要使试样在 3～5 min 内剪破。

(2)固结快剪:施加竖向应力后,让试样充分固结。固结完成后,再进行快速剪切,其剪切速率与快剪相同。

(3)慢剪:施加竖向应力后,允许试样排水固结。待固结完成后,施加水平剪应力,剪切速率放慢,使试样在剪切过程中有充分的时间产生体积变形和排水(剪胀性土为吸水)。

对于无黏性土,因其渗透性好,即使快剪也能使其排水固结。因此,《土工试验方法标准》(GB/T 50123—2019)规定:对于无黏性土,一律采用一种加荷速率进行试验。

对正常固结的黏性土(通常为软土),在竖向应力和剪应力作用下,土样都被压缩,所以通常在一定应力范围内,快剪的抗剪强度 τ_q 最小,固结快剪的抗剪强度 τ_{cq} 增大,而慢剪抗剪强度 τ_s 最大,即正常固结土 $\tau_q < \tau_{cq} < \tau_s$。

直接剪切试验已有百年以上的历史,由于仪器简单、操作方便,至今在工程实践中仍被广泛应用,但该试验存在以下不足。

(1)不能控制试样排水条件,不能测量试验过程中试件内孔隙水压力的变化。

(2)试件内的应力状态复杂,剪切面上受力不均匀,试件先在边缘剪破,在边缘处发生应力集中现象。

(3)在剪切过程中,应变分布不均匀,受剪面减小,计算土的抗剪强度时未能考虑。

(4)人为限定上下盒的接触面为剪切面,该面未必是试样的最薄弱面。

为了保持直剪仪简单、易行的优点,并克服上述缺点,直剪仪正在向单剪仪发展。

2. 三轴压缩试验

三轴压缩试验是直接测量试样在不同恒定周围压力下的抗压强度,然后利用莫尔-库仑破坏理论间接推求土的抗剪强度。

三轴压缩仪是目前测定土抗剪强度较为完善的仪器。三轴压力室示意图如图 4-9 所示。它是一个由金属上盖和底座及透明有机玻璃圆筒组成的密闭容器。试样为圆柱形,高度与直径的比值一般为 2~2.5。试样用乳胶膜封裹,避免压力室的水进入试样。试样上、下两端可根据试验要求放置透水石或不透水板。试验中试样的排水情况可用排水阀控制。试样底部与孔隙水压力测量系统连接,可根据需要测定试验中试样的孔隙水压力值。

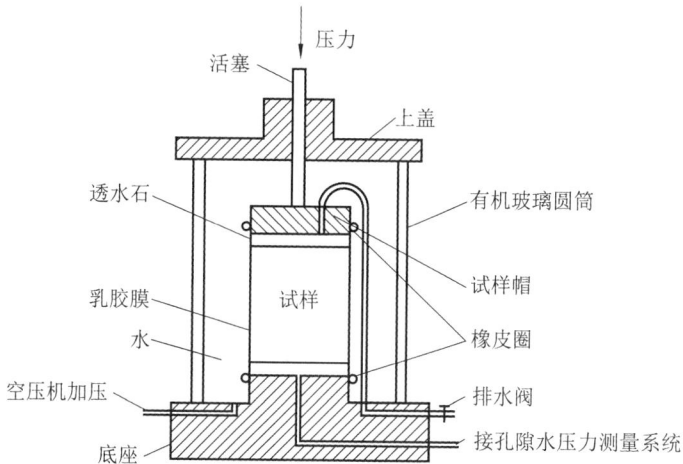

图 4-9   三轴压力室示意图

试验时,首先通过空压机或其他稳压装置对试样施加各向相等的围压 σ_3,然后通过传压活塞在试样顶上逐渐施加轴向力 $(\sigma_1-\sigma_3)$,直至土样剪破。在受剪过程中要测读试样的轴向压缩量,以便计算轴向应变 ε。

根据三轴试验结果绘制某一 σ_3 作用下的主应力差 $(\sigma_1-\sigma_3)$ 与轴向应变 ε 的关系曲线,如图 4-10 所示。以曲线峰值 $(\sigma_1-\sigma_3)$(该级 σ_3 下的抗压强度)作为该级 σ_3 的极限应力圆的直径。如果不出现峰值,则取与某一轴向应变(如 15%)对应的主应力差作为极限应力圆的直径。

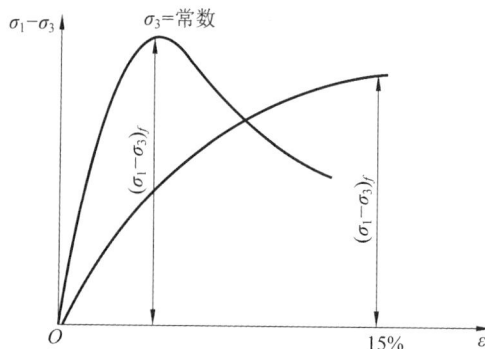

图 4-10   主应力差 $(\sigma_1-\sigma_3)$ 与轴向应变 ε 的关系曲线

通常至少需要 3~4 个土样在不同的 σ_3 作用下进行剪切,得到 3~4 个不同的极限应力圆,绘出各应力圆的公切线,即为土的抗剪强度包线,如图 4-11 所示。由此可求得抗剪强度指标 c、ϕ 值。

按照试验过程中试样的固结排水情况,常规三轴试验有以下三种方法。

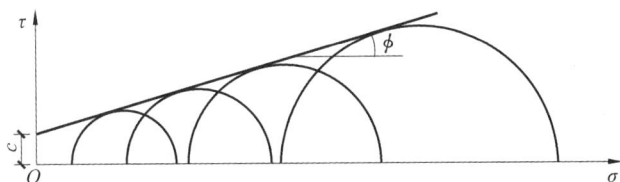

图 4-11　土的抗剪强度包线

1）不固结不排水剪（UU）

不固结不排水剪简称不排水剪。试验时，先施加周围压力 σ_3，然后施加轴向力（$\sigma_1-\sigma_3$）。在整个试验中，排水阀始终关闭，不允许试样排水，试样的含水率保持不变。

2）固结不排水剪（CU）

试验时先施加 σ_3，打开排水阀，使试样排水固结。排水终止，固结完成，关闭排水阀，然后施加（$\sigma_1-\sigma_3$）直至试样破坏。在试验过程中，如果需测量孔隙水压力，就可打开孔隙压力测量系统的阀门。

3）固结排水剪（CD）

固结排水剪简称排水剪。在 σ_3 和（$\sigma_1-\sigma_3$）施加的过程中，始终打开排水阀，让试样排水固结，放慢（$\sigma_1-\sigma_3$）加荷速率，并使试样在孔隙水压力为零的情况下达到破坏。

三轴试验的主要特点是能严格地控制试样的排水条件和测量试样中孔隙水的压力，定量地获得土中有效应力的变化情况，并且试样中的应力分布比较均匀，故三轴试验成果较直剪试验成果更加可靠、准确。但该仪器复杂、操作技术要求高，且试样制备也较麻烦；同时试件所受的应力是轴对称的，试验应力状态与实际仍有差异。因此，现代的土工试验室发展了平面应变试验仪、真三轴试验仪、空心圆柱扭剪试验仪等，以便更好地模拟土的不同应力状态，更准确地测定土的强度。

剪切试验中取得的强度指标因试验方法的不同必须分别用不同的符号区分，如表 4-1 所示。

表 4-1　剪切试验成果表示

直接剪切		三轴剪切	
试验方法	成果表示	试验方法	成果表示
快剪	c_q,ϕ_q	不排水剪	c_u,ϕ_u
固结快剪	c_{cq},ϕ_{cq}	固结不排水剪	c_{cu},ϕ_{cu}
慢剪	c_s,ϕ_s	排水剪	c_d,ϕ_d

从试验结果可以发现，对于同一种土，施加相同的总应力时，抗剪强度并不相同，这与试样的固结与排水情况有关。因此，抗剪强度与总应力 σ 没有唯一的对应关系。

从饱和土体的固结过程可知，只有有效应力才能引起土骨架的变形。现行的理论与试验均说明了抗剪强度与有效应力有唯一的对应关系，即

$$\tau_f = \sigma'\tan\phi' + c' = (\sigma-u)\tan\phi' + c' \tag{4-13}$$

式中：ϕ'、c'——土的有效内摩擦角和有效黏聚力。

式（4-13）中以有效应力表示抗剪强度的方法称为抗剪强度的有效应力表示法。试验表明，对于不固结不排水剪来说，虽然施加的 σ 有所不同，但剪坏时的主应力（$\sigma_1-\sigma_3$）却基本

相同。

三轴试验可以测试孔隙水压力 u 值。由三轴试验成果确定 ϕ'、c' 的方法如图 4-12 所示。

3. 无侧限抗压强度试验

无侧限抗压强度试验实际上是三轴压缩试验的一种特殊情况。试验中,对试样不施加周围应力 $\sigma_3(\sigma_3=0)$,仅施加轴向力 σ_1,直至试样剪切破坏。试样剪切破坏时的轴向力以 q_u 表示,即 $\sigma_3=0$,$\sigma_{1f}=q_u$,此时给出一个通过坐标原点的极限应力圆(见图 4-13)。q_u 称为无侧限抗压强度。对饱和软黏土,可认为 $\phi=0$,因此抗剪强度线为一水平线,$c_u=\dfrac{q_u}{2}$。所以,可根据无侧限抗压强度试验测得的抗压强度推求饱和土的不固结不排水抗剪强度 c_u,即 $\tau_f=\dfrac{q_u}{2}=c_u$。

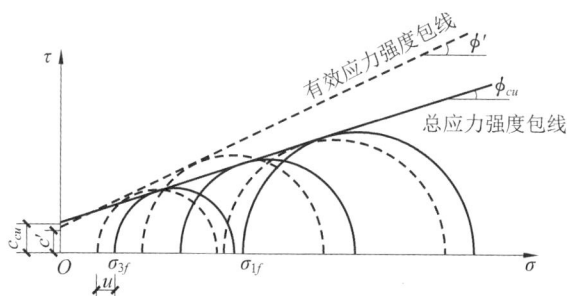

图 4-12　由三轴试验确定 ϕ'、c' 的方法

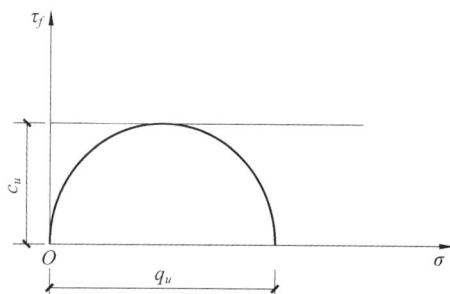

图 4-13　无侧限试验极限应力圆

4. 十字板剪切试验

十字板剪切仪是一种使用方便的原位测试仪器,通常用以测定饱和黏性土的原位不排水强度,特别适用于均匀饱和软黏土。

现场十字板剪切仪主要由板头、扭力装置和测量装置三部分组成。板头是两片正交的金属板,厚 2 mm,刃口成 60°角,常用尺寸为宽×高=50 mm×100 mm,如图 4-14 所示。

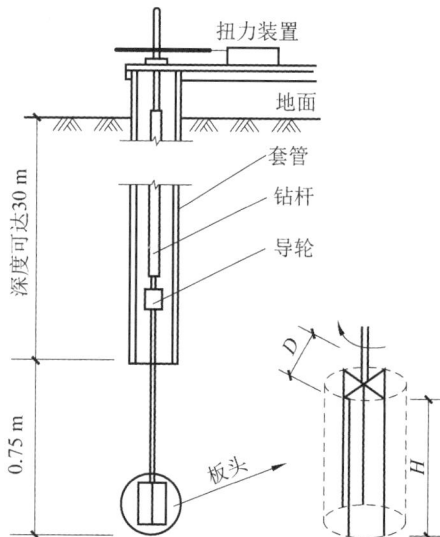

图 4-14　十字板试验装置示意图

试验通常在钻孔内进行。先将钻孔钻至测试深度以上 75 cm 左右。清孔底后,先将十字板头压入土中至测试深度,然后通过安放在地面上的扭力装置,旋转钻杆以扭转十字板头,这时板内土体与其周围土体发生剪切,直至剪破为止。测出其相应的最大扭矩,根据力矩平衡关系,推算圆柱形剪破面上土的抗剪强度。

假定土的 $\phi=0$,且剪应力在剪切面均匀分布,则抗剪强度 c_u 与扭矩心的 M 关系为

$$M_{\max} = \pi c_u \left(\frac{D^2 H}{2} + \frac{D^3}{6} \right)$$

式中:D、H——十字板板头的直径与高。

由上式整理可得

$$c_u = \frac{2M_{\max}}{\pi D^2 H \left(1 + \dfrac{D}{3H} \right)} \tag{4-14}$$

十字板剪切试验所得结果相当于不排水抗剪强度。

任务3　土的剪切特性

土的抗剪强度指标 ϕ 和 c 是研究土的抗剪强度的关键问题。但是同一种土,用同一台仪器做试验,如果采用的试验方法不同,特别是排水条件不同,测得的结果往往差别很大,有时甚至相差悬殊,这是土有别于其他材料的一个重要特点。如果不理解土在剪切过程中的性状及测得的指标意义,则在工程应用中可能导致地基或土工建筑物破坏,造成工程事故。因此,阐明土的剪切性状及各类指标的物理意义对正确选用土的抗剪强度指标甚为重要。

一、黏性土的剪切性状

黏性土(也称黏土)的抗剪强度特性极为复杂。尽管原状土和重塑土试样之间在结构上和应力上存在重大差异,但掌握了重塑土的强度特性,也就有可能阐明原状土的许多强度特性。因此,对有关土的强度的某些结论,大多是根据彻底拌和的饱和重塑黏土的资料得到的。

1. 饱和黏性土的不固结不排水剪强度(不排水剪强度)

图 4-15 表示饱和黏性土的三轴不固结不排水剪强度包线。图中三个实线圆Ⅰ、Ⅱ、Ⅲ表示三个试样在不同的围压 σ_3 作用下剪切破坏时的总应力圆,虚线圆为有效应力圆。试验结果表明尽管周围压力 σ_3 不同,但抗剪强度相同,所以极限应力圆的直径($\sigma_1 - \sigma_3$)相等,此抗剪强度包线是一条与各个应力圆相切的水平线,即

$$\phi_u = 0$$
$$\tau_f = c_u = \frac{1}{2}(\sigma_1 - \sigma_3) \tag{4-15}$$

式中:c_u——不排水剪强度。

三个试样只能得到一个有效应力圆,所以无法绘制有效应力强度包线。

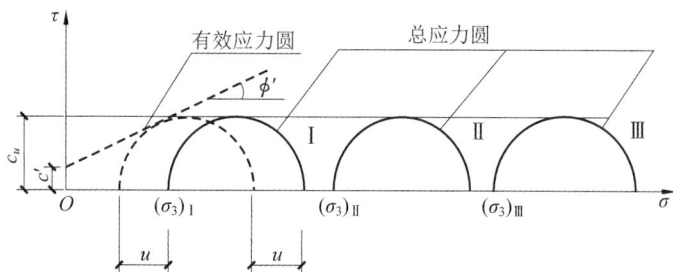

图 4-15　饱和黏性土的三轴不固结不排水剪强度包线

　　饱和土的三轴不排水剪试验,由于试验过程中所施加的有效周围压力 $\sigma_3' = 0$,近似于无限压缩试验。不排水剪的实质是保持试验过程中土样的密度不变,原位十字板剪切试验一般也能满足这一条件,故用这种方法测得的抗剪强度 τ_f 也相当于不排水剪强度 c_u,不过十字板剪切试验测得的抗剪强度 τ_f 略高于室内的不排水剪强度 c_u。

2. 固结不排水剪强度

　　图 4-16 表示固结不排水剪强度包线。一组正常固结的饱和黏性土试样在不同周围压力 σ_3 下固结稳定,在不允许有水进出的条件下逐渐施加附加轴向压力直至剪破。试验中因各试样的剪前固结压力将随 $\Delta\sigma_3$ 的增加而增大,各试样的剪前孔隙比相应减小,因此强度和极限总应力圆也将相应增大。作这些圆的包线即得正常固结土的固结不排水剪强度线,它是一条通过坐标原点的直线,倾角为 ϕ_{cu}。若一组试样先承受同一周围压力固结稳定,然后分别卸荷膨胀至不同周围压力,再在不允许有水进出的条件下受剪切至破坏,即可得到超固结土的极限总应力圆和强度包线,这是一条通过坐标原点的微弯曲线,通常用直线(见图 4-16 中虚线)近似代替。直线的倾角为 ϕ_{cu},在坐标纵轴的截距为 c_{cu}。超固结土的强度线高于正常固结土的强度线。

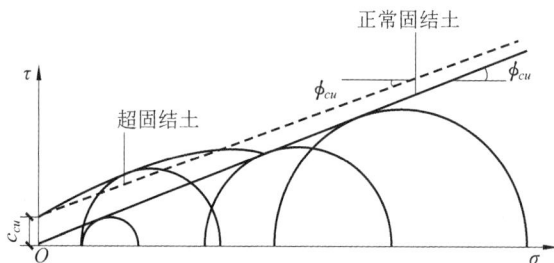

图 4-16　固结不排水剪强度包线

　　试验中若测量孔隙水压力,则试验结果可用有效应力整理。固结不排水剪有效强度包线如图 4-17 所示。

　　固结不排水剪试验的总强度线可表示为

$$\tau_f = c_{cu} + \sigma\tan\phi_{cu} \tag{4-16}$$

有效强度可表示为

$$\tau_f = c' + \tan\phi \tag{4-17}$$

对于正常固结土,c' 和 c_{cu} 都等于零。

　　由于在野外现场钻取试样过程中必然引起应力释放,使原来的正常固结土也成为超固

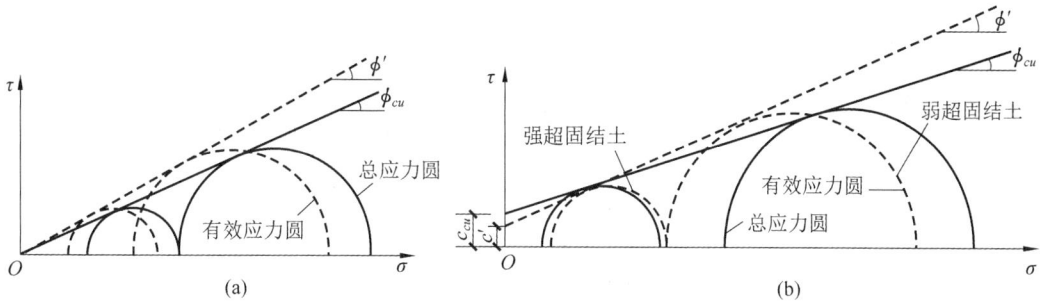

图 4-17 固结不排水剪有效强度包线

结土,因此,试验中的固结压力原则上至少应大于该试样的自重应力。

3. 固结排水剪强度

在三轴试验中,排水阀门始终打开,试件先在围压 σ_3 作用下充分固结,稳定后缓慢增加轴向正应力,让剪切过程充分排水。试样中恒不出现超静孔隙水压力,总应力等于有效应力。用这种方法测得的抗剪强度称为排水剪强度。指标分别用 c_d 和 ϕ_d 表示。

图 4-18 所示为固结排水剪强度包线。饱和黏土在固结排水剪试验中的强度变化趋势与固结不排水剪试验相似。正常固结土的强度包线为通过坐标原点的直线;超固结土的强度包线为微弯的曲线,通常可用直线近似代替。由于试验中孔隙水压力始终保持为零,外加总应力就等于有效应力,极限总应力圆就是极限有效应力圆,总强度线即为有效强度线。

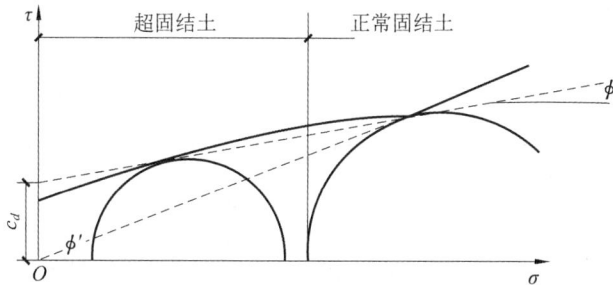

图 4-18 固结排水剪强度包线

例 4 用某一饱和黏土制取三个试样进行固结不排水剪试验。三个试验分别在围压 σ_3 为 100 kPa、200 kPa、300 kPa 下固结,剪破时的最大主应力 σ_1 分别为 210 kPa、390 kPa、580 kPa,同时测得剪破时的孔隙水压力依次为 65 kPa、110 kPa、150 kPa。试求总应力强度指标 c_{cu} 和 ϕ_{cu},以及有效应力强度指标 c' 和 ϕ'。

解 (1)根据试样剪破时三组相应的 σ_1 和 σ_3 值,在 τ-σ 坐标平面内的 σ 轴按 $\dfrac{\sigma_1+\sigma_3}{2}$ 值定

出极限应力圆的圆心,以 $\dfrac{\sigma_1-\sigma_3}{2}$ 值为半径分别作圆,即为剪破时的总应力圆,如图 4-19 所示。作三个实线圆的近似公切线,量得 c_{cu} 为 11 kPa,ϕ_{cu} 为 16°。

(2)按剪破时的孔隙水压力值,把三个总应力圆分别左移一相应距离,即得有效应力圆,如图 4-19 中虚线所示。作虚线圆的近似公切线,得 c' 为 20 kPa,ϕ' 为 23°。

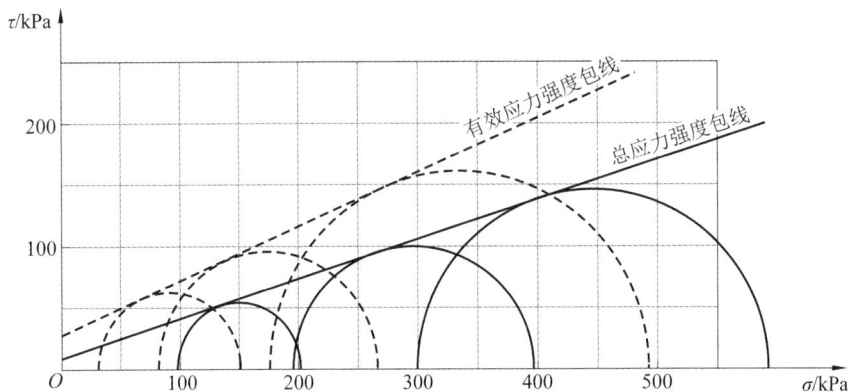

图 4-19　固结不排水剪试验结果表示图

4. 黏性土的残余强度

图 4-20 所示为黏性土的剪切试验曲线。从图中可知,黏性土强度在剪切过程中会趋于一定值,该值就称为黏性土的残余强度。由图可以看出:黏性土的残余强度与它的应力历史无关;在大剪切位移下超固结黏性土的强度降低幅度比正常固结黏性土要大;残余强度线为一通过坐标原点的直线(见图 4-20 中的虚线)。

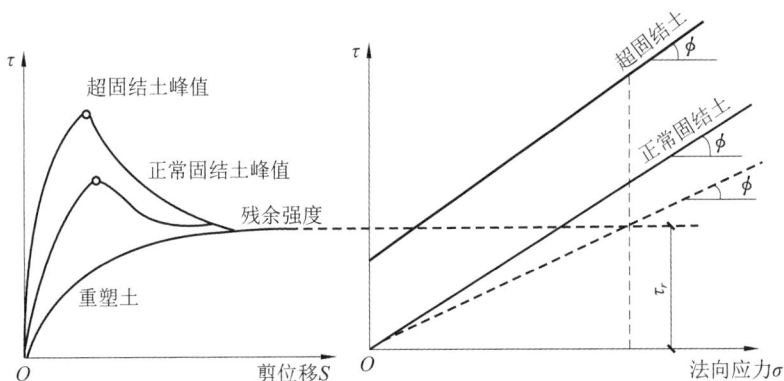

图 4-20　黏性土的剪切试验曲线

5. 结构性与灵敏度

某些黏性土在含水率不变的条件下,经过重塑使结构彻底扰动,其强度便会显著降低。黏性土对结构扰动的敏感程度可用灵敏度 S_t 表示。S_t 为原状试样的不排水剪强度与相同含水率下重塑试样的不排水剪强度的比。黏性土可根据灵敏度进行分类,如表 4-2 所示。

表 4-2　黏性土按灵敏度分类

S_t	<1	1~2	2~4	4~8	8~16	>16
黏性土分类	不灵敏	低灵敏	中等灵敏	灵敏	很灵敏	流动

黏性土受扰动强度降低的原因:一是扰动破坏了颗粒表面结合水分子的定向排列,破坏了颗粒间的原始黏性,此部分强度随着时间增加可以逐渐恢复;二是扰动破坏了颗粒间的胶结物质,使强度降低,此部分强度一般不能恢复。

在含水率不变的条件下黏性土因重塑而强度降低(软化),随着时间的推移,土的强度又因静置逐渐恢复(硬化),黏性土的这种性质称为黏性土的触变性。

取样试验的过程中,应尽量避免破坏土的结构,这样才能较真实地反映土的天然强度。在施工中也应尽量避免地基天然结构的破坏,避免造成土的强度降低或使土产生过大的变形,对灵敏度较高的土尤其要注意。

6. 黏性土的蠕变

在恒定剪应力作用下土随时间改变而改变的现象称为蠕变,土的蠕变曲线如图 4-21 所示。蠕变破坏的过程为:OA 段为瞬时弹性应变阶段,其值很小;AB 段为初期蠕变阶段,在这一阶段,蠕变速率由大变小,如果这时卸除主应力差,则先恢复瞬时弹性应变,继而恢复初期蠕变;BC 段为稳定蠕变阶段,蠕变速率为常数,如果卸除主应力差,则土将发生永久变形;CD 段为加速蠕变阶段,蠕变速率迅速增长,最后破坏。

只要剪应力超过一定值,易蠕变土的长期强度可大大低于室内测定的强度。蠕变是引起工程上土破坏及挡土结构侧向移动的重要原因。如何在工程实践中合理处理蠕变的影响需要进一步的深入研究。

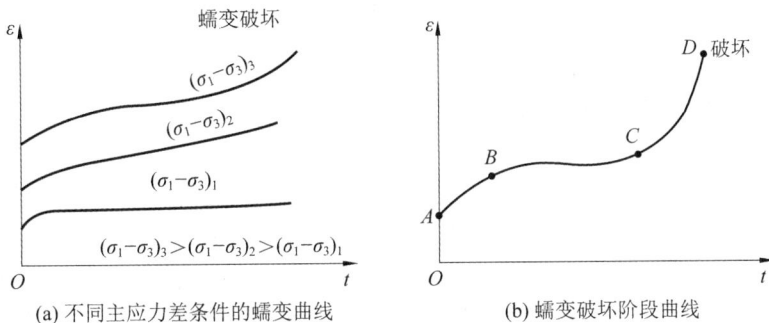

(a) 不同主应力差条件的蠕变曲线   (b) 蠕变破坏阶段曲线

图 4-21 土的蠕变曲线

二、砂性土的剪切性状

砂性土简称砂土。

1. 砂土的内摩擦角

由于砂土的渗透系数较大,其现场剪切过程相当于固结排水剪过程,试验求得的强度包线一般可表示为

$$\tau_f = \sigma\tan\phi_d \tag{4-18}$$

式中:ϕ_d——固结排水剪试验求得的内摩擦角。

砂土抗剪强度受到其初始孔隙比、土粒形状和土的级配影响。同一种砂土在相同的初始孔隙比下饱和时的内摩擦角比干燥时稍小(一般小 2°左右)。

2. 剪胀性

剪胀性是指土受剪切时不仅产生形状的变化,还产生体积的变化的性质,包括体积剪胀和体积剪缩。土颗粒相对于孔隙流体而言,可认为是不可压缩的,土体积变化完全是由孔隙流体体积的变化引起的。剪胀时,体积增大,孔隙流体的体积增加,土变松;剪缩时,体积缩小,孔隙流体的体积减小,土变密。

图 4-22 表示砂土受剪时的应力-应变-体变曲线。密砂受剪切作用,当轴向应变 ε 很小时,体积先收缩,变得更为密实。密砂能承受很大的剪应力,表现为曲线的前段偏差应力升值很快,但这一阶段很短,随即变成剪胀状态,体积膨胀,密度降低,应力增长的速度随之减缓。当体积膨胀到一定程度后,承受剪应力的能力反而降低,在曲线上出现峰值,称为土的峰值强度。再继续剪切,体积仍然不断膨胀,密度不断减小,剪应力不断松弛,最后强度保持不变并趋于松砂的强度,这一不变强度就是土的残余强度。

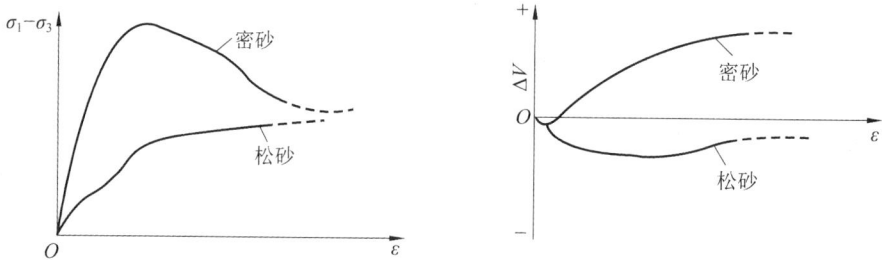

图 4-22   砂土受剪时的应力-应变-体变曲线

松砂表现为另一种性状,在剪切的整个过程中,都处于剪缩状态,体积一直不断缩小,密度不断增加,最后趋于一个稳定值。

可以预计,在排水条件下,砂土受剪切作用时,有某一密度的砂土剪破时的体积不变,即受剪切作用时产生剪应变而不产生体应变,相应于这种密度的孔隙比称为临界孔隙比 e_{cr}。

不排水剪是剪切中不让土样排水,保持体积不变。剪切引起体积变化是土的基本特征,人为控制排水条件,不让试件体积发生变化,并不能改变这种特性。密砂为了抵消受剪时的剪胀趋势,通过土样内部的应力调整,即产生负孔隙水压力,使周围有效压力增加,以保持试样在受剪阶段体积不变。所以,在相同的初始周围压力下,由固结不排水剪试验测得的强度要比固结排水剪试验高。反之,松砂为了抵消受剪时的体积缩小趋势,将产生正孔隙水压力,使周围有效压力减小,以保持试样在受剪阶段体积不变,所以,在相同初始周围压力下,由固结不排水剪试验测得的强度要比固结排水剪试验测得的强度低。

3. 砂土的液化

液化是指任何物质转化为液体的行为或过程。砂土的液化是指以砂土和粉土颗粒为主组成的松散饱和土体在静力、渗流尤其在动力作用下从固体状态转变为流动状态的现象。土体液化是孔隙水压力增加、有效应力减小的结果。

在不排水条件下饱和松砂受剪将产生正孔隙水压力。当饱和疏松的无黏性土,特别是粉砂、细砂受到突发的动力荷载或周期荷载时,一时来不及排水,便可导致孔隙水压力急剧上升。按有效应力观点,无黏性土的抗剪强度应表示为 $\tau_f = \sigma' \tan\phi' = (\sigma - u)\tan\phi'$。

一旦振动引起的超孔隙水压力 u 趋于 σ,则 σ' 将趋于零,抗剪强度趋于零,现场土体液化表现为地基喷水冒砂,地基上的建筑物发生严重的沉陷、倾覆和开裂,液化土体本身产生流滑等。

<h1>任务 4　地基承载力</h1>

地基承受建筑物荷载的作用后,内部应力发生变化:一方面附加应力引起地基内土体变形,造成建筑物沉降;另一方面,引起地基内土体的剪应力增加。若地基中某点沿某方向剪应力达到土的抗剪强度,则该点即处于极限平衡状态,若应力再增加,则该点就会发生破坏。随着外部荷载的不断增大,土体内部存在多个破坏点,若这些点连成整体,就形成了破坏面。地基中一旦形成了整体滑动面,建筑物就会发生急剧沉降、倾斜,导致建筑物失去使用功能,这种状态称为地基土失稳或丧失承载能力。

地基承载力
的确定

地基承受荷载的能力称为地基承载力。地基承载力通常可分为两种:一种是极限承载力,它是指地基即将丧失稳定性时的承载力;另一种是容许承载力,它是指地基稳定、有足够的安全度,并且变形控制在建筑物容许范围内的承载力。

一、地基的破坏类型

地基土的破坏是由于抗剪强度的不足引起的剪切破坏。试验研究成果表明,地基的剪切破坏随着土的性状不同而不同,一般可分为整体剪切破坏、局部剪切破坏和冲剪破坏三种破坏形式,如图 4-23 所示。

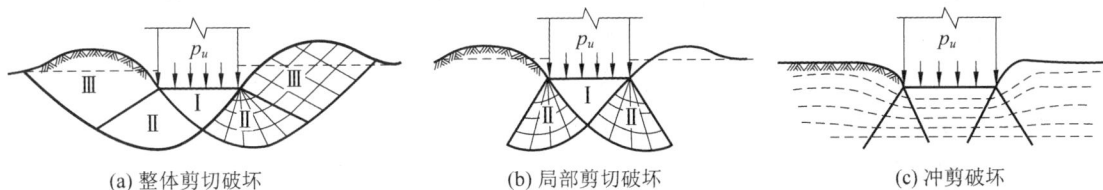

(a) 整体剪切破坏　　　　　(b) 局部剪切破坏　　　　　(c) 冲剪破坏

图 4-23　地基的破坏类型

1. 整体剪切破坏

整体剪切破坏的过程如图 4-24 所示。当荷载 p 比较小时,沉降 S 也比较小(见图 4-24(a)),且 p-S 曲线基本保持直线关系,如图 4-24(d)中曲线 1 的 oa 段。当荷载增加时,地基土内部出现剪切破坏区(通常从基础边缘开始,见图 4-24(b)),土体进入弹塑性变形破坏阶段,p-S 曲线变成曲线段,如图 4-24(d)中曲线 1 的 ab 段。当荷载继续增大,剪切破坏区不断扩大,在地基内部形成连续的滑动面(见图 4-24(c)),一直到达地表,p-S 曲线形成陡降段,如图 4-24(d)中曲线 1 的 bc 段。

整体剪切破坏的特征:随着基础上荷载的增加逐渐增加,p-S 曲线有明显的直线段、曲段与陡降段;破坏从基础边缘开始,滑动面贯通到地表,基础两侧的地面有明显隆起;基础急剧下沉或向一边倾倒。

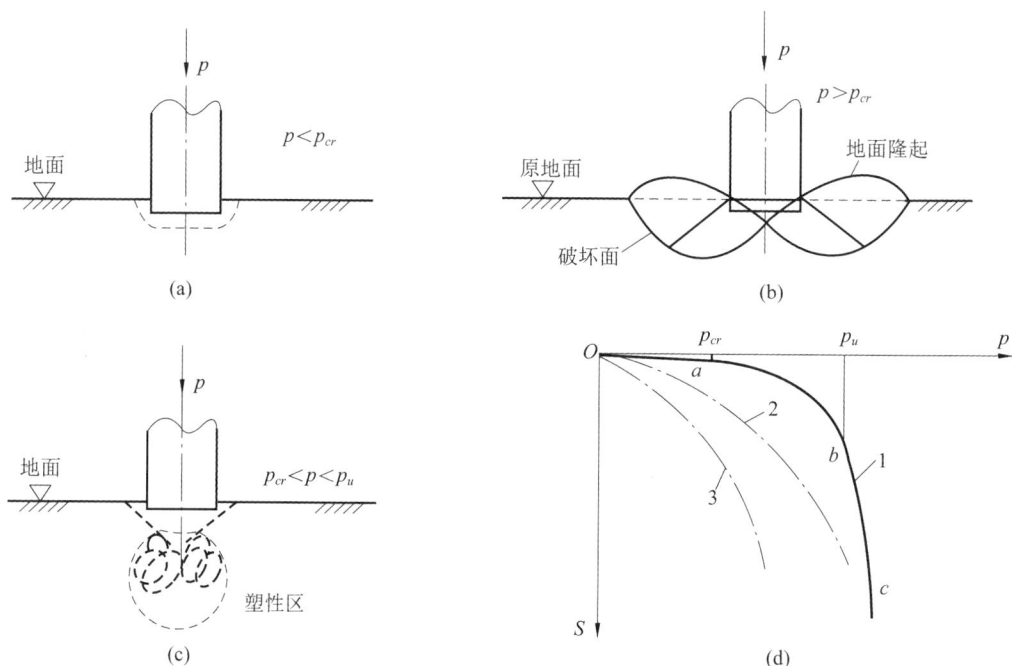

图 4-24　整体剪切破坏的过程

2. 局部剪切破坏

局部剪切破坏的过程与整体剪切破坏相似。但 $p\text{-}S$ 曲线无明显的三阶段,当荷载 p 不是很大时,$p\text{-}S$ 曲线就不是直线,如图 4-24(d)中曲线 2 所示。

局部剪切破坏的特征如图 4-23(b)及图 4-24(d)中曲线 2 所示,其 $p\text{-}S$ 曲线从一开始就呈现出非线性的变化,并且在破坏时没有明显地出现转折现象;地基破坏也是从基础边缘开始,但滑动面未延伸到地面,而是终止在地基土内部某一位置;基础两侧的地面有微微隆起,呈现破坏特征,然而剪切破坏区仅仅被限制在地基内部的某一区域,而不能形成延伸至地面的连续滑动面;基础一般不会发生倒塌或倾斜破坏。

3. 冲剪破坏

冲剪破坏一般发生在基础刚度很大且地基土十分软弱的情况下。在荷载的作用下,基础发生破坏时的形态往往是沿基础边缘竖直剪切破坏,如图 4-23(c)所示,好像基础"切入"土中。$p\text{-}S$ 曲线类似于局部剪切破坏,如图 4-24(d)中曲线 3 所示。

冲剪破坏的特征:基础发生垂直剪切破坏,地基内部不形成连续的滑动面;基础两侧土体没有隆起现象,往往随基础的"切入"微微下沉;基础破坏时只伴随过大的沉降,没有倾斜的发生;基础随荷载连续刺入,最后因基础侧面附近土的竖直剪切而破坏。

地基土的破坏形式受下列因素影响。一是土的压缩性质,一般来说,对于坚硬或紧密的土,将出现整体剪切破坏;对于松软的土,将出现局部剪切或冲剪破坏。二是与基础埋深及加荷速率有关,在基础浅埋,加荷速率慢时,往往出现整体剪切破坏;在基础深埋,加荷速率快时,往往发生局部剪切或冲剪破坏。

二、地基承载力理论计算

1.按塑性区发展范围确定地基承载力

按塑性区发展范围确定地基承载力的方法就是将地基中的剪切破坏区限制在某一范围内时,对应地基土所承受的基底压力即为地基的承载力。下面介绍条形基础均布荷载下的近似计算方法。

如图 4-25 所示,设条形基础的宽度为 b,埋置深度为 d,其底面上作用着竖直均布压力 p。根据弹性力学理论,地基中任一点 M 由于荷载($p-\gamma d$)所引起的主应力为

$$\begin{cases} \sigma_1 = \dfrac{p-\gamma d}{\pi}\left[2\beta + \sin(2\beta)\right] \\ \sigma_3 = \dfrac{p-\gamma d}{\pi}\left[2\beta - \sin(2\beta)\right] \end{cases} \tag{4-19}$$

式中:2β——M 点与长条荷载边缘连线 MA、MB 之间的夹角,称为视角,以弧度(rad)表示。

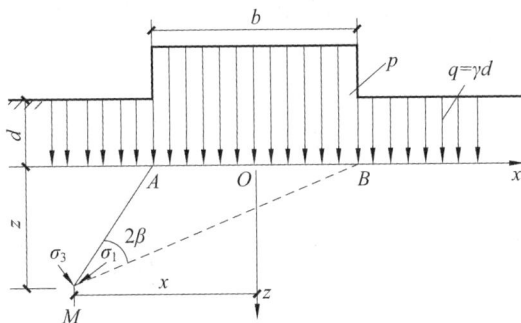

图 4-25　条形均布荷载下地基内应力的计算

在 M 点上,还有地基本身重量引起的自重应力。若假定土自重引起的应力在各个方向均相等,任意点 M 由于外荷载及土自重产生的主应力总值为

$$\begin{cases} \sigma_1 = \dfrac{p-\gamma d}{\pi}\left[2\beta + \sin(2\beta)\right] + \gamma(d+z) \\ \sigma_3 = \dfrac{p-\gamma d}{\pi}\left[2\beta - \sin(2\beta)\right] + \gamma(d+z) \end{cases} \tag{4-20}$$

将式(4-20)代入极限平衡条件式(4-8),整理后可得在某一压力 p 下地基中塑性区的边界方程:

$$z = \frac{p-\gamma d}{\gamma\pi}\left[\frac{\sin(2\beta)}{\sin\phi} - 2\beta\right] - \frac{c\cdot\cot\phi}{\gamma} - d \tag{4-21}$$

当土的特性指标 γ、c、ϕ,基底压力 p 及埋置深度 d 已知时,z 值随 β 变化而变化。在工程应用中,我们并不一定需要知道整个塑性区的边界,而只需要了解在某一基底压力下塑性区开展的最大深度。为了求解塑性区开展的最大深度,将式(4-21)对 β 求导,并让 $\dfrac{\mathrm{d}z}{\mathrm{d}\beta}=0$,即

$$\frac{\mathrm{d}z}{\mathrm{d}\beta} = \frac{p-\gamma d}{\pi\gamma}\left[\frac{2\cos(2\beta)}{\sin\phi} - 2\right] = 0$$

故

$$\cos(2\beta) = \sin\phi$$

得

$$2\beta = \frac{\pi}{2} - \phi \tag{4-22}$$

将式(4-22)代入式(4-21)中,即可得到塑性区开展的最大深度为

$$z_{max} = \frac{p - \gamma d}{\gamma \pi}\left(\frac{\cos\phi}{\sin\phi} - \frac{\pi}{2} + \phi\right) - \frac{c \cdot \cot\phi}{\gamma} - d \tag{4-23}$$

如果规定了塑性区开展深度的容许值$[z]$,若$z_{max} \leqslant [z]$,地基是稳定的;若$z_{max} \geqslant [z]$,地基的稳定是没有保证的。

式(4-23)表示在基底压力p作用下极限平衡区的最大发展深度。当$z_{max} = 0$时,由式(4-23)得到的压应力p就是地基开始发生局部剪切破坏但极限平衡区尚未得到扩展时的荷载,即临塑荷载p_{cr}。同理,将$z_{max} = \frac{b}{4}$或$z_{max} = \frac{b}{3}$代入式(4-23),整理后得到的压应力p就是相应于极限平衡区的最大发展深度为基础宽度的$\frac{1}{4}$和$\frac{1}{3}$时的荷载,称为临界荷载$p_{\frac{1}{4}}$和$p_{\frac{1}{3}}$,即

$$p_{cr} = \gamma d\left(1 + \frac{\pi}{\cot\phi - \frac{\pi}{2} + \phi}\right) + c\left(\frac{\pi\cot\phi}{\cot\phi - \frac{\pi}{2} + \phi}\right) \tag{4-24}$$

$$p_{\frac{1}{4}} = \gamma b\frac{\pi}{4\left(\cot\phi - \frac{\pi}{2} + \phi\right)} + \gamma d\left(1 + \frac{\pi}{\cot\phi - \frac{\pi}{2} + \phi}\right) + c\left(\frac{\pi\cot\phi}{\cot\phi - \frac{\pi}{2} + \phi}\right) \tag{4-25}$$

$$p_{\frac{1}{3}} = \gamma b\frac{\pi}{3\left(\cot\phi - \frac{\pi}{2} + \phi\right)} + \gamma d\left(1 + \frac{\pi}{\cot\phi - \frac{\pi}{2} + \phi}\right) + c\left(\frac{\pi\cot\phi}{\cot\phi - \frac{\pi}{2} + \phi}\right) \tag{4-26}$$

式(4-24)～式(4-26)可以表示为

$$p = \frac{1}{2}\gamma b N_\gamma + \gamma d N_q + c N_c \tag{4-27}$$

式中:$N_c = \frac{\pi\cot\phi}{\cot\phi - \frac{\pi}{2} + \phi}$;$N_q = 1 + \frac{\pi}{\cot\phi - \frac{\pi}{2} + \phi} = 1 + N_c\tan\phi$。

相应于p_{cr}、$p_{\frac{1}{4}}$、$p_{\frac{1}{3}}$的N_γ分别为0、$\frac{\pi}{2\left(\cot\phi - \frac{\pi}{2} + \phi\right)}$和$\frac{\pi}{3\left(\cot\phi - \frac{\pi}{2} + \phi\right)}$。由此可知承载力系数$N_c$、$N_q$和$N_\gamma$是内摩擦角$\phi$的系数。

上述公式是在均质地基情况下求解所得。如果基底上下是不同的土层,则式(4-27)中的第一项应采用基底以下土的重度,第二项应采用基底以上土的重度。另外,地下水位以上用天然重度,地下水位以下用浮重度。

式(4-24)、式(4-25)和式(4-26)是在条形基础为均匀荷载的情况下得到的。对于建筑物竣工期的稳定校核,土的强度指标c、ϕ一般采用不排水剪强度或快剪试验结果。通常在设计时地基容许承载力采用$p_{\frac{1}{4}}$或$p_{\frac{1}{3}}$,而不采用p_{cr},否则偏于保守。但对于小值很小(如果ϕ

$<5°)$ 的软黏土,采用 p_{cr} 与采用 $p_{\frac{1}{4}}$ 或 $p_{\frac{1}{3}}$ 相差甚小,可任意使用。应该指出,在验算竣工期的地基稳定时,由于施工期间地基土有一定的排水固结,相应的强度有所增大,所以实际的塑性区最大开展深度不会达到基础宽度的 1/4 或 1/3,即按 $p_{\frac{1}{4}}$ 或 $p_{\frac{1}{3}}$ 验算的结果还有一定的安全储备。

思考题:有一条形基础,宽度 b 为 4 m,基础埋深 d 为 2 m,土的天然重度为 19 kN/m³,土的快剪强度指标 $c=15$ kPa,$\phi=13°$。试分别求该地基的 p_{cr}、$p_{\frac{1}{4}}$、$p_{\frac{1}{3}}$(答案分别为 146.25 kPa、166.22 kPa、172.88 kPa)。

2. 按极限荷载确定地基承载力

地基的极限荷载是地基内部整体达到极限平衡时的荷载。求解极限荷载的方法有两种:一种是根据静力平衡和极限平衡条件建立微分方程,根据边界条件求出地基整体达到极限平衡时各点应力的精确解,此法在简单条件下可得到解析解,在其他情况下求解困难,故不常用;另一种是假定滑动面法,即先假设滑动面的形状,然后以滑动面所包围的土体作为隔离体,根据静力平衡条件求出极限荷载,此法概念明确、计算简单,得到广泛应用。下面介绍有关承载力的计算公式。

1) 普朗特(Prandtl)公式

普朗特根据塑性理论,在研究刚性物体压入均匀、各向同性、较软的无重量介质时,导出了介质达到破坏时的滑动面形状及相应的极限承载力公式。在求解极限承载力公式时,假定:① 地基土为无质量介质,即基底下土的重度为零,地基土为只有 c、ϕ 值的材料;② 基础底面光滑无摩擦力;③ 荷载为无限长的条形荷载,当基础埋深为 d 时,基础底面以上的两侧土体可用当量均匀荷载 $q=\gamma d$ 代替。

根据弹塑性极限平衡理论及上述边界条件的假定,得出普朗特无质量介质地基的滑动面,如图 4-26 所示。滑动面包围区域可分为朗肯主动区 I、过渡区 II 和朗肯被动区 III(关于朗肯主动区和朗肯被动区的概念参考学习情境 5 有关内容)。滑动区 I 的边界 AD 或 A_1D 滑动面与水平面的夹角为 $(45°+\frac{\phi}{2})$。滑动区 II 的边界 DE 或 DE_1 为对数螺旋线 $r=r_0 e^{\theta \cdot \tan\phi}$,式中 $r_0=l_{AD}=l_{A_1D}$。滑动区 III 的边界 EF 或 E_1F_1 为直线,滑动面与水平夹角为 $(45°-\frac{\phi}{2})$,如图 4-27 所示。

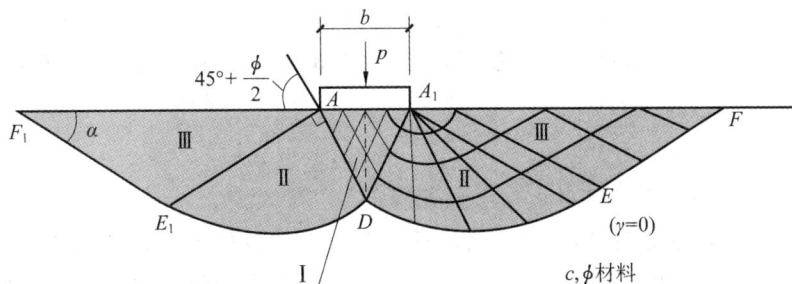

图 4-26 无质量介质地基的滑动面

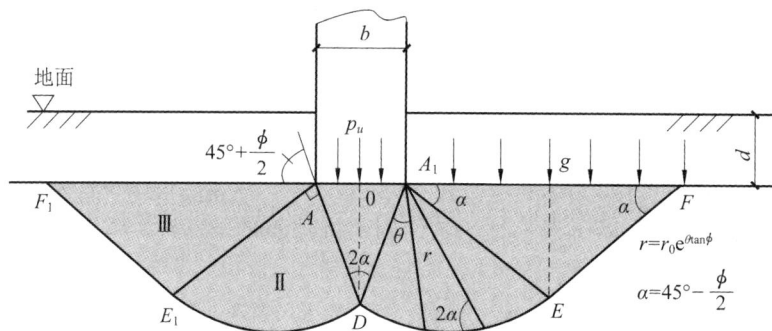

图 4-27　基础埋深为 d 时无质量介质地基的滑动面

根据上述假定,按静力平衡法(见图 4-28),可导出普朗特地基极限承载力公式:

$$p_u = \gamma d N_q + c N_c \qquad (4-28)$$

式中:p_u——地基的极限承载力;

γ——基础两侧土的重度;

d——基础的埋置深度;

N_q、N_c——承载力系数,是土的内摩擦角 ϕ 的函数。

$$N_q = e^{\pi\tan\phi} \cdot \tan^2\left(45° + \frac{\phi}{2}\right) \qquad (4-29)$$

$$N_c = (N_q - 1) \cdot \cot\phi \qquad (4-30)$$

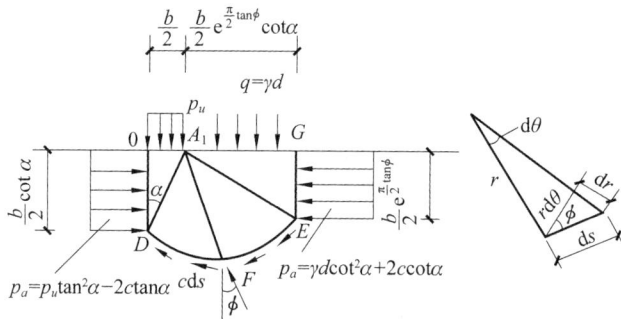

图 4-28　静力平衡法求极限承载力

从式(4-28)看出,基础直接坐落在无黏性土($c=0$)的表面上($d=0$)时,无黏性土地基承载力为零,这种不合理现象是普朗特公式推导前假设土为物质介质造成的。为了克服这一明显缺陷,众多学者针对普朗特公式做了许多研究,取得了可喜的发展,使承载力公式逐渐得到完善。

2)太沙基公式

太沙基在普朗特研究的基础上作出如下假定。

(1)基础底面是粗糙的,即它与土之间存在摩擦力。地基模型试验说明,基础在荷载作用下向下移动时,地基土形成一个与基础一起竖直向下移动的弹性楔体(或称刚性核),如图 4-29 中的 AA_1D 所示,这部分土体没有被破坏而处于弹性状态。

(2)地基土是有重量的,但忽略地基土重度对滑动面形状的影响。

(3)不考虑基底以上基础两侧土的抗剪强度的影响,基础底面以上两侧土体用均布荷

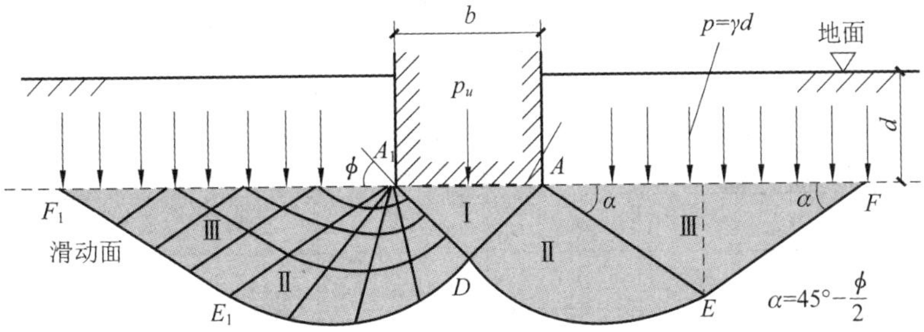

图 4-29　太沙基公式假定的地基滑动面

载 γd 代替。

根据上述假定,滑动面的形状如图 4-29 所示,滑动土体共分三个区。

Ⅰ区为基础下的弹性楔体(刚性核)代替了普朗特解的朗肯主动区。根据几何条件,AD 面和 A_1D 面与基础底面的交角为 ϕ。

Ⅱ区为过渡区,边界 DE 为对数螺旋曲线。D 点处螺旋线的切线垂直于基础底面,E 点处螺旋线的切线与水平面成 $\left(45° - \dfrac{\phi}{2}\right)$ 角。

Ⅲ区为朗肯被动区,即处于被动极限平衡状态,滑动边界 EF 与水平面成 $\left(45° - \dfrac{\phi}{2}\right)$ 角。

弹性体形状确定后,根据静力平衡条件,太沙基极限承载力 p_u 的计算公式为

$$p_u = cN_c + qN_q + \frac{1}{2}\gamma b N_\gamma \tag{4-31}$$

式中:p_u——地基极限承载力,单位为 kPa;

　　　q——基础底面以上土体荷载,单位为 kPa,$q = \gamma d$;

　　　b——基底的宽度,单位为 m;

　　　c——土的凝聚力,单位为 kPa;

　　　N_c、N_q、N_γ——承载力系数,均为土的内摩擦角 ϕ 的函数。

$$N_q = \frac{e^{\left(\frac{3}{2}\pi - \phi\right)\cdot\tan\phi}}{2\cos^2\left(45° + \dfrac{\phi}{2}\right)} \tag{4-32}$$

$$N_c = (N_q - 1)\cdot\cot\phi \tag{4-33}$$

N_γ 需用试算法求得。

N_c、N_q、N_γ 值可直接从图 4-30 或表 4-3 中查取。

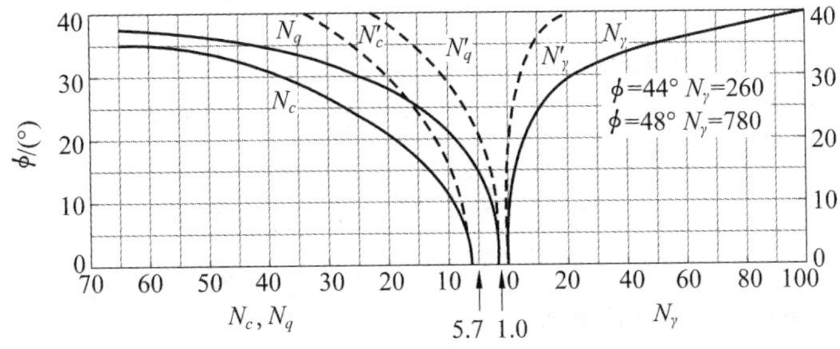

图 4-30　太沙基承载力系数

表 4-3　太沙基承载力系数

$\phi/(°)$	N_c	N_q	N_γ	$\phi/(°)$	N_c	N_q	N_γ
0	5.7	1.00	0.00	24	23.4	11.4	8.6
2	6.5	1.22	0.23	26	27.0	14.2	11.5
4	7.0	1.48	0.39	28	31.6	17.8	15.0
6	7.7	1.81	0.63	30	37.0	22.4	20.0
8	8.5	2.20	0.86	32	44.4	28.7	28.0
10	9.5	2.68	1.20	34	52.8	36.6	36.0
12	10.9	3.32	1.66	36	63.6	47.2	50.0
14	12.0	4.00	2.20	38	77.0	61.0	90.0
16	13.0	4.91	3.00	40	94.8	80.5	130.0
18	15.5	6.04	3.90	42	119.5	109.4	—
20	17.6	7.42	5.00	44	151.0	147.0	—
22	20.2	9.17	6.50	45	172.0	173.0	326.0

式(4-31)只适用于地基土发生整体剪切破坏的情况。对于局部剪切破坏,太沙基建议仍然可以用式(4-31)计算极限承载力,但要把土的强度指标按以下方法进行折减:

$$c' = \frac{2}{3}c$$

$$\tan\phi' = \frac{2}{3}\tan\phi \ \text{或} \ \phi' = \arctan\left(\frac{2}{3}\tan\phi\right)$$

代入式(4-31)整理后局部剪切破坏时的承载力为

$$p_u = \frac{2}{3}cN_c' + qN_q' + \frac{1}{2}\gamma bN_\gamma' \tag{4-34}$$

式中:N_c'、N_q'、N_γ'——局部剪切破坏的承载力系数。

由于降低了土的内摩擦角 ϕ 值,故 N_c'、N_q'、N_γ' 系数小于相应的 N_c、N_q、N_γ。修正后的 N_c'、N_q'、N_γ' 可从图 4-30 中虚线查取。在使用图 4-30 时必须注意,当用 ϕ 值时,应查图 4-30 中的虚线;但若用降低后的 ϕ' 值,则应查图中的实线。

式(4-31)和式(4-34)仅适用于条形基础,关于方形或圆形基础,太沙基建议按以下修正公式计算地基极限承载力。

圆形基础:

$$p_u = 1.2cN_c + qN_q + 0.6\gamma RN_\gamma（整体破坏） \tag{4-35}$$

$$p_u = 1.2cN_c' + qN_q' + 0.6\gamma RN_\gamma'（局部破坏） \tag{4-36}$$

方形基础:

$$p_u = 1.2cN_c + qN_q + 0.4\gamma bN_\gamma（整体破坏） \tag{4-37}$$

$$p_u = 1.2cN_c' + qN_q' + 0.4\gamma bN_\gamma'（局部破坏） \tag{4-38}$$

式中:R——圆形基础半径;其余符号意义同前。

从图 4-30 曲线可以看出,当 ϕ 值大于 25° 以后,N_γ 值增加极快,说明砂土地基上,基础的宽度对极限承载力影响很大。对于饱和软黏土,ϕ 值为零,这时 N_γ 近似零,N_q 为 1,N_c 为

5.7,则根据式(4-31)可得软黏土地基上的极限承载力为

$$p_u \approx q + 5.70c \tag{4-39}$$

从式(4-39)可知,软黏土地基极限承载力与基础宽度无关。

通过上述公式计算出的极限承载力除以安全系数 k,即可得到地基的承载力特征值,k 一般取 2~3。

例 5　基础和地基情况同例 4,试用太沙基极限承载力公式求地基的极限承载力。

解　已知

$$q = \gamma d = 19 \times 2 \text{ kN/m}^2 = 38 \text{ kN/m}^2$$

$$c = 15 \text{ kN/m}^2, \quad \phi = 13°, \quad b = 4 \text{ m}$$

查图 4-30 或表 4-3,得

$$N_c = 11.45, \quad N_q = 3.66, \quad N_\gamma = 1.93$$

代入式(4-31),得

$$p_u = cN_c + qN_q + \frac{1}{2}\gamma b N_\gamma$$

$$= 15 \times 11.45 \text{ kN/m}^2 + 38 \times 3.66 \text{ kN/m}^2 + \frac{1}{2} \times 19 \times 4 \times 1.93 \text{ kN/m}^2$$

$$= 384.17 \text{ kN/m}^2$$

3) 按强度理论公式确定地基承载力

《规范》规定,当偏心距 e 小于或等于 0.033 倍基础底面宽度时,根据土的抗剪强度指标确定地基承载力特征值可按下式计算,并应满足变形要求:

$$f_a = M_b\gamma b + M_d\gamma_m d + M_c c_k \tag{4-40}$$

式中:f_a——由土的抗剪强度指标确定的地基承载力特征值;

M_b、M_d、M_c——承载力系数,按表 4-4 确定;

b——基础底面宽度,大于 6 m 时按 6 m 取值,当砂土小于 3 m 时按 3 m 取值;

c_k——基底下 1 倍短边宽深度内土的黏聚力标准值,单位为 kPa;

γ——基础底面以下土的重度,单位为 kN/m³,地下水位以下取浮重度;

d——基础埋置深度,单位为 m;

γ_m——基础底面以上土的加权平均重度,单位为 kN/m³,地下水位以下取浮重度。

表 4-4　承载力系数 M_b、M_d、M_c

土的内摩擦角标准值 ϕ_k/(°)	M_b	M_d	M_c	土的内摩擦角标准值 ϕ_k/(°)	M_b	M_d	M_c
0	0	1.00	3.14	18	0.43	2.72	5.31
2	0.03	1.12	3.32	20	0.51	3.06	5.66
4	0.06	1.25	3.51	22	0.61	3.44	6.04
6	0.10	1.39	3.71	24	0.80	3.87	6.45
8	0.14	1.55	3.93	26	1.10	4.37	6.90
10	0.18	1.73	4.17	28	1.40	4.93	7.40
12	0.23	1.94	4.42	30	1.90	5.59	7.95
14	0.29	2.17	4.69	32	2.60	6.35	8.55
16	0.36	2.43	5.00	34	3.40	7.21	9.22

续表

土的内摩擦角标准值 $\phi_k/(°)$	M_b	M_d	M_c	土的内摩擦角标准值 $\phi_k/(°)$	M_b	M_d	M_c
36	4.20	8.25	9.97	40	5.80	10.84	11.73
38	5.00	9.44	10.80				

注:ϕ_k——基底下 1 倍短边宽深度内土的内摩擦角标准值。

知识拓展

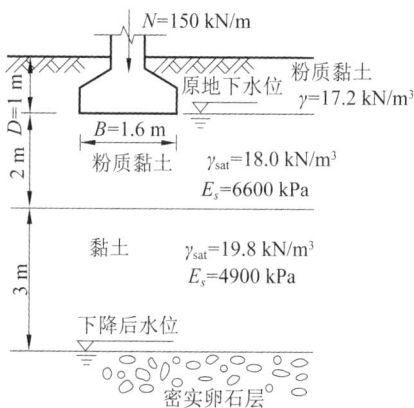

工程案例

有一建造已久的建筑物,地基沉降已基本稳定。因附近施工抽水使该建筑物基础下的地下水位下降 5 m。基础尺寸、所受荷载以及现在测得的地基土资料均如图所示。试求该基础产生多大的附加沉降?

地基沉降的原因:

① 建筑物的荷重产生的附加应力;

② 欠固结土的自重引起;

③ 地下水位下降引起;

④ 施工中水的渗流引起。

思路、注意点:

一要仔细看题,二要分析附加沉降产生的原因,题中给出"有一建造已久的建筑物,地基沉降已基本稳定",那么着眼点就是由于地下水位下降引起的附加沉降。

解　沿基底中心轴线,将地表、基底、距基底深度 2 m 和 5 m 处设为 A、B、C、D。

① 计算地下水位下降前土中自重应力分布:

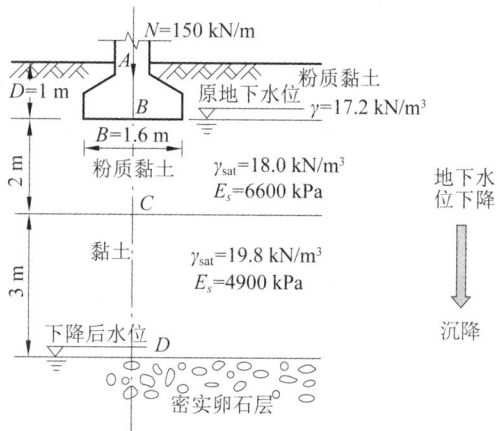

$$\sigma_A = 0$$

$$\sigma_B = 17.2 \times 1 \text{ kPa} = 17.2 \text{ kPa}$$

$$\sigma_C = [17.2 + (18 - 10) \times 2] \text{ kPa} = 33.2 \text{ kPa}$$

$$\sigma_D = [33.2 + (19.8 - 10) \times 3] \text{ kPa}$$
$$= 62.6 \text{ kPa}$$

② 计算地下水位下降后土中自重应力分布:

$$\sigma'_A = 0$$

$$\sigma'_B = 17.2 \times 1 \text{ kPa} = 17.2 \text{ kPa}$$

$$\sigma'_C = (17.2 + 18 \times 2) \text{ kPa} = 53.2 \text{ kPa}$$

$$\sigma'_D = (53.2 + 19.8 \times 3) \text{ kPa} = 112.6 \text{ kPa}$$

③ 下降后与下降前自重应力变化：

$$\Delta\sigma_{CW} = (53.2 - 33.2)\,\text{kPa} = 20\,\text{kPa}$$

$$\Delta\sigma_{DW} = (112.6 - 62.6)\,\text{kPa} = 50\,\text{kPa}$$

④ 计算自重应力变化产生的附件沉降：

$$S_i = \frac{\overline{\sigma}_i}{E_{si}}h_i$$

将土层按 1 m 分层。

地下水位下降导致 BC 土层的附加沉降为

$$S_{BC} = \frac{\overline{\sigma}_{w1}}{E_{s1}} \times 1 + \frac{\overline{\sigma}_{w2}}{E_{s1}} \times 1$$

$$= \left(\frac{\frac{0+10}{2}}{6600} \times 1 + \frac{\frac{10+20}{2}}{6600} \times 1\right)\text{m} = 3.03\,\text{mm}$$

地下水位下降导致 CD 土层的附加沉降为

$$S_{CD} = \frac{\overline{\sigma}_{w3}}{E_{s2}} \times 1 + \frac{\overline{\sigma}_{w4}}{E_{s2}} \times 1 + \frac{\overline{\sigma}_{w5}}{E_{s2}} \times 1$$

$$= \left(\frac{\frac{20+30}{2}}{4900} \times 1 + \frac{\frac{30+40}{2}}{4900} \times 1 + \frac{\frac{40+50}{2}}{4900} \times 1\right)\text{m}$$

$$= 21.43\,\text{mm}$$

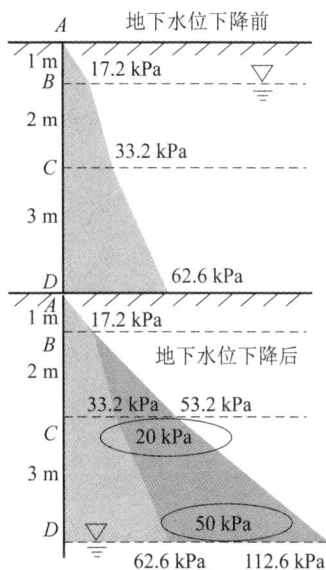

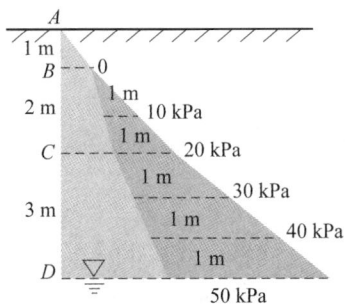

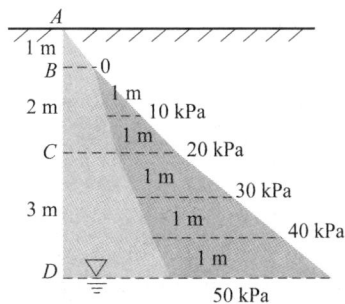

因此，在抽水后该基础产生的附加沉降为

$$S = S_{BC} + S_{CD} = (3.03 + 21.43)\,\text{mm} = 24.46\,\text{mm}$$

学习资源

思考题二维码　　　习题二维码

小　结

1. 抗剪强度的定义

土体抵抗剪切破坏的极限能力。

2. 库仑公式

$$\tau_f = c + \sigma\tan\phi$$

3. 极限平衡条件

土的应力极限平衡条件是土体强度的理论基础，运用极限平衡条件，可以判断土中任一点的应力是否达到破坏状态，也可以求出土体处于破坏状态下剪切破裂面的方位和应力值。其表达式为

$$\sigma_1 = \sigma_3 \cdot \tan^2\left(45° + \frac{\phi}{2}\right) + 2c \cdot \tan\left(45° + \frac{\phi}{2}\right)$$

或

$$\sigma_3 = \sigma_1 \cdot \tan^2\left(45° - \frac{\phi}{2}\right) - 2c \cdot \tan\left(45° - \frac{\phi}{2}\right)$$

4. 强度指标的测定方法

(1) 直接剪切试验。

(2) 三轴压缩试验。

(3) 无侧限抗压强度试验。

(4) 十字板剪切试验——适用于饱和软黏土。

5. 土的剪切特性

(1) 黏性土的剪切性状。

黏性土的剪切性状极为复杂，一般常用重塑土的强度特征近似阐明原状土的强度特征，常采用以下试验方法进行分析。

① 不固结不排水剪(UU)。

② 固结不排水剪(CU)。

③ 固结排水剪(CD)。

(2) 砂性土的剪切性状。

① 砂性土的内摩擦角受其初始孔隙比、土粒形状和土的级配影响较大，受含水率影响较小。

② 剪胀性是指土受剪切时不仅产生形状的变化，还产生体积的变化的性质，包括体积剪胀和体积剪缩。

③ 砂土液化是指由砂土和粉土颗粒为主所组成的松散饱和土体在静力、渗流，尤其在动力作用下从圆体状态转变为流动状态的现象。

6. 地基承载力的确定方法

(1) 按塑性区的发展范围确定地基承载力。

(2) 按极限荷载确定地基承载力。

① 普朗特方法以刚性基础压入半无限无质量介质为研究对象,推导出介质达到破坏时的滑动面形状和极限压应力公式。

② 太沙基方法充分考虑基底与土之间的摩擦力,使基底下的一部分土不发生破坏,处于弹性平衡状态,该部分土被称为"弹性核"。太沙基方法以研究"弹性核"的静力平衡为出发点,推导出极限承载力计算公式。

(3) 按规范确定地基承载力。

学习情境 5
土压力与土坡稳定

单元导读

土建工程中许多构筑物(如挡土墙、隧道和基坑围护结构等)的挡土结构起着支撑土体、保持土体稳定、使构筑物不致坍塌的作用,而另一些构筑物(如桥台等)受到土体的支撑,土体起提供反力的作用。在这些构筑物与土体的接触面处均存在侧向压力作用,这种侧向压力就是土压力。

基本要求

土压力有主动土压力、静止土压力和被动土压力三种,应明确这三种土压力的概念,熟练掌握朗肯土压力、库仑土压力的基本原理和计算方法,以及各种情况下土压力的计算,熟悉挡土墙的类型、构造和设计;了解土坡稳定的概念和滑坡防治方法,掌握简单的土坡稳定性分析方法。

重点

朗肯土压力理论;库仑土压力理论;土坡滑动失稳;土坡稳定。

难点

土压力理论应用于工程问题;土坡稳定性分析。

思政元素

培养学生逻辑思维能力、抽象与分析能力;培养学生求真务实的科研精神;结合具体工程,培养学生的家国情怀、社会责任感,点燃学生的专业热情。

知识链接

滑坡事件

特大暴雨或长时间的强降雨会导致滑坡事件或泥石流发生,如图所示。受暴雨天气影响,云阳县龙洞镇龙升村出现多处山体滑坡,造成龙升村公路损坏 500 余米,50 余亩柑橘不同程度受损。这次大暴雨该镇最大雨量139.2 mm,导致龙升村潘家沱、刘家嘴、大屋基、全家梁 4 处滑坡点出现险情,其中潘家沱滑坡长约

100 m,宽约 50 m,滑坡体量约 0.5 万立方米;刘家嘴滑坡长约90 m,宽约 30 m,滑坡体量约 0.8 万立方米;全家梁滑坡长约 80 m,宽约 50 m,滑坡体量约 2 万立方米;大屋基滑坡长约 60 m,宽约 80 m,滑坡体量约 0.6 万立方米。

　　在工程建设中常会遇到土坡稳定性问题,如道路路堤、基坑的放坡和山体边坡等。边坡由于丧失稳定性而滑动称为滑坡。滑坡是一种常见的工程现象,发生滑坡会造成严重的工程事故,故应对土坡进行稳定性验算,必要时采取适当的工程措施。

任务1　土压力

　　在土木、交通、水利、港口航道等工程中,为了阻挡土体的下滑或截断土坡的延伸,常常设置各式各样的挡土结构(或称挡土墙)。例如,平整场地时填方区使用的挡墙、地下室的侧墙、水闸的岸墙、桥梁的桥台及支撑基坑或边坡的板桩墙。另外,散粒的贮仓、筒仓等的挡墙也按挡土墙理论进行分析计算。挡土墙应用举例如图 5-1 所示。

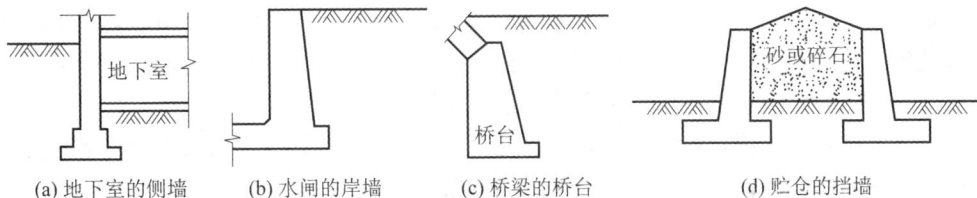

(a) 地下室的侧墙　　(b) 水闸的岸墙　　(c) 桥梁的桥台　　(d) 贮仓的挡墙

图 5-1　挡土墙应用举例

　　土压力是指挡土墙墙后填土对墙背产生的侧压力。由于土压力是挡土墙的主要外荷载,因此,设计挡土墙时首先要确定作用在墙背上土压力的性质、大小、方向和作用点。土压力的计算是一个比较复杂的问题,它涉及填料、挡土墙及地基三者之间的相互作用,不仅与挡土墙的高度、结构形式,墙后填料的性质,填土面的形状及荷载情况有关,还与挡墙的位移大小和方向及填土的施工方法等有关。

一、土压力的种类

根据挡土墙的位移情况和墙后土体所处的应力状态,土压力分为静止土压力、主动土压力和被动土压力三种。

1. 静止土压力

当挡土墙在土压力作用下无任何方向的位移或转动而保持原来的位置,土体处于静止的弹性平衡状态时,墙背所受的土压力称为静止土压力,用 E_0 表示,如图 5-2(a)所示。如船闸的边墙、地下室的侧墙、涵洞的侧墙及其他不产生位移的挡土构筑物,通常可视为受静止土压力作用。

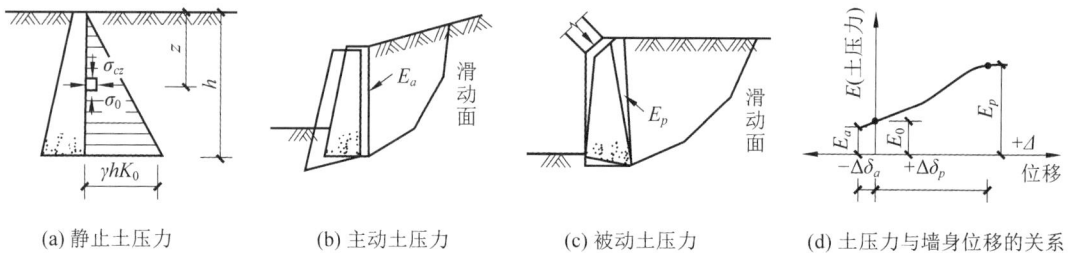

| (a) 静止土压力 | (b) 主动土压力 | (c) 被动土压力 | (d) 土压力与墙身位移的关系 |

图 5-2　三种土压力及其与墙身位移的关系

2. 主动土压力

当挡土墙在土压力作用下,向离开土体方向移动或转动时,随着位移量的增加,墙后土压力逐渐减小,当位移量达到某一微小值时,墙后土体达到主动极限平衡状态,开始下滑,作用在墙背上的土压力达到最小值,此时作用在墙背上的土压力称为主动土压力,用 E_a 表示,如图 5-2(b)所示。多数挡土墙均按主动土压力计算。

3. 被动土压力

与产生主动土压力的情况相反,挡土墙在外力作用下向填土方向移动或转动时,墙推向土体,随着向后位移量的增加,墙后土体对墙背的反力也逐渐增大,当达某一位移量时,墙后土体达到被动极限平衡状态,开始上隆,作用在墙背上的土压力达到最大值。此时作用在墙背上的土压力称为被动土压力,用 E_p 表示,如图 5-2(c)所示。例如,桥台受到桥上荷载的推力作用,作用在台背上的土压力可按被动土压力计算。

试验研究表明,在相同的墙高和填土条件下,主动土压力小于静止土压力,而静止土压力又小于被动土压力,即 $E_a < E_0 < E_p$,并且产生被动土压力所需的位移量 $\Delta\delta_p$ 比产生主动土压力所需的位移量 $\Delta\delta_a$ 要大得多。三种土压力与挡土墙的位移关系及它们之间的大小可用图 5-2(d)所示曲线表示。

二、土压力的影响因素

影响土压力大小的主要因素归纳如下。

（1）挡土墙的位移。挡土墙的位移方向和位移量的大小是影响土压力大小的最主要因素。

（2）挡土墙的形状。挡土墙的剖面形状包括墙背竖直或倾斜、墙背光滑或粗糙,这些都影响土压力的大小。

（3）填土的性质。挡土墙填土的性质包括填土的松密程度、干湿程度、土的强度指标大小及填土表面的形状（水平、上斜等）,它们均影响土压力的大小。

由此可见,土压力的大小及其分布规律受墙体可能位移的方向、填土的性质、填土面的形状、墙的截面刚度和地基的变形等一系列因素影响。

土压力及静止土压力

任务 2　静止土压力计算

一、产生的条件

静止土压力产生的条件是挡土墙无任何方向的移动或转动,即位移和转角均为零。

对修筑在坚硬地基上,断面很大的挡土墙墙背上的土压力,可以认为它是静止土压力。例如,岩石地基上的重力式挡土墙符合上述条件。由于墙的自重大,不会发生位移,又因地基坚硬,不会产生不均匀沉降,墙体不会产生转动,挡土墙背面的土体处于静止的弹性平衡状态,因此,挡土墙墙背上的土压力即为静止土压力。

二、计算公式

静止土压力可按下述方法计算。在填土表面下任意深度处取一微小单元体（见图 5-2(a)）,其上作用着竖向的土自重应力 $\sigma_{cz} = \gamma z$,水平向的土自重应力就是该处的静止土压力强度,可按下式计算:

$$\sigma_o = K_0 \gamma \cdot z \tag{5-1}$$

式中:K_0——土的侧压力系数,或称静止土压力系数;

γ——墙后填土的重度,单位为 kN/m。

静止土压力系数 K_0 与土的性质、密实程度等因素有关,一般砂土可取 $K_0 = 0.35 \sim 0.50$;黏性土可取 $K_0 = 0.50 \sim 0.70$;对正常固结土,K_0 可近似地按半经验公式 $K_0 = 1 - \sin\phi'$（ϕ' 为土的有效内摩擦角）计算;K_0 也可以在试验室内用 K_0 试验仪直接测定。

由式(5-1)可知,静止土压力沿墙高呈三角形分布（见图 5-2(a)）,如取纵向单位墙长计算,则作用在墙背上的静止土压力的合力大小为

$$E_0 = \frac{1}{2} \gamma h^2 K_0 \tag{5-2}$$

式中:h——挡土墙高度,单位为 m。

E_0 的作用点在距墙底 $h/3$ 处,方向水平并指向挡土墙。

任务3   朗肯土压力理论

朗肯土压力理论是根据弹性半无限空间土体中的应力状态和土的极限平衡理论得出的土压力计算方法。为了满足土体的极限平衡条件,朗肯在基本理论推导中作了以下假定。

(1)墙是刚性的,墙背竖向。

(2)墙后填土面水平。

(3)墙背光滑,与填土之间没有摩擦力。

一、主动土压力

1. 基本概念

图 5-3(a)表示表面水平的半无限空间体,由学习情境 2 知,距弹性半无限空间土体表面深度 z 处的微单元体 M 上竖向自重应力和水平自重应力分别为 $\sigma_{cz} = \gamma z$、$\sigma_{cx} = K_0 \gamma z$,由于土体内每一竖直面都是对称面,因此竖直面和水平面上的剪应力都等于 0。因此 M 点处于主应力状态,σ_{cz} 和 σ_{cx}(以下简写为 σ_z 和 σ_x)分别为最大、最小主应力。

假设有一挡土墙,墙背竖直、光滑、填土面水平。根据这些假定,墙背与填土间无摩擦力,因而无剪应力,即墙背为主应力作用面。设想用挡土墙代替 M 点左侧的土体,墙背如同半空间土体内的一竖向面,如果挡土墙无位移,墙后土体处于弹性状态,则墙背上的应力状态与弹性半空间土体的应力状态相同。在离填土面深度 z 处的 M 点,$\sigma_z = \sigma_1 = \gamma z$,$\sigma_x = \sigma_3 = K_0 \gamma z$,用 σ_1 与 σ_3 作成的莫尔应力圆与土的抗剪强度线不相切,如图 5-3(d)中圆 I 所示。

当挡土墙离开土体向左移动时(见图 5-3(b)),墙后土体有向外移动的趋势,此时竖向

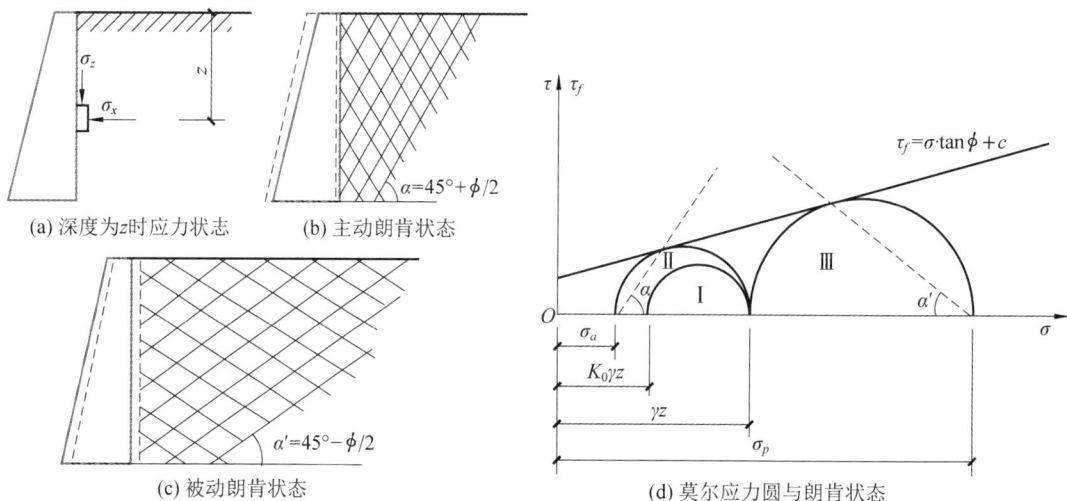

(a) 深度为 z 时应力状态

(b) 主动朗肯状态 $\alpha = 45° + \phi/2$

(c) 被动朗肯状态 $\alpha' = 45° - \phi/2$

(d) 莫尔应力圆与朗肯状态

图 5-3   朗肯极限平衡状态

应力 σ_z 不变,水平应力 σ_x 减小,σ_z 和 σ_x 仍为最大、最小主应力。当挡土墙位移达到 $\Delta\delta_a$ 时,σ_x 减小到土体达到极限平衡状态,σ_x 达到最小值,σ_z 与 σ_x 作成的莫尔应力圆与抗剪强度包线相切(见图 5-3(d)中圆 Ⅱ)。墙后土体形成一系列剪切破坏面,面上各点都处于极限平衡状态,称为朗肯主动状态,此时墙背上水平向应力 σ_a 为最小主应力,即朗肯主动土压力强度 σ_a。由于土体处于朗肯主动状态时最大主应力作用面是水平面,故剪切破坏面与水平面的夹角为 $\alpha = 45° + \dfrac{\phi}{2}$。

2. 计算公式

根据土的强度理论(学习情境 4),当土体中某点处于极限平衡状态时,最大、最小主应力应满足以下关系式。

黏性土:

$$\sigma_1 = \sigma_3 \tan^2\left(45° + \frac{\phi}{2}\right) + 2c \cdot \tan\left(45° + \frac{\phi}{2}\right) \tag{5-3a}$$

或

$$\sigma_3 = \sigma_1 \tan^2\left(45° - \frac{\phi}{2}\right) - 2c \cdot \tan\left(45° - \frac{\phi}{2}\right) \tag{5-3b}$$

无黏性土:

$$\sigma_1 = \sigma_3 \tan^2\left(45° + \frac{\phi}{2}\right) \tag{5-4a}$$

或

$$\sigma_3 = \sigma_1 \tan^2\left(45° - \frac{\phi}{2}\right) \tag{5-4b}$$

如前所述,当墙背竖直、光滑,填土面水平(见图 5-4),挡土墙向左移动达到主动朗肯状态时,墙背上任一深度 z 处的主动土压力强度为极限平衡状态时的最小主应力,即 $\sigma_a = \sigma_3$,与其相应的最大主应力 $\sigma_1 = \gamma z$,故可得朗肯主动土压力强度 σ_a,计算式如下。

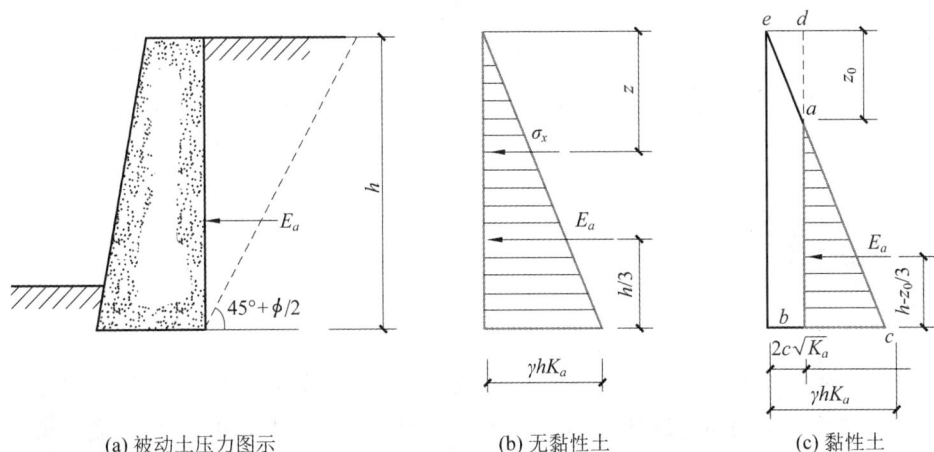

(a) 被动土压力图示　　　　(b) 无黏性土　　　　(c) 黏性土

图 5-4　朗肯主动土压力状态

黏性土:

$$\sigma_a = \sigma_1 \tan^2\left(45° - \frac{\phi}{2}\right) - 2c \cdot \tan\left(45° - \frac{\phi}{2}\right) = \gamma z K_a - 2c\sqrt{K_a} \tag{5-5}$$

无黏性土：

$$\sigma_a = \gamma z K_a \tag{5-6}$$

式中：K_a——朗肯主动土压力系数，$K_a = \tan^2 \left(45° - \dfrac{\phi}{2} \right)$；

c——填土的黏聚力，单位为 kPa；

γ——填土的重度，单位为 kN/m^3，地下水位以下用浮重度。

由式（5-6）可知，无黏性土的主动土压力强度与 z 成正比，沿墙高的压力分布为三角形（见图 5-4（b）），如取单位墙长计算，则主动土压力 E_a 为

$$E_a = \frac{1}{2} \gamma h^2 K_a \tag{5-7}$$

且 E_a 通过三角形压力分布图的形心，即作用点距墙底 $h/3$ 处，方向水平并指向挡土墙。

由式（5-5）知，黏性土的主动土压力强度由两部分组成：一部分是由土的自重引起的土压力 $\gamma z K_a$；另一部分是由土的黏聚力 c 引起的负侧压力 $2c\sqrt{K_a}$。这两部分土压力叠加的结果如图 5-4（c）所示，图中 ade 部分为负侧压力，即拉力。实际上挡土墙与填土之间是不能承担拉力的，因而 σ_a 随深度 z 增加逐渐由负值变小，直到等于 0。产生的拉力会使土脱离墙体，故计算土压力时，该部分应略去不计。因此，黏性土的土压力分布实际为 abc 部分。a 点距填土面的深度 z_0 称为临界深度，在填土面无荷载的情况下，可令式（5-5）的 $\sigma_a = 0$，即

$$\gamma z_0 K_a - 2c\sqrt{K_a} = 0$$

故临界深度为

$$z_0 = \frac{2c}{\gamma \sqrt{K_a}} \tag{5-8}$$

若取单位墙长计算，则土压力 E_a 为

$$E_a = \frac{1}{2}(h - z_0)(\gamma h K_a - 2c\sqrt{K_a}) = \frac{1}{2}\gamma h^2 K_a - 2ch\sqrt{K_a} + \frac{2c}{\gamma} \tag{5-9}$$

E_a 通过三角形压力分布图 abc 的形心，作用点距离墙底 $\dfrac{h - z_0}{3}$ 处，方向水平并指向挡土墙。

注意，当填土面有超载时，不能直接用式（5-8）计算临界深度，此时应按 z_0 处侧压力 $\sigma_a = 0$ 求解方程，具体方法可见后面的例题。

二、被动土压力

1. 基本概念

如果挡土墙在外力作用下向右挤压土体（见图 5-3（c）），竖向应力 σ_z 仍不变，而水平应力 σ_x 随着挡土墙位移增加而逐渐增大，当 σ_x 超过 σ_z 时，σ_x 变为最大主应力，σ_z 变为最小主应力，直到挡土墙位移达到 $\Delta\delta_p$ 时，土体达到被动极限平衡状态，σ_x 达最大值，莫尔应力圆与抗剪强度包线相切（见图 5-3（d）中圆Ⅲ）。土体形成一系列剪切破坏面，此种状态称为朗肯被动状态。此时墙背上水平应力 σ_x 为最大主应力，即朗肯被动土压力强度 σ_p 因土体处于朗肯被动状态时，最大主应力作用面是竖直面，故剪切破坏面与水平面的夹角为 $\alpha' = 45° - \dfrac{\phi}{2}$。

2. 计算公式

如前所述，当挡土墙在外力作用下向右挤压土体达到被动朗肯状态时，墙背上任一深度 z 处的被动土压力强度为极限平衡状态时的最大主应力，即 $\sigma_p = \sigma_1$，与其相应的最小主应力 $\sigma_3 = \gamma z$，于是由式(5-3a)和式(5-4a)可得朗肯被动土压力强度，计算式如下。

黏性土：

$$\sigma_p = \sigma_3 \tan^2\left(45° + \frac{\phi}{2}\right) + 2c \cdot \tan\left(45° + \frac{\phi}{2}\right) = \gamma z K_p + 2c\sqrt{K_p} \tag{5-10}$$

无黏性土：

$$\sigma_p = \sigma_3 \cdot \tan^2\left(45° + \frac{\phi}{2}\right) = \gamma z K_p \tag{5-11}$$

式中：K_p——朗肯被动土压力系数，$K_p = \tan^2\left(45° + \frac{\phi}{2}\right)$，其余符号同前。

由式(5-10)和式(5-11)可知，无黏性土的被动土压力强度呈三角形分布（见图5-5(b)），黏性土的被动土压力强度呈棒形分布（见图5-5(c)）。如果取单位增长计算，则被动土压力 E_p 如下。

黏性土：

$$E_p = \frac{1}{2}\gamma h^2 K_p + 2ch\sqrt{K_p} \tag{5-12}$$

无黏性土：

$$E_p = \frac{1}{2}\gamma h^2 K_p \tag{5-13}$$

E_p 通过三角形或梯形压力分布图的形心。

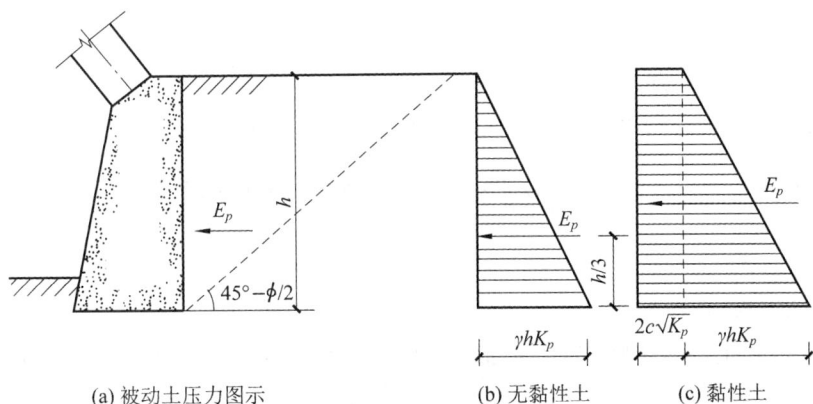

图5-5　朗肯被动土压力状态

朗肯土压力理论应用弹性半无限空间体的应力状态，根据土的极限平衡理论推导计算土压力。其概念明确、计算公式简便，但假定墙背竖直、光滑，填土面水平，使计算适用范围受到限制，计算结果与实际有出入，所得主动土压力值偏大，被动土压力值偏小，其结果偏于安全。

例1　某挡土墙高 6 m，墙背直立、光滑，填土面水平。填土的物理力学性质指标为 $c = 10$ kPa，$\phi = 20°$，$\gamma = 18$ kN/m³。试求主动土压力及作用点，并绘出土压力强度分布图。

解　已知该墙满足朗肯条件，故可按朗肯土压力公式计算沿墙高的土压力强度：

$$K_a = \tan^2\left(45° - \frac{\phi}{2}\right) = \tan^2\left(45° - \frac{20°}{2}\right) = 0.49$$

墙顶处：

$$\sigma_a = \gamma z K_a - 2c\sqrt{K_a} = 18 \times 0 \times 0.49 \text{ kPa} - 2 \times 10\sqrt{0.49} \text{ kPa} = -14 \text{ kPa}$$

因在墙顶处出现拉力，故必须计算临界深度 z_0，由式(5-5)得

$$\gamma z_0 K_a - 2c\sqrt{K_a} = 0$$

$$z_0 = \frac{2 \times 10\sqrt{0.49}}{18 \times 0.49} \text{ m} = 1.59 \text{ m}$$

墙底处：

$$\sigma_a = \gamma h K_a - 2c\sqrt{K_a}$$

$$= 18 \times 6 \times 0.49 \text{ kPa} - 2 \times 10\sqrt{0.49} \text{ kPa} = 38.9 \text{ kPa}$$

土压力分布如图 5-6 所示，其主动土压力大小为

$$E_a = \frac{1}{2} \times 38.9 \times (6 - 1.59) \text{ kN/m} = 85.8 \text{ kN/m}$$

作用点距墙底的距离 $= \dfrac{h - z_0}{3} = \dfrac{6 - 1.59}{3} \text{ m} = 1.47$ m，方向水平并指向挡土墙。

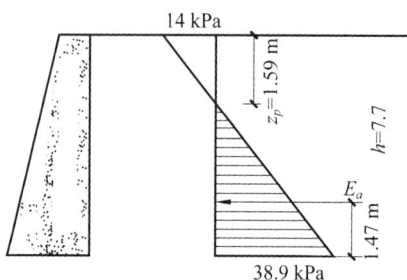

图 5-6 土压力分布

例 2 已知某混凝土挡土墙的墙高 $H = 7.0$ m，墙背竖直、光滑，墙后填土表面水平，填土的重度 $\gamma = 18.0$ kN/m³，内摩擦角 $\phi = 30°$，黏聚力 $c = 15$ kPa。计算作用于挡土墙上的静止土压力（静止土压力系数 $K_0 = 0.5$）、主动土压力和被动土压力，并绘制出土压力分布图。

解 （1）静止土压力。

墙底面处的静止土压力强度：$\sigma_0 = \gamma z K_0 = 18 \times 7 \times 0.5 \text{ kPa} = 63 \text{ kPa}$

总的静止土压力：$E_0 = \dfrac{1}{2}\gamma h^2 K_0 = \dfrac{1}{2} \times 18 \times 7^2 \times 0.5 \text{ kN/m} = 220.5 \text{ kN/m}$，作用点距离墙底 $\dfrac{H}{3} = \dfrac{7}{3}$ m $= 2.33$ m。

（2）主动土压力。

根据题意，挡土墙墙背竖直、光滑，墙后填土表面水平，符合朗肯土压力理论的假设，可应用朗肯土压力理论求解。

主动压力系数取 $K_a = \tan^2\left(45° - \dfrac{\phi}{2}\right) = \dfrac{1}{3}$。

墙顶面处的主动土压力强度：

$$\sigma_{a1} = -2c\sqrt{K_a} = -2 \times 15 \times \sqrt{\frac{1}{3}} \text{ kPa} = -17.32 \text{ kPa}$$

墙底面处的主动土压力强度：

$$\sigma_{a2} = \gamma H K_a - 2c\sqrt{K_a} = \left(18 \times 7 \times \frac{1}{3} - 2 \times 15 \times \sqrt{\frac{1}{3}}\right) \text{ kPa} = 24.68 \text{ kPa}$$

临界深度

$$z_0 = \frac{2c}{\gamma \sqrt{K_a}} = \frac{2 \times 15}{18 \times \sqrt{\frac{1}{3}}} \text{ m} = 2.89 \text{ m}$$

总的主动土压力

$$E_a = \frac{1}{2}(H - z_0)(\gamma H K_a - 2c\sqrt{K_a})$$

$$= \frac{1}{2}\gamma H^2 K_a - 2cH\sqrt{K_a} + \frac{2c^2}{\gamma}$$

$$= \left(\frac{1}{2} \times 18 \times 7^2 \times \frac{1}{3} - 2 \times 15 \times 7 \times \sqrt{\frac{1}{3}} + \frac{2 \times 15^2}{18}\right) \text{ kN/m}$$

$$= (147 - 121.2 + 25) \text{ kN/m} = 50.8 \text{ kN/m}$$

E_a 作用点距墙底的距离为

$$\frac{1}{3}(H - z_0) = \frac{1}{3}(7 - 2.89) \text{ m} = 1.37 \text{ m}$$

（3）被动土压力。

被动土压力系数 $K_p = \tan^2\left(45° + \frac{\phi}{2}\right) = 3$。

墙顶面处的被动土压力强度：

$$\sigma_{p1} = 2c\sqrt{K_p} = 2 \times 15 \times \sqrt{3} \text{ kPa} = 51.96 \text{ kPa}$$

墙底面处的被动土压力强度：

$$\sigma_{p2} = \gamma h K_p + 2c\sqrt{K_p} = (18 \times 7 \times 3 + 2 \times 15 \times \sqrt{3}) \text{ kPa} = 429.96 \text{ kPa}$$

总的被动土压力

$$E_p = \frac{1}{2}\gamma H^2 K_p + 2cH\sqrt{K_p}$$

$$= \left(\frac{1}{2} \times 18 \times 7^2 \times 3 + 2 \times 15 \times 7 \times \sqrt{3}\right) \text{ kN/m}$$

$$= (1323 + 363.73) \text{ kN/m} = 1686.73 \text{ kN/m}$$

总的被动土压力作用于梯形的形心处，设距离墙底为 x，则有

$$51.96 \times \frac{7}{2} + \frac{1}{2} \times 7 \times 378 \times \frac{7}{3} = 1686.73x$$

得 $x = 1.94$ m。土压力分布如图 5-7 所示。

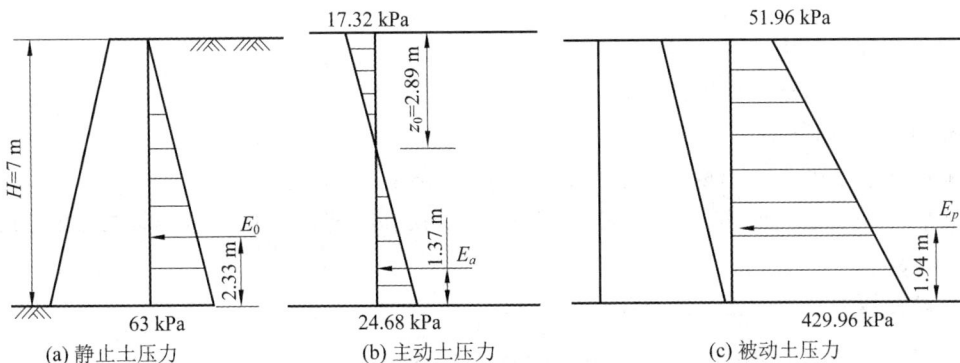

图 5-7 土压力分布

例 3 已知某挡土墙高度 $H=4$ m,墙背竖直、光滑,墙后填土面水平,填土为干砂,重度 $\gamma=18$ kN/m³,内摩擦角 $\phi=36°$,计算作用在此挡土墙的静止土压力合力 E_0 和主动土压力合力 E_a 及其作用位置。

解 (1)计算静止土压力合力 E_0。

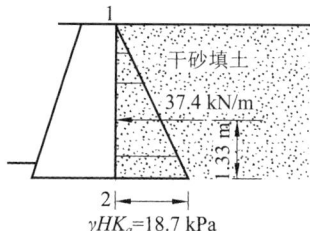

应用半经验公式求得土的静止土压力系数 $K_0=1-\sin\phi=1-\sin36°=0.412$。

$$E_0=\frac{1}{2}\gamma H^2 K_0=\frac{1}{2}\times 18\times 4^2\times 0.412 \text{ kN/m}=59.3 \text{ kN/m}$$

$$\sigma_{x1}=0$$

$$\sigma_{x2}=\gamma H K_0=18\times 4\times 0.412 \text{ kPa}=29.7 \text{ kPa}$$

作用点为距墙底 $H/3=1.33$ m 处,如图 5-8 所示。

(2)计算主动土压力合力 E_a。

挡土墙墙背竖直、光滑,墙后填土面水平,适用朗肯土压力理论,求得土的主动土压力系数:

$$K_a=\tan^2\left(45°-\frac{\phi}{2}\right)=0.26$$

$$E_a=\frac{1}{2}\gamma H^2 K_a=37.4 \text{ kN/m}$$

$$\sigma_{a1}=0$$

$$\sigma_{a2}=\gamma H K_a=18\times 4\times 0.26 \text{ kPa}=18.7 \text{ kPa}$$

作用点为距墙底 $H/3=1.33$ m 处,如图 5-9 所示。

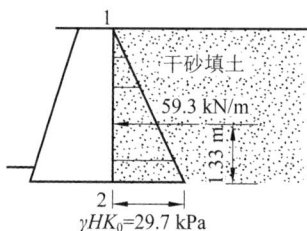

图 5-8 静止土压力合力 E_0 图 5-9 主动土压力合力 E_a

例 4 在例 3 的挡土墙中,当墙后填土中的地下水位上升至距墙顶 2.0 m 处,砂土的饱和重度 $\gamma_{sat}=21$ kN/m³,内摩擦角均为 $\phi=36°$ 时,计算作用在此挡土墙上的主动土压力合力 E_a。

解 主动土压力系数 $K_a=0.26$。

计算土压力沿墙体高度的分布:

墙顶 1 处,$\sigma_{a1}=0$;

地下水位 2 处,$\sigma_{a2}=\gamma h_1 K_a=18\times 2\times 0.26 \text{ kPa}=9.36 \text{ kPa}$;

墙底 3 处,$\sigma_{a3}=\gamma h_1 K_a+\gamma' h_2 K_a=[18\times 2\times 0.26+(21-9.8)\times 2\times 0.26] \text{ kPa}=15.18 \text{ kPa}$。

主动土压力合力为土压力分布面积之和:

$$E_a=\left[\frac{1}{2}\times 9.36\times 2+\frac{1}{2}\times(9.36+15.18)\times 2\right] \text{ kN/m}=33.9 \text{ kN/m}$$

计算作用点距墙底位置为

$$H_c = \frac{\sum E_{ai} H_{ci}}{E_a}$$

$$= \frac{1}{33.9} \left[\left(\frac{1}{2} \times 9.36 \times 2 \times 2.67 \right) + (9.36 \times 2 \times 1) \right.$$

$$\left. + \frac{1}{2} \times (15.18 - 9.36) \times 2 \times 0.67 \right] \text{ m}$$

$$= 1.4 \text{ m}$$

主动土压力合力 E_a 如图 5-10 所示。

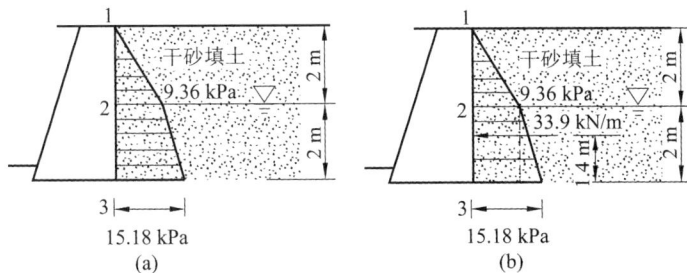

图 5-10 主动土压力合力 E_a

<h1>任务4 库仑土压力理论</h1>

库仑土压力理论是根据墙后土体处于极限平衡状态并形成一滑动楔体时楔体的静力平衡条件得出的土压力计算理论。基本假定如下。

(1) 墙后填土是均匀的散粒体(即无黏性土)。

(2) 滑动破坏面为通过墙踵的平面。

(3) 滑动楔体视为刚体。

与朗肯理论相比,库仑理论可以考虑墙背倾斜(α 角)、填土面倾斜(β 角)及墙背与填土的摩擦角(δ 角)等各种因素的影响,如图 5-11 所示,倾角为 θ 的滑动破坏面 AC 通过墙踵 A 点,库仑理论取墙后的滑动楔体 ABC 进行分析,当滑动楔体向下或向上移动,土体处于极限平衡状态时,根据楔体的静力平衡条件可求得墙背上的主动或被动土压力。在分析时一般沿墙长度方向取 1 m 墙长计算。

一、主动土压力

如图 5-11 所示,当楔体 ABC 向下滑动处于极限平衡状态时,作用在楔体上的力有以下几种。

1. 楔体重力 G

楔体重力 G 由土楔体 ABC 自重引起,只要破坏面 AC 的位置确定,G 的大小就是已知

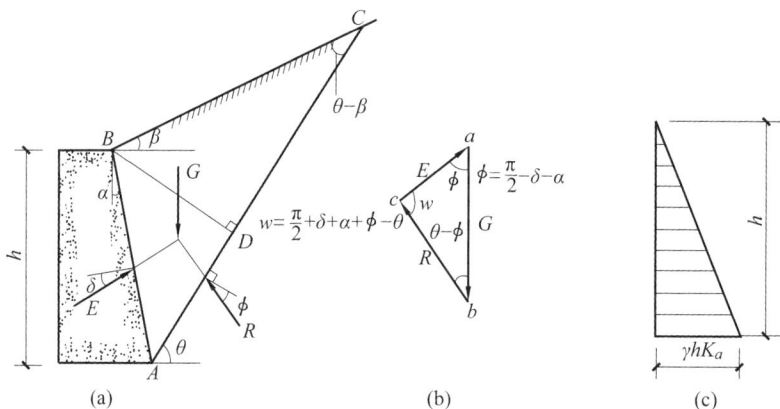

图 5-11　库仑主动土压力计算图

的,方向向下,根据几何关系可得

$$G = \frac{1}{2}AC \cdot BD \cdot \gamma$$

在三角形 ABC 中,由正弦定理

$$AC = AB \frac{\sin(90° - \alpha + \beta)}{\sin(\theta - \beta)}$$

又因

$$AB = \frac{h}{\cos\alpha}$$

$$BD = AB \cdot \cos(\theta - \alpha) = h \frac{\cos(\theta - \alpha)}{\cos\alpha}$$

故

$$G = \frac{1}{2}AC \cdot BD \cdot \gamma = \frac{\gamma h^2}{2} \frac{\cos(\alpha - \beta) \cdot \cos(\theta - \alpha)}{\cos^2\alpha \cdot \sin(\theta - \beta)}$$

2. AC 面反力 R

反力 R 滑动破坏面的法向分力与破坏面上土体间的摩擦力的合力的大小是未知的,但方向是已知的。反力 R 与破坏面 AC 的法线之间的夹角为土的内摩擦角 ϕ,当楔体下滑时,位于法线的下侧。

3. 背反力 E

它与作用在墙背上的土压力大小相等、方向相反。背反力 E 与墙背 AB 法线方向成 δ 角,δ 角为墙背与填土之间的摩擦角,称为外摩擦角。当楔体下滑时,墙对土楔的阻力是向上的,故 E 位于法线的下侧。

土楔体 ABC 在上述三力作用下处于静力平衡状态,因此三力必构成一闭合的力矢三角形(见图 5-11(b)),由正弦定理得

$$E = G \frac{\sin(\theta - \phi)}{\sin w} = \frac{\gamma h^2}{2} \frac{\cos(\alpha - \beta)\cos(\theta - \alpha)\sin(\theta - \phi)}{\cos^2\alpha \sin(\theta - \beta)\sin w} \tag{5-14}$$

式中:$w = \frac{\pi}{2} + \delta + \alpha + \phi - \theta$。

上式 $\gamma、h、\alpha、\beta、\phi$ 都是已知的,而滑动面 AC 与水平面的夹角 θ 是任意假定的,因此,假定

不同的滑动面可以得出一系列相应的土压力 E 值,即 E 是 θ 的函数。只有相应于 E 最大值 E_{max} 的 θ 角倾斜面才是真正的滑动破坏面,相应的 E_{max} 才是所求墙背上的主动土压力。可用微分学中求极值的方法求得 E 的极大值,$\dfrac{\mathrm{d}E}{\mathrm{d}\theta}=0$,从而解得使 E 为极大值的填土的破坏角 θ_{cr},这才是真正滑动破坏面的倾角。将 θ_{cr} 代入式(5-14),经整理可得库仑主动土压力的一般表达式为

$$E_a = \frac{1}{2}\gamma h^2 K_a \tag{5-15}$$

其中

$$K_a = \frac{\cos^2(\phi-\alpha)}{\cos^2\alpha\cos(\alpha+\delta)\left[1+\sqrt{\dfrac{\sin(\phi+\delta)\sin(\phi-\beta)}{\cos(\alpha+\delta)\cos(\alpha-\beta)}}\right]^2} \tag{5-16}$$

式中:α——墙背与竖直线的夹角,单位为°,俯斜时取正号,仰斜时取负号;

β——墙后填土面的倾角,单位为°;

δ——土与墙背材料间的外摩擦角,单位为°;

K_a——库仑主动土压力系数,可由上面公式计算,也可查表。

当墙背直立($\alpha=0$)、光滑($\delta=0$),填土面水平($\beta=0$)时,式(5-16)简化为

$$K_a = \tan^2\left(45°-\frac{\phi}{2}\right)$$

可见满足朗肯理论假设时,库仑理论与朗肯理论的主动土压力计算公式相同。

墙顶以下任意深度 z 以上的主动土压力由式(5-15)可得

$$E_{a(z)} = \frac{1}{2}\gamma z^2 K_a$$

对 z 求导数,得到主动土压力强度沿墙高的分布计算公式为

$$\sigma_a = \frac{\mathrm{d}E_{a(z)}}{\mathrm{d}z} = \frac{\mathrm{d}}{\mathrm{d}z}\left(\frac{1}{2}\gamma z^2 K_a\right) = \gamma z K_a \tag{5-17}$$

可见库仑主动土压力强度沿墙高呈三角形分布(见图 5-11(c)),E_a 的作用方向位于墙背法线上方,与墙背的法线夹角为 δ,作用点距墙底 $h/3$ 处。必须注意图中所示的土压力分布只表示其大小,而不代表其作用方向。

二、被动土压力

当挡土墙在外力作用下挤压土体,楔体沿破坏面向上滑动而处于极限平衡状态时,由于楔体上滑,E 和 R 均位于法向线的上侧,同理可得作用在楔体上的三力构成的力矢三角形如图 5-12(b)所示,按求主动土压力的方法求得被动土压力 E_p 的库仑公式为

$$E_p = \frac{1}{2}\gamma h^2 K_p \tag{5-18}$$

式中:K_p——库仑被动土压力系数。

$$K_p = \frac{\cos^2(\phi+\alpha)}{\cos^2\alpha\cos(\alpha-\delta)\left[1-\sqrt{\dfrac{\sin(\phi+\delta)\sin(\phi+\beta)}{\cos(\alpha-\delta)\cos(\alpha-\beta)}}\right]^2} \tag{5-19}$$

若墙背竖直($\alpha=0$)、光滑($\delta=0$)及墙后填土面水平($\beta=0$),则式(5-19)变为

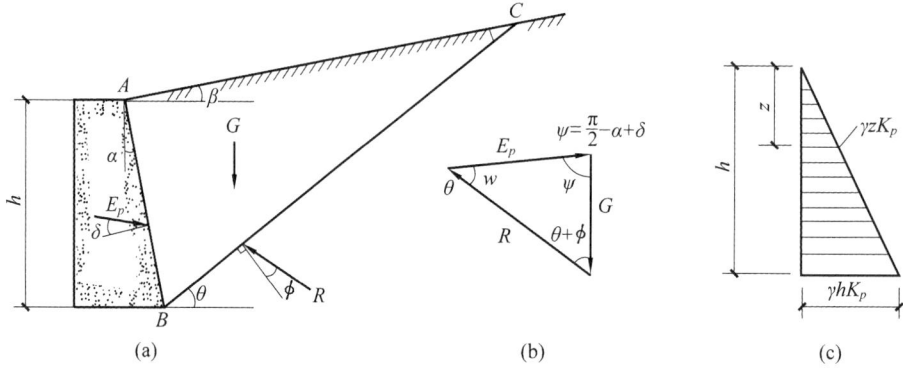

图 5-12　库仑被动土压力计算图

$$K_p = \tan^2\left(45° + \frac{\phi}{2}\right)$$

显然,当满足朗肯理论条件时,库仑理论与朗肯理论的被动土压力计算公式相同。由此可见,朗肯理论实际上是库仑土压力理论的特例。

同理墙顶以下任意深度 z 处的库仑被动土压力强度计算公式为

$$\sigma_p = \frac{\mathrm{d}E_{p(z)}}{\mathrm{d}z} = \frac{\mathrm{d}}{\mathrm{d}z}\left(\frac{1}{2}\gamma z^2 K_p\right) = \gamma z K_p \tag{5-20}$$

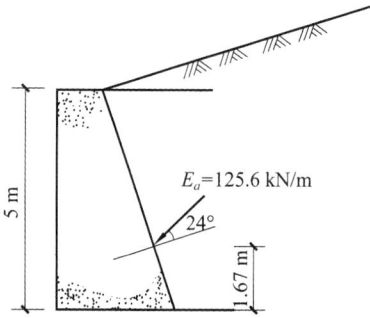

图 5-13　例 5 图

被动土压力强度沿墙高也呈三角形分布(见图 5-12(c)),E_p 的作用方向位于墙背法线的下方,与墙背法线夹角为 δ,作用点距墙底 $h/3$ 处。

例 5　如图 5-13 所示,挡土墙高 $h = 5$ m,墙背俯斜,倾角 $a = 10°$,填土面坡角 $\beta = 30°$,墙后填料为粗砂,重度 $\gamma = 18$ kN/m³,$\phi = 36°$,砂与墙背间的摩擦角 $\delta = \frac{2}{3}\phi$,试用库仑公式求作用在墙背上的主动土压力 E_a。

解　已知墙背与填土间摩擦角 $\delta = \frac{2}{3}\phi = 24°$ 及 $a = 10°$、$\beta = 30°$、$\phi = 36°$,故库仑主动土压力系数为

$$K_a = \frac{\cos^2(36° - 10°)}{\cos^2 10°\cos(10° + 24°)\left[1 + \sqrt{\dfrac{\sin(36° + 24°)\sin(36° - 30°)}{\cos(10° + 24°)\cos(10° - 30°)}}\right]^2}$$

$$= \frac{0.808}{0.97 \times 0.829\left[1 + \sqrt{\dfrac{0.866 \times 0.105}{0.829 \times 0.94}}\right]^2} = 0.558$$

主动土压力

$$E_a = \frac{1}{2}\gamma h^2 K_a = \frac{1}{2} \times 18 \times 5^2 \times 0.558 \text{ kN/m} = 125.6 \text{ kN/m}$$

E_a 的作用点距墙底 $\dfrac{5}{3}$ m $= 1.67$ m,作用方向位于墙背的法线上方并与墙背法线的夹角为 $24°$。

三、土压力计算中的几个应用问题

库仑与朗肯土压力理论是两种经典土压力理论。朗肯土压力理论是从分析墙后填土中一点的应力状态出发求作用在墙背上的主动土压力和被动土压力;库仑土压力理论是分析墙后楔形滑动土体的极限平衡条件并假定滑动面为平面,直接求作用在墙背上的主动土压力合力和被动土压力合力。当墙背直立、光滑,墙后填土面水平时,对于无黏性填土,用两种分析方法算出的主动土压力、被动土压力相同。尽管朗肯理论比较符合实际土体中应力调整过程,但对于墙截面形状复杂、墙背与填土间摩擦不能忽略,以及填土表面有不规则超载等特殊情况时,难以用朗肯理论直接计算土压力。因此,在工程中,库仑土压力公式得到广泛应用。为了避免计算烦琐,有些设计手册和参考书给出了根据式(5-16)和式(5-19)编制的库仑主动土压力系数 K_a 及被动土压力系数 K_p 的表格。

在土压力具体计算时,应考虑以下几个问题。

(1)库仑土压力理论假定滑动面是平面,而实际的滑动面常为曲面,只有当墙背倾角 α 不大、墙背近似光滑时,滑动面才可能接近平面,因此计算结果存在一定的偏差。根据试验和现场观测资料表明,计算主动土压力时偏差为 $2\% \sim 10\%$,可认为能够满足工程精度要求;在计算被动土压力时,由于破坏面接近对数螺线,计算结果误差较大,甚至比实测值大 $2 \sim 3$ 倍。假定滑动面与实际滑动面的比较如图 5-14 所示。

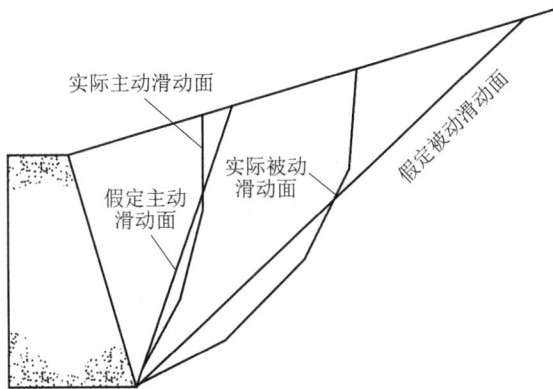

图 5-14　假定滑动面与实际滑动面的比较

(2)库仑理论假定墙后填料为理想的散粒体,因此理论上只适用于无黏性土,但实际工程中常不得不采用黏性土,为了考虑黏性土的黏聚力 c 对土压力数值的影响,可以用图解试算办法,绘制力矢闭合多边形,确定主动土压力值,但这比较麻烦。另一种常用的简化方法是增大内摩擦角 ϕ,即采用"等值内摩擦角 ϕ_D",再按式(5-15)计算,但这种方法与实际情况差别较大,在低墙时偏于安全,在高墙时偏于危险。因此,近年来较多学者在库仑理论的基础上,计入了墙后填土面超载、填土黏聚力、填土与墙背间的黏聚力及填土表面附近的裂缝深度等的影响,提出了所谓的"广义库仑理论"。据此导出了主动土压力系数 K_a 的计算公式。由于篇幅有限,相关的内容请参阅有关文献。

(3)抗剪强度指标的选定:确定填土的抗剪强度指标是个很复杂的问题,必须考虑挡土墙在长期工作下墙后填土状态的变化及其长期强度下降的情况,方能保证挡土墙的安全,根据国外研究成果,此数值约为标准抗剪强度的三分之一。有的规定填土的计算摩擦角为其标准值减去 $2°$,计算黏聚力为其标准值的 $0.3\sim0.4$ 倍。根据大量挡土墙的调查,将土的试验值折算为相应的计算值进行挡土墙设计,与实际情况比较相符。

(4)墙背与填土间摩擦角 δ 的取值大小对计算结果影响较大。根据计算,当填土为砂性土,δ 从 $0°$ 提高到 $15°$ 时,挡土墙的圬工体积可减少 $15\%\sim20\%$。δ 与墙背粗糙度、填土性质、填土表面倾斜程度、墙后排水条件等因素有关。墙背越粗糙,填土的 ϕ 值越大,则 δ 越大。根据经验,δ 一般在 $0\sim\phi$ 之间变化。土对挡土墙墙背的摩擦角 δ 如表 5-1 所示。

表 5-1　土对挡土墙墙背的摩擦角 δ

挡土墙情况	摩擦角 δ
墙背光滑,排水不良	$(0\sim0.33)\phi_k$
墙背粗糙,排水良好	$(0.33\sim0.50)\phi_k$
墙背很粗糙,排水良好	$(0.50\sim0.67)\phi_k$
墙背与填土间不可能滑动	$(0.67\sim1.00)\phi_k$

注:ϕ_k 为填土的内摩擦角标准值。

任务5　特殊情况下的土压力计算

一、填土面有均布荷载

当墙后填土面有连续均布荷载 q 作用时,土压力分布如图 5-15 所示,若墙背竖直、光滑,填土面水平,则可采用朗肯理论计算,这时墙顶以下任意深度处的竖向应力 $\sigma_z=\gamma z+q$。当墙后填土为黏性土时,主动和被动土压力分别为

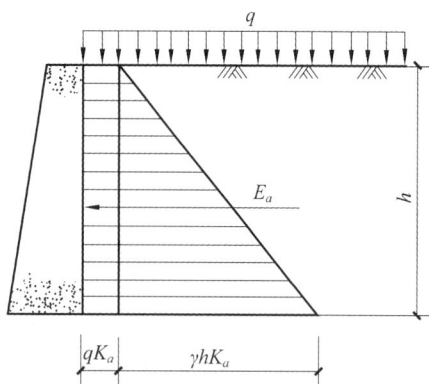

图 5-15　填土面有均布荷载时土压力分布

$$\sigma_a=(\gamma z+q)K_a-2c\sqrt{K_a} \qquad (5\text{-}21)$$

$$\sigma_p=(\gamma z+q)K_p+2c\sqrt{K_p} \qquad (5\text{-}22)$$

若填土为无黏性土,则式中第二项为 0。图 5-15 为无黏性土主动土压力分布。E_a 通过梯形压力分布图的形心,可由合力矩定理得到。

可见,当填土面上有连续均布荷载时,其土压力强度只要在无荷载情况下再加上 qK_a 即可。黏性土填土情况也一样。

二、墙后填土为成层土

如果墙后填土有几种不同水平土层(见图 5-16),则第一层的土压力仍按均质计算;计算第二层土的土压力时,可将第一层土的重量 γ_1h_1 作为超载作用在第二层的顶面,并按第二

层的指标计算土压力,但仅在第二层厚度范围内有效。由于各土层土的性质不同,土压力系数也不相同,因此在土层的分界面上将出现两个土压力:一个是上层底面的土压力,另一个是下层顶面的土压力。

当填土为多层土时,计算方法相同。现以朗肯理论黏性土主动土压力为例计算,图 5-16 所示墙背上各点土压力为

$$\sigma_{a1} = -2c_1 \sqrt{K_{a1}}$$

$$\sigma_{a2}^{\text{上}} = \gamma_1 h_1 K_{a1} - 2c_1 \sqrt{K_{a1}}$$

$$\sigma_{a2}^{\text{下}} = \gamma_1 h_1 K_{a2} - 2c_2 \sqrt{K_{a2}}$$

$$\sigma_{a3}^{\text{上}} = (\gamma_1 h_1 + \gamma_2 h_2) K_{a2} - 2c_2 \sqrt{K_{a2}}$$

$$\sigma_{a3}^{\text{下}} = (\gamma_1 h_1 + \gamma_2 h_2) K_{a3} - 2c_3 \sqrt{K_{a3}}$$

$$\sigma_{a4} = (\gamma_1 h_1 + \gamma_2 h_2 + \gamma_3 h_3) K_{a3} - 2c_3 \sqrt{K_{a3}}$$

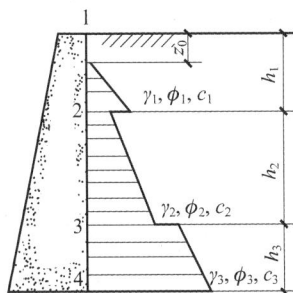

图 5-16 成层填土土压力计算

当填土为无黏性土时,只需令上述各式中 $c_i = 0$ 即可。

三、墙后填土有地下水

当填土中存在地下水时,土压力主要受以下三方面影响。

(1)地下水位以下的填土重度减轻为浮重度。

(2)地下水位以下填土的抗剪强度有不同程度的改变。

(3)地下水对墙背产生静水压力。

工程上一般忽略水对砂土抗剪强度指标的影响,但对黏性土,随着含水率的增加,其黏聚力和内摩擦角均会明显减小,从而使主动土压力增大。因此,一般对次要工程可考虑采取加强排水措施,以避免水的不利影响,不再改变土的强度指标;而对重要工程,在土压力计算时还应考虑适当降低抗剪强度指标 c 和 ϕ 的值。此外,地下水位以下土的重度取浮重度,还应计入地下水对挡土墙产生的静水压力 $\gamma_w h_2$(见图 5-17)。因此,作用在墙背上的总侧压力为土压力和水压力之和。

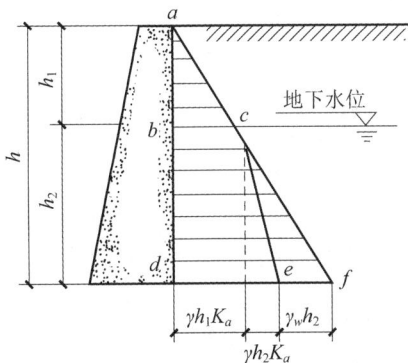

图 5-17 填土有地下水时土压力分布

例 6 如图 5-18 所示的挡土墙,墙高 8 m,墙背竖直、光滑,墙后填土面作用有连续的均匀荷载 $q = 40$ kPa,试计算作用在墙背上的侧压力及其作用点。

解 已知条件符合朗肯条件,则有

$$K_{a1} = \tan^2 \left(45° - \frac{20°}{2} \right) = 0.49$$

$$K_{a2} = \tan^2 \left(45° - \frac{28°}{2} \right) = 0.36$$

$$K_{a3} = \tan^2 \left(45° - \frac{26°}{2} \right) = 0.39$$

如图 5-18 所示,墙顶土压力为

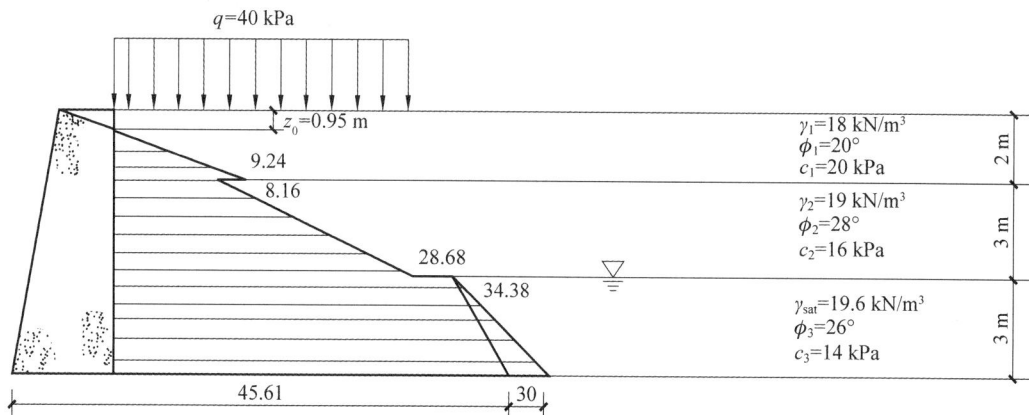

图 5-18　例 6 图

$$\sigma_a = qK_{a1} - 2c_1 \sqrt{K_{a1}} = 40 \times 0.49 \text{ kPa} - 2 \times 20 \sqrt{0.49} \text{ kPa} = -8.4 \text{ kPa}$$

又设临界深度为 z_0，则有

$$\sigma_{az_0} = \gamma_1 z_0 K_{a1} + qK_{a1} - 2c_1 \sqrt{K_{a1}} = 0$$

即

$$18z_0 \times 0.49 + 40 \times 0.49 - 2 \times 20 \sqrt{0.49} = 0$$

所以

$$z_0 = 0.95 \text{ m}$$

第一层底部土压力为

$$\sigma_a = \gamma_1 h_1 K_{a1} + qK_{a1} - 2c_1 \sqrt{K_{a1}}$$

$$= 18 \times 2 \times 0.49 \text{ kPa} + 40 \times 0.49 \text{ kPa} - 2 \times 20 \sqrt{0.49} \text{ kPa} = 9.24 \text{ kPa}$$

第二层顶部土压力为

$$\sigma_a = \gamma_1 h_1 K_{a2} + qK_{a2} - 2c_2 \sqrt{K_{a2}}$$

$$= 18 \times 2 \times 0.36 \text{ kPa} + 40 \times 0.36 \text{ kPa} - 2 \times 16 \sqrt{0.36} \text{ kPa} = 8.16 \text{ kPa}$$

第二层底部土压力为

$$\sigma_a = (\gamma_1 h_1 + \gamma_2 h_2)K_{a2} + qK_{a2} - 2c_2 \sqrt{K_{a2}}$$

$$= (18 \times 2 + 19 \times 3) \times 0.36 \text{ kPa} + 40 \times 0.36 \text{ kPa} - 2 \times 16 \sqrt{0.36} \text{ kPa} = 28.68 \text{ kPa}$$

第三层顶部土压力为

$$\sigma_a = (\gamma_1 h_1 + \gamma_2 h_2)K_{a3} + qK_{a3} - 2c_3 \sqrt{K_{a3}}$$

$$= (18 \times 2 + 19 \times 3) \times 0.39 \text{ kPa} + 40 \times 0.39 \text{ kPa} - 2 \times 14 \sqrt{0.39} \text{ kPa} = 34.38 \text{ kPa}$$

第三层底部土压力为

$$\sigma_a = (\gamma_1 h_1 + \gamma_2 h_2 + \gamma_3 h_3)K_{a3} + qK_{a3} - 2c_3 \sqrt{K_{a3}}$$

$$= (18 \times 2 + 19 \times 3 + 9.6 \times 3) \times 0.39 \text{ kPa} + 40 \times 0.39 \text{ kPa} - 2 \times 14 \sqrt{0.39} \text{ kPa}$$

$$= 45.61 \text{ kPa}$$

第三层底部水压力为

$$\sigma_w = \gamma_w h_3 = 10 \times 3 \text{ kPa} = 30 \text{ kPa}$$

墙背各点的土压力绘于图 5-18 中，墙背上的主动土压力为

$$E_a = \frac{1}{2} \times 9.24(2-0.95) \text{ kN/m} + 8.16 \times 3 \text{ kN/m} + \frac{1}{2}(28.68-8.16) \times 3 \text{ kN/m}$$

$$+ 34.38 \times 3 \text{ kN/m} + \frac{1}{2}(45.61-34.38) \times 3 \text{ kN/m}$$

$$= (4.85+24.48+30.78+103.14+16.85) \text{ kN/m} = 180.10 \text{ kN/m}$$

静水压力为

$$E_w = \frac{1}{2} \times 30 \times 3 \text{ kN/m} = 45 \text{ kN/m}$$

则作用在墙背上的总侧压力为主动土压力和水压力之和,即

$$E = E_a + E_w = 225.10 \text{ kN/m}$$

总侧压力 E 的作用点距离墙底的距离 x 为

$$x = \frac{1}{225.10}\left[4.85 \times \left(\frac{2-0.95}{3}+6\right) + 24.48 \times \left(\frac{3}{2}+3\right)\right.$$

$$+ 30.78 \times \left(\frac{3}{3}+3\right) + 103.53 \times \frac{3}{2} + (16.85+45) \times \frac{3}{3}\right] \text{ m}$$

$$= 2.14 \text{ m}$$

任务6 挡土墙稳定性分析

一、挡土墙类型

常用的挡土墙按其结构形式可分为重力式挡土墙、悬臂式挡土墙、扶壁式挡土墙、锚定板及锚杆式挡土墙等。一般应根据工程需要、土质情况、材料供应、施工技术以及造价等因素合理地选择挡土墙。

1. 重力式挡土墙

重力式挡土墙一般由块石或混凝土材料砌筑,墙身截面较大,根据墙背倾斜方向分为俯斜、直立、仰斜和衡重式 4 种(见图 5-19),一般适用于墙高小于 6 m、地层稳定、开挖土石方时不会危及相邻建筑物安全的地段,高度较大时宜用衡重式。重力式挡土墙依靠墙身自重抵抗土压力引起的倾覆弯矩,其结构简单,能就地取材,在土建工程中应用最广。

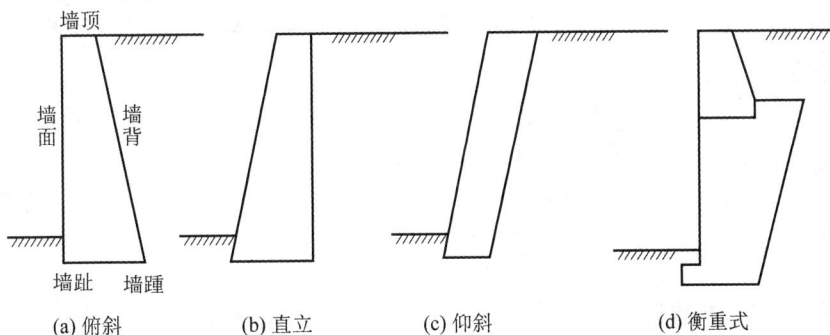

图 5-19 重力式挡土墙形式

2. 悬臂式挡土墙

悬臂式挡土墙一般由钢筋混凝土建造,墙的稳定主要依靠墙踵悬臂以上的土重维持。墙体内设置钢筋以承受拉应力,故墙身截面较小。初步设计时可按图 5-20 选取截面尺寸。它运用于墙高大于 5 m、地基土质差、当地缺少石料等情况,多用于市政工程及贮料仓库。

3. 扶壁式挡土墙

当墙高大于 10 m 时,挡土墙立壁挠度较大。为了增强立壁的抗弯性能,常沿墙纵向每隔一定距离$(0.3\sim0.6)h$ 设置一道扶壁,故称为扶壁式挡土墙,扶壁间填土可增加抗滑和抗倾覆能力,一般用于重要的大型土建工程。扶壁式挡土墙设计可按图 5-21 初选截面尺寸,然后可将墙身及墙踵作为三边固定的板,用有限元或有限差分计算机程序进行优化计算,使设计最为经济、合理。

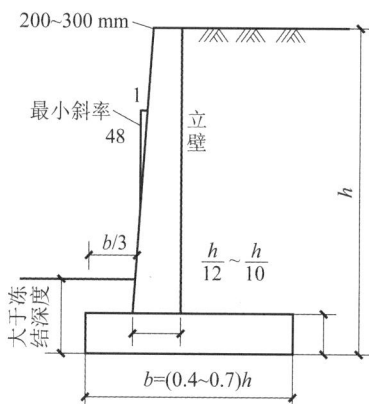

图 5-20　悬臂式挡土墙初步设计尺寸　　　图 5-21　扶壁式挡土墙初步设计尺寸

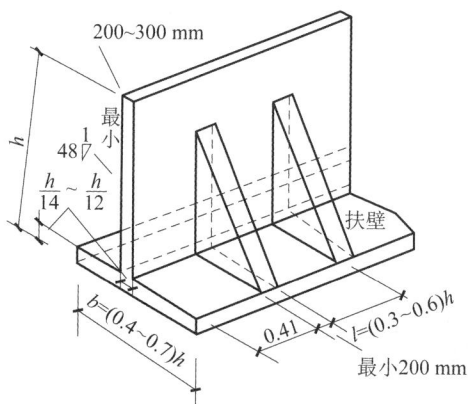

4. 锚定板及锚杆式挡土墙

锚定板挡土墙由预制的钢筋混凝土立柱、墙面、钢拉杆和埋在填土中的锚定板在现场拼装而成。这种结构依靠填土与结构的相互作用力维持其自身的稳定。与重力式挡土墙相比,其结构轻、柔性大、工程量少、造价低、施工方便,特别适用于地基承载力不大的地区。在设计时,为了维持锚定板挡土结构的内力平衡,必须保证锚定板的抗拔力大于墙面上的土压力;为了保证锚定板挡土结构周边的整体稳定,必须满足土的摩擦阻力(锚定板的被动土压力)大于由土自重和超载引起的土压力。锚杆式挡土墙是利用嵌入坚实岩层的灌浆锚杆作拉杆的一种挡土墙。图 5-22 为山西太焦铁路上的锚定板及锚杆式挡土墙实例。

锚杆设计及施工

5. 其他形式的挡土墙

除上述挡土结构外,挡土墙还有如图 5-23 所示的混合式挡土墙、构架式挡土墙、板桩挡土墙和加筋挡土墙等。

下面着重介绍重力式挡土墙稳定性分析的有关问题。

二、重力式挡土墙验算

钉墙设计及施工

挡土墙的截面尺寸一般按试算法确定,即先根据挡土墙场地的工程

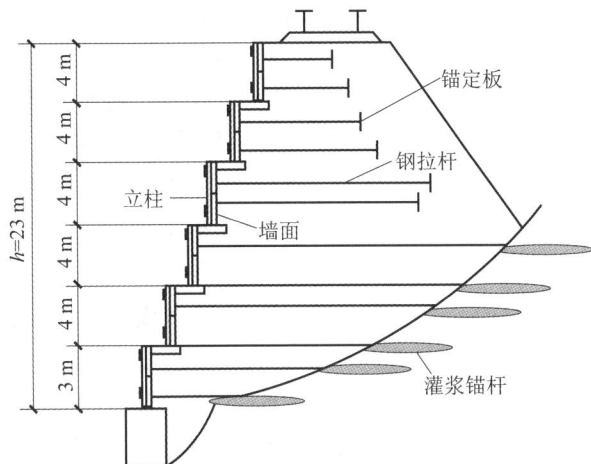

图 5-22 山西太焦铁路上的锚定板及锚杆式挡土墙实例

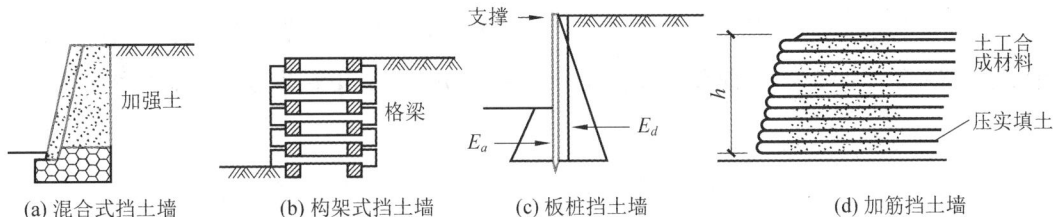

图 5-23 其他形式的挡土结构

地质条件、填土性质及墙身材料和施工条件等,凭经验初步拟定截面尺寸,然后进行验算。如果不满足要求,则修改截面尺寸或采取其他措施。

作用在挡土墙上的荷载有土压力 E_a、挡土墙自重 G。墙面埋入土中部分受被动土压力作用,但一般可忽略不计,其结果偏于安全。

验算挡土墙的稳定性时,仍采用《规范》中的安全系数法,所以计算土压力及挡土墙所受到的重力时,其荷载分项系数采用 1.0。验算挡土墙墙体的结构强度时,根据所用的材料,参照有关结构设计规范进行。土压力作为外荷载,应采用设计值,即乘以 1.1~1.2 的土压力增大系数。

1. 抗倾覆稳定性验算

从挡土墙破坏的宏观调查来看,其破坏大部分是倾覆。要保证挡土墙在土压力作用下不发生绕墙趾 o 点的倾覆(见图 5-24),要求 o 点的抗倾覆力矩大于倾覆力矩,即抗倾覆安全系数 K_t 应满足

$$K_t = \frac{M_1}{M_2} = \frac{Gx_0 + E_{ax}x_f}{E_{ax}z_f} \geqslant 1.6 \tag{5-23}$$

式中:E_{ax}——E_a 的水平分力,$E_{ax} = E_a \cos(\alpha + \delta)$;

E_{az}——E_a 的竖向分力,$E_{az} = E_a \sin(\alpha + \delta)$。

在软弱地基上倾覆时,墙趾可能陷入土中,力矩中心点内移,导致抗倾覆安全系数降低,有时甚至会沿圆弧滑动而发生整体破坏,因此验算时应注意土的压缩性。在验算悬臂式挡

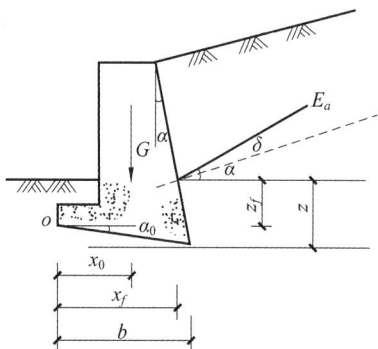

图 5-24　挡土墙抗倾覆稳定验算示意图

x_0——挡土墙重心离墙趾的水平距离,单位为 m;

α_0——挡土墙的基底倾角,单位为(°);

α——挡土墙的墙背与竖直线的夹角,单位为(°);

b——基底的水平投影宽度,单位为 m;

z——压力作用点离墙踵的高度,单位为 m。

土墙时,可视为土压力作用在墙踵的垂直面上,将墙踵悬臂以上土重计入挡土墙自重。

若验算结果不能满足式(5-23)的要求,则可按以下措施处理。

(1)增大挡土墙断面尺寸,使 G 增大,但注意此时工程量也增大。

(2)加大 x_0,即伸长墙趾。

(3)墙背做成仰斜,可减小土压力。

(4)在挡土墙垂直墙背做卸荷台,形状如牛腿(见图 5-25)或加预制的卸荷板,则平台以上土压力不能传到平台以下,总土压力减小,抗倾覆稳定性加大。

2. 抗滑动稳定性验算

在土压力作用下,挡土墙也有可能沿基础底面发生滑动(见图 5-26),因此要求基底的抗滑动力 F_1 大于其滑动力 F_2,即抗滑安全系数 K_s 应满足:

$$K_s = \frac{F_1}{F_2} = \frac{(G_n + E_{an})\mu}{E_{at} - G_t} \geqslant 1.3 \tag{5-24}$$

式中:G_n——G 垂直于墙底的分力,$G_n = G \cdot \cos\alpha_0$;

G_t——G 平行于墙底的分力,$G_t = G \cdot \sin\alpha_0$;

E_{an}——垂直于墙底的分力,$E_{an} = E_a \cdot \sin(\alpha + \alpha_0 + \delta)$;

E_{at}——平行于墙底的分力,$E_{at} = E_a \cdot \cos(\alpha + \alpha_0 + \delta)$;

μ——土对挡土墙基底的摩擦系数,宜按试验确定,也可按表 5-2 选用。

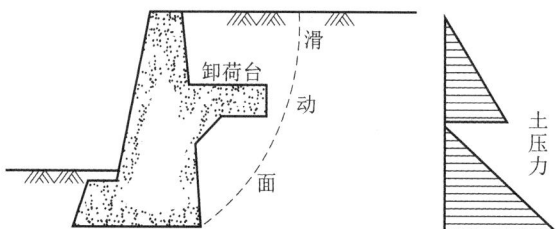

图 5-25　有卸荷台的挡土墙

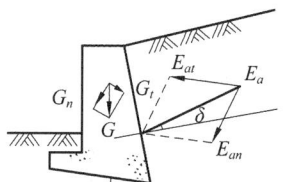

图 5-26　挡土墙抗滑动稳定性验算示意图

表 5-2　土对挡土墙基底的摩擦系数

土的类别		摩擦系数 μ
黏性土	可塑	0.25～0.30
	硬塑	0.30～0.35
	坚硬	0.35～0.45
粉土		0.30～0.40

续表

土的类别	摩擦系数 μ
中砂、粗砂、砾砂	0.40～0.50
碎石土	0.40～0.60
软质岩石	0.40～0.60
块石、表面粗糙的硬质岩石	0.65～0.75

注：① 对易风化的软质岩石和塑性指数 I_p 大于 22 的黏性土，基底摩擦系数应通过试验确定；
　　② 对碎石土，可根据其密实度、填充物状况、风化程度等确定。

若验算不能满足式(5-24)的要求，则应采取以下措施加以解决。

（1）修改挡土墙断面尺寸，以加大 G 值。

（2）挡土墙底面做成砂、石垫层，以提高 μ 值。

（3）挡土墙底面做成逆坡（见图 5-27），以利用滑动面上部分反力抗滑。

（4）在软土地基上其他方法无效或不经济时，可在墙踵后加拖板，利用拖板上的土重抗滑，拖板与挡土墙之间应用钢筋连接。

（5）加大被动土压力（抛石、加荷等）。

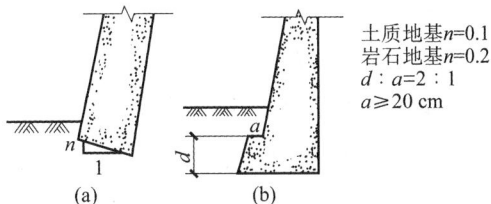

土质地基 $n=0.1$
岩石地基 $n=0.2$
$d:a=2:1$
$a \geqslant 20$ cm

图 5-27　基底边坡及墙趾台阶

3. 地基承载力与墙身强度验算

挡土墙在自重及土压力的垂直分力作用下，基底压力按线性分布计算。其验算方法及要求完全同天然地基浅基础验算方法，同时要求基底合力的偏心矩不大于 0.25 倍基础的宽度，具体参见第二部分的学习情境 7 有关内容。挡土墙墙身材料强度应按《混凝土结构设计规范》(GB 50010—2015)和《砌体结构设计规范》(GB 50003—2011)中有关内容的要求验算。

三、提高重力式挡土墙稳定性的构造措施

挡土墙的构造必须满足强度和稳定性的要求，同时应考虑就地取材、经济合理、施工养护的方便。

1. 墙背的倾斜形式

墙型的合理选择对挡土墙设计的安全和经济有较大的影响，如果按照相同的计算方法和计算指标进行计算，主动土压力以仰斜为最小、直立居中、俯斜最大。因此，就墙背所受主动土压力而言，仰斜墙背较为合理。然而墙背的倾斜形式还应根据使用要求、地形和施工等条件综合考虑确定。一般挖坡建墙宜用仰斜形式，其土压力小，且墙背可与边坡紧密贴合，墙背仰斜时其坡度不宜缓于 1：0.25（高宽比），且坡面应尽量与墙背平行。如果在填方地区筑墙，可采用直立或俯斜形式，便于施工，易使墙后填土夯实，俯斜墙背的坡度不大于 1：0.36。在山坡上建墙宜采用直立墙，因为俯斜墙土压力较大，而用仰斜墙时，其墙身较高，使

砌筑的工程量增加。

2. 墙顶的宽度和墙趾台阶

挡土墙的顶宽如果无特殊要求,则一般块石挡土墙的顶宽不宜小于 0.4 m,混凝土挡土墙的顶宽不宜小于 0.2 m。当墙高较大时,基底压力常常是控制截面的重要因素。为了使基底压力不超过地基土的承载力,在墙趾处宜设台阶,如图 5-27(b)所示。

3. 基底逆坡及基底埋置深度

为了增加挡土墙的抗滑稳定性,常将基底做成逆坡(见图 5-27(a))。但是基底逆坡过大,可能使墙身连同基底下的一块三角形土体一起滑动,因此一般土质地基的基底逆坡不宜大于 1:10,岩石地基不宜大于 1:5。挡土墙基底埋置深度(如果基底倾斜,则基底埋置深度从最浅的墙趾处计算)应根据地基的承载力、冻结深度、岩石的风化程度、水流冲刷等因素确定,在土质地基中基底埋置深度不宜小于 0.5 m,在软质岩地基中不宜小于 0.3 m。

此外,重力式挡土墙每隔 10~20 m 设置一道伸缩缝。当地基有变化时,宜加设沉降缝,在拐角处应适当采取加强的构造措施。

4. 排水措施及填土质量要求

挡土墙常因排水不良而大量积水,使土的抗剪强度指标下降,土压力增大,导致挡土墙破坏。因此,挡土墙应设置泄水孔,其间距宜取 2~3 m,外斜坡度宜为 5%,孔眼尺寸不宜小于 100 mm。墙后要做好反滤层和必要的排水盲沟,在墙顶地面宜铺设防水层。当墙后有山坡时,还应在坡下设置截水沟。图 5-28 给出了两个排水处理工程的实例。

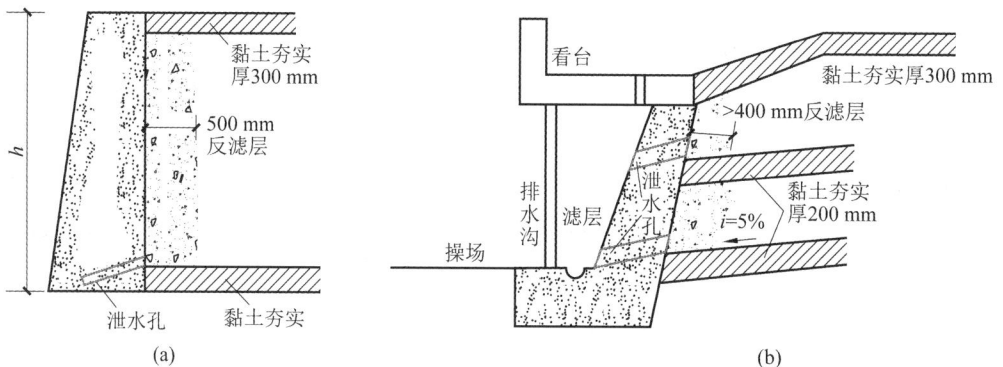

图 5-28　挡土墙排水措施举例

墙后填土宜选择透水性较强的填料,如砂土、砾石、碎石等,因为这类土的抗剪强度较稳定,即内摩擦角受浸水的影响很小,并且它们的内摩擦角较大,能够显著减小主动土压力;当采用黏性土填料时,宜掺入适量的块石;在季节性冻土地区,墙后填土应选用非冻胀性填料(如炉渣、碎石、粗砂等)。对于重要的、高度较大的挡土墙,不宜采用黏性土填料,因黏性土的性能不稳定,干缩湿胀,这种交错变化会使挡土墙产生较大的侧压力,而在设计中无法考虑,其数值也可能较计算压力大许多倍,导致挡土墙外移,甚至失去控制而发生事故。此外,墙后填土要分层夯实,以提高填土质量。

任务 7　　土坡稳定性分析

　　土坡就是具有倾斜坡面的土体。由于地质作用自然形成的土坡(如山坡、江河的岸坡等)称为天然土坡,其稳定性取决于工程地质、水文地质条件。而经过人工开挖、填筑的土工建筑物(如基坑渠道、土坝、路堤等的边坡)通常称为人工土坡,其简单外形和各部位名称如图 5-29 所示。

　　土坡的滑动一般是指土坡在一定范围内整体地沿某一滑动面产生向下和向外移动,从而丧失其稳定性。土坡的失稳常常是在外界的不利因素影响下触发和加剧的,一般有以下几个原因。

　　(1) 土坡的作用力发生变化。例如,人工开挖坡脚、水流波浪的冲刷、坡顶堆放材料增加荷载,或打桩、车辆行驶、爆破、地震等引起的振动改变了原来的土坡平衡状态。

　　(2) 土的抗剪强度降低。例如,土体中含水率或超静水压力的增加;土的结构破坏起初形成细微的裂缝,继而将土体分割成许多小块。

　　(3) 静水压力的作用。例如,雨水或地面水流入土坡中的竖向裂缝,对土坡产生侧向压力,从而促进土坡的滑动。因此,黏性土土坡产生裂缝常是土坡稳定性的不利因素。

　　(4) 土坡中渗流的作用。如果边坡中有水渗流,则对潜在的滑动面除有动水力和浮托力作用外,渗流还有可能产生潜蚀,逐渐扩大,形成管涌。

　　土坡稳定性分析属于土力学中的稳定问题,也是工程中非常重要和实际的问题。本节主要介绍简单土坡的稳定性分析方法。所谓简单土坡是指土坡的坡度不变,顶面和底面都是水平的,并且土质均匀,没有地下水,如图 5-29 所示,对稍复杂的土坡由此引申分析。

一、无黏性土土坡稳定性分析

　　图 5-30 表示一坡角为 β 的无黏性土土坡,由于无黏性土颗粒间无黏聚力存在,因此只要位于坡面上的各土颗粒能保持稳定状态不致下滑,则该土坡就是稳定的。

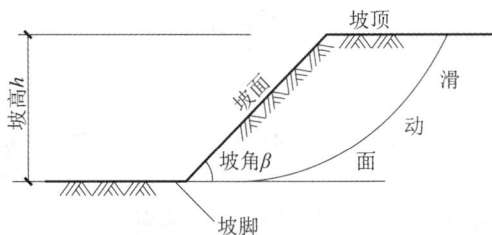

图 5-29　简单土坡各部位名称　　　　图 5-30　无黏性土土坡稳定性分析

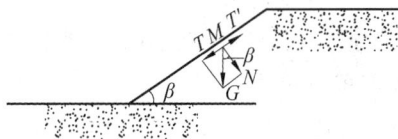

　　设坡面上某土颗粒 M 所受的重力为 G,砂土的内摩擦角为 ϕ,重力 G 沿坡面的切向分力 $T=G\sin\beta$,法向分力 $N=G\cos\beta$。T 使土颗粒 M 向下滑动,而 N 在坡面上引起的摩擦力

$T' = N\tan\phi = G\cos\beta\tan\phi$ 阻止土颗粒下滑。抗滑力和滑动力的比值称为稳定安全系数,用 K 表示,即

$$K = \frac{T'}{T} = \frac{G\cos\beta\tan\phi}{G\sin\beta} = \frac{\tan\phi}{\tan\beta} \tag{5-25}$$

由上式可知,当 $\beta = \phi$ 时,$K = 1$,即抗滑力等于滑动力,此时土坡处于极限平衡状态。由此可知,土坡稳定的极限坡角等于砂土的内摩擦角 ϕ,此坡角称为自然休止角。从式(5-25)还可看出,无黏性土土坡的稳定性与坡高无关,而仅与坡角 β 有关,只要 $\beta < \phi(K > 1)$,土坡就是稳定的。为了保证土坡具有足够的安全储备,《建筑边坡工程技术规范》(GB 50330—2013)指出,按照边坡工程安全等级不同 $K = 1.2 \sim 1.35$。

二、黏性土土坡稳定性分析

均匀土坡失去稳定时,沿着曲面滑动(见图 5-31)。通常滑动面接近圆弧面,在理论分析时可采用圆弧面计算。

1. 条分法

瑞典工程师费伦纽斯(Fellenius,1927)假定最危险圆弧面通过坡脚(见图 5-32(a))并忽略作用在土条两侧的侧向力,提出了广泛用于黏性土土坡稳定性分析的条分法。该法的基本原理是:将圆弧滑动体分成若干土条;计算各土条上的力系对弧心的滑动力矩和抗滑动力矩;抗滑动力矩与滑动力矩之比称为土坡的稳定安全系数;选择多个滑动圆心,通过试算求出多个相应的稳定安全系数。

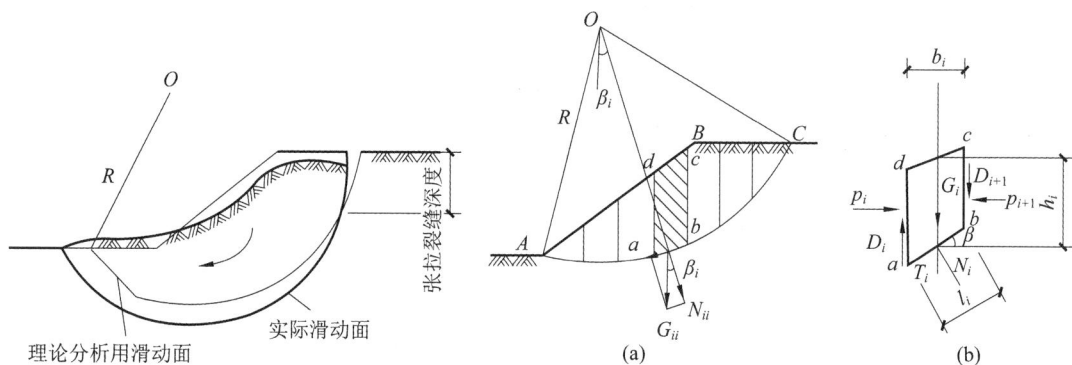

图 5-31　均匀土坡滑动面

图 5-32　土坡稳定性分析的条分法

具体分析步骤如下。

(1)按比例绘制土坡剖面图(见图 5-32(a)),假设圆弧滑动面通过坡脚 A 点,分析时垂直纸面取单位长度。

(2)任选一点 O 为圆心,以 OA 为半径作圆弧 AC,AC 即为圆弧滑动面。

(3)将滑动土体 ABC 竖直分成若干个等宽的(或不等宽的)土条,并对土条编号。编号时一般从圆心 O 的铅垂线开始将其作为 0 条,图中向右依次为 $1,2,3,\cdots$,向左依次为 -1、$-2,-3,\cdots$。为了计算方便,可取分条宽度为滑弧半径的 $1/10$,即 $b = 0.1R$,则此时 $\sin\beta_1 = 0.1$,$\sin\beta_2 = 0.2,\cdots$,$\sin\beta_i = 0.1i$,$\sin\beta_{-i} = -0.1i,\cdots$,可减少大量三角函数计算。

（4）取第 i 条作为隔离体进行分析（见图 5-32(b)），计算该土条自重 $G_i = \gamma h_i b_i$（b_i、h_i、γ 分别为计算土条的宽度、平均高度及土的重度），将 G_i 分解为滑动面 ab（简化为直线段）上的法向分力 N_i 和切向分力 T_i：

$$N_i = G_i \cos\beta_i$$

$$T_i = G_i \sin\beta_i$$

分析时不计土条两侧面 ad、bc 上的法向力 p_i、p_{i+1} 和剪切力 D_i、D_{i+1} 的影响，其误差为 $10\% \sim 15\%$。

（5）以圆心 O 为转动中心，滑动面 AC 上的滑动力矩等于各土条对弧心的滑动力矩之和，即

$$M_s = \sum T_i R = R \sum G_i \sin\beta_i$$

（6）圆弧滑动面对圆心 O 的抗滑力矩来自法向分力 N_i 引起的摩擦阻力和黏聚力 c 产生的抗滑力两部分。第 i 土条的抗滑阻力 T_i' 可能发挥的最大值等于土条底面上土的抗剪强度与滑弧长度 l_i 的乘积，即

$$T_i' = T_{ft} l_i = (\sigma_i \tan\phi + c) l_i = N_i \tan\phi + c l_i = G_i \cos\beta_i \tan\phi + c l_i$$

其抗滑力矩 M_{ri} 为

$$M_{ri} = T_i' R = R G_i \cos\beta_i \tan\phi + R c l_i$$

则整个滑动面 AC 上的抗滑力矩为

$$M_r = \sum M_{ri} = R \tan\phi \sum G_i \cos\beta_i + R c l_{AC}$$

（7）计算稳定安全系数

$$K = \frac{M_r}{M_s} = \frac{\tan\phi \sum G_i \cos\beta_i + c l_{AC}}{\sum G_i \sin\beta_i} \tag{5-26}$$

若取各土条宽度相等，上式可简化为

$$K = \frac{\gamma b \tan\phi \sum h_i \cos\beta_i + c l_{AC}}{\gamma b \sum h_i \sin\beta_i} \tag{5-27}$$

式中：ϕ——土的内摩擦角，单位为（°）；

　　　c——土的黏聚力，单位为 kPa；

　　　β_i—— 第 i 土条 ab 滑动面与水平面的夹角，单位为（°）；

　　　l_{AC}——圆弧面 AC 的弧长，单位为 m。

（8）由于滑动圆弧的圆心是任意选的，故上述计算结果不一定是最危险的。因此，选择几个可能的滑动面（即不同的圆心位置），分别按上述过程计算相应的 K 值，其中 K_{min} 所对应的滑动面就是最危险的滑动面。评价一个土坡的稳定性时，这个最小的安全系数值不应小于有关规范要求的数值。根据工程性质，规范要求最小的安全系数 K_{min} 为 1.2～1.35。试算工作量很大，可采用计算机求解。

费伦纽斯通过大量计算后曾提出确定最危险滑动面圆心的经验方法。经验指出对于均质黏性土土坡，最危险的滑动圆弧的圆心一般在图 5-33 中确定的 DE 线上 E 点的附近。E 点的位置由与坡角 β 有关的 α_1、α_2 确定（α_1、α_2 值见表 5-3）；D 点位于坡脚 A 点以下 h，以右 $4.5h$ 处。当 $\phi = 0$ 时，土坡最危险滑动面的圆心在 E 点，当 $\phi > 0$ 时，根据圆心 O_1，O_2，…绘出相应的通过坡脚的滑弧（图 5-33 中未绘出），计算相应稳定安全系数 K，并在 DE 线的垂直

方向绘出 K 值曲线,曲线最低点即为所求的最小安全系数 $K_{\min}$,相应的圆心 O_m 为最危险滑动面圆心。对于非均质黏性土土坡,或坡面形状及荷载都比较复杂的情况,这样确定的 $K_{\min}$ 还不甚可靠,尚需自 O_m 点作 DE 线的垂线,在其上的 O_m 附近再取圆心 $O_1', O_2', O_3', \cdots$,按照同样的方法进行计算比较,才能找出最危险滑动面的圆心和土坡的最小安全系数。

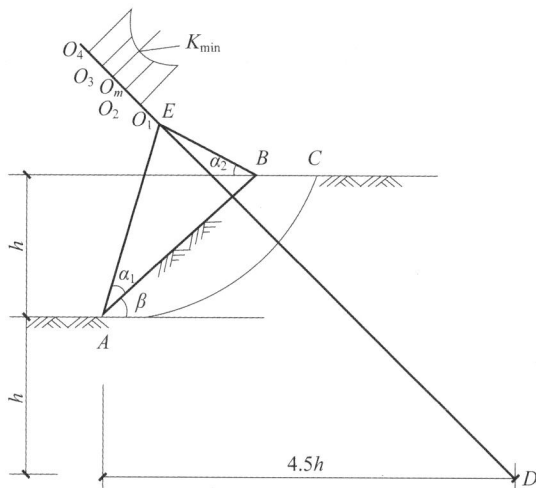

图 5-33   最危险滑弧圆心的确定

表 5-3 α_1 和 α_2 角的数值

土坡坡度	坡角 β	α_1 角	α_2 角
1:0.58	60°	29°	40°
1:1.0	45°	28°	37°
1:1.5	33°41′	26°	35°
1:2.0	26°34′	25°	35°
1:3.0	18°26′	25°	35°
1:4.0	14°03′	25°	36°
1:5.0	11°19′	25°	37°

2. 图表法

对于简单黏性土土坡的稳定性分析,为了减少繁重的试算工作量,曾有不少人寻求简化的图表法。根据大量的计算资料整理,以坡角 β 为横坐标、稳定因数 $N=c/\gamma h$ 为纵坐标绘制的一组曲线如图 5-34 所示,它是最简单的一种,是极限状态时均质土坡内摩擦角 ϕ、坡角 β 与稳定因数 N 之间的关系曲线,可用来解决以下两类问题。

(1)已知坡角 β、土的内摩擦角 ϕ、土的黏聚力 c 和土的重度 γ,求最大边坡高度 h。这时可由 β、ϕ 查图 5-34 得 N,则

$$h = \frac{c}{\gamma N}$$

(2)已知 c、ϕ、γ、h,求稳定坡角 β。这时可由 $N=c/\gamma h$ 和 ϕ 查图 5-34 得 β。

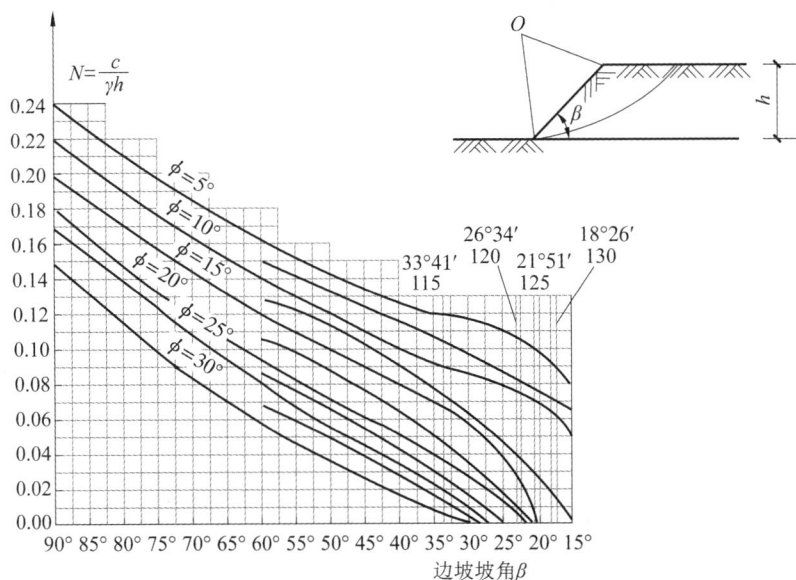

图 5-34 黏性土简单土坡计算图

三、土质边坡坡度允许值

《建筑地基基础设计规范》(GB 50007—2011)指出,在山坡整体稳定的条件下,土质边坡的开挖应符合下列规定。

(1) 边坡的坡度允许值应根据当地经验,参照同类土层的稳定坡度确定。当土质良好且均匀、无不良地质现象、地下水不丰富时,土质边坡坡度允许值可按表 5-4 确定。

表 5-4　土质边坡坡度允许值

土的类别	密实度或状态	坡度允许值(高宽比)	
		坡高在 5 m 以内	坡高在 5～10 m
碎石土	密实	1∶0.35～1∶0.50	1∶0.50～1∶0.75
	中密	1∶0.50～1∶0.75	1∶0.75～1∶1.00
	稍密	1∶0.75～1∶1.00	1∶1.00～1∶1.25
黏性土	坚硬	1∶0.75～1∶1.00	1∶1.00～1∶1.25
	硬塑	1∶1.00～1∶1.25	1∶1.25～1∶1.50

注:① 表中碎石土的充填物为坚硬或硬塑状态的黏性土;
　　② 砂土或充填物为砂土的碎石土的边坡坡度允许值均按自然休止角确定。

(2) 在土质边坡开挖时,应采取排水措施,边坡的顶部应设置截水沟,任何情况下都不允许坡脚及坡面上积水。

(3) 在边坡开挖时,应由上往下开挖,依次进行。弃土应分散处理,不得将弃土堆置在坡顶及坡面上。当必须在坡顶或坡面上设置弃土转运站时,应进行坡体稳定性验算,严格控制堆栈的土方量。

（4）在边坡开挖后，应立即对边坡进行防护处理。

在岩石边坡整体稳定的条件下，岩石边坡的开挖坡度允许值应根据当地经验按工程类比的原则，参照本地区已有稳定边坡的坡度值加以确定。当软质岩边坡高度小于 12 m，硬质岩边坡高度小于 15 m 时，在边坡开挖时可进行构造处理（详见规范要求）。

例 7　某工程需开挖基坑 $h=6$ m，地基土的天然重度 $\gamma=18.2$ kN/m³，内摩擦角 $\phi=15°$，黏聚力 $c=12$ kPa，试确定能保证基坑开挖安全的稳定边坡坡度。

解　由已知条件得

$$N = \frac{12}{18.2 \times 6} = 0.11$$

再由 $N=0.11$ 查图 5-34 中 $\phi=15°$ 的线，可得坡角 $\beta=58°30'$，故开挖时的稳定坡度为 1：0.61。

知识拓展

新滩滑坡

新滩位于长江三峡的西陵峡中兵书宝剑峡出口的长江北岸，上距秭归县城 12 km，下距三峡水利枢纽大坝 26 km；因多次岩崩形成险滩，江中巨石横亘，暗礁林立，水湍如沸。山脚下，横亘着一条狭窄的街道，400 多户人家错落有致地居住于此。

1985 年 6 月 12 日凌晨 3 时 45 分，西陵峡中的新滩镇突然响起一声山崩地裂的巨响，霎时乱石飞迸，烟尘滚滚，平静的峡谷被搅得天昏地暗。

新滩发生大滑坡了。这场滑坡持续了半个多小时，直到 4 时 20 分才慢慢平息下来。天亮后，人们才看清楚它的全貌。只见镇后的一道陡崖几乎完全滑塌了，大大小小的石块从崖顶到江边，铺满了整个山坡。新滩古镇成了"石雨"的牺牲品，一大半被石流吞噬了，只留下东面小半条街和少数房屋矗立在乱石铺盖的山坡旁边。滑坡摧毁了位于其前缘的新滩古镇，形成的滑坡涌浪在对岸爬高为 49 m，在上下游传播中击毁、击沉木船 64 只和小型机动船 13 艘，造成 10 名船上人员死亡。由于对滑坡早有监测预报，撤离组织得力，滑坡区内居民 1371 人无一伤亡。这是一场惊心动魄的惨剧，因为滑坡体就在新滩镇背后的山崖上！

滑坡成因主要如下。

（1）地质地貌因素。

自燕山运动晚期以来，三峡地区地壳大面积隆起上升，长江切河谷，软弱的志留系（S）砂岩被侵蚀成缓坡与凹槽，坚硬的泥盆系（D）、二叠系（P）砂岩、灰岩形成陡崖，即广家崖一带等。陡崖区在卸荷、沉陷、溶蚀及重力的长期作用下崩塌频繁，崖壁后退，崩积物堆积于缓坡及凹槽地带。坡积物的不断积累增厚形成了滑坡的物质基础。新滩滑坡位于黄陵背斜西翼，岩层走向 NE 10°～20°，与长江近于直角，倾向上游，倾角 25°～30°。西面为仙女山断裂层，东侧为九湾溪断裂，新滩滑坡就夹于两断层之间，属构造不稳定地段。另外受前述岩性分布、构造及地表地质作用的控制，滑坡后缘为高陡绝壁，绝壁下的姜家坡新滩斜坡实际为相对低缓的凹槽，成为坡体以上广家崖崩积物暂时滞留的场所，同时也是地表及地下水汇聚和活跃的地方。

（2）水文气象因素。

新滩属亚热带季风气候，位于鄂西暴雨区，暴雨多集中在6～7月。大强度的集中降雨促使滑坡的复活滑动，对滑坡等重力侵蚀起重要的作用。暴雨使地表水来不及排泄而不断沿滑体下渗，加之姜家坡堆积物具有上粗下细的特征，透水性强，降雨易于下渗，雨季含黏性土，在堆积饱水后，容重增大，增加了斜坡岩土体自重。更为重要的是滑坡体内摩擦减小，凝聚力降低，使滑坡剪切带物质软化，从而破坏了斜坡原来的平衡状态，易于沿下伏基岩面产生滑动。研究分析表明，新滩滑坡变形与降雨量有很强的相关性，且高速变形的起始和终止与降雨量之间有明显的时间上的滞后性，通常滞后3～4个月。因此，虽然6月12日新滩滑坡不是由暴雨引起的，但随着滑坡的发展，滑坡对降雨的敏感度越来越高。1985年雨季少量的降水却起到了诱发新滩滑坡的重要作用。

（3）河流动力地质作用。

降水引起的地下水对软弱岩层有浸润饱和作用，使得坡体软弱岩层更脆弱，而地表岩土体失稳与否，主要取决于潜在失稳体的含水状态与空间位移。新滩滑坡位于兵书宝剑峡出口处，长江在此处于凹槽-侵蚀带，并且水流湍急。长江河谷的不断侵蚀淘空并动摇了斜坡的基础，为斜坡变形提供了位置空间。另外，葛洲坝水库蓄水改变了本区水文状态。据长江流域规划办公室竖井观测资料，长江水位与斜坡地下水是紧密联系的，葛洲坝回水抬高了本区地下水位，加速了斜坡失稳的到来。

综上所述，新滩滑坡不是单纯的"暴雨中心-重力说"引起的，是在特殊构造部位，内因为主，外因为辅，内力为主，内外营力共同作用下形成的。

任何滑坡发生后都有可能再次复活，新滩滑坡就是一个很好的实例，所以在滑坡发生后，还要接着对其进行监测。

学习资源

思考题二维码　　　　习题二维码

小　结

1. 土压力的类型

根据挡土墙的位移情况,土压力可分为静止土压力、主动土压力和被动土压力。

2. 朗肯土压力理论

假设挡土墙墙背竖直、光滑,填土面水平,以研究墙后填土一点的应力状态为出发点,借助极限平衡方程推导出极限应力的理论解。该理论特点是概念明确、计算公式简便。

3. 库仑土压力理论

假设墙后填土处于极限平衡状态时形成直线滑动面,滑动土体为刚体,以墙后无黏性填土滑动楔块上的静力平衡为出发点,推导出作用在墙背上的主动或被动土压力的计算理论。该理论特点概念简明,适用于计算主动土压力。

4. 特殊情况下的土压力计算

在实际工程中,经常会遇到一些特殊情况,如填土面有均布荷载、墙后填土分层、墙后填土有地下水、填土表面受局部均布荷载等,在计算土压力时需要充分考虑。

5. 挡土墙稳定性分析

(1) 挡土墙的类型:重力式挡土墙、悬臂式挡土墙、扶壁式挡土墙、锚定板及锚杆式挡土墙以及其他形式的挡土墙。

(2) 挡土墙的计算。

① 抗倾覆稳定验算,要求抗倾覆安全系数应满足 $K_t = \dfrac{\sum M_1}{\sum M_2} = \dfrac{G x_0 + E_{ax} x_f}{E_{ax} z_f} \geqslant 1.6$。

② 抗滑动稳定验算,要求抗滑安全系数应满足 $K_s = \dfrac{F_1}{F_2} = \dfrac{(G_n + E_{an})\mu}{E_{at} - G_t} \geqslant 1.3$。

③ 挡土墙基底压力验算,要求基底压力不超过地基承载力特征值。

④ 挡土墙墙身强度验算,应包括抗压强度验算和抗剪验算。

6. 土坡稳定性分析

无黏性土和黏性土简单土坡的稳定性分析方法。

学习情境 6
岩土工程勘察

单元导读

　　岩土工程勘察是在地球地壳表层某一深度范围内进行的,必须查明这一深度范围内岩土的空间分布情况及其工程性质以及地下水等条件,为建筑物场地选择、建筑平面布置、地基与基础设计和施工提供必要的资料。

基本要求

　　通过本单元学习,应能够熟悉并掌握地基勘察的各种方法;了解岩土工程勘察的等级、地基勘察的任务及勘探点的布置;熟知地基勘察报告书的编写内容;掌握验槽内容及基槽局部处理方法。

重点

　　地基勘察的各种方法;地基勘察报告书的编写内容;验槽内容及基槽局部处理方法。

难点

　　验槽内容及基槽局部处理方法。

思政元素

　　① 树立道路自信、理论自信、制度自信、文化自信;② 树立爱岗、敬业、勇于探索的职业素养,培养学生的拼搏和奉献精神。

知识链接

土使这幢楼和它的住户遭受"灭顶之灾"。在滑坡现场的西边一角,被毁楼房的"残体"未被土石掩埋,但这里见不到一块完整的混凝土预制板,整幢楼房像被用巨大的铁锤反复砸过一般。除了砖和混凝土的碎块外,还能见到被砸碎的家具、衣物等。被塌方掩埋的楼房是当地个体开发商李强于 1999 年 5 月动工兴建,2000 年 3 月完工的。该楼房属砖混结构,建筑面积 4700 平方米。底楼为门面,共有 13 间,其中出租 8 间;住房共 31 套,已入住 25 户,常住人口为 90 人左右。据目击者描述,滑坡时这座楼临街面亮灯的房间有 10 多个。

　　经调查认定,这起地质灾害事故的发生有地质原因,也有诸多人为因素。垮塌建筑的项目业主及施工组织者李强在没有任何勘察资料和没有任何设计的情况下进行坡地切坡施工,护坡治理工程处理不当;武隆县江北新区西段管委会在项目实施过程中没有履行质量监督管理的职责,将不符合验收条件的工程按合格工程验收;武隆县建委对高切坡治理无有效的监督措施。总结这些人为因素,教训非常深刻。

任务1　概述

一、岩土工程勘察的基本概念

岩土工程勘察在以往的课程中被称为"工程地质和水文地质勘察",其主要任务是查明建筑物场地及其附近的工程地质及水文地质条件,为建筑物场地选择、建筑平面布置、地基与基础设计和施工提供必要的资料。

场地是指工程建筑所处的和直接使用的土地,地基是指场地范围内直接承托建筑物基础的岩土体。由于涉及的范围不同,勘察工作的侧重点也不一样,一般又分为场地勘察和地基勘察。场地勘察应广泛研究整个工程建设和使用期间场地内是否发生岩土体失稳、自然地质及工程地质灾害等问题;地基勘察为研究地基岩土体在各种静、动荷载作用下引起的变形和稳定性提供可靠的工程地质和水文地质资料。

岩土工程勘察的内容、方法及工程量的确定取决于:① 工程的技术要求和规模;② 建筑场地地质条件的复杂程度;③ 岩土性质。勘察工作通常由浅入深、由表及里,随着工程的不同阶段逐步深化。在工业与民用建筑工程中,设计分为可行性研究、初步设计和施工图设计三个阶段。为了提供各设计阶段所需的工程地质资料,岩土工程勘察工作可分为可行性研究勘察(或称选择场地勘察)、初步勘察和详细勘察三个阶段,以满足相应的工程建设阶段对地质资料的要求。对地质条件复杂、有特殊要求的重大建筑物地基,还应进行施工勘察;反之,对地质条件简单、面积不大的场地,其勘察阶段可以适当简化。

本章重点介绍建筑总平面确定后施工图设计阶段的勘察,又称为详细勘察(简称详勘,下同),即把勘察工作的主要对象缩小到具体建筑物的地基范围内,所以也称为地基勘察。由于场地和地基是不可分割的,因而也涉及场地勘察的内容。

二、岩土工程勘察等级

为对岩土工程勘察、设计和施工控制作出技术性和管理性的规定,原则性规范各项建设工程勘察的工作内容、工作量及勘察方法,需首先确定岩土工程勘察等级。《岩土工程勘察规范》(GB 50021—2009)规定,根据工程重要性等级、场地等级、地基等级等三类条件综合确定岩土工程勘察等级。

1. 工程重要性等级

根据工程的规模和特征,以及由于岩土工程问题造成工程破坏或影响正常使用的后果,工程可分为三个等级。

(1) 一级工程:重要工程,发生事故后果很严重。

(2) 二级工程:一般工程,发生事故后果严重。

(3) 三级工程:次要工程,发生事故后果不严重。

2. 场地等级

场地应根据场地的复杂程度分为三级,确定场地等级时,应从一级开始,向二级、三级推定,以最先满足的为准。各等级场地应符合下列规定。

(1) 一级场地。

符合下列条件之一者为一级场地(复杂场地):① 对建筑抗震危险的地段;② 不良地质作用强烈发育;③ 地质环境已经或可能受到强烈破坏;④ 地形地貌复杂;⑤ 有影响工程的多层地下水、岩溶裂隙水,或其他水文地质条件复杂、需作专门研究的场地。

(2) 二级场地。

符合下列条件之一为二级场地(中等复杂场地):① 对建筑抗震不利的地段;② 不良地质作用一般发育;③ 地质环境已经或可能受到一般破坏;④ 地形地貌较复杂;⑤ 基础位于地下水位以下的场地。

(3) 三级场地。

符合下列条件为三级场地(简单场地):① 抗震设防烈度等于或小于 6 度,或对建筑抗震有利的地段;② 不良地质作用不发育;③ 地质环境基本未受破坏;④ 地形地貌简单;⑤ 地下水对工程无影响。

3. 地基等级

地基应根据复杂程度分为三级,各等级地基应符合下列规定。

(1) 一级地基。

符合下列条件之一为一级地基(复杂地基):① 岩土种类多,很不均匀,性质变化大,需特殊处理;② 严重湿陷、膨胀、盐渍、污染的特殊性岩土,以及其他情况复杂、需作专门处理的岩土。

(2) 二级地基。

符合下列条件之一为二级地基(中等复杂地基):① 岩土种类较多,不均匀,性质变化较大;② 除一级地基条件规定以外的特殊性岩土。

(3) 三级地基。

符合下列条件为三级地基(简单地基):① 岩土种类单一,性质变化不大;② 无特殊性岩土。

4. 岩土工程勘察等级的确定

根据工程重要性等级、场地等级、地基等级,可按下列条件划分岩土工程勘察等级。

(1)甲级。

在工程重要性等级、场地等级和地基等级中,有一项或多项为一级。

(2)乙级。

除勘察等级为甲级和丙级以外的勘察项目。

(3)丙级。

工程重要性等级、场地等级和地基等级均为三级。

需要注意的是,建筑在岩质地基上的一级工程,当场地等级和地基等级均为三级时,岩土工程勘察等级可定为乙级。

三、详细勘察的任务

详细勘察应按单体建筑物或建筑群提出详细的岩土工程资料和设计、施工所需的岩土参数;对建筑地基作出岩土工程评价,并对地基类型、基础形式、地基处理、基坑支护、工程降水和不良地质作用的防治等提出建议。

详细勘察主要进行下列工作。

(1)搜集附有坐标和地形的建筑总平面图,场区的地面整平标高,建筑物的性质、规模荷载、结构特点、基础形式、埋置深度、地基允许变形等资料。

(2)查明不良地质作用的类型、成因、分布范围、发展趋势和危害程度,提出整治方案建议。

(3)查明建筑物范围内岩土层的类别、深度、分布、工程特性,分析和评价地基的稳定性、均匀性和承载力。

(4)对需进行沉降计算的建筑物,提供地基变形计算参数,预测建筑物的变形特征。

(5)查明埋藏的河道、沟浜、墓穴、防空洞、孤石等对工程不利的埋藏物。

(6)查明地下水的埋藏条件,提供地下水位及其变化幅度。

(7)在季节性冻土地区,提供场地土的标准冻结深度。

(8)判定水和土对建筑材料的腐蚀性。

岩土工程勘察

任务 2 岩土工程勘察方法

一、勘探点的布置

岩土工程勘察的勘探点布置应按岩土工程勘察等级确定,并应符合《岩土工程勘察规范》(GB 50021—2009)的有关规定:勘探点宜按建筑物周边线和角点布置,对无特殊要求的其他建筑物可按建筑物或建筑群的范围布置;在同一建筑范围内的主要受力层或有影响的下卧层起伏较大时,应加密勘探点,查明其变化;重大设备基础应单独布置勘探点,重大的动力机器基础和高耸构筑物,勘探点不宜少于 3 个;勘探手段宜采用钻探与触探相配合,在复杂地质条件、湿陷性土、膨胀岩土、风化岩和残积土地区,宜布置适量探井。

地基勘察的勘探点间距可按表 6-1 确定。

表 6-1 地基勘察的勘探点间距

地基复杂程度等级	勘探点间距/m
一级(复杂)	10~15
二级(中等复杂)	15~30
三级(简单)	40~65

勘探点分为一般性勘探点和控制性勘探点两种。详细勘察的勘探深度自基础底面算起,应符合以下规定。

(1)勘探孔深度应能控制地基主要受力层,当基础底面宽度不大于 5 m 时,勘探孔的深度对条形基础不应小于基础底面宽度的 3 倍,对单独柱基不应小于 1.5 倍,且不应小于 5 m;对大型设备,勘探孔深度不宜小于基础底面宽度的 2~3 倍。

(2)对高层建筑和需作变形验算的地基,控制性勘探孔的深度应超过地基变形计算深度,高层建筑的一般性勘探孔应达到基底下基础宽度的 50%~100%,并深入稳定分布的地层。

(3)对仅有地下室的建筑或高层建筑的裙房,当不能满足抗浮设计要求,需设置抗浮桩或锚杆时,勘探孔深度应满足抗拔承载力评价的要求。

(4)当有大面积地面堆载或软弱下卧层时,应适当加深控制性勘探孔的深度。

(5)在上述规定深度内,当遇基岩或厚层碎石土等稳定地层时,勘探孔深度应根据情况进行适当调整。

二、地基勘察方法

为了查明地基内岩土层的构成及其在竖直方向和水平方向上的变化情况、岩土的物理力学性质、地下水位的埋藏深度和变化幅度,以及不良地质现象及其分布范围等,需要进行地基勘察。地基勘察采用的方法通常有以下几种。

1. 坑(槽)探

坑(槽)探也称为掘探法,即在建筑场地开挖探坑或探槽,直接观察地基土层情况,并从坑槽中取高质量原状土进行试验分析。这是一种不必使用专门机具的常用的勘探方法。当场地地质条件比较复杂,土层埋藏不深,且地下水位较低时,利用坑探能取得直观资料和原状土样。但坑探可达的深度较浅,一般不超过 3~4 m。图 6-1 是探坑示意图和柱状图。

2. 钻探

钻探就是用钻机向地下钻孔以进行地质勘察,是目前应用最广的勘察方法。通过钻探可以达到以下目的:① 划分地层,确定土层的分界面高程,鉴别和描述土的表观特征;② 取原状土样或扰动土供试验分析;③ 确定地下水埋深,了解地下水的类型;④ 在钻孔内进行触

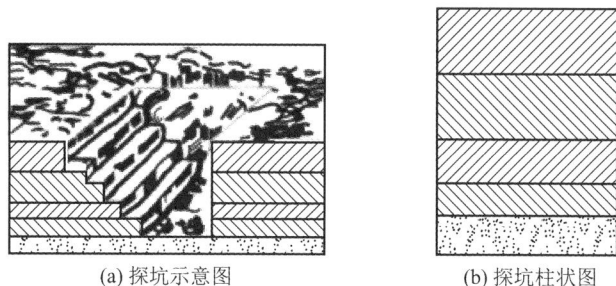

(a) 探坑示意图　　　　　　　　(b) 探坑柱状图

图 6-1　探坑示意图和柱状图

探试验或其他原位试验。

钻探所用的工具有钻机和人力钻两种。钻机一般分回转式与冲击式两种：回转式钻机是利用钻机的回转器带动钻具旋转，磨削孔底地层而钻进，通常使用管状钻具，能取柱状岩芯标本（或土样）；冲击式钻机利用卷扬机的钢丝绳带动有一定重量的钻具上下反复冲击，使钻头击碎孔底地层，形成钻孔后以抽筒提取岩石碎块或扰动土样。钻机可以在钻进过程中连续取出土样，从而能比较准确地确定地下土层随深度的变化及地下水的情况。人力钻常用麻花钻、洛阳铲作为钻具，借助人力打孔，设备简单，使用方便，但只能取结构已被破坏的土样，用以查明地基土层的分布，其钻孔深度一般不超过 6 m。

由于钻探对象不同，钻探又分为土层钻探和岩层钻探。取样是地基勘察必不可少的工序，取样质量直接影响最终的勘察成果，而取样质量的优劣取决于采用何种形式的取土器。取土器上部封闭性能的好坏决定了取土器能否顺利进入土层和提取时土样是否不被漏掉。常用的具有上部封闭装置结构的取土器分为活阀式与球阀式两类。图 6-2 所示的是上提活阀式取土器。在钻探时，按不同土质条件，常采用击入法或压入法两种方式在钻孔中取得原状土样。击入法一般重锤少击，效果较好；压入法以快速压入为宜，这样可以减少取土过程中土样的扰动。为了减少取土过程中土样的扰动，在重要的港口工程勘察中，常采用薄壁取土器取样，但薄壁取土器只能用于软土或较疏松的土层，土质过硬则取土器易于受损。于是束节式取土器应运而生，具体内容请参阅有关文献。

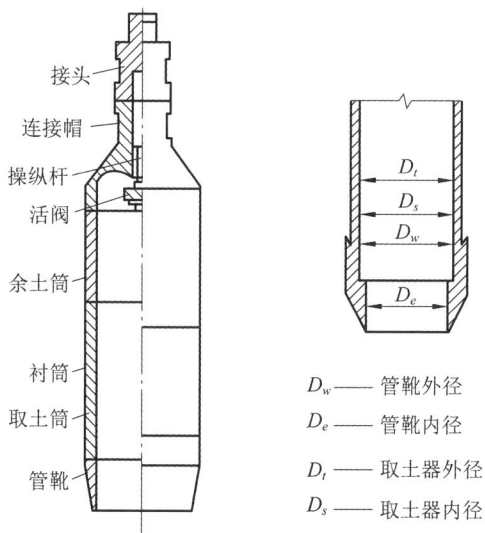

接头
连接帽
操纵杆
活阀
余土筒
衬筒
取土筒
管靴

D_t
D_s
D_w
D_e

D_w —— 管靴外径
D_e —— 管靴内径
D_t —— 取土器外径
D_s —— 取土器内径

图 6-2　上提活阀式取土器

3. 地球物理勘探

地球物理勘探(简称物探)是一种兼有勘探和测试双重功能的技术。物探之所以能够被用来研究和解决各种地质问题,主要是因为不同的岩石、土层和地质构造往往具有不同的物理性质,利用诸如其导电性、磁性、弹性、湿度、密度、天然放射性等的差异,通过专门的物探仪器的测量,就可以区别和推断有关地质问题。对地基勘探的下列方面宜应用物探:① 作为钻探的先行手段,了解隐蔽的地质界线、界面,或异常点、异常带,为经济、合理确定钻探方案提供依据;② 作为钻探的辅助手段,在钻孔之间增加地球物理勘探点,为钻探成果的内插、外推提供依据;③ 作为原位测试手段,测定岩土体某些特殊参数,如波速、动弹性模量、卓越周期、电阻率、放射性辐射参数、土对金属的腐蚀性等。

常用的物探方法主要有电阻率法、电位法、声波法、电视测井法等。

4. 原位测试

原位测试技术是岩土工程中的一个重要分支,它是在土原来(天然)所处的位置对土的工程性能进行测试的一种技术。测试目的在于获得有代表性的、反映现场实际的基本设计参数,包括:① 地质剖面的几何参数;② 岩土原位初始应力状态和应力历史;③ 岩土工程参数。

常用的原位测试方法包括:荷载试验、触探(静力触探与动力触探)、旁(横)压试验及其他现场试验等。

1) 荷载试验

荷载试验是一种模拟实体基础承受荷载的原位试验,用以测定地基土的变形模量、地基承载力及估算建筑物的沉降量等。工程中常认为这是一种能够提供较为可靠成果的试验方法,所以对于一级建筑物地基或复杂地基,特别是在遇到松散砂土或高灵敏度软黏土,取原状土样很困难时,均要求进行这种试验。

进行荷载试验要在建筑场地选择适当的地点挖坑到要求的深度。在坑底设立图 6-3(a) 所示的装置。试验时对荷载板逐级加载,测量每级荷载 p 所对应的荷载板的沉降 S,得到 p-S 曲线,如图 6-3(b)所示。在试验过程中如果出现下列现象之一即认为地基破坏,可终止试验。

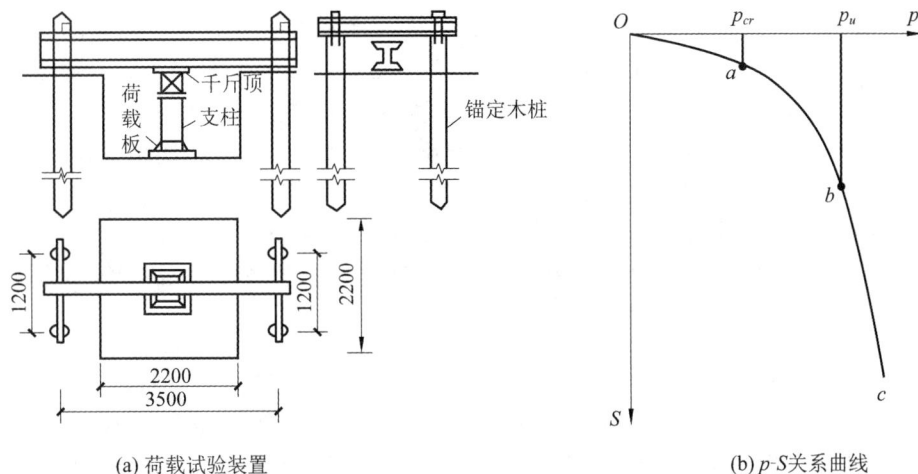

(a) 荷载试验装置　　　　　　　　　　　　　　(b) p-S关系曲线

图 6-3　平板荷载试验示意图

（1）荷载板周围的土有明显侧向挤出或裂纹。

（2）荷载 p 增加很小，但沉降 S 却急剧增加；p-S 曲线出现陡降段。

（3）在某级荷载下，在 24 h 内，沉降速率不能达到相对稳定标准。

在不出现上述现象时，也可用 $S/b \geqslant 0.06$（b 为荷载板宽度）的荷载作为破坏荷载 p_f 终止试验。取破坏荷载前一级荷载作为极限荷载 p_u。

根据每级荷载 p 对应的沉降量 S，绘制 p-S 曲线，如图 6-3（b）所示。通过 p-S 曲线，可以采用式（3-17）（详见第一部分的学习情境 3）计算土的变形模量。

利用荷载试验的结果确定地基的承载力时，可根据 p-S 曲线的特征，按以下标准选用。

（1）当 p-S 曲线有明显直线段时，取直线段的比例界限点 p_{cr} 作为地基的承载力基本值。

（2）当从 p-S 曲线上能够确定极限荷载 p_u，且 p_u 小于 p_{cr} 的 1.5 倍时，采用 p_u 除以安全系数 F_s 作为承载力基本值，F_s 一般可取 2。

（3）当无法采用上述两种标准时，若压板面积为 0.25～0.50 m²，对于低压缩性土和砂土可取 $S/b = 0.01～0.015$ 对应的荷载值作为地基承载力的基本值，对于中高压缩性土，取 $S/b = 0.02$ 对应的荷载值作为地基承载力的基本值。

2）触探

触探既是一种勘探方法，也是一种现场测试方法。但是测试结果所提供的指标并不是概念明确的物理量，通常需要将它与土的某种物理力学参数建立统计关系才能使用，并且这种统计关系因土而异，有很强的地区性。因此，本章仍将其列入勘探方法中。

触探是通过探杆用静力或动力将金属探头贯入土层，并测量能表征土对触探头贯入的阻抗能力的指标，从而间接地判断土层及其性质的一类勘探方法和原位测试方法。触探作为助探手段，可用于划分土层、了解地层的均匀性；作为测试方法，可估计地基承载力和土的变形指标等。

（1）静力触探：静力触探试验借静压力将触探头压入土层，利用电测技术测得贯入阻力来测定土的力学性质。与常规的勘探手段比较，静力触探有其独特的优越性，它能快速、连续地探测土层及其性质的变化，常在拟定桩基方案时采用。

静力触探设备的核心部分是探头。触探杆将探头匀速贯入土层时，一方面引起尖锥以下局部土层的压缩，于是产生了作用于尖锥的阻力。另一方面又在孔壁周围形成一圈挤实层，从而导致作用于探头侧壁的摩阻力。探头的这两种阻力是土的力学性质的综合反映。因此，只要通过适当的内部结构设计，使探头具有能测得土层阻力的传感器的功能，便可根据所测得的阻力大小来确定土的性质。如图 6-4 所示，当探头贯入土中时，顶柱将探头套受到的土层阻力传到空心柱上部，由于空心柱下部用丝扣与探头管连接，使贴于其上的电阻应变片与空心柱一起产生拉伸变形，这样，探头在贯入过程中所受到的土层阻力就可以通过应变片转变成电信号并由仪表测量出来。探头按其结构分为单桥和双桥两类。

单桥探头测到的是包括锥尖阻力和侧壁摩阻力在内的总贯入阻力 Q（单位为 kN），通常用比贯入阻力 p_s（单位为 kPa）表示，即

$$p_s = \frac{Q}{A} \tag{6-1}$$

式中：A——探头截面面积，单位为 m³。

双桥探头能分别测定锥底的总阻力 Q_p 和侧壁的总摩擦阻力 Q_s。单位面积上的锥头阻力和单位面积上的侧壁阻力分别为

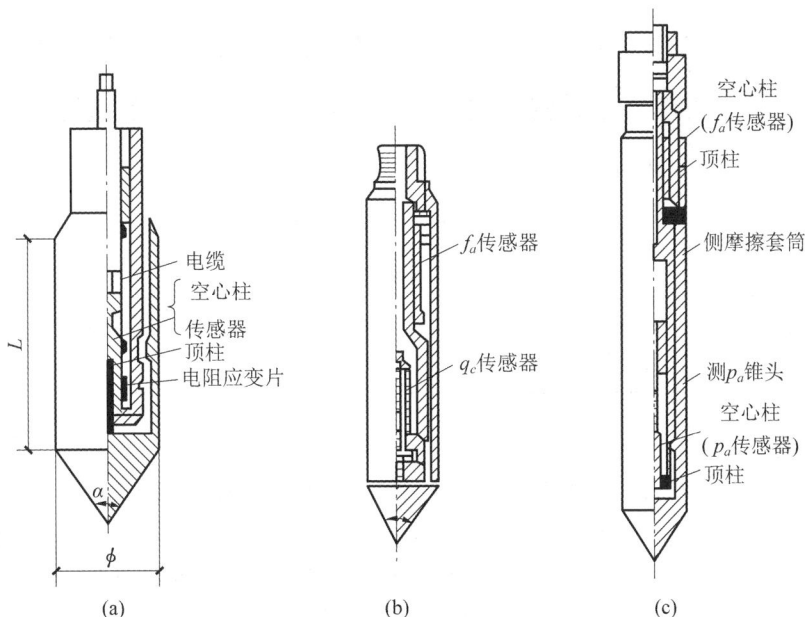

图 6-4 静力触探探头

$$q_p = \frac{Q_p}{A} \tag{6-2}$$

$$q_s = \frac{Q_s}{S} \tag{6-3}$$

式中:S——锥头侧壁摩擦筒的表面积,单位为 m^2。

地基土的承载力取决于土本身的力学性质,而静力触探所得的比贯入阻力等指标在一定程度上也反映了土的某些力学性质。根据静力触探资料可间接地按地区的经验关系估算土的承载力、压缩性指标等。由于静力触探探头的受力情况与桩相似,因此根据 q_s 和 q_p 可以求出桩身的侧壁阻力和桩端阻力。

(2)动力触探:动力触探是用一定重量的击锤从一定高度自由落下,测定使探头贯入土中一定深度所需的击数,以击数的多少判定被测土的性质。根据探头的形式,探头可以分为以下两种类型。

① 管形探头(标准贯入试验)。

标准贯入试验应与钻探工作相配合,其设备是在钻机的钻杆下端连接标准贯入器(见图 6-5),将质量为 63.5 kg(140 lb)的穿心锤套在钻杆上端组成的。试验时,穿心锤以 76 cm 的落距自由下落,将贯入器垂直打入土层中 15 cm(此时不计锤击数),随后将贯入器打入土层中 30 cm,30 cm 的锤击数即为实测的锤击数 N;试验后拔出贯入器,取出其中的土样进行鉴别描述。在《规范》中,以锤击数 N 作为确定砂土和黏性土地基承载力的一种方法。在《建筑抗震设计规范》(GB 50011—2016)中以锤击数 N 作为判定地基土是否可液化的主要方法。此外还可以根据 N 值确定砂的密实程度。

在标准贯入试验中,随着钻杆入土长度的增加,杆侧土层的摩擦阻力及其他形式的能量消耗也增大了,因而使测得的锤击数 N 偏大。当钻杆长度大于 3 m 时,锤击数应按下式校正:

$$N_{63.5} = \alpha N \tag{6-4}$$

式中:$N_{63.5}$——标准贯入试验锤击数;

α——触探杆长度校正系数,按表 6-2 确定。

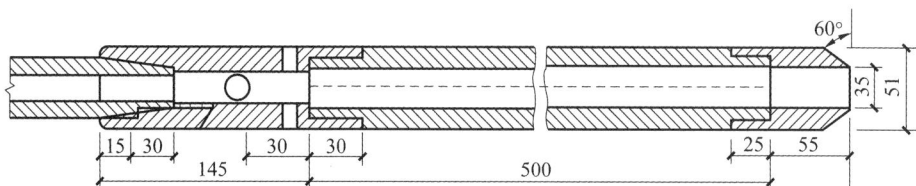

图 6-5　标准贯入器(单位:mm)

表 6-2　触探杆长度校正系数 α

触探杆长度/m	≤3	6	9	12	15	18	21
α	1.00	0.92	0.86	0.81	0.77	0.73	0.70

② 圆锥形探头。

这类动力触探依贯入能量不同可分为轻型、重型和特重型三类。轻型动力触探的优点是轻便,对施工验槽、填土勘察、查明局部软弱土层和洞穴等均有实用价值。重型动力触探是应用最广泛的一种,其规格标准与国际通用标准一致。超重型动力触探的能量指数(落锤能量与探头截面面积之比)与国外的并不一致,但相近,适用于碎石土。圆锥形动力触探设备如图 6-6 所示,类型如表 6-3 所示。

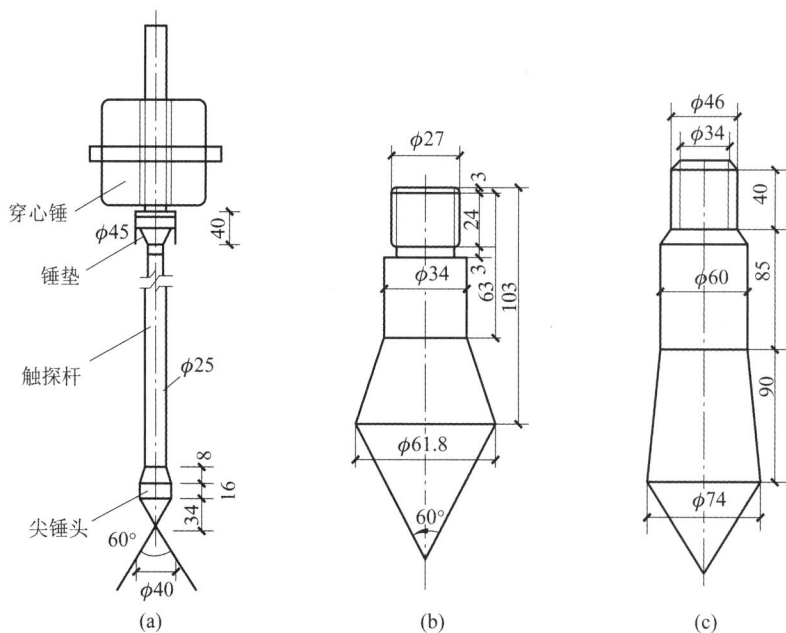

图 6-6　圆锥形动力触探设备(单位:mm)

表 6-3　圆锥形动力触探设备的类型

类型	锤重/kg	落距/cm	探头形状	贯入指标	触探杆外径/mm
轻型	10	50	圆锥头,锥角 60°,锥底面面积 12.6 cm²	贯入 300 mm 的锤击数 N_{10}	25
重型	63.5	76	圆锥头,锥角 60°,锥底面面积 43 cm²	贯入 100 mm 的锤击数 $N_{63.5}$	42~50
特重型	120	100	圆锥头,锥角 60°,锥底面面积 43 cm²	贯入 100 mm 的锤击数 N_{120}	50~63

3）旁（横）压试验

旁压试验又称横压试验，是在钻孔内进行的横向荷载试验，能用来测定较深处土层的变形模量和承载力。

旁压仪由旁压器、充水系统、加压系统和变形测量系统四部分组成，系统简图如图 6-7（a）所示。旁压器是旁压仪的主要部分，它是外径为 56 mm 的圆柱形橡皮囊，内部用横隔膜分成中腔和上下腔。中腔直接用以测量，称为测量室；上下腔用以保持中腔的变形均匀，将空间问题简化成平面应变问题，称为辅助室。其他各部分的布置和管路连接如图 6-7（a）所示。

试验时，先将旁压仪竖立于地面，打开水箱的注水阀，向旁压器及管路充水。充满水后关闭注水阀，将旁压器置于钻孔中预定的测试位置。利用加压系统，经测量管（包括辅助管）分级向旁压器加压，测量室和辅助室因内部水压升高而体积膨胀，膨胀量即为加压时注入的水量，可以从测量管上的刻度读取。按这样分级加压，直至四周土体破坏，曲线如图 6-7（b）所示。由旁压试验可以得到四个参数，即原位的水平应力 p_0、开始屈服的压力 $p_f = p_{cr}$、极限压力 p_u 以及旁压模量 E_M。E_M 由曲线第 II 阶段的坡度（$\Delta p / \Delta V$）得到，对于线性弹性的各向同性土体 E_M（单位为 kPa）可按下式计算

$$E_M = 2(1 + \mu)(V + V_m) \frac{\Delta p}{\Delta V} \tag{6-5}$$

式中：μ——地基土的泊松比；

$\quad V$——旁压器测量腔（中腔）初始固有体积，单位为 cm^3；

$\quad V_m$——旁压曲线直线段头、尾及中间的平均扩张体积，单位为 cm^3；

$\quad \Delta p / \Delta V$——旁压曲线直线段的斜率，单位为 kPa/cm^3。

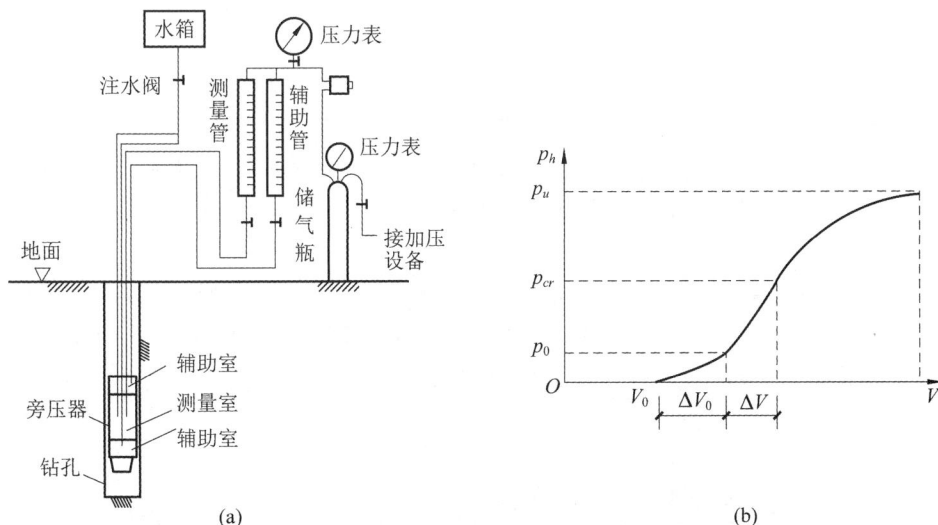

图 6-7　旁压试验装置及试验曲线

注意，E_M 是径向变形模量（或称旁压模量），只有当土质均匀时，才可以把 E_M 作为土的变形模量直接用于地基变形计算中；对各向异性的地基不能直接应用，这种情况下，必须同时测定测点处的竖向波速和横向波速，然后根据弹性空间体波的传播理论，找出横向变形模量和竖向变形模量的关系，换算后才能应用于地基的变形计算中。我国已研制成具有测波

速功能的新型旁压仪,可用于不等向地基的测试。

上述旁压试验都是在已钻成的钻孔内进行的,这类旁压仪称为预钻式旁压仪。我们知道钻孔不仅使孔壁土体受扰动,也改变了孔壁土体的应力状态,使旁压试验结果失真。为了减少探头插入过程对土的扰动,保持土体的天然应力状态,20 世纪 70 年代又发展了自钻式旁压仪,就是在测试段的下部带有钻孔切削和冲洗设备,可以自行钻到试验部位,还可以测定土中的孔隙水压力,使旁压试验更趋完善。

任务3   岩土工程勘察报告书

一、勘察报告书的基本内容

岩土工程勘察的最终成果是以报告书的形式呈现的。勘察工作结束后,把取得的野外工作和室内试验的记录和数据及搜集到的各种直接和间接资料分类整理、检查校对、归纳总结后,作出建筑场地的工程地质评价。这些内容最后应以简要、明确的文字和图表编成报告书。

岩土工程的规模大小各不相同,各勘察阶段目的和要求也不一样,勘察对象的工程特点、自然条件差异很大,不可能制定一个统一的报告书格式。但是,为了保证勘察工程质量,《岩土工程勘察规范》(GB 50021—2009)对勘察报告的基本内容作了明确的规定。

岩土工程勘察报告应根据任务要求、勘察阶段、工程特点和地质条件等具体情况编写,并应包括以下内容。

(1)勘察目的、任务要求和依据的技术标准。

应以勘察任务书要求或勘察合同为依据,并写明委托单位的名称和勘察阶段,根据这些要求,明确需解决的主要技术问题和设计要求的某些特殊技术参数,同时确定采用哪些现行的技术标准。借此表明服务对象和技术,明确要求标准。

(2)拟建工程概况。

主要是对拟建工程的特点及性质进行全面的阐述,在可行性勘察阶段,甚至在初步勘察阶段,拟建工程情况还比较模糊,只能大致对建筑类型、倾向性的布置作粗略叙述,在详细勘察阶段,因建筑平面、基础形式等相关内容都已确定,应详细阐述,表明勘察工作明确的针对性。

(3)勘察方法和勘察工作布置。

主要说明勘察方法的可靠性和工作精度,反映资料的可信度。在这部分的内容中,可行性勘察阶段较简单,以搜集资料为主,有调查和物探等少量工作;初步勘察阶段和详细勘察阶段应有地质测绘、钻探、井探、原位测试、取土、室内试验等内容的工作布置和相应工作量,以表明勘察工作达到了相关的任务要求。

(4)场地地形、地貌、地层、地质构造、岩土性质及其均匀性。

这是报告的主要部分,其描述的内容在可行性研究阶段主要是区域的地质、地貌、地层构造、地震与场地稳定性的关系及与岩土分布的关系;在初步勘察阶段和详细勘察阶段以场区为研究对象,主要了解场区的环境地质条件和岩土分布及性质。

（5）各项岩土性质指标,岩土的强度参数、变形参数、地基承载力的建议值。

在可行性研究阶段根据区域资料提供相关的岩土性质参数,若场地有特殊性岩土,应深入论证;在初步勘察阶段和详细勘察阶段,岩土性质是通过现场原位测试、室内试验获得的,首先应划分岩土单元,按岩土单元统计分析主要的岩土参数,给出最大值、平均值、最小值、标准差、变异系数和统计数量。提供的参数应根据工程特点和地质条件合理选用,建议值要与地区经验或邻近工程分析相比较,综合确定。

（6）地下水埋藏情况、类型、水位及其变化。

在可行性勘察阶段了解地下水的类型、水位,但当水文地质条件复杂、有地面塌陷和淹没场地等不良水文地质条件时,应进行专题论证。在初步勘察阶段和详细勘察阶段,对地下水条件叙述时,应阐明地下水类型、水位、季节变化和年变化、补给、越流和排泄条件。当有多层地下水且对工程有影响时,应阐明各层水位或水头是否存在径流补给,并评价其对工程的影响。

（7）土和水对建筑材料的腐蚀性。

（8）可能影响工程稳定的不良地质作用的描述和对工程危害程度的评价。

界定场地或场地附近是否存在影响场地稳定的不良地质作用,当存在时应详细描述和论证不良地质作用的种类、分布、发育阶段、发展趋势和对工程影响的程度,提出适宜的避让或防治建议。

（9）场地稳定性和适宜性评价。

在充分掌握上述资料的基础上,结合工程特点和岩土技术要求,进行岩土工程分析评价,对建筑场地的稳定性、适宜性及经济与技术的合理性进行分析与论证,并提出设计和施工建议。场地稳定性评价应根据所处地质环境进行相应的评价;场地建筑适宜性评价应结合建筑物的性质和场地的地质条件,从满足地基承载力要求、建筑物变形要求和使用要求等方面进行天然地基、复合地基、桩基等基础方案的适应性评价。

二、勘察报告的阅读和使用

为了充分发挥勘察报告在设计和施工工作中的作用,必须重视对勘察报告的阅读和使用。阅读时应先熟悉勘察报告的主要内容,了解勘察结论和计算指标的可靠程度,进而判断报告中的建议对该项工程的适用性,做到正确使用勘察报告。这里,需要把场地的工程地质条件与拟建建筑物具体情况和要求联系起来进行综合分析。下面我们通过实例来说明建筑场地和地基工程地质条件综合分析的主要内容及其重要性。

1. 地基持力层的选择

对存在可能威胁场地稳定性的不良地质现象的地段,地基基础设计应在满足地基承载力和沉降这两个基本要求的前提下,尽量采用比较经济的天然地基浅基础。这时,地基持力层的选择应该从地基、基础和上部结构的整体性出发,综合考虑场地的土层分布情况和土层物理力学性质,以及建筑物的体型、结构类型和荷载的性质与大小等情况。

通过勘察报告的阅读,在熟悉场地各土层的分布和性质（层次、状态、压缩性、抗剪强度、厚度、埋深及其均匀程度等)的基础上,初步选择适合上部结构特点和要求的土层作为持力层,经过试算或方案比较后作出最后决定。

根据勘察资料的分析,合理地确定地基土的承载力是选择地基持力层的关键。而地基承载力实际上取决于许多因素,采用单一的方法确定承载力未必十分合理。必要时,可以通过多种测试手段,并结合实践经验适当予以增减,这样会取得更好的实际效果。

某地区拟建十二层商业大厦,上部采用框架结构,设有地下室,建筑场地位于丘陵地区,地质条件并不复杂,表土层是花岗岩残积土,厚 14~25 m,覆盖层下为强风化花岗岩。

场地勘探采用钻探和标准贯入试验进行,在不同深度处采取原状试样进行室内岩石和土的物理力学性质指标试验。试验结果表明:残积土的天然孔隙比 $e > 1.0$,压缩模量 $E_s <$ 5.0 MPa,属中等偏高压缩性土。标准贯入试验 N 值变化很大:10~25。因此可以得出地基土的承载力特征值为 $f_a = 120 \sim 140$ kPa。如果上述结论成立,该建筑物必须采用桩基础,桩端应支承在强风化花岗岩上。

根据当地建筑经验,对于花岗岩残积土,由公式计算所得的值 f_a 偏低。为了检验室内成果的可靠程度,以便对建筑场地作出符合实际的工程性质评价,又在现场进行了 3 次静荷载试验,并按不同深度进行旁压试验 15 次,各次试验算出的 f_a 值均在 200 kPa 以上。此外,考虑到该建筑物可能采用筏板基础,基础的埋深和宽度都较大,地基承载力还可提高。于是决定采用天然地基浅基础方案,并在建筑、结构和施工各方面采取了某些减轻不均匀沉降影响的措施,终于使该商业大厦顺利建成。

由上述实例可以看出,在阅读和使用勘察报告时,应该注意所提供的资料的可靠性。有时由于勘察工作不够详细,地基土特殊工程性质不明,以及勘探方法本身的局限性,勘察报告不可能充分地或准确地反映场地的主要特征。或者,在测试工作中,由于人为的和仪器设备的影响,也可能造成勘察成果的失真而影响报告的可靠性。因此,在编写和使用报告过程中,应该注意分析和发现问题,并进一步查清有疑问的关键性问题,以便少出差错。对一般中小型工程,可用公式计算指标作为主要依据,不一定都要进行现场荷载试验或更多的工作。

2. 场地稳定性评价

地质条件复杂的地区,综合分析的首要任务是评价场地的稳定性,其次才是地基的强度和变形问题。

场地的地质构造(断层、褶皱等)、不良地质现象(泥石流、滑坡、崩塌、岩溶、塌陷等)、地层成层条件和地震等都会影响场地的稳定性。在勘察中必须查明其分布规律、具体条件、危害程度。

在断层、向斜、背斜等构造地带和地震区修建建筑物,必须慎重对待,在可行性研究勘察中应指明宜避开的危险场地。对已经判明为相对稳定的构造断裂地带,还是可以选作建筑场地的。实际上,有的厂房大直径钻孔桩直接支承在断层带岩石层上。

在不良地质现象发育且对场地稳定性有直接危害或潜在威胁的地区,如果不得不在其中较为稳定的地段进行建筑,则应事先采取有力措施,防患于未然,以免中途改变场地或花费极高的处理费用。

任务 4 验槽

一、验槽的目的与内容

验槽是勘察工作的最后一个环节。当施工单位将基槽开挖完毕后,由勘察、设计、施工和使用单位四方面的技术负责人共同到施工现场进行验槽。验槽的目的如下。

(1)检验有限的钻孔与实际全面开挖的地基是否一致、勘察报告的结论与建议是否正确。

(2)根据基槽开挖实际情况,研究解决新发现的问题和勘察报告遗留的问题。

验槽的基本内容如下。

(1)核对基槽开挖平面位置与槽底标高是否与勘察、设计要求相符。

(2)检验槽底持力层土质与勘探是否相符。参加验槽的人员需沿槽底依次逐段检验,用铁铲铲出新鲜土面,用野外鉴别方法进行鉴别。

(3)当基槽土质显著不均匀,或局部有古井、菜窖、坟穴时,可用钎探查明平面范围与深度。

(4)研究和决定地基基础方案是否有必要修改或作局部处理。

二、验槽的方法

验槽方法宜以观察验槽或使用袖珍贯入仪等简便易行的方法为主,必要时可辅以夯、拍验槽,或轻便勘探验槽。

1. 观察验槽

观察验槽应重点注意柱基、墙角、承重墙下受力较大的部位。仔细观察基底土的结构、孔隙、湿度、含有物等,并与设计勘察资料相比较,确定是否已挖到设计的土层,对可疑之处应局部下挖检查。

2. 夯、拍验槽

夯、拍验槽是用木夯、蛙式打夯机或其他施工工具对干燥的基坑进行夯、拍(对潮湿和软土地基不宜夯、拍,以免破坏基底土层),从夯、拍声音判断土中是否存在土洞或墓穴。对可疑迹象应采用轻便勘探验槽进一步调查。

3. 轻便勘探验槽

轻便勘探验槽是用钎探、轻便动力触探、手持式螺旋钻、洛阳铲等对地基主要受力层范围内的土层进行勘探,或对上述观察、夯或拍发现的异常情况进行探查。

1)钎探

用 $\phi 22 \sim 25$ mm 的钢筋作钢钎,钎尖呈 60°锥状,长度为 1.8~2.0 m,每 300 mm 作一刻度。钎探时,用质量为 4~5 kg 的穿心锤将钢钎打入土中,落锤高 500~700 mm,记录每打入300 mm的锤击数,据此可判断土质的软硬情况。

钎孔的平面布置和深度应根据地基土质的复杂程度和基槽形状、宽度而定。孔距一般取1~2 m,较软弱的人工填土及软土的钎孔间距不应大于1.5 m。如果发现洞穴等情况,则应加密探点,以确定洞穴的范围。钎孔的平面布置可采用行列式和错开的梅花形。当条形基槽宽小于80 cm时,钎探在中心打一排孔;当槽宽大于80 cm时,可打两排错开孔。钎孔的深度为1.5~2.0 m。

每一栋建筑物基坑(槽)钎探完毕后,要全面地逐层分析钎探记录,将锤击数显著过多和过少的钎孔在平面图上标出,以备重点检查。

2)手持式螺旋钻

它是一种小型的轻便钻具,钻头呈螺旋形,上接一个T形手把,由人力旋入土中,钻杆可接长,钻探深度一般为6 m,在软土中可达10 m,孔径约70 mm。每钻入土中300 mm(钻杆上有刻度)后将钻竖直拔出,根据附在钻头上的土了解土层情况(也可采用洛阳铲或勺形钻)。

三、验槽时的注意事项

验槽时应注意以下事项。

(1)应验看新鲜土面,清除回填虚土。冬季冻结表土或夏季日晒干土都是虚假状态,应将其清除至新鲜土面进行验看。

(2)槽底在地下水位以下不深时,可挖至水面验槽,验完槽再挖至设计标高。

(3)验槽要抓紧时间。基槽挖好即组织验槽,以避免下雨泡槽、冬季冰冻等不良影响。

(4)验槽前一般需做槽底普遍打钎工作,以供验槽时参考。

(5)当持力层下埋藏下卧砂层,而承压水头高于槽底时,不宜进行钎探,以免造成涌砂。

四、基槽的局部处理

对验槽查出的局部与设计不符的地基,应根据不同情况妥善处理。下面将分别举出一些常见的地基局部处理方法。

基槽开挖

1. 基坑、松土坑的处理

当坑的范围较小时,应将坑中虚土挖至坑底和四周都见到老土为止,然后用与老土压缩性相近的材料回填夯实。如果地下水位较高,或坑内积水无法夯实,则可用砂、石分层夯实回填。

如果坑的范围较大,且基槽又受到条件限制不能挖得过宽以达到老土层,则可将该范围内的基槽适当加宽,回填的材料和方法如上所述。

如果坑在槽内所占的范围较大(长度在5 m以上),且坑底土质与槽底相同,可将坑槽内的基础局部加深,做1:2踏步与两端相接,每步高不大于50 cm(坑底为硬土时不大于100 cm),长不小于100 cm,踏步数量根据坑深确定。

对较深的松土坑(如坑深大于槽宽或坑底在槽底之下1.5 m以上),基槽按上述原则处理后,还应考虑适当加强上部结构的刚度,以抵抗可能产生的不均匀下沉;若局部软弱层很

厚,则可打短桩处理。总之,应根据具体情况采用不同的方法,其原则是使基础不均匀沉降减少至容许范围之内。

2.土井或砖井的处理

当井位于槽的中部,井口填土较密实时,可将井的砖圈拆去 1 m 以上,用 2∶8 或 3∶7 灰土分层夯实,回填至槽底。当井的直径大于 1.5 m 时,将土井挖至地下水面,每层铺 20 cm 粗骨料,分层压实至槽底平,上做钢筋混凝土梁(板)跨越砖井。可在基础墙内配筋以增强基础的整体刚度。

若井位于基础的转角处,则除采用上述的回填办法外,还应视基础压在井上的面积大小,采用从两端墙基中伸出挑梁,或将基础沿墙长方向向外延伸出去的方法跨越井范围,然后在基础墙内采用配筋或加钢筋混凝土梁(板)。

3.管道穿过基础的处理

槽底以下有管道时,最好能拆迁管道,或将基础局部加深,使管道从基础上通过。如果必须埋于基础之下,则应采取防护措施,避免管道被基础压坏。例如,用铸铁管或钢筋混凝土管代替瓦管,或在管的周围包筑混凝土等。

如果管道在槽底以上穿过基础或基础墙,则应采取防漏措施,以免漏水浸湿地基造成不均匀下沉。当地基为填土或湿陷性土时,尤其应注意。对有管道通过的基础或基础墙,必须在管的周围预留足够尺寸的孔洞。管道上部预留的空隙应大于房屋预估的沉降量,以保证建筑物产生沉降后不致引起管道变形或损坏。

4."橡皮土"的处理

当地基为含水率很大,趋于饱和的黏性土时,夯打后会破坏土的天然结构,使地基变成所谓"橡皮土"。故当地基为含水率很大、接近饱和的黏性土时,要避免直接夯打,应采用晾槽或掺石灰末的办法减小土的含水率,然后根据具体情况选择施工方法及基础类型。如果地基已发生了"橡皮土"现象,则应采取措施,把已受扰动部分的表土清除至硬底为止。如果不能完全清除干净,则利用碎石或卵石打入,将泥挤紧,或铺撒吸水材料(如干土、碎砖、生石灰等)和采取其他有效措施进行处理。如果施工中不慎扰动了基底土,则应设法补救。对湿度不大的土,可作表面夯实处理;对软黏土,需掺入砂、碎石或碎砖才能夯打,或将扰动的土清除,另填好土夯实。

5.局部范围有硬土(或硬物)的处理

当基槽下有部分比其邻近地质坚硬得多的土质时(如槽下遇到基岩、旧墙基、大树根和压实的路面等),均应尽量挖除,以防止建筑物产生较大的不均匀沉降,导致建筑物开裂。如果硬物不易挖除,则应考虑加强建筑上部刚度,如在基础墙内加钢筋或钢筋混凝土梁等,以减少可能产生的不均匀沉降对建筑物造成的危害。

在工程验槽的过程中,除了会遇到上述情况外,还会遇到许多复杂的问题。例如,基槽中段软弱、两端坚实、槽底严重倾斜、暖气沟或电缆沟斜贯基槽、邻近建筑基础凸入基槽、槽底有钢筋混凝土巨大化粪池、部分基槽杂填土很深、腐蚀性化学物质污染基槽、河流通过基槽局部淤泥层很深及基槽积水泡软持力层等意想不到的问题。为了保证工程安全,防止工程事故发生,必须对验槽过程中发现的问题作妥善处理。

知识拓展

把勘察当学问做的张在明院士

张在明,河南省济源市人,1942年7月4日出生于云南省昆明市,是岩土工程与工程勘察专家、教授级高级工程师、中国工程院院士、中国勘察大师、北京市有突出贡献专家、建设部全国建设工程技术专家委员会委员。

1965年,张在明毕业于北京工业大学土木建筑系工业与民用建筑专业;自1965年,在北京市勘察设计研究院从事工程勘察和岩土工程方面的生产和研究工作,曾任该院副院长、总工程师、顾问总工程师、教授级高工;1982—1984年赴美国加州大学伯克利分校做访问学者;1990—1991年在加拿大Saskatchewan大学做高级访问学者;2003年,当选中国工程院院士。

他从事工程勘察和岩土工程专业生产和研究工作,负责重大工程勘察和岩土工程项目的策划、实施与审定;在工程勘察和岩土工程专业的理论研究与工程实践方面作出显著、创造性的贡献;获国家级优秀工程奖4项、优秀软件奖1项、部市级优秀工程奖13项、部市级科技进步奖11项;出版专著2本和译著2本,在国内外发表论文70余篇。

学习资源

思考题二维码　　　　　习题二维码

小　结

1. 地基勘察任务

查明建筑物场地及其附近的工程地质及水文地质条件,为建筑物场地选择、建筑平面布置、地基与基础的设计和施工提供必要的资料。

2. 地基勘察方法

(1) 坑(槽)探也称为掘探法,即在建筑场地开挖探坑或探槽,直接观察地基土层情况,并从坑槽中取高质量原状土进行试验分析。

（2）钻探就是用钻机向地下钻孔以进行地质勘察,是目前应用最广的勘察方法。

（3）地球物理勘探简称物探,是一种兼有勘探和测试双重功能的技术。

（4）原位测试技术是岩土工程中的一个重要分支,它是在土原来（天然）所处的位置对土的工程性能进行测试的一种技术。常用的原位测试方法包括荷载试验、触探（静力触探与动力触探）、旁压试验及其他现场试验等。

3. 地基勘察报告书

地基勘察报告书的编制必须配合相应的勘察阶段,针对场地的地质条件和建筑物的性质、规模及设计和施工的要求,提出选择地基基础方案的依据和设计计算数据,指出存在的问题以及解决的途径和办法。

4. 验槽及基槽局部处理

（1）验槽。验槽是勘察工作最后一个环节。当施工单位将基槽开挖完毕后,由勘察、设计、施工和使用单位四方面的技术负责人共同到施工现场进行验槽。

（2）验槽的方法。观察验槽,夯、拍验槽,轻便勘探验槽。

（3）基槽局部处理。对验槽查出的局部与设计不符的地基,应根据不同情况妥善处理。

第一部分

基础工程

JICHU GONGCHENG

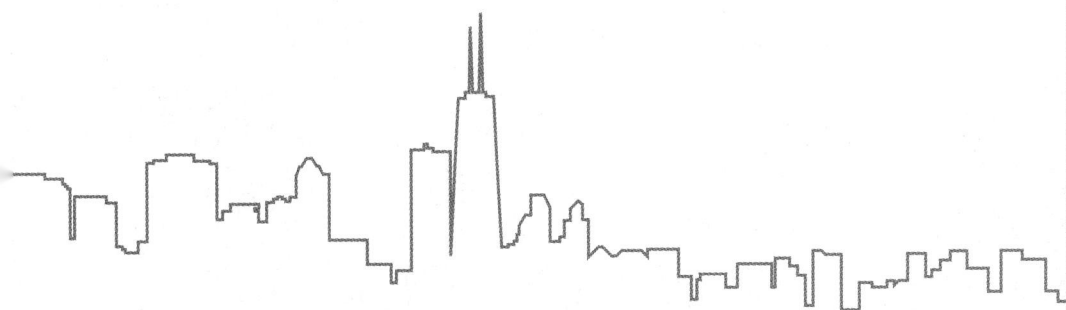

学习情境 7

天然地基上的浅基础设计

单元导读

基础是一切大小建筑物或构筑物能屹立不倒的根本,是承受建筑物上部结构传下来的荷载,并把它们连同自重一起传给地基。因此基础应具有足够的强度,才能稳定地把荷载传给地基,同时基础应满足耐久性要求。如果基础先于上部结构破坏,则检查和加固都十分困难,还会影响房屋建筑的使用寿命。

基本要求

通过本单元学习,要求掌握浅基础的类型;熟练掌握基础埋置深度、地基承载力的确定方法和计算过程;能进行浅基础的设计计算和地基变形验算;熟悉上部结构、基础和地基共同作用的概念及减轻不均匀沉降的措施。

重点

基础埋置深度、地基承载力的确定方法和计算过程;浅基础的设计计算和地基变形验算。

难点

地基承载力的确定方法和计算过程;地基变形验算。

思政元素

培养严谨求实的科学态度,形成科学的思维方式,通过对工程案例的分析培养土木工程师的创新意识与创新思维,进一步培养责任意识与职业精神。

河北省遵化市西铺村织布厂布机车间倒塌案例。倒塌的主要原因是质量低劣的毛石基础在承载能力不足的地基上，在上部结构荷载的作用下首先发生破坏，随之房屋整体倒塌。事后现场检查，毛石基础采用块石和卵石混合砌筑，既无拉结石，又是白灰砂浆，毛石基础的整体性很差，强度也很低，基础上也没有钢筋混凝土圈梁，使荷载不能均匀传递到地基上，发生不均沉降。这样的地基和基础是承受不了上部荷载的。这是一起无证设计、无证施工造成的重大事故。由此可见，即使地基良好，之上的浅基础也是建筑物能否安全使用的一个关键因素。

任务 1　天然地基与基础

一、基础的划分

基础是保证建筑物安全和正常使用的重要组成部分。为充分发挥地基的承载能力，设计时必须深入实际调查研究，考虑场地的工程地质和水文地质条件，考虑建筑物的使用要求、上部结构特点和施工技术条件等，因地制宜地选择基础的类型和结构尺寸，确定合理的设计与施工方案。

浅基础一般是指埋置深度小于 5 m、施工方法较简便、无需采用特殊的措施和设备，并且常常修建在天然地基上的基础，如条形基础、柱下独立基础、交叉梁基础和壳体基础等天然地基上埋深不大的筏板和箱形基础。经处理的人工地基上或埋深较大的筏板和箱形基础一般称为深基础。

二、基础材料

建筑物基础材料的选择取决于基础类型、结构形式及地基条件，应尽量就地取材，同时满足基础的强度、耐久性和技术经济性要求。

1. 刚性基础的材料

刚性基础的材料常用砖、毛石、混凝土、毛石混凝土、灰土、三合土等地方性材料。

1）砖

砖具有能就地取材、价格较低、施工简便的特点，适用于干燥和较温暖的地区。但砖的强度和抗冻性不够理想，在寒冷而又潮湿的地区，耐久性较差。砖的强度等级按《砌体结构设计规范》（GB 50003—2011）的规定分类（见表7-1）。

2）毛石

毛石指未经加工整平的石料，一般可就地取材，其强度较高而未风化，重度不应低于

18 kN/m^2,石料与水泥砂浆强度等级要求如表 7-1 所示。

表 7-1　基础用砖、石料及砂浆最低强度等级

地基土的潮湿程度	黏土砖		混凝土	石料	水泥砂浆
	严寒地区	一般地区			
稍潮湿	MU10	MU10	MU7.5	MU30	M5
很潮湿	MU15	M010	MU7.5	MU30	M7.5
含水饱和	MU20	MU15	MU10	MU40	M10

注:① 在冻胀地区,地面以下或防潮层以下的砌体不宜采用多孔砖,如果采用,则其孔洞应用水泥砂浆灌实。当采用混凝土砌块砌体时,其孔洞应采用强度等级不低于 C20 的混凝土灌实;

　　② 对安全等级为一级或设计使用年限大于 50 年的房屋,表中材料强度等级应至少提高一级。

3)混凝土和毛石混凝土

混凝土的强度、耐久性和抗冻性都较好,适合荷载较大或地下水位以下使用。为节省水泥用量,可掺入少于 30% 体积的毛石,成为毛石混凝土,其强度仍高于砖石砌体,应用广泛。

4)灰土

我国在一千多年前就采用灰土作为基础材料,有的至今还保存完好。灰土是石灰和黏性土按 3:7 或 2:8 混合而成的,石灰以块状生石灰经消化 1~2 天、过 5~10 mm 筛子后使用,土料以有机质含量很少的粉质黏土为宜,用前应过 10~20 mm 筛子。使用时加入适量水将其拌和均匀,铺入基槽内,每层可虚铺 220~250 mm,夯至 150 mm,一般可铺 2~3 层。

5)三合土

我国南方地区常用作基础材料的三合土是用石灰、砂、骨料(矿渣、碎砖石)按体积比为 1:2:4~1:3:6 配成的。三合土的使用方法与灰土相同,即加入适量水拌和均匀后,每层虚铺 200 mm,夯至 150 mm。

2. 钢筋混凝土

钢筋混凝土的强度、耐久性和抗冻性都很好,有良好的抗弯性能。在相同条件下,基础的高度小很多,可节省开挖基坑及其辅助工程量(土方、支撑、排水等)。所以其单价虽高于其他基础材料,但总的基础造价可能还低于其他材料。

当地下水对普通硅酸盐水泥有侵蚀性时,宜采用矿渣水泥或火山灰水泥拌制混凝土。

由钢筋混凝土构筑的基础抗弯、抗拉能力都很大,并具有相当的抗渗能力,适用于各种类型的基础,如扩展基础、柱下条形基础、筏板基础、壳体基础及地下构筑物,尤其适用于地基土比较软、上部结构荷载较大的情况。

混凝土和常用的钢筋强度及钢筋截面面积与公称单位长度质量如表 7-2~表 7-4 所示。

表 7-2　混凝土强度　　　　　　　　　　单位:N/mm^2

强度种类	符号	混凝土强度等级											
		C7.5	C10	C15	C20	C25	C30	C35	C40	C45	C50	C55	C60
轴心抗压	f_c	3.7	5.0	7.5	10	12.5	15	17.5	19.5	21.5	23.5	25	26.5
弯曲抗压	f_{cm}	4.1	5.5	8.5	11	13.5	16.5	19	21.5	23.5	26	27.5	29
抗拉	f_t	0.55	0.65	0.9	1.1	1.3	1.5	1.65	1.8	1.9	2	2.1	2.2
弹性模量	E_c	14500	17500	22000	25500	28000	30000	31500	32500	33500	34500	35500	36000

表 7-3　钢筋强度　单位：N/mm²

热轧钢筋种类		抗拉压度设计值 f_y	强度标准值 f_s	强度极限 f_b	相对界限受压区高度 ξ_b	截面抵抗矩系数 α_{smax}	弹性模量 E
Ⅰ级（A3、AY3）		210	235	375	0.614	0.426	210000
Ⅱ级	$d\leqslant25$	310	335	510	0.544	0.396	200000
	$d=28\sim40$	290	315		0.556	0.401	200000
Ⅲ级（25MnSi）		340	370	590	0.528	0.389	200000

表 7-4　钢筋截面面积与公称单位长度质量

钢筋直径/mm	6	8	10	12	14	16	18
截面面积/mm²	28.3	50.3	78.5	113.1	153.9	201.1	254.5
单位质量/(kg/m)	0.222	0.395	0.617	0.888	1.21	1.58	2.00
钢筋直径/mm	20	22	25	28	32	36	40
截面面积/mm²	314.2	380.1	490.9	615.3	804.3	1018	1256
单位质量/(kg/m)	2.47	2.98	3.85	4.83	6.31	7.99	9.87

任务2　浅基础的类型及构造

一、无筋扩展基础

无筋扩展基础（刚性基础）是指由砖、毛石、混凝土（或毛石混凝土）、灰土和三合土等材料组成的墙下条形基础或柱下独立基础（见图 7-1）。无筋扩展基础适用于多层民用建筑和轻型厂房。

浅基础的类型及埋深选择

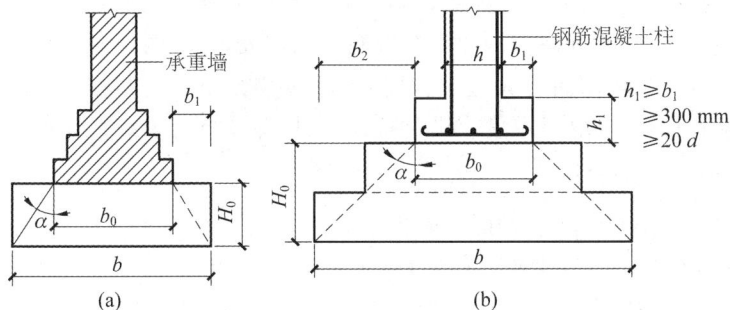

这类基础承受荷载后不挠曲，原为平面的基底，沉降后仍保持平面。为方便施工，基础一般做成台阶状剖面。在地基反力作用下，基础下部的扩大部分如同悬臂梁向上弯曲，如果悬臂过长，则易产生弯曲裂缝，因此用基础台阶宽高比的允许值 $\tan\alpha$ 进行限制（见表 7-5），α 称为允许刚性角，如图 7-1(b)所示，基础底面的宽度 b 应符合下式要求：

图 7-1　无筋扩展基础构造示意图

$$b \leqslant b_0 + 2H_0 \tan\alpha \qquad\qquad (7\text{-}1)$$

式中：b_0——基础顶面的砌体宽度；

H_0——基础高度；

$\tan\alpha$——基础台阶宽高比的允许值，可按表 7-5 选用。

表 7-5　无筋扩展基础台阶宽高比的允许值

基础名称	质量要求		台阶宽高比的允许值/kPa		
			$p_k \leqslant 100$	$100 < p_k \leqslant 200$	$200 < p_k \leqslant 300$
混凝土基础	C10 混凝土		1:1.00	1:1.00	1:1.00
	C7.5 混凝土		1:1.00	1:1.25	1:1.50
毛石混凝土基础	C7.5～C10 混凝土		1:1.00	1:1.25	1:1.50
砖基础	砖不低于 Mu7.5	M5 砂浆	1:1.50	1:1.50	1:1.50
		M2.5 砂浆	1:1.50	1:1.50	
毛石基础	M2.5～M5 砂浆		1:1.25	1:1.50	
	M1 砂子		1:1.50		
灰土基础	体积比为 3:7 或 2:8 的灰土，其最小干土重度：粉土 15.5 kN/m³；粉质黏土 15 kN/m³；黏土 14.5 kN/m³		1:1.25	1:1.50	
三合土基础	石灰:砂:骨料体积比为 1:2:4～1:3:6，每层约虚铺 220 mm，夯至 150 mm		1:1.50	1:2.00	

注：① p_k 为作用在标准组合基础底面处的平均压力，单位为 kPa；

　② 阶梯形毛石基础每阶伸出宽度不宜大于 200 mm；

　③ 当基础由不同材料叠合组成时，应对接触部分作抗压验算；

　④ 当混凝土基础单侧扩展范围内基础底面处的平均压力超过 300 kPa 时，还应进行抗剪验算；对基底反力集中于立柱附近的岩石地基，应进行局部受压承载力验算。

若式(7-1)得不到满足，可增加基础高度或改用刚性角大的材料。如果仍不满足，则需改用钢筋混凝土基础。

二、扩展基础

扩展基础是指柱下钢筋混凝土独立基础和墙下钢筋混凝土条形基础。由于钢筋混凝土的抗弯性能好，它能在较小埋深范围内将基础底面积扩大，在软弱地基上可避免砖石或混凝土等刚性基础因刚性角限制而增大埋深、材料用量和基坑开挖土方量。扩展基础的受力状况表明它仍属板式构件，其底板厚度应满足抗冲切、抗剪及抗弯承载力计算的要求。

1. 扩展基础的构造形式

扩展基础的构造形式一般有锥形和阶梯形。

扩展基础的构造应符合下列规定。

（1）锥形基础的边缘高度不宜小于 200 mm，且两个方向的坡度不宜大于 1:3；阶梯形基础的每阶高度宜为 300～500 mm。

（2）垫层的厚度不宜小于 70 mm，垫层混凝土强度等级不宜低于 C10。

（3）扩展基础受力钢筋最小配筋率不应小于 0.15%，底板受力钢筋的最小直径不宜小于 10 mm，间距不宜大于 200 mm，也不宜小于 100 mm。墙下钢筋混凝土条形基础纵向分布钢筋的直径不宜小于 8 mm，间距不宜大于 300 mm；每延米分布钢筋的面积应不小于受力钢筋面积的 15%。当有垫层时，钢筋保护层的厚度不应小于 40 mm；无垫层时，不应小于 70 mm。

（4）混凝土强度等级不应低于 C20。

（5）当柱下钢筋混凝土独立基础的边长和墙下钢筋混凝土条形基础的宽度大于或等于 2500 mm 时，底板受力钢筋的长度可取边长或宽度的 90%，并宜交错布置（见图 7-2）。

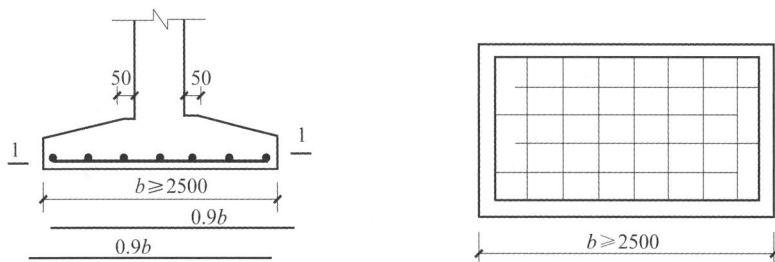

图 7-2　柱下独立基础底板受力钢筋布置

（6）钢筋混凝土条形基础底板在 T 形及十字形交接处，底板横向受力钢筋仅沿一个主要受力方向通长布置，另一方向的横向受力钢筋可布置到主要受力方向底板宽度的 1/4 处（见图 7-3），在拐角处底板横向受力钢筋应沿两个方向布置。

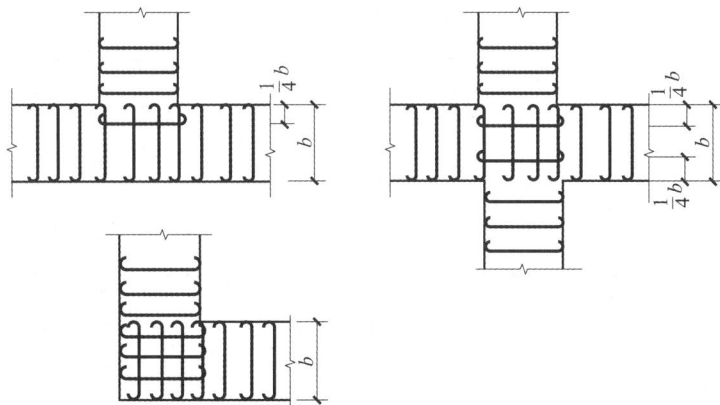

图 7-3　墙下条形基础纵横交叉处底板受力筋布置

2. 现浇柱下基础

现浇柱下基础有锥形和阶梯形基础（见图 7-4（a）（b））。基础高度除应满足抗冲切要求外，还应满足柱子纵向钢筋锚固长度的要求。如果基础与柱不同时浇注，则基础内预留插筋的数目及直径应与柱内纵向受力钢筋相同。插筋的锚固长度及它与柱的纵向受力钢筋的搭接长度应符合《混凝土结构设计规范》（GB 50010—2015）的规定。插筋应伸入基础底部的钢筋网，并在端部做成直弯钩（见图 7-4（a））。当符合下列条件之一时，可仅将四角的插筋伸至底板钢筋网上,其余插筋锚固在基础顶面下 l_a 或 l_{aE} 处(见图 7-4(b))。

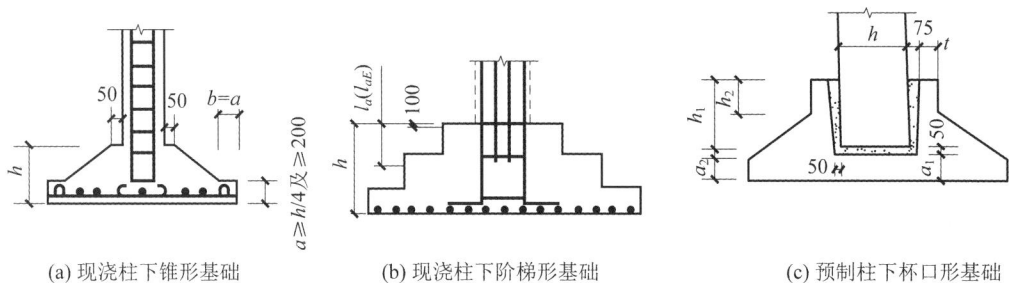

(a) 现浇柱下锥形基础　　　　(b) 现浇柱下阶梯形基础　　　　(c) 预制柱下杯口形基础

图 7-4　扩展基础的构造

(1) 柱为轴心受压或小偏心受压,基础高度大于或等于 1200 mm。

(2) 柱为大偏心受压,基础高度大于或等于 1400 mm。

基础顶部做成平台,每边由柱子边缘向外不少于 50 mm。阶梯形基础每阶的高度一般为 300～500 mm。基础高度 $h \leqslant 350$ mm,用一阶;350 mm$< h \leqslant 900$ mm,用二阶;$h > 900$ mm,用三阶(见图 7-4(b))。阶梯尺寸宜用 50 mm 的整数倍。

3. 预制混凝土柱下独立基础

预制混凝土柱下独立基础应做成杯口形(见图 7-4(c)),柱与杯口的连接应符合下列要求。

(1) 柱的插入深度 h_1 可按表 7-6 选用,并应满足锚固长度的要求(一般为 $20d$,d 为纵向受力钢筋直径)和吊装时柱的稳定性要求(即不小于吊装时柱长的 0.05 倍)。

(2) 基础的杯底厚度 a_1 和杯壁厚度 t 以及当柱小偏心受压的配筋应按有关要求选取。

表 7-6　柱的插入深度 h_1　　　　　　　　　　　　　　　单位:mm

	矩形或工字形柱				双肢柱
h	$h < 500$	$500 \leqslant h < 800$	$800 \leqslant h \leqslant 1000$	$h > 1000$	
h_1	$h \sim 1.2h$	h	$0.9h$,且 $0.9h \geqslant 800$	$0.8h \geqslant 1000$	$(1/3 \sim 2/3)h_a$ $(1.5 \sim 1.8)h_b$

注:① h 为柱截面长边尺寸,h_a 为双肢柱整个截面长边尺寸,h_b 为双肢柱整个截面短边尺寸;

　　② 柱轴心受压或小偏心受压时,h_1 可适当减小,偏心距大于 $2h$(或 $2d$)时,h_1 应适当加大。

三、柱下条形基础

柱下条形基础一般用钢筋混凝土建造,可以是单向的,也可以是十字交叉形的(见图 7-5)。柱下条形基础的受力条件不同于墙下条形基础,所受荷载为集中荷载,地基反力为非线性的,因此不论在纵向或横向,都要考虑弯曲应力和剪应力。柱下条形基础适用于柱跨较小的框架结构。当条形基础高度达到柱跨的 1/3～1/2 时,基础具有极大的刚度和调整地基变形的能力。目前国内外高层框架结构常采用高度较大的十字交叉形条形基础,以增强整个建筑物的刚度,使各柱间的沉降比较均匀。

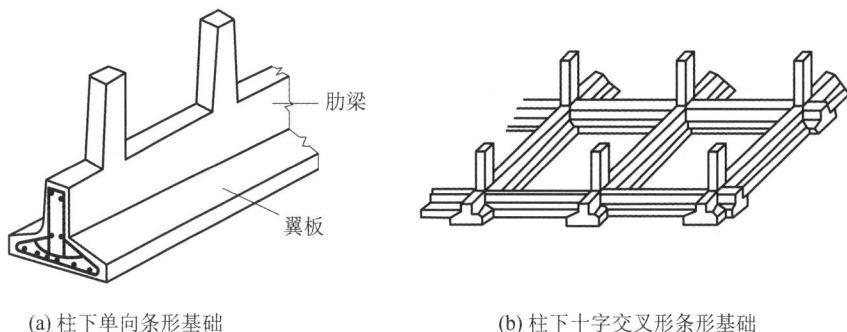

(a) 柱下单向条形基础　　　　　　　(b) 柱下十字交叉形条形基础

图 7-5　柱下条形基础

柱下条形基础常用于较弱地基上框架或排架结构的基础,适用于以下情况。

(1) 地基承载力不足,需加大基础底面积,但采用的扩展基础又受平面尺寸限制的情况。

(2) 柱荷载较大,且各柱荷载差异大,或地基土质变化大,压缩性分布不均匀,有局部软弱地基,可能引起不均匀沉降的情况。

柱下条形基础的截面一般为倒 T 形,截面中心柱下沿轴线延长部分称为肋梁,两侧挑出部分称为翼板。

柱下条形基础的构造除应符合扩展基础要求外,还应符合下列规定。

(1) 柱下条形基础梁的高度宜为柱距的 1/8～1/4。翼板厚度不应小于 200 mm。当翼板厚度大于 250 mm 时,宜采用变厚度翼板,其顶面坡度宜小于或等于 30°。

(2) 条形基础的端部宜向外伸出,其长度宜为第一跨距的 1/4。

(3) 在现浇柱与条形基础梁交接处,基础梁的平面尺寸应大于柱的平面尺寸,且柱的边缘至基础梁边缘的距离不得小于 50 mm(见图 7-6)。

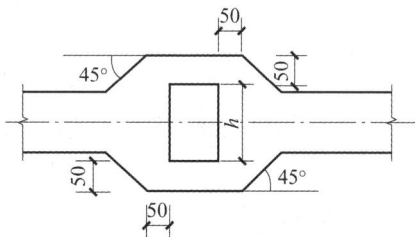

(4) 条形基础梁顶部和底部的纵向受力钢筋除应满足计算要求外,顶部钢筋应按计算配筋全部贯通,底部通长钢筋的面积不应小于底部受力钢筋截面总面积的 1/3。

图 7-6　现浇柱与条形基础梁交接处的平面尺寸

(5) 柱下条形基础的混凝土强度等级不应低于 C20。

四、筏板基础

筏板基础一般为等厚度的钢筋混凝土平板。当地基软弱,采用十字交叉形条形基础仍不能满足要求或相邻基槽距离很小时,可以设计宽敞地下室基础,将基础底板连成整片,用以支承上部结构的墙、柱或设备,即成为筏板基础。柱间不设地梁的称平板式筏板基础,设有地梁的称肋梁式(也称梁板式)筏板基础(见图 7-7)。

对上部结构较好的建筑,筏板基础可将上部结构荷载较均匀地分配到地基上,以减少地

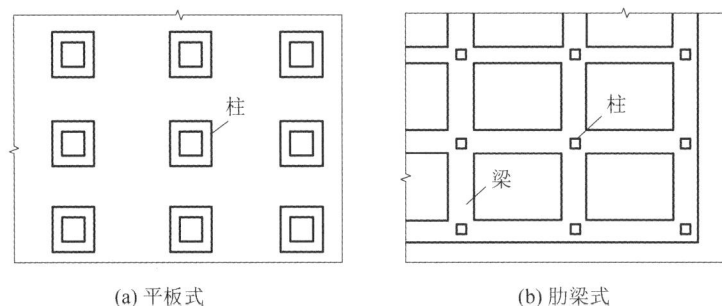

(a) 平板式　　　　　　　　　(b) 肋梁式

图 7-7　筏板基础

基附加应力,在与上部结构共同工作的条件下,使沉降比较均匀,减少相对沉降。当地层中含有小洞穴或局部软弱层时,可防止局部下沉过大而造成建筑物损坏。在自动化程度高、各设备间不允许有差异沉降时,厚筏板基础可在任何方向满足工艺上连续作业的需要,也便于设备工艺更新时重新布置。

但是,当地基有显著的软硬不均的情况时,仍应进行处理,不能单靠筏板基础来调整不均匀沉降。筏板基础构造要求如下。

(1) 筏板基础有平板式与肋梁式两类。肋梁布置应使其交点位于柱下。向上凸起的肋梁间可填土或素混凝土,间距不大时也可铺设预制钢筋混凝土板。筏板基础的板厚不得小于 200 mm,且不宜小于计算区段内最小跨度的 1/20,按受冲切和受剪承载力计算确定。

(2) 一般筏板边缘应伸出边柱和角柱或侧墙以外。外伸筏板可做成坡度,但边缘厚度不能小于 200 mm,并上下配置钢筋。伸出长度不宜大于边跨柱距的 1/4;无外伸肋梁的筏板的伸出长度不宜大于 1.5 m,双向伸出部分的直角端应削钝,对于无外伸肋梁的双向外伸筏板的四角部分,应在板底配置内锚长度大于外伸长度的辐射状附加钢筋,一般为 5～7 根,其直径与边跨板的受力钢筋相同,辐射钢筋外端间距不大于 200 mm。

(3) 筏板受力钢筋的配置除应满足计算要求外,纵、横两方向的柱下、肋梁及剪力墙外板底等支座钢筋应有一部分彼此连通。对柱下筏板,两向均为 0.15%;对剪力墙下筏板,纵、横向分别为 0.15% 与 0.10%;对柱、墙下跨中的钢筋,均按实际配筋率全部连通。

(4) 筏板分布钢筋,在板厚小于或等于 250 mm 时,取 $\phi8$ mm、间距 250 mm;板厚大于 250 m 时,取 $\phi10$ mm、间距 200 mm。

当有垫层时,筏板的钢筋保护层厚度不宜小于 35 mm,垫层厚度宜为 100 mm。

筏板基础的混凝土强度等级应不低于 C30。对地下水位以下的地下室筏板基础,还需考虑混凝土的防渗等级。

(5) 墙下筏板基础宜为等厚度的钢筋混凝土平板。

墙下浅埋或不埋式筏板基础适用于具有硬壳层(包括人工处理形成的)比较均匀的软弱地基。当建造六层及六层以下横墙较密的民用建筑时,筏板基础埋置深度除应符合一般规范要求外,宜做架空地板。如果采用不埋式筏板,四周必须设置边梁,底板四角应布置放射状附加钢筋。筏板厚度也可按楼层数和每层 50 mm 确定,但不得小于 200 mm。筏板悬挑墙外的长度从墙轴线算起,横向不宜大于 1.5 m,纵向不宜大于 1 m,当预估沉降量大于 120 mm时,必须加强上部结构的刚度和强度,并应满足软弱地基上建筑与结构措施的要求。

五、箱形基础

箱形基础是由钢筋混凝土的底板、顶板和纵横交叉的隔墙构成的,能共同工作的箱形地下结构(见图 7-8)的高度一般为 3～5 m,还可做成多层箱形基础,其地下空间可做商店、库房、设备间、通风隔热(潮)层及污水处理间等。

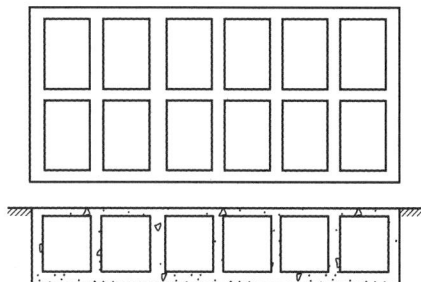

图 7-8　箱形基础

箱形基础的整体刚度大,调整地基不均匀沉降的能力强;具有一定的埋深,稳定性较好;挖除土方降低了地基附加应力,从而减少了绝对沉降量;具有较好的抗震性能。因此,箱形基础适用于地基软弱或不均匀,建筑物荷载很大或上部结构刚度较差,荷载分布不均匀且沉降要求严格等情况,是我国高层建筑常采用的一种主要基础形式。

箱形基础与其他基础相比,钢筋混凝土用量大,需开挖深基坑与降水,对邻近建筑物有影响等,因此其造价高、工期长,但如果能充分利用地下空间,仍可取得一定的经济效果。

六、壳体基础

壳体基础也称薄壳基础,是独立基础的另一种类型,是圆锥薄壳形地下结构,有正圆锥壳、M 形组合壳、内球外锥组合壳等(见图 7-9),主要用作烟囱、水塔、贮仓等构筑物的基础,正圆锥壳可用于柱的基础。

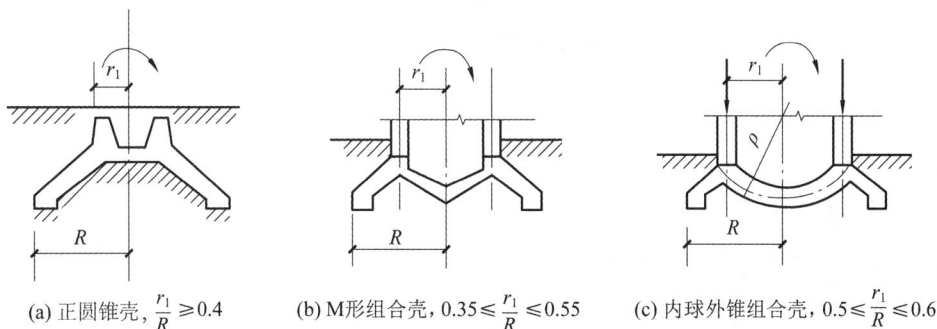

(a) 正圆锥壳,$\dfrac{r_1}{R} \geqslant 0.4$　　(b) M形组合壳,$0.35 \leqslant \dfrac{r_1}{R} \leqslant 0.55$　　(c) 内球外锥组合壳,$0.5 \leqslant \dfrac{r_1}{R} \leqslant 0.6$

图 7-9　壳体基础

R——基础水平投影面最大半径;ρ——内倒球壳的曲率半径

壳体顶部均设置环梁,承受环向垂直荷载。内、外壳的水平推力互相抵消或部分抵消,使环梁不出现或出现较小的拉力。在环向荷载作用下,外壳环向受拉、径内受压,内壳的环向与径向均受压。组合壳的承载能力较正圆锥壳大,稳定性好。壳体在地基反力作用下主要承受轴向力,混凝土受压而钢筋受拉,充分发挥了材料的作用。据某些工程实践统计,此类基础能比实体基础节约 40%～50% 的混凝土和 30% 的钢材用量。但此类基础制作土胚模、放置钢筋、浇筑混凝土等施工工艺复杂、操作技术要求较高。

任务 3　基础埋置深度

基础埋置深度一般是指室外设计地面至基础底面的深度,简称埋深。

基础埋置深度的大小对建筑物的安全和正常使用、基础施工技术措施、施工工期和造价均有很大影响,因此合理选择埋深十分重要,要考虑建筑物的结构形式、使用要求、荷载大小和性质,以及地流条件、相邻建筑与地下设施等,应选择技术上可靠、经济上合理的埋置深度。

基础埋置深度的影响因素主要有以下几方面。

1. 建筑物的用途与基础的形式和构造

高层建筑不允许基础有较大倾斜,上部结构对不均匀沉降很敏感,要求基础埋置于较好的土层上;对有地下室、地下管道或基础设备的建筑,要求局部或整体加大基础埋深。若采用刚性基础,则基础底面积确定后,满足刚性角构造要求规定的最小高度也就确定了基础的埋深。同时,为避免地面动植物活动、耕土层等外界因素对基础的影响,最小埋深不应小于0.5 m,但岩石地基可不受此限制。

2. 荷载的大小和性质

荷载大小不同,对地基土承载力要求不同,则对埋深影响也不同。承受较大水平荷载的基础需有足够埋深以获得土的侧向嵌固作用,如高层建筑与高耸构筑物(烟囱、水塔等)为抵抗风力、地震力的倾覆作用,其埋深应不小于地面建筑物高度的 $1/15\sim1/8$,以保证建筑的稳定性。对承受上拔力的基础,如输电塔基础,也要有较大的埋深,以保证必要的抗拔阻力。对于承受动荷载的基础,不能选择饱和疏松的粉、细砂作为持力层,以免该地层由于振动液化而失去承载力,使基础失稳。在地震区也不应将可液化的砂层和粉性土层作为基础持力层。位于岩石地基上的高层建筑的基础埋深应满足抗滑要求。

3. 工程地质和水文地质条件

工程地质状况常可决定基础的埋深,适宜作持力层的地层所在位置即是基础的埋置深度。一般当上层土的承载力能满足要求时,即应选择该层作持力层;如果其下有软弱下卧层,则需验算其强度;对水平方向不均匀的地基,可针对地层变化,将基础分成若干段,各段采用不同的埋深,以调整基础的不均匀沉降。如果遇有地下水,则基础应尽量浅埋于地下水位之上,以免增加施工排水任务。如果基础埋深必须在地下水位以下,则施工时应采取降水或排水措施,以保护地基土不受扰动。对于河岸边的基础,其埋深应在流水的冲刷作用深度以下。若基础埋置在易风化的岩层上,则施工时应在基坑开挖后立即铺筑垫层。

4. 相邻建筑物的基础埋深

对原有邻近建筑物,为保证施工期间及其以后的安全和正常使用,一般应使新设计的基础埋深不大于原有相邻建筑的基础埋深。当必须深于原有相邻建筑物的基础时,两基础间应保持一定净距。根据荷载大小及土质情况,一般取相邻两基础底面高差的 $1\sim2$ 倍,否则应采取分段施工,设临时加固支撑、打板桩、地下连续墙等施工措施,或加固原有建筑物地基,以免开挖基坑时,原有建筑物的地基松动。

5.地基土冻胀和融陷

在季节性冻土地区,确定基础埋深要考虑地基土的冻胀性。地基土结冻而体积增大、地面隆起的现象称为冻胀,冻土融化引起沉陷称为融陷。若基础埋置于冻结深度内,地基土的反复冻融会使建筑物易开裂破坏或产生不均匀沉降。根据地基土的类别、天然含水率、地下水位等因素,可将地基土的冻胀性分为五类:不冻胀、弱冻胀、冻胀、强冻胀、特强冻胀(见表7-7)。

表 7-7　地基土的冻胀性分类

土的名称	冻前天然含水量 $w/(\%)$	冻结期间地下水位距冻结面的最小距离 h_w/m	平均冻胀率	冻胀等级	冻胀类别
碎(卵)石,砾、粗、中砂(粒径小于 0.075 mm,颗粒含量大于 15%),细砂(粒径小于 0.075 mm,颗粒含量大于 10%)	$w\leqslant12$	>1.0	$\eta\leqslant1$	I	不冻胀
		$\leqslant1.0$	$1<\eta\leqslant3.5$	II	弱冻胀
	$12<w\leqslant18$	>1.0			
		$\leqslant1.0$	$5<\eta\leqslant6$	III	冻胀
	$w>18$	>0.5			
		$\leqslant0.5$	$6<\eta\leqslant12$	IV	强冻胀
粉砂	$w\leqslant14$	>1.0	$\eta\leqslant1$	I	不冻胀
		$\leqslant1.0$	$1<\eta\leqslant3.5$	II	弱冻胀
	$14<w\leqslant19$	>1.0			
		$\leqslant1.0$	$3.5<\eta\leqslant6$	III	冻胀
	$19<w\leqslant23$	>1.0			
		$\leqslant1.0$	$6<\eta\leqslant12$	IV	强冻胀
	$w>23$	不考虑	$\eta>12$	V	特强冻胀
粉土	$w\leqslant19$	>1.5	$\eta\leqslant1$	I	不冻胀
		$\leqslant1.5$	$1<\eta\leqslant3.5$	II	弱冻胀
	$19<w\leqslant22$	>1.5			
		$\leqslant1.5$	$3.5<\eta\leqslant6$	III	冻胀
	$22<w\leqslant26$	>1.5			
		$\leqslant1.5$	$6<\eta\leqslant12$	IV	强冻胀
		>1.5			
	$26<w\leqslant30$	$\leqslant1.5$	$\eta>12$	V	特强冻胀
	$w>30$	不考虑			

续表

土的名称	冻前天然含水量 $w/(\%)$	冻结期间地下水位距冻结面的最小距离 h_w/m	平均冻胀率	冻胀等级	冻胀类别
黏性土	$w \leqslant w_p + 2$	>2.0	$\eta \leqslant 1$	I	不冻胀
		$\leqslant 2.0$	$1 < \eta \leqslant 3.5$	II	弱冻胀
	$w_p + 2 < w \leqslant w_p + 5$	>2.0			
		$\leqslant 2.0$	$3.5 < \eta \leqslant 6$	III	冻胀
	$w_p + 5 < w \leqslant w_p + 9$	>2.0			
		$\leqslant 2.0$	$6 < \eta \leqslant 12$	IV	强冻胀
	$w_p + 9 < w \leqslant w_p + 15$	>2.0			
		$\leqslant 2.0$	$\eta > 12$	V	特强冻胀
	$w > w_p + 5$	不考虑			

注:① w_p 为土的塑限含水率,单位为%,w 为冻前天然含水率在冻层内的平均值;

② 盐渍化冻土不在表列;

③ 塑性指数大于 22 时,冻胀性降低一级;

④ 粒径小于 0.005 mm 的颗粒含量大于 60% 时,为不冻胀土;

⑤ 碎石类土当填充物大于全部质量的 40% 时,其冻胀性按填充物土的类别判断;

⑥ 碎石,砾、粗、中砂(粒径小于 0.075 mm,颗粒含量大于 15%),细砂(粒径小于 0.075 mm,颗粒含量大于 10%)均按不冻胀考虑。

季节性冻土地基的设计冻深 z_d 可按下式计算:

$$z_d = z_0 \cdot \psi_{zs} \cdot \psi_{zw} \cdot \psi_{ze} \tag{7-2}$$

式中:z_d——设计冻深,$z_d = h' - \Delta z$;

h'——冻土层厚度;

Δz——地表冻胀量;

z_0——标准冻深,采用地表平坦、裸露、城市之外的空旷场地中不少于十年实测最大冻深的平均值。当无实测资料时,按《规范》的附录 F 采用;

ψ_{zs}——土的类别对冻深的影响系数(见表 7-8);

ψ_{zw}——土的冻胀性对冻深的影响系数(见表 7-9);

ψ_{ze}——环境对冻深的影响系数(见表 7-10)。

表 7-8　土的类别对冻深的影响系数

土的类别	影响系数 ψ_{zs}	土的类别	影响系数 ψ_{zs}
黏性土	1.00	中、粗、砾砂	1.30
细砂、粉砂、粉土	20	大块碎石	1.40

表 7-9　土的冻胀性对冻深的影响系数

冻胀性	影响系数 ψ_{zw}	冻胀性	影响系数 ψ_{zw}
不冻胀	1.00	强冻胀	0.85
弱冻胀	0.95	特强冻胀	0.80
冻胀	0.90		

表 7-10 环境对冻深的影响系数

周围环境	影响系数 ψ_{ze}
村、镇、旷野	1.00
城市近郊	0.95
城市市区	0.90

注:环境影响系数一项,当城市市区人口大于 20 万且小于或等于 50 万时,按城市近郊取值;当城市市区人口大于 50 万且小于或等于 100 万时,按城市市区取值;当城市市区人口超过 100 万时,除计入市区影响外,还应考虑 5 km 以内的郊区近郊影响系数;5 km 以内的郊区应按城市近郊取值。

季节性冻土地区基础埋置深度宜大于场地冻结深度。对于深厚季节性冻土地区,当建筑基础底面土层为不冻胀、弱冻胀、冻胀土时,基础埋置深度可以小于场地冻结深度,基底允许冻土层最大厚度应根据当地经验确定。没有地区经验时可按《规范》的附录 G 查取。基础最小埋深 $d_{\min}$ 可按下式计算:

$$d_{\min} = z_d - h_{\max} \tag{7-3}$$

式中:$h_{\max}$——基础底面下允许出现冻土层的最大厚度,按表 7-11 查取。

表 7-11 建筑基底允许的冻土层最大厚度 $h_{\max}$ 单位:m

基底平均压力/kPa			90	110	130	150	170	190	210
弱冻胀土	方形基础	采暖	—	0.94	0.99	1.04	1.11	1.15	1.20
		不采暖	—	0.78	0.84	0.91	0.97	1.04	1.10
	条形基础	采暖	—	>2.50	>2.50	>2.50	>2.50	>2.50	>2.50
		不采暖	—	2.20	2.50	>2.50	>2.50	>2.50	>2.50
冻胀土	方形基础	采暖	—	0.64	0.70	0.75	0.81	0.86	—
		不采暖	—	0.55	0.60	0.65	0.69	0.74	—
	条形基础	采暖	—	1.55	1.79	2.03	2.26	2.50	—
		不采暖	—	1.15	1.35	1.55	1.75	1.95	—
强冻胀土	方形基础	采暖	—	0.42	0.47	0.51	0.56	—	—
		不采暖	—	0.36	0.40	0.43	0.47	—	—
	条形基础	采暖	—	0.74	0.88	1.00	1.13	—	—
		不采暖	—	0.56	0.66	0.75	0.84	—	—
特强冻胀土	方形基础	采暖	0.30	0.34	0.38	0.41	—	—	—
		不采暖	0.24	0.27	0.31	0.34	—	—	—
	条形基础	采暖	0.43	0.52	0.61	0.70	—	—	—
		不采暖	0.33	0.40	0.47	0.53	—	—	—

注:① 本表只计算法向冻胀力,如果基侧存在切向冻胀力,则应采取防切向力措施;
② 基础宽度小于 0.6 m 时不适用,矩形基础取短边尺寸,按方形基础计算;
③ 表中数据不适用于淤泥、淤泥质土和欠固结土;
④ 表中基底平均压力数值为永久荷载标准值乘以 0.9,可以内插。

有充分依据时,基底下允许的冻土层厚度也可根据当地经验确定。

在冻胀、强冻胀、特强冻胀地基上,宜采用下列防冻害措施。

(1)对在地下水位以上的基础,基础侧面应回填非冻胀性的中、粗砂,其厚度不应小于 200 mm。对在地下水位以下的基础,可采用桩基础、保温性基础、自锚式基础(冻土层下有扩大板或扩底短桩),也可将独立基础或条形基础做成正梯形的斜面基础。

(2)应尽量选择地势高、地下水位低、地表排水良好的建筑场地。对低洼场地,宜在建筑四周向外 1 倍冻深距离范围内,使室外地坪至少高出自然地面 300~500 mm。

(3)为了防止施工和使用期间的雨水、地表水、生产废水、生活污水浸入地基,应做好排水设施,在山区必须做好截水沟或在建筑物下设置暗沟,以排走地表水和潜水流,避免因基础堵水而造成冻害。

(4)在强冻胀性和特强冻胀性地基上,结构上应设置钢筋混凝土圈梁和基础梁,并控制建筑的长高比,增强房屋的整体刚度。

(5)当独立基础梁下或桩基础承台下有冻土时,应在连系梁或承台下留有相当于该土层冻胀量的空隙,以防止因土的冻胀将梁或承台拱裂。

(6)外门斗、室外台阶和散水坡等部位宜与主体结构断开,散水坡分段不宜超过 1.5 m,坡度不宜小于 3‰,其下宜填入非冻胀性材料。

(7)按采暖设计的建筑物,如入冬不能正常采暖,过冬时应对地基采取保温措施;对跨年度施工的建筑(包括非采暖建筑),入冬前也要采取相应的防护措施。

任务4　地基承载力的确定

地基承载力的确定在地基基础设计中是一个非常重要而复杂的问题。它不仅与土的物理、力学性质有关,还与基础的形式、底面尺寸与形状、埋深,以及建筑类型、结构特点和施工速度有关。

地基处于极限平衡状态时,所能承受荷载的能力为极限承载力。在极限状态下,地基的变形将可能随时间不断地增长,并出现不同形式的破坏。为避免发生破坏,地基设计时必须将承载力限制在某一限度内。该限度即过去所称的容许承载力,一般表现为地基的沉降因土的压密而逐渐停止。

一、按荷载试验确定地基承载力特征值

荷载试验属于基础的模拟试验,可用于测求地基土层的承压板下应力主要影响范围内的承载力和变形参数。承压板面积一般不应小于 0.25 m²,对于软土不应小于 0.50 m²。有关荷载试验方法以及确定承载力和变形参数的内容已经分别在第一部分的学习情境 3 中介绍,在此不再赘述。

由于建筑物基础面积和埋深与荷载试验承压板面积和测试深度差别很大,当基础宽度

大于 3 m 或埋置深度大于 0.5 m 时,对荷载试验或其他原位测试、经验值等方法确定的地基承载力特征值,还应按下式修正:

$$f_a = f_{ak} + \eta_b \gamma (b-3) + \eta_d \gamma_m (d-0.5) \tag{7-4}$$

式中:f_a——修正后的地基承载力特征值,单位为 kPa;

　　　f_{ak}——地基承载力特征值,单位为 kPa;

　　　η_b、η_d——基础宽度和埋深的地基承载力修正系数,可按基底下土的类别查表 7-12;

　　　γ——基底以下土的重度,地下水位以下取浮重度,单位为 kN/m^3;

　　　γ_m——基底以上土的加权平均重度,位于地下水位以下的土层取有效重度,单位为 kN/m^3;

　　　b——基础底面宽度,当宽度小于 3 m 时按 3 m 考虑,当大于 6 m 时按 6 m 考虑;

　　　d——基础埋置深度,宜自室外地面标高算起。在填方整平地区,可自填土地面标高算起,但填土在上部结构施工后完成时,应从天然地面标高算起。对于地下室,当采用箱基或筏基时,应从室外地面标高算起;当采用独立基础或条形基础时,应从室内地面标高算起。

表 7-12　地基承载力修正系数

土的类别		η_b	η_d
淤泥和淤泥质土		0	1.0
人工填土,e 或 I_L 大于或等于 0.85 的黏性土		0	1.0
红黏土	含水比 $a_w > 0.8$	0	1.2
红黏土	含水比 $a_w \leqslant 0.8$	0.15	1.4
大面积压实填土	压实系数大于 0.95 的粉质黏土、黏粒含量 $\rho_c \geqslant 10\%$ 的粉土	0	1.5
大面积压实填土	最大干密度大于 2.1 t/m^3 的级配砂石	0	2.0
粉土	黏粒含量 $\rho_c \geqslant 10\%$ 的粉土	0.3	1.5
粉土	黏粒含量 $\rho_c < 10\%$ 的粉土	0.5	2.0
e 及 I_L 均小于 0.85 的黏性土		0.3	1.6
粉砂、细砂(不包括很湿与饱和时的稍密状态)		2.0	3.0
中砂、粗砂、砾砂和碎石土		3.0	4.4

注:① 强风化和全风化的岩石,可参照所风化成的相应土类取值,其他状态下的岩石不修正;

　　② 地基承载力特征值按《规范》中的附录 D 深层平板荷载试验确定,η_d 取 0;

　　③ 含水比是指土的天然含水率与液限的比值;

　　④ 大面积压实填土是指填土范围大于两倍基础宽度的填土。

二、按强度理论公式计算地基承载力特征值

如果基底压力小于地基临塑压力,则表明地基不会出现塑性区,这时地基将有足够的安全储备。实践证明,采用临塑压力作为地基承载力设计值是偏于保守的,只要地基的塑性区范围不超过一定限度,并不会影响建筑物的安全和正常使用。这样,可采用地基土出现一定深度的塑性区的基底压力作为地基承载力特征值,详见第一部分的学习情境 4 的任务 4 中的第二条地基承载力理论计算。

三、岩石地基承载力特征值的确定

岩石地基承载力特征值可按《规范》中的附录 H 岩基荷载试验方法确定。对破碎和极破碎的岩石地基承载力特征值,可根据平板荷载试验确定。对完整、较完整和较破碎的岩石地基承载力特征值,可根据室内饱和单轴抗压强度按下式计算:

$$f_a = \psi_r \cdot f_{rk} \tag{7-5}$$

式中:f_a——岩石地基承载力特征值,单位为 kPa;

f_{rk}——岩石饱和单轴抗压强度标准值,单位为 kPa,可按《规范》中的附录 J 确定;

ψ_r——折减系数,根据岩体完整程度及结构面的间距、宽度、产状和组合,由地区经验确定。在无经验时,对完整岩体可取 0.5;对较完整岩体可取 0.2~0.5;对较破碎岩体可取 0.1~0.2。注意:① 上述折减系数值未考虑施工因素及建筑物使用后风化作用的继续;② 对于黏土质岩,在确保施工期及使用期不致遭水浸泡时,也可采用天然湿度的试样,不进行饱和处理。

对破碎、极破碎的岩石地基承载力特征值,可根据地区经验取值;在无地区经验值时,可根据平板荷载试验确定。

四、软弱下卧层承载力特征值的验算

当地基持力层范围内有软弱下卧层时,应按下式验算:

$$p_z + p_{cz} \leqslant f_{az} \tag{7-6}$$

式中:p_z——相应于作用标准组合时软弱下卧层顶面处的附加压力值,单位为 kPa;

p_{cz}——软弱下卧层顶面处土的自重压力值,单位为 kPa;

f_{az}——软弱下卧层顶面处经深度修正后的地基承载力特征值,单位为 kPa。

对条形基础和矩形基础,式(7-6)中的 p_z 值可按下列公式简化计算。

条形基础:

$$p_z = \frac{b(p_k - p_c)}{b + 2z\tan\theta} \tag{7-7}$$

矩形基础:

$$p_z = \frac{lb(p_k - p_c)}{(b + 2z\tan\theta)(l + 2z\tan\theta)} \tag{7-8}$$

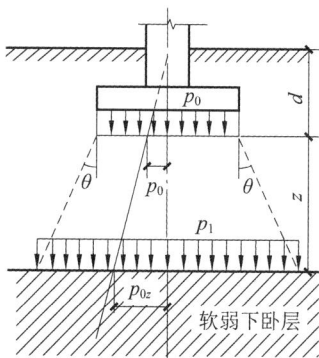

图 7-10 软弱下卧层承载力特征值验算

式中:b——矩形基础和条形基础底边的宽度,单位为 m;

l——矩形基础底边的长度,单位为 m;

p_k——相应于荷载效应标准组合时基础底面处的平均压力值,单位为 kPa;

p_c——基础底面处土的自重压力值,单位为 kPa;

z——基础底面至软弱下卧层顶面的距离,单位为 m;

θ——地基压力扩散线与垂直线的夹角(见图 7-10),单位为°,可按表 7-13 采用。

表 7-13 地基压力扩散角 单位:°

E_{s1}/E_{s2}	z/b	
	0.25	0.50
3	6	23
5	10	25
10	20	30

注:① E_{s1} 为上层主压缩模量;E_{s2} 为下层主压缩模量;

② $z/b<0.25$ 时取 $\theta=0°$,必要时宜由试验确定;$z/b>0.50$ 时,θ 值不变;

③ z/b 为 0.25~0.5 时,可插值使用。

对于沉降稳定的建筑物或经过预压的地基,可适当提高地基承载力。

任务5 浅基础的设计与计算

在基础类型和埋置深度初步确定后,应根据基础上作用的荷载、埋深和地基承载力特征值计算基础底面尺寸。在设计步骤上,一般先初步确定埋深和基础底面尺寸,然后计算地基承载力设计值,再根据地基承载力设计值校核基础底面尺寸。如果设计不能满足地基要求,则应重新选择较大尺寸或改变埋深后再次验算,直到满足设计要求为止。

一、轴心荷载作用下基础底面积的确定

轴心荷载作用的基础一般都采用对称形式,使基础底面形心位于荷载作用线上,避免基础发生倾斜。基础底面的压力均匀分布,可按下式确定,并应符合小于或等于地基承载力设计值的要求,即

$$p_k = \frac{F_k + G_k}{A} \leqslant f_a \tag{7-9}$$

式中:p_k——相应于作用标准组合时基础底面处的平均压力值,单位为 kPa;

F_k——相应于作用标准组合时上部结构传至基础顶面的竖向力值,单位为 kN;

A——基础底面面积,单位为 m²;

G_k——基础自重值,一般取 $G_k = \gamma_0 dA$,γ_0 为基底以上基础与基础台阶上回填土的平均重度,单位为 kN/m³,一般取 $\gamma_0 = 20$ kN/m³,d 为基础埋深,取室内外埋深平均值,单位为 m;

f_a——修正后的地基承载力特征值,单位为 kPa。

由上式可得

$$A \geqslant \frac{F_k}{f_a - 20d} \tag{7-10}$$

对于墙下条形基础,取墙长方向 1 m 为计算单元,则 $A=l\times b$,故基础宽度为

$$b \geqslant \frac{F_k}{f_a - 20d} \tag{7-11}$$

对于柱下独立基础,若为方形,则 $A=b^2$,故基础边长为

$$b \geqslant \sqrt{\frac{F_k}{f_a - 20d}} \tag{7-12}$$

若为矩形基础,则 $A=bl$,故

$$bl \geqslant \frac{F_k}{f_a - 20d} \tag{7-13}$$

式中:b、l——矩形基础底面的宽度与长度,或短边与长边的边长,单位为 m。

二、偏心荷载作用下基础底面面积的确定

对偏心荷载作用的基础,一般假设基础底面上的压力为直线分布,基底边缘的最大和最小压力设计值按材料力学短柱偏心受压公式计算:

$$p_{k\min}^{k\max} = \frac{F_k + G_k}{A} \pm \frac{M_k}{W} \tag{7-14}$$

式中:M_k——相应于作用标准组合时,作用于基础底面的力矩值,单位为 kN·m;

W——基础底面的抵抗矩,$W = bl^2/6$;

$p_{k\max}$、$p_{k\min}$——相应于作用标准组合时基础底面边缘的最大、最小压力值,单位为 kPa。

当基底压力求出后,除符合式(7-9)外,还应满足下列条件:

$$p_{k\max} \leqslant 1.2 f_a \tag{7-15}$$

当偏心距 $e > l/6$(见图 7-11)时,$p_{k\max}$ 应按下式计算:

$$p_{k\max} = \frac{2(F_k + G_k)}{3la} \tag{7-16}$$

式中:l——力矩作用方向的基础底面边长;

a——合力作用点至基础底面最大力边缘的距离。

应该指出,基底压力 $p_{k\max}$ 和 $p_{k\min}$ 不能相差过大,以免基础倾斜,应尽量控制,使 $e \leqslant l/6$;或调整基础尺寸,将基础做成非对称形。当 $e > l/6$ 时,$p_{k\min} < 0$,基底与地基局部脱开,一般不允许出现此种情况。

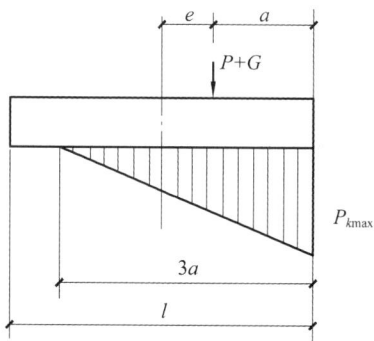

图 7-11   偏心荷载的基底压力

矩形基础的底面尺寸 b、l 可能有多种选择,一般应使长边方向与弯矩方向一致。为简化计算,先按轴心荷载算出所需底面积,根据偏心距大小将其增大 10%~50%,且要求长短边之比在 3 以内,求算 $P_{k\max}$ 是否满足式(7-15)的要求,经反复试算即可确定底面尺寸。

例 1   某建筑物承重墙下的条形基础在 ±0.00 标高处的相应于荷载效应标准组合上部结构传来的竖向力值 $F_k = 300$ kN,基础埋深 1.8 m,基底下为 e、I_L 均小于 0.85 的黏性土。已知地基承载力标准值 $f_k = 200$ kPa,基底面以上土层重度 $\gamma_m = 16$ kN/m³,地下水位在 -2 m,试求基础宽度。

解 （1）求地基承载力特征值，先暂不考虑基础宽度的修正，查表7-12得 $\eta_d=1.6$，按式（7-4）得

$$f_a=f_{ak}+\eta_d\gamma_m(d-0.5)=200\ \text{kPa}+1.6\times16\times(1.8-0.5)\ \text{kPa}=233.3\ \text{kPa}$$

（2）由式（7-11）计算得

$$b\geqslant\frac{F_k}{f_a-20d}=\frac{300}{233.3-20\times1.8}\ \text{m}=1.52\ \text{m}$$

取墙下条基宽 $b=1.52$ m。因 $b<3$ m，可不再对承载力修正。

例2 某建筑物内柱下矩形独立基础顶面位于−1 m处，顶面处的竖向力值 $F_k=1000$ kN，弯矩 $M=150$ kN·m，水平力 $F_H=20$ kN，地基埋深同例1，试求基础底面尺寸。

解 （1）由式（7-10）得

$$A\geqslant\frac{F_k}{f_a-20d}=\frac{1000\times1}{233.3-20\times1.8}\ \text{m}^2=5.068\ \text{m}^2$$

考虑弯矩作用，加大10%底面面积，得

$$A\geqslant(1+10\%)\times5.068\ \text{m}^2=5.575\ \text{m}^2$$

若取长短边之比 $l/b=2$，则 $2b^2\geqslant5.58$ m²，$b\geqslant\sqrt{2.79}$ m$=1.67$ m

（2）取 $b=1.7$ m，则 $l=3.4$ m，依此验算承载力，得

$$A=1.7\times3.4\ \text{m}^2=5.78\ \text{m}^2$$

$$G_k=20dA=20\times1.8\times5.78\ \text{kN}=208\ \text{kN}$$

$$M_k=150\ \text{kN·m}+20\times(1.8-1)\ \text{kN·m}=166\ \text{kN·m}$$

$$W=\frac{bl^2}{6}=1.7\times\frac{3.4^2}{6}\ \text{m}^2=3.275\ \text{m}^2$$

按式（7-14）和式（7-15）验算：

$$p_{k\min}^{k\max}=\frac{F_k+G_k}{A}\pm\frac{M_k}{W}=\frac{1000+208}{5.78}\ \text{kPa}\pm\frac{166}{3.275}\ \text{kPa}=(209\pm50.7)\ \text{kPa}$$

$$p_{k\max}=259.7<1.2f_a=1.2\times233.3\ \text{kPa}=280\ \text{kPa}$$

$$p_{k\min}=158.3\ \text{kPa}>0$$

$$p_k=209\ \text{kPa}<f_a=233.3\ \text{kPa}$$

均满足要求。

三、基础剖面尺寸的确定

按上述方法确定的基础底面面积只能保证地基承载力和变形满足要求，但对基础本身材料是否会受力破坏，还需要进行计算，包括基础剖面尺寸的确定和基础配筋计算。

基础剖面尺寸主要是指基础高度，基础高度通常小于基础埋深，这是为了防止基础露出地面，遭受人来车往、日晒雨淋的损伤。基础顶面需要覆盖一层保护基础的土层，此保护层的厚度通常大于10～15 cm。因此，基础的高度为基础埋深和基础保护层厚度之差。若基础材料采用刚性材料，如砖、砌石或混凝土，则基础高度设计还应满足基础台阶宽高比小于或等于基础刚性角正切值的要求，以免刚性材料被拉，导致开裂。

四、地基变形验算

地基在上部结构荷载作用下发生压缩变形,建筑物及基础随之沉降。若地基不均匀或上部结构荷载差异较大,则可能造成不均匀沉降,使建筑物倾斜、出现裂缝或影响正常使用,严重的将引起建筑物破坏。因此,地基基础设计要求建筑物的地基变形计算值不应大于地基变形允许值。

根据建筑物结构类型的不同,地基变形特征可分为沉降量、沉降差、倾斜、局部倾斜四种指标。

验算时,应先根据建筑物的结构特点、安全使用要求及地基的工程特性确定某一变形特征作为变形验算的控制条件。

由于建筑地基不均匀、荷载差异很大、体型复杂等因素均会引起地基变形,在计算地基变形时,对砌体承重结构应由局部倾斜值控制;对框架结构和单层排架结构应由相邻柱基的沉降差控制;对多层或高层建筑和高耸结构应由倾斜值控制,必要时还应控制平均沉降量。

在必要情况下,需要分别预估建筑物在施工期间和使用期间的地基变形值,以便预留建筑物有关部分之间的净空,考虑连接方法和施工顺序。此时,关于一般建筑物在施工期间完成的沉降量,对于碎石或砂土,可认为其最终沉降量已完成 80% 以上;对于低压缩黏性土,可认为已完成最终沉降量的 50%~80%;对于中压缩黏性土,可认为已完成 20%~50%;对于高压缩黏性土,可认为已完成 5%~20%。

一般情况下,变更基础的尺寸与布置方式可以有效地调整基底附加压力的分布与大小,从而改变地基变形值。当基底附加压力相同时,地基的变形随基底尺寸的增大而增加;而在确定的荷载下,若增大基底尺寸,则会使地基变形量减小,但应注意加大基底面积会增加地基压缩层的厚度,以致影响地基深层中有较高压缩性的土层,也会造成地基变形量的增加。因此,在验算地基变形,调整基底尺寸时,应考虑其他因素的影响。在实际设计中,常常会产生仅依靠调整基底尺寸并不能使地基变形满足要求的情况,这需要采取其他措施,如改变基础埋深、改换基础类型、修改上部结构形式,甚至需要做人工地基或同时采取多种工程措施,以满足地基变形控制要求。

建筑物的地基变形允许值可按《建筑地基基础设计规范》(GB 50007—2011)的表 3-6 的规定采用。对表中未包括的其他建筑物的地基变形允许值,可根据上部结构对地基变形的适应能力和使用上的要求确定。

五、地基稳定性验算

在进行地基设计时,对经常受水平荷载作用的高层建筑和高耸结构,承受水压力或土压力的挡土墙、水(堤)坝、桥台,以及建造在斜坡上的建(构)筑物,还应验算其稳定性。

(1) 在竖向和水平荷载作用下,地基内仅存在软土或其夹层时,可能发生地基整体滑动失稳。实际观察表明,地基整体滑动形成的滑动面通常是球弧面,对均质土可简化为平面问题的圆弧面(见图 7-12)。其稳定性取决于最危险的滑动面上各力对滑动中心产生的抗滑力矩 M_R 与滑动力矩 M_s 的相互关系,M_R 和 M_s 应符合下式要求:

$$M_R \geqslant 1.2M_s \tag{7-17}$$

（2）对位于稳定土坡坡顶上的建筑,当垂直于坡顶边缘线的基础底面边长 b 小于或等于 3 m 时,其基础底面边缘线至坡顶的水平距离 a（见图 7-13）应符合下述要求,但不得小于 2.5 m。

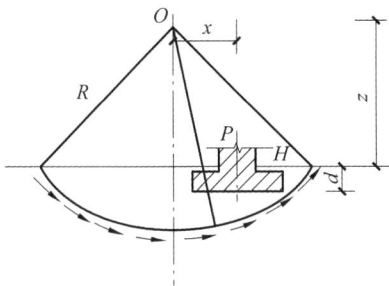

图 7-12　圆弧滑动面示意图　　　　图 7-13　基底边缘至坡顶的水平距离

① 条形基础:

$$a \geqslant 3.5b - \frac{d}{\tan\beta} \tag{7-18}$$

矩形基础:

$$a \geqslant 2.5b - \frac{d}{\tan\beta} \tag{7-19}$$

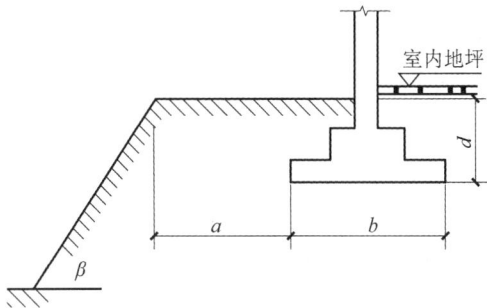

式中:a——基础底面外边缘线至坡顶的水平距离;

b——垂直于坡顶边缘线的基础底面边长;

d——基础埋置深度;

β——边坡坡角。

② 当基础底面外边缘线至坡顶的水平距离不满足式(7-18)、式(7-19)的要求时,可根据基底平均压力按式(7-17)确定基础距坡顶边缘的距离和基础埋深。

③ 当边坡坡角大于45°、坡高大于 8 m 时,应按式(7-17)验算坡体稳定性。

任务6　上部结构、基础和地基共同作用的概念

　　高层建筑的上部结构具有较大的刚度,并且与基础、地基同处于一个共同作用的完整系统之中。但是,长期以来由于认识的局限性和计算手段的缺陷,在设计中往往人为地割断各部分的联系。例如,在设计上部结构时,假定地基基础为绝对刚性,把上部结构与基础的连接点处理成固结,忽略地基基础对上部结构工作性状的影响,而在设计地基基础时,或把上部结构视为绝对刚性,不考虑共同作用,或只考虑基础与地基的共同作用,不考虑上部结构刚度的贡献。直到近十年来,大量建造高层建筑的丰富实践和计算技术的迅速发展,才为解决高层建筑与地基基础共同作用的问题提供了可能。

一、地基基础与上部结构的关系

1. 常规考虑方法

在建筑结构的设计计算中,通常把上部结构、基础和地基三者分开考虑,视为彼此相互独立的结构单元,进行静力平衡分析计算,既不考虑上部分结构的刚度,只计算作用在基础顶面的荷载,也不考虑基础的刚度,基底反力简化为直线分布,并反向施加于地基,当作柔性荷载验算地基承载力和进行地基沉降计算。

2. 上述常规方法评价

(1) 对于单层排架结构一类的上部柔性结构和地基土质较好的独立基础,可以得到满意的结果。

(2) 对于软弱地基上单层砖石砌体承重结构和条形基础,按常规方法计算的结果与实际差别较大。

(3) 对于钢筋混凝土框架结构一类的敏感性结构下的条形基础,上述常规方法计算的结果与实际不同。

(4) 对于高层建筑剪力墙结构下箱形基础置于一般土质天然地基的工程,常规计算方法也不能令人满意。

3. 对合理分析和计算方法的评价

(1) 地基、基础和上部结构三者相互连接成整体,共同承担荷载而产生相应的变形。

(2) 三者都按各自的刚度,对相互的变形产生制约作用,因而制约整个体系的内力、基底反力和结构变形及地基沉降。

(3) 三者之间同时满足静力平衡和变形协调两个条件。

(4) 需要建立正确反映结构刚度影响的理论。

(5) 需要研究合理反映土的变形特性的地基计算模型及其参数。

上述合理的方法是相当复杂的,但已越来越受到重视和接受,并已在地基上梁和板的分析及高层建筑箱形基础内力计算等方面得到部分应用。

总之,了解地基、基础与上部结构共同工作的概念,有助于掌握各类基础的性能,更好地设计地基基础方案。

二、基础刚度的影响

建筑物基础的内力、基底反力大小与分布及地基沉降量除了与地基的特性密切相关外,还受基础本身与上部结构刚度大小制约。下面研究基础本身刚度的影响。

1. 柔性基础

(1) 柔性基础可随地基的变形而任意弯曲。例如,土工聚合物上的填土可视为柔性基础。

(2) 柔性基础的基底反力分布与作用在基础上的荷载分布相同,如图 7-14(a)所示。

(3) 均布荷载下柔性基础的基底沉降量中部大、边缘小,如图 7-14(b)所示。要使沉降均匀,应使边缘荷载增大。

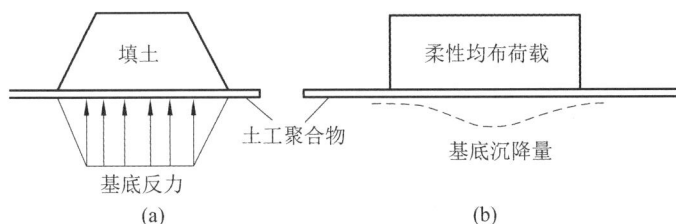

图 7-14 柔性基础

（4）柔性基础缺乏刚度，无力调整基底的不均匀沉降，不可能使传至基底的荷载改变原来的分布情况。

2. 刚性基础

（1）刚性基础具有极大的抗弯刚度，在荷载作用下基础不产生挠曲。例如，沉井基础可视为刚性基础。

（2）刚性基础基底平面沉降后仍保持平面，在中心荷载作用下均匀下沉，基底保持水平；在偏心荷载作用下沉降后，基底为一倾斜平面。

（3）刚性基础底面面积和埋深较大，在上部中心荷载不大时基底反力呈马鞍形分布，如图 7-15(a)所示。

（4）随着上部荷载增大，邻近基底边缘的塑性区逐渐扩大，基底应力重新分布，所增大的上部荷载依靠基底中部反力增大来平衡。因此，基底反力图由马鞍形逐渐变成抛物线形，如图 7-15(b)所示。

（5）刚性基础基底反力分布与荷载分布情况无关，仅与荷载合力大小与作用点位置相关。例如，荷载合力偏心很大时，离合力作用点近的基底边缘反力很大，而远离合力的基底边缘反力为零，甚至基底可能与地基脱开。

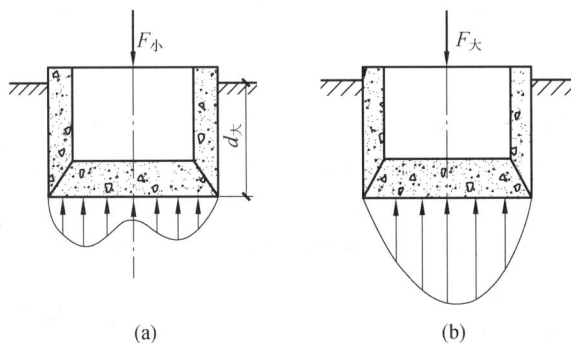

图 7-15 刚性基础

三、地基软硬的影响

1. 软土地基

在淤泥或淤泥质土一类软土地基中，当基础的相对刚度较大时，基底反力分布可按直线计算。在中心荷载作用下，基底反力均匀分布；在偏心荷载作用下，基底反力呈梯形分布，如图 7-16 所示。

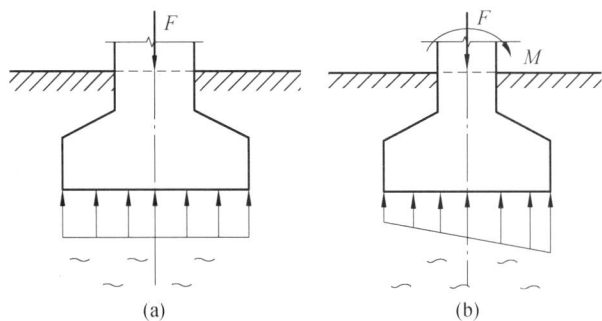

图 7-16　软土地基反力分布

2. 坚硬地基

坚硬地基包括岩石、密实卵石、坚硬黏性土地基。坚硬地基上置抗弯刚度很小的基础，当基础上作用集中荷载时，仅传递到荷载附近的地基中，远离荷载的地基不受力。若为相对柔性的基础，则在远离集中荷载作用点处基底反力不仅为零，而且可能与地基脱开悬空，如图 7-17 所示。

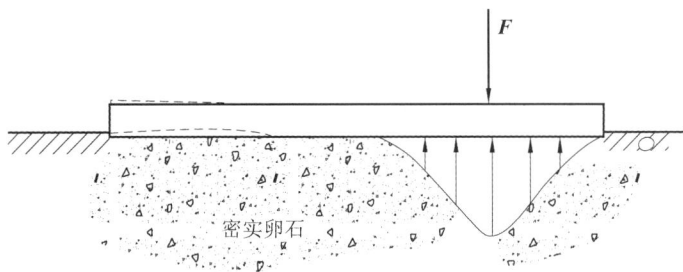

图 7-17　坚硬地基上薄板基础集中荷载的反力分布

3. 软硬悬殊地基

实际工程中常遇到各种软硬相差悬殊的地基，如基槽中存在古水井、古河沟、坟墓、暗塘，以及防空洞、旧基础等情况，对基础梁的挠曲和内力的影响很大。

例如，条形基础下，地基的中部软、两边硬，会加剧条形基础的挠曲程度，如图 7-18(a)所示；相反，地基中部硬、两边软，则可能使条形基础的正向挠曲变为反向挠曲，如图 7-18(b)所示。

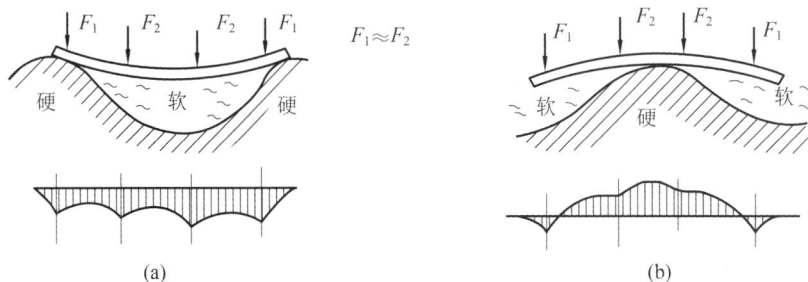

图 7-18　地基软硬悬殊对基础受力的影响

四、上部结构刚度的影响

上部结构刚度不同,在地基变形时将产生不同的影响。同时,上部结构刚度大小不同,对基础受力状况也产生不同的影响。

1. 上部结构完全柔性

(1)以屋架、柱、基础为承重体系的木结构和土堤及土坝一类填土工程可视为完全柔性结构;钢筋混凝土排架结构也可视为完全柔性结构。

(2)上部柔性结构的变形与地基的变形一致,地基的变形对上部结构不产生附加应力,上部结构没有调整地基不均匀变形的能力,对基础的挠曲没有制约作用,即上部结构不参与地基、基础的共同工作,如图7-19所示。

(3)在木结构柱顶荷载作用下,独立基础发生沉降差,不会引起主体结构的次应力,传递给基础的柱荷载也不会因此而发生变化。

静定结构与非软弱地基变形之间通常不存在彼此制约的关系,也可视为柔性结构一类。

2. 上部结构绝对刚性

(1)烟囱、水塔、高炉一类高耸结构置于整体大厚度的钢筋混凝土独立基础上,整个体系为绝对刚性,如图7-20所示。

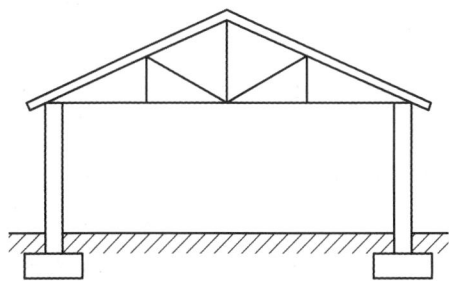

图 7-19　完全柔性结构

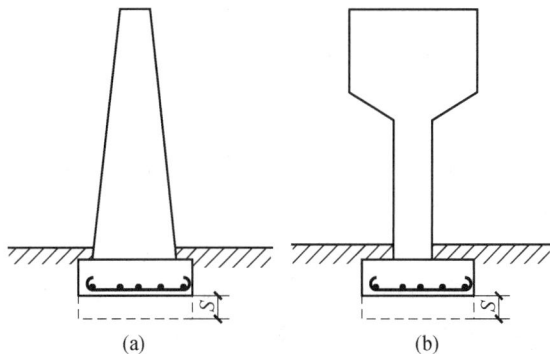

图 7-20　绝对刚性结构

(2)在中心荷载作用下,均匀地基的沉降量相同,基础不发生挠曲。刚性上部结构具有调整地基应力、使沉降均匀的作用。

(3)一般体型简单、荷载均匀、长高比很小、采用剪力墙结构的高层建筑,配置相应的箱形基础,可按刚性结构设计计算。大量试验研究表明,高层建筑、箱形基础和地基三者共同工作时效果十分显著,如图7-21所示。

① 上部结构刚度对地基变形的制约。高层建筑物高度 H 与长度 L 之比 $H/L < 0.25$ 时,在建筑施工过程中,地基变形的纵、横两向均为中部大、两端小,呈下凹曲面形,如图7-21(a)所示。因为此时上部结构的刚度较小,对地基变形还未起制约作用。

当楼层升高后,地基中部与两端的沉降差异反而减少,这是由于上部分结构的刚度增大,自动地将上部均匀荷载和自重向沉降小的部位传递,使地基变形的曲率减少,甚至趋近

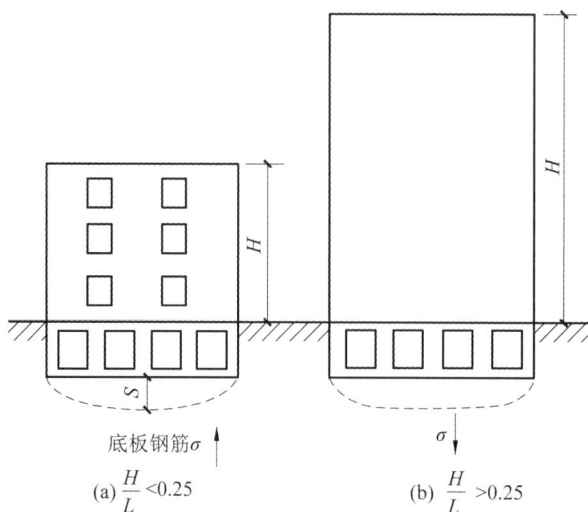

图 7-21　上部结构与地基基础共同工作

于零,如图 7-21(b)所示。

②　上部结构刚度对箱基弯曲和内力的制约。在高层建筑施工初期 $H/L<0.25$,楼身不高,即上部结构刚度较小时,箱基底板与顶板中部的钢筋拉应力 σ 随楼层升高而增大,最后达到最大值 σ_{max}。

当楼层继续升高后,$H/L>0.25$,上部结构刚度不断增大,箱基底板钢筋拉应力反而逐渐减小,在建筑物完工时达到最小值 σ_{min}。

3.上部结构为敏感性结构

(1)低层砖石砌体承重结构和单层钢筋混凝土框架结构对地基不均匀沉降反应灵敏,均为敏感性结构。

(2)由于砖石材料为刚性材料,抗拉强度低,当地基局部倾斜较大时,墙体将产生裂缝。

(3)框架结构构件之间的刚性连接在调整地基不均匀沉降的同时,也引起上部结构的次应力。在横向为三柱独立基础的情况下,往往使中柱荷载减少,向边柱转移;同时,两侧的独立基础向外转动,引起梁柱挠曲,发生次应力,严重时将导致结构损坏。

综上所述,关于地基、基础与上部结构共同工作的问题,有待深入地进行试验研究,并在工程实践中应用和不断总结经验。例如,高层建筑箱形基础按传统方法,即地基、基础与上部结构三者分别计算,则箱基底板的钢筋应力超过了 100 MPa;如果按三者共同工作,考虑实测钢筋应力仅为 30 MPa 左右,可见此类问题有很大的研究潜力,可节省大量钢材与建设资金。

任务 7　减轻不均匀沉降的措施

建筑物总要产生或多或少的沉降,不均匀沉降会导致建筑物开裂、破坏,或影响正常使用。特别是软弱地基上的建筑物,沉降大且不均匀,沉降历时很长才趋于稳定。故为减少不均匀沉降而采取各种必要的措施是地基基础乃至建筑结构设计中的一个重要课题。

在建筑物设计中,单独加强上部结构与基础或加固地基并不是最经济、合理的。要考虑上部结构、基础和地基共同工作的原则,从各方面采取相应的措施,才能相对地提高结构的刚性与抗裂性,使地基变形减少至允许范围内,做到安全、经济、合理。由于建筑物的体形复杂多变、荷载分布不规律及地基土性质的不同与变化,上部结构、基础与地基的共同工作的问题目前尚难通过理论计算定量解决,但通过大量的工程实践,已积累了一整套行之有效的经验和办法,在有关规范中也有所体现。

一、建筑措施

1. 建筑体型应力求简单

建筑体型在满足使用和其他要求的前提下,应力求简单。建筑物的体型常采用多单元组合的形式,平面形状复杂,立面高差悬殊,在其纵横高低单元相接处,地基中应力重叠,使地基受力不均匀,差异沉降增大。沉降大的部位附近的墙体易出现裂缝,建筑物平面的突出部分也易开裂,建筑物内还会因扭曲产生附加应力,因此建筑体型越简单越经济。

当建筑体型比较复杂时,宜根据其平面形状和高度差异情况,在适当部位用沉降缝将其划分成若干个刚度较好的单元。

当高度差异或荷载差异较大时,可将两者隔开一定的距离。若拉开距离后两单元必须连接,则应采用能自由沉降的独立连接体构造,设置简支或悬挑结构。

2. 设置沉降缝

在建筑物的适当部位设置沉降缝是减少地基不均匀沉降造成危害的有效方法之一。沉降缝是将建筑物分成若干个长高比较小、整体刚度较好、自成沉降体系的单元,从而能够调整不均匀沉降。建筑物的下列部位宜设置沉降缝。

（1）建筑平面的转折部位。

（2）建筑物高度或荷载差异处（包括地下室的边缘处）。

（3）长高比过大的砌体承重结构或钢筋混凝土框架结构的适当部位。

（4）地基土的压缩性有显著差异处（包括地基处理方法不同处）。

（5）建筑结构或基础类型不同处。

（6）分期建造房屋的交界处。

沉降缝应有足够的宽度:对 2、3 层房屋,缝宽 50～80 mm;对 4、5 层房屋,缝宽 80～120 mm;对 5 层以上房屋,缝宽不小于 120 mm。

沉降缝内一般不要填塞任何材料,北方地区为防寒也只能填塞松软材料,以免缝两侧单元内倾时相互挤压。

3. 控制相邻建筑物间距

相邻建筑物之间由于基底压力会向外扩散一定范围,产生附加的不均匀沉降。为减少相邻建筑物的影响,应使建筑物之间相隔一定的距离。

相邻建筑物基础间的净距可按表 7-14 选用。

表 7-14   相邻建筑物基础间的净距   单位:m

影响建筑的预估平均沉降量 S/mm	被影响建筑的长高比	
	$2.0 \leqslant L/H_f < 3.0$	$3.0 \leqslant L/H_f < 5$
70~150	2~3	3~6
160~250	3~6	6~9
260~400	6~9	9~12
>400	9~12	≥12

注:① 表中 L 为建筑物长度或经沉降分隔的单元长度,单位为 m,H_f 为自基础底面标高算起的建筑物高度,单位为 m;
② 当被影响建筑的长高比为 $1.5 < L/H_f < 2.0$ 时,其间净距可适当缩小。

对相邻高耸结构或对倾斜要求严格的构筑物外墙间隔距离,应根据倾斜允许值计算确定。

4. 建筑物标高的控制

由于地基沉降引起建筑物各组成部分的标高发生变化,会影响建筑物正常使用。为减少沉降对使用的不利影响,设计时应根据可能产生的不均匀沉降,采取下列相应措施。

(1)室内地坪和地下设施的标高应根据预估沉降量予以提高。

(2)当建筑物各部分或设备之间有联系时,可将沉降量较大的标高提高。

(3)建筑物与设备之间应留有足够的净空。

(4)当建筑物有管道穿过时,应预留足够尺寸的孔洞,或采用柔性的管道接头等。

二、结构措施

1. 减小建筑物的基底压力,即减轻结构的重量

地基上的荷载包括永久荷载和可变荷载,其中永久荷载占总荷载的比重很大,据统计民用建筑为 60%~70%,工业建筑为 40%~50%,所以应设法减轻建筑物的自重(包括基础上覆土),主要有以下方法。

(1)减轻墙体自重。宜选用轻质墙体材料,如空心砌块、空心砖、轻质混凝土墙板等。

(2)采用架空地板代替室内厚填土。

(3)选用轻型结构,如预应力混凝土结构、轻钢结构、轻型屋面板(瓦)等。

(4)采用覆土少、自重轻的基础形式,如浅埋钢筋混凝土基础、空心基础、空腹沉井等。

2. 调整基底压力或附加应力

通过调整各部分的荷载分布、基础宽度或埋置深度,可在相同总荷载下减轻荷载的不均匀分布、减少附加应力及不均匀沉降。具体可采用以下措施。

(1)设置地下室或半地下室。挖除土重能抵消部分附加应力,在建筑物高、重部分下设置地下室能调整不同部分的沉降差异。

(2)改变基底尺寸。荷载大的基础采用较大基底面积,对建筑物各部分采用不同的基底压力,以调整不均匀沉降。

(3)对不均匀沉降要求严格或重要的建筑物,选用较小的基底压力。

3. 增强建筑物整体刚度和强度

建筑物一般只具有一定的刚性,如砖石承重结构、独立基础或条形基础上的框架结构等对地基的不均匀沉降较敏感,应提高其整体刚度和强度,以调整地基的不均匀沉降。对于砌体承重结构的房屋,常用的措施主要有以下几方面。

(1)控制建筑物的长高比,三层和三层以上的房屋的长高比 L/H_f 宜小于或等于 2.5;当长高比为 $2.5<L/H_f \leqslant 3.0$ 时,宜做到纵墙不转折或少转折,其内横墙间距不宜过大,必要时可适当增强基础的刚度和强度。当房屋的预估最大沉降量小于或等于 120 mm 时,其长高比可不受限制。

(2)砌体内设置钢筋混凝土圈梁或钢筋砖圈梁,以提高砌体的抗剪、抗拉强度,增强建筑物整体性,防止出现裂缝。

圈梁应设置在外墙、内纵墙和主要内横墙上,并宜在平面内连接成封闭系统。

对多层房屋,应在基础和顶层处各设置一道圈梁,其他各层可隔层设置,必要时也可层层设置。单层工业厂房、仓库可结合基础梁、连系梁、过梁等酌情设置。在顶层圈梁上应有足够重量的砌体,使圈梁和砌体能整体起作用。

圈梁的宽度一般与墙厚相同,高度不小于 120 mm,常用截面为 240 mm×180 mm,当兼作较大跨度的窗过梁时用 240 mm×240 mm。混凝土强度等级不低于 C15,纵向主筋不宜少于 4Φ8,当兼作过梁时配筋应由计算确定,箍筋间距不宜大于 300 mm。当圈梁因墙体开洞而不能在同标高连通时,可在上方设置加强圈梁。其两端在上下不同标高上搭接部分的长度各不小于两圈梁高差的 3 倍或 1.5 m。

在墙体上开洞时,宜在开洞部位配筋或采用构造柱及圈梁加强。

(3)加强基础的刚度。在地基土质或荷载变化处,加设钢筋混凝土地梁,或选用肋梁条基、交叉梁条基、厚的或肋梁筏基、箱基、桩基等,以减少不均匀沉降。跨越局部软土部分的基础可加高或做成钢筋混凝土基础墙形式。条形基础的埋深或肋梁高度可以有变化,用以调整地基的不均匀沉降。另外,对于建筑体型复杂、荷载差异较大的框架结构,为加强基础整体刚度,可采用箱基、桩基、厚筏基等,以减少不均匀沉降。

三、施工措施

在软弱地基上进行工程施工,如果能合理安排施工程序,注意施工方法,则能减少或调整部分不均匀沉降。

(1)在淤泥及淤泥质土地基上开挖基坑,注意不要扰动土的原状结构,以免破坏其原有结构强度。开挖时,暂不挖到基底标高,保留 200 mm 厚的原土,待基础施工时再由人力铲除。如已有扰动,可挖去扰动部分,铺以中粗砂并回填碎砖(石)处理。

(2)当建筑物各部分荷载差异较大时,应先建重、高部分,后建轻、低部分。对重、高建筑物附近的附属建筑物,如锅炉房、连接廊等,以及轻、低相邻建筑物,应尽可能施工得慢些,如能间隔一个时期后施工更好。但应指出,一般建筑物在施工期间完成的沉降量对软的高压缩黏性土仅完成最终沉降量的 5%～20%,对中压缩黏性土为 20%～50%,可调整的沉降差是有限的。

(3)在已建成的轻型建筑物周围,不宜堆放大量的建筑材料或土方等,以免地面堆载引起建筑物附加沉降。拟建的密集建筑群内如果有桩基建筑物,应先期施工桩基础。如果开挖深基坑及降水工程,应做好基坑支护,采取相应措施,防止土体变形与地下水位变化对邻近建筑物可能产生的不良影响。

(4)对于活荷载较大的构筑物,如料仓、油罐等施工完成后,在使用初期应根据沉降情况控制加荷速率,掌握加荷的间隔时间,或调整活荷载分布,避免倾斜过大。

知识拓展

沉降的墨西哥艺术宫

墨西哥艺术宫是一座巨型的具有纪念意义的早期建筑。此艺术宫于 1934 年落成,至今已有 90 余年的历史。这座艺术宫严重下沉,沉降量高达 4 m。临近的公路下沉 2 m,公路路面至艺术宫门前高差达 2 m。参观者需步下 9 级台阶,才能从公路进入艺术宫。这是地基沉降非常严重的典型实例。

墨西哥艺术宫沉降的一个主要原因是墨西哥城下的土层是表层为人工填土与砂夹卵石硬壳层,厚度 5 m,其下为火山灰形成的超高压缩性淤泥,天然孔隙比高达 7~12,含水率为 150%~600%,为世界罕见的软弱土,层厚达 25 m。自 20 世纪中叶以来,随着城市人口的不断增加,人们无节制地开采地下水,使得地下水位下降,含水层大面积收缩,导致地面下沉;城市范围不断拓展,昔日的湖区已经全部被填埋建造为城区。这些特殊的地质结构为墨西哥城长期下陷埋下了祸根。统计数字显示,在过去 100 年中,墨西哥城平均每年下沉近 9 cm,有些地区每年的下沉量达到了 38 cm。

墨西哥城每年下沉的现象引起了人类对地球未来的关注。作为人类,我们应该认识到自己的行为对环境的影响,并积极采取措施来保护我们的家园。通过加强环境保护、推广绿色能源、减少碳排放量等措施的实施,我们相信地球的未来将更加美好。让我们携手共进,为地球的可持续发展贡献自己的力量!

学习资源

思考题二维码

习题二维码

小 结

1. 浅基础的类型与构造

浅基础按建筑材料可分为无筋扩展基础（如砖石基础、灰土基础、混凝土基础（或毛石混凝土基础））与扩展基础（如钢筋混凝土基础等）；按基础的结构形式可分为独立基础、条形基础、片筏基础、箱形基础等。

2. 基础埋置深度的选择

基础的埋置深度一般指室外设计地面至基础底面的距离。影响基础埋置深度的因素有以下几个方面。

(1) 建筑物的用途和基础构造。

(2) 荷载大小和性质。

(3) 工程地质和水文地质条件。

(4) 相邻建筑物的基础埋深。

(5) 地基土冻胀性和融陷深度。

3. 地基承载力的确定

确定地基承载力在地基基础设计中是一个非常重要且复杂的问题。

地基承载力特征值是在保证地基稳定的条件下使建筑物和构筑物的沉降量不超过地基承载能力的允许值。规定地基承载力特征值可由荷载试验或其他原位测试、公式计算并结合工程实践经验等方法综合确定。

4. 浅基础的设计与计算

在基础类型和埋置深度初步确定后，应根据基础上作用的荷载、埋置深度和地基承载力特征值计算基础底面尺寸。

一般步骤：先初步确定埋置深度和基础底面尺寸，然后计算地基承载力特征值，再根据地基承载力特征值校核基础底面尺寸。如果设计不能满足地基要求，则应重新选择较大尺寸，并在改变埋置深度后再次验算，直到满足设计要求为止。

5. 上部结构、基础和地基共同作用的概念

上部结构、基础和地基三者相互连接成整体，共同承担荷载，产生相应的变形。三者之间除相互制约外，还应同时满足静力平衡和变形协调两个条件。

6. 减轻不均匀沉降的措施

地基不均匀或上部结构荷载差异较大等原因都会使建筑物产生不均匀沉降。不均匀沉降值超过允许限度将会使建筑物开裂、损坏，甚至带来严重的危害。减轻建筑物不均匀沉降的措施有建筑措施、结构措施、施工措施。

学习情境 8
桩基础及其他深基础

单元导读

　　地基不是指建筑物的组成部分,而是其下面支撑基础的土体或岩体,可分为天然地基、人工地基。当土层的地质状况较好、承载力较强时,可以采用天然地基;而在地质状况不佳的条件下,如坡地、砂地或淤泥地质,或虽然土层质地较好,但上部荷载过大时,为使地基具有足够的承载能力,需要采用人工加固地基,即人工地基。本单元所讲的桩基及其他深基础就是一种人工地基。

基本要求

　　通过本单元学习,应能够了解桩基础的作用,熟悉桩基础的类型,掌握单桩竖向及水平承载力的确定、群桩承载力的计算和桩与承台的设计计算方法;了解将实际工程转化成数学或力学模型进行设计计算的程序,并能对设计结果进行沉降变形验算;熟知桩基工程质量的测试技术,熟悉其规范标准;了解其他深基础的基本知识。

重点

　　单桩竖向及水平承载力的确定、群桩承载力的计算和桩与承台的设计计算方法;桩基工程质量的测试技术,以及其规范标准。

难点

　　单桩竖向及水平承载力的确定。

思政元素

　　强化学生的道德观,培养学生科研创新意识、精益求精的工匠精神和家国情怀。

桩基的由来

桩基础是最古老的基础形式之一，其历史可以追溯到非常遥远的过去。早在7000—8000年前的新石器时代，人们为了防止猛兽侵犯，曾在湖泊和沼泽地里打木桩、筑平台修建居住点。这种居住点称为湖上住所。在中国，最早的桩基是在浙江省河姆渡的原始社会居住地遗址中发现的。到宋代，桩基技术已经比较成熟。在《营造法式》中载有临水筑基一节。到了明、清代，桩基技术更趋完善，如清代《工程做法则例》一书对桩基的选料、布置和施工方法等都有了规定。上海市龙华镇的龙华塔（建于北宋太平兴国二年，977年）和山西太原市的晋祠圣母殿（建于北宋天圣年间，1023—1031年）都是中国现存的采用桩基的古建筑。

早期使用的桩都是木桩，这在一些古代文化遗址中得到了证实。例如，美国的考古学家在对智利古文化遗址中的一间支撑于木桩上的木屋进行放射性碳60测定后，推断出桩的应用历史至少有12000年。

随着时间的推移，桩材料和技术经历了多次变革。直到19世纪20年代，人类才开始使用铸铁板桩修筑围堰和码头。到了19世纪后期，随着钢、水泥、混凝土和钢筋混凝土的相继问世和大量使用，制桩材料发生了根本变化，促进了桩基础的迅速发展。1898年，俄国工程师斯特拉乌斯率先提出了以混凝土或钢筋混凝土为材料的一类桩型，即就地灌注混凝土桩。随后，美国工程师雷蒙德在1901年提出了沉管灌注桩的设计思想。20世纪初，钢桩和钢筋混凝土预制桩相继问世并得到广泛应用。到了20世纪30年代，钢桩在一些欧洲国家开始广泛使用。第二次世界大战后，随着冶炼技术的发展，各种直径的无缝钢管被作为桩材用于基础工程。

我国从20世纪50年代开始生产预制钢筋混凝土桩。50年代末，铁路系统开始生产使用预应力钢筋混凝土桩。随着大型钻孔机械的出现，工程中又开始使用钻孔灌注桩或钢筋混凝土灌注桩。20世纪60—70年代，我国研制生产出预应力钢筋混凝土管桩，并在桥梁和港口工程中得到了广泛应用。

随着桩基础应用领域的拓宽，机械设备和施工技术不断得到改进与发展，各种新桩型和新工法产生，为桩基在复杂地质条件和环境条件下的应用注入了勃勃生机。现在，随着国民经济得到快速发展和工程建设的需要，桩基础已在房屋建筑、桥梁码头、杆塔结构和海上石油平台等领域得到了日益广泛的应用。

任务 1　桩基础的了解

一、桩基础的概念

桩基础及其分类

桩基础简称桩基,是由设置于岩土中的桩和与桩顶连接的承台共同组成的基础或由柱与桩直接连接的单桩基础,如图 8-1 所示。桩基可以承受竖向荷载,也可以承受横向荷载。承受竖向荷载的桩通过桩侧摩阻力或桩端阻力或两者共同作用将上部结构的荷载传递到深处土(岩)层,因而桩基的竖向承载力与基桩所穿过的整个土层和桩底地层的性质、基桩的外形和尺寸等密切相关;承受横向荷载的桩

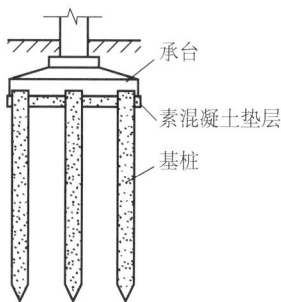

图 8-1　桩基础

基通过桩身将荷载传给桩侧土体,其横向承载力与桩侧土的抗力系数、桩身的抗弯刚度和强度等密切相关。工程实际中以承受竖向荷载为主的桩基居多。

桩基可由单根桩构成,如一柱一桩的独立基础;也可由两根以上的基桩构成,形成群桩基础,荷载通过承台传递给各基桩桩顶。若桩身全部埋于土中,承台底面与土体接触,则称为低承台桩基;若桩身上部露出地面,承台底位于地面以上,则称为高承台桩基。建筑桩基通常为低承台桩基,桥梁和码头桩基多为高承台桩基。

二、桩基础的应用范围

作为深基础,桩基具有承载力高、稳定性好、沉降量小且均匀、沉降速率低且收敛快等特性。因此,桩基几乎可应用于各种工程地质条件和各种类型的建筑工程,尤其适用于建造在软弱地基上的高层、重型建(构)物。桩基一般可用于以下几种情况。

(1) 用于荷载大、对沉降要求严格限制的建筑物,如大、中城市的高层房屋建筑等。

(2) 用于地面堆载过大的单层工业厂房、露天栈桥、仓库等建筑物。

(3) 用于解决相邻建(构)筑物因地基沉降而产生相互影响的问题。

(4) 用于对限制倾斜量有特殊要求的建(构)筑物,如电视塔、烟囱等。

(5) 用于活荷载占较大比例的建(构)筑物,如电视塔、烟囱等。

(6) 用于配备重级工作制吊车的单层厂房,如冶金厂房等。

(7) 作为抗地震液化和处理地震区软弱地基的措施。

(8) 有时用于重大或精密机械设备的基础,或用于动力机械基础,以降低基础振幅等。

(9) 用于临水岸坡的水工建筑物基础,如码头、采油平台等。

三、桩的类型

1. 按承载性能分类

1) 摩擦类型的桩

（1）摩擦桩。

根据《建筑桩基技术规范》（JGJ 94—2008），摩擦桩指在极限承载力状态下桩顶荷载由桩制阻力承受，即纯摩擦桩，桩端阻力忽略不计，如图 8-2(a)所示。

（2）端承摩擦桩。

在承载能力极限状态下，桩顶竖向荷载主要由桩侧阻力承受。例如，置于软塑状态黏性土中的长桩，桩端土为可塑状态黏性土，为端承摩擦桩，如图 8-2(b)所示。

2) 端承类型的桩

（1）端承桩。

在承载能力极限状态下，桩顶竖向荷载由桩端阻力承受。当桩端进入微风化或中等风化岩石时为端承桩，此时桩侧阻力忽略不计，如图 8-2(c)所示。

（2）摩擦端承桩。

在承载能力极限状态下，桩顶竖向荷载主要由桩端阻力承受。例如，预制桩截面为 400 mm×400 mm，桩长 5.0 m，桩周土为流塑状态黏性土，桩端土为密实状态粗砂，则此桩为摩擦端承桩，桩侧摩擦力约占单桩承载力的 20%，如图 8-2(d)所示。

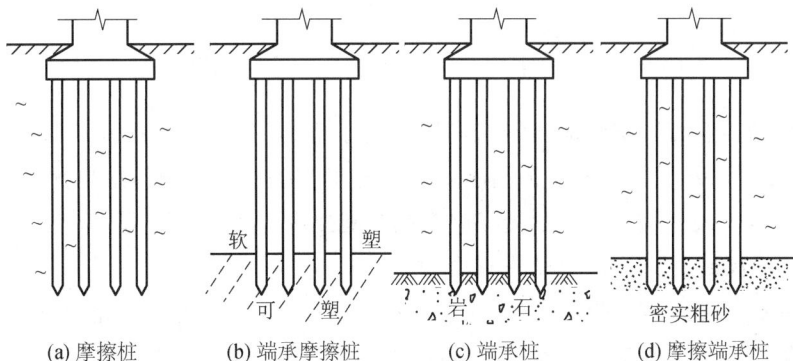

(a)摩擦桩　(b)端承摩擦桩　(c)端承桩　(d)摩擦端承桩

图 8-2　桩按承载性能分类

2. 按桩体材料分类

1) 木桩

（1）木桩的材料与规格。承重木桩的材料必须坚韧、耐久，常用杉木、松木、柏木和橡木等木材。木桩的长度一般为 4～10 m，直径为 18～26 cm。古代中小型工程用密集的柏木短桩，直径仅 5 cm 左右，长约 1 m。木桩的桩顶应平整，并加铁箍，以保护桩顶在打桩时不受损伤。木桩下端应削成棱锥形，桩尖长度为桩直径的 1～2 倍，便于将桩打入地基中。

（2）木桩的优缺点。

优点：木桩制作容易，储运方便，打桩设备简单，造价低廉。

缺点：木桩的承载力低，一般使用寿命不长，仅几年到十几年。

2）混凝土桩及钢筋混凝土桩

（1）适用范围。混凝土桩适用于中小型工程承压桩、深基坑护坡桩等，大多为施工期间临时性工程桩，待基础完工，基坑回填至地面后报废；钢筋混凝土桩适用于各种地层，成桩直径和长度可变范围大。

（2）材料与规格。通常混凝土的强度等级采用 C15、C20、C25 和 C30 等，其中水下灌注混凝土取高值，混凝土桩不配置受力筋（必要时可配构造钢筋），钢筋混凝土桩的配筋率较低（截面配筋率一般为 0.20%～0.65%）。混凝土桩的规格：常用桩径为 300～500 mm，长度不超过 25 m，钢筋混凝土桩的规格可根据不同地层进行设置。

（3）桩的制作通常在工地现场进行，先成孔至所需的深度，随即在孔内浇灌混凝土，经振捣密实后即为混凝土桩，如需制作钢筋混凝土桩，可在灌注混凝土之前在孔内放置钢筋笼。

（4）混凝土桩及钢筋混凝土桩的优缺点。

优点：设备简单，操作方便，节约钢材，比较经济。

缺点：混凝土桩单桩承载力不太高，不能做抗拔桩或承受较大的弯矩，灌注桩还可能产生"缩颈"、断桩、局部夹土和混凝土离析等质量事故。钢筋混凝土桩在某种程度上弥补了上述混凝土桩的缺点，因此桩基工程中的绝大部分桩基是钢筋混凝土桩，现在桩基工程的主要研究对象和主要发展方向是钢筋混凝土桩，但钢筋混凝土桩存在施工周期较长等缺点。

3）钢桩

（1）规格。

钢桩可根据荷载特征制作成各种有利于提高承载力的断面，管形和箱形断面桩的桩端常做成敞口式，以减小成桩过程中的挤土效应。H 形钢桩成桩过程的排土量较小，沉桩贯入性能好，由于其比表面积大，用于承受竖向荷载时能提供较大的摩阻力。

（2）钢桩的优缺点。

钢桩除断面可变及挤土效应小外，还具有抗冲击性能好、接头易于处理、运输方便、施工质量稳定等优点。钢桩的最大缺点是造价高，按我国价格，钢桩造价相当于钢筋混凝土桩的 3～4 倍，仅适用于极少数深厚软土层上的高层建筑物或海洋石油钻采平台基础。

3. 按成桩方法分类

大量工程实践表明，成桩挤土效应对桩的承载力、成桩质量控制与环境等有很大影响。因此，根据成桩方法和成桩过程的挤土效应可将桩分为以下三类。

1）非挤土桩

成桩过程对桩周围的土无挤压作用的桩称为非挤土桩，如干作业钻（挖）孔灌注桩、泥浆护壁钻（挖）孔灌注桩和套管钻（挖）孔灌注桩。这类非挤土桩施工时先将桩位的土清除，形成桩孔，然后在桩孔中灌注混凝土成桩。人工挖孔扩底桩即属于这种桩。

2）部分挤土桩

成桩过程对周围土产生部分挤压作用的桩称为部分挤土桩,包括长螺旋压灌灌注桩、冲孔灌注桩、钻孔挤扩灌注桩、搅拌劲芯桩、预钻孔打入（静压）预制桩、打入（静压）式敞口钢管桩、敞口预应力混凝土空心桩和 H 形钢桩。

3）挤土桩

在成桩过程中,桩孔中的土未取出,全部挤压到桩的四周,这类桩称为挤土桩,包括沉管灌注桩、沉管夯（挤）扩灌注桩、打入（静压）预制桩、闭口预应力混凝土空心桩和闭口钢管桩。

应当注意,在饱和软土中设置挤土桩,如果设计和施工不当,就会产生明显的挤土效应,导致未初凝的灌注桩桩身缩小乃至断裂,桩上涌和移位,地面隆起,从而降低桩的承载力,有时还会损坏邻近建筑物;桩基施工后,还可能因饱和软土中孔隙水压力消散,土层产生再固结沉降,使桩产生负摩阻力,降低桩基承载力,增大桩基的沉降。

挤土桩若设计和施工得当,可收到良好的技术和经济效果,如在非饱和松散土中采用挤土桩,其承载力明显高于非挤土桩。因此,正确地选择成桩方法和工艺是桩基设计中的重要环节。

4. 按桩径（设计直径 d）大小分类

依据桩径大小及相应的承载性能、使用功能和施工方法,并参考世界各国的分类界限,桩可分为三类。

1）小直径桩

凡桩径 $d \leqslant 250$ mm 的桩称为小直径桩。由于桩径小,成桩的施工机械、施工场地与施工方法都比较简单。小直径桩适用于中小型工程和基础加固。例如,用于虎丘塔倾斜加固的树根桩,桩径仅为 90 mm,为典型小直径桩。

2）中等直径桩

凡桩径为 250 mm $< d < 800$ mm 的桩称为中等直径桩。中等直径桩具有相当可观的承载力,因此长期以来在世界各国的工业与民用建筑物中大量使用。这类桩的成桩方法和施工工艺种类很多,是最主要的桩型。

3）大直径桩

凡桩径 $d \geqslant 800$ mm 的桩称为大直径桩。因为桩径大,并且桩端还可扩大,因此单桩承载力高。例如,上海宝钢一号高炉采用 $\phi 914$ 钢管桩,即大直径桩。大直径桩通常用于高层建筑、重型设备基础,并可实现一柱一桩的优良结构形式。因此,大直径桩每一根桩的施工质量都必须得到切实保证,要求对每一根桩作施工记录,桩孔成孔后,应有专业人员下孔底检验桩端持力层土质是否符合设计要求,并将虚土清除干净再下钢筋笼,用混凝土一次浇成,不得留施工冷缝。

任务 2　　单桩竖向承载力特征值的确定

单桩竖向承载力是指单根桩在竖向外荷载（一般为压力）作用下,不丧失稳定、不产生过大变位(沉降)时的最大荷载值。在设计时不允许出现单桩(或群桩)周围土的剪切破坏、桩基础丧失整体稳定性、因沉降或不均匀沉降导致构筑物破坏或不能正常使用、桩身结构破坏等现象。

传统上所称的单桩容许承载力是指极限承载力导入安全系数后设计采用的承载力。《规范》中规定:将单桩竖向极限承载力除以安全系数 2,即得单桩竖向极限承载力标准值 Q_{uk},考虑上部结构的荷载系数等条件后,取 $R_a = Q_{uk}/K$(K 为安全系数,取 $K = 2$)为单桩竖向承载力特征值。

对端承型桩基、桩数少于 4 根的摩擦型柱下独立桩基,在由于地层土性、使用条件等因素不宜考虑承台效应时,基桩竖向承载力特征值应取单桩竖向承载力特征值。

一、按桩身强度确定单桩竖向抗压承载力

在根据桩身强度确定单桩竖向承载力时,应将混凝土抗压强度设计值按施工工艺条件作一定的折减。

在计算桩身轴心抗压强度时,除高承台桩、桩周为可液化土或特软土层外,一般不考虑弯曲的影响,即取稳定系数 $\phi = 1.0$。在低承台桩基上作用的弯矩与水平力不大时,桩身承载力满足轴心压缩验算即可。

钢筋混凝土桩根据桩身强度确定单桩竖向承载力特征值,可按下式计算:

$$R_a = \phi(f_c A + f'_y A_s) \tag{8-1}$$

式中:R_a——按桩身强度确定的单桩竖向承载力特征值,单位为 N;

ϕ——以弯曲稳定系数,对全埋入土中的桩可取 $\phi = 1$,但高承台桩、液化或极软土层应考虑桩身纵向弯曲的影响,ϕ 值与桩身计算长度有关,可参看《建筑桩基技术规范》(JGJ 94—2008);

A——桩身的横截面面积,单位为 mm^2;

A_s——全部纵向钢筋的截面面积,单位为 mm^2;

f'_y——纵向钢筋抗压强度设计值,单位为 N/mm^2;

f_c——混凝土轴心抗压强度设计值,单位为 N/mm^2。

《建筑桩基技术规范》(JGJ 94—2008)规定:在计算混凝土桩身承载力时,应将混凝土的轴心抗压和弯曲抗压强度设计值分别乘以基桩施工工艺系数 ϕ_c。对混凝土预制桩,取 $\phi_c = 1.0$;对干作业非挤土、人工挖孔、扩底灌注桩,取 $\phi_c = 0.9$;对泥浆或套管护壁非挤土灌注桩、部分挤土冲抓灌注桩、挤土灌注桩,取 $\phi_c = 0.8$。

二、单桩竖向极限承载力

确定土对桩的支承能力的方法很多,按照建筑物的不同等级可采用不同的方法。对一级建筑物,应采用现场静荷载试验,并结合静力触探等原位测试方法综合确定;对二级建筑物,应根据静力触探、经验公式等,并参照地质条件相同的试桩资料综合确定;对三级建筑物,在无原位测试资料时可由经验公式估算。

1. 按静荷载试验确定

由于静荷载试验是在工程现场对足尺桩进行的,桩的类型、尺寸、入土深度、施工方法、地质条件等都最大限度地接近实际情况,因此被公认为是最可靠的方法。按设计要求在建筑场地设置试验桩,然后对试验桩逐级加荷,并观测各级荷载作用的沉降量,当达到规定的终止试验条件时终止加荷,然后再分级卸荷载至零。为了在统计试验成果时能提供最低限度的样本,同一条件下的试桩量不宜小于总桩数的 1‰,且不应少于 3 根。

对打入桩,宜在置桩后间隔一段时间开始试验,主要目的是使挤土桩作用产生的孔隙水压力得以消散,受扰动的土体结构强度可以部分恢复,从而使得试验结果更接近真实情况。开始试验的时间:预制桩在砂土中入土 7 天后;在黏性土中一般不少于 15 天,视土强度的恢复而定;在饱和软黏土中不得少于 25 天。

可将试验测得的资料绘制成各种试验曲线或整理成表格形式,并应对成桩和试验过程中出现的异常现象作出补充说明。当桩发生剧烈或不停滞的沉降时,认为桩处于破坏状态,这种天然态的荷载称为单桩极限荷载。单桩极限荷载可按桩沉降随荷载变化而变化的特征确定。

2. 按经验参数法确定

国外广泛采用以土力学原理为基础的单桩极限承载力公式。

当根据土的物理指标与承载力参数之间的经验关系确定单桩极限承载力标准值 Q_{uk} 时,宜按下式计算:

$$Q_{uk} = Q_{sk} + Q_{pk} = \mu \sum q_{sik} l_i + q_{pk} A_p \tag{8-2}$$

式中:Q_{sk}、Q_{pk}——单桩总极限侧阻力和总极限端阻力标准值,单位为 kN;

μ——桩身周长,单位为 m;

q_{sik}——桩侧第 i 层土的抗压极限侧阻力标准值,单位为 kPa,如无当地经验值,可按表 8-1 取值;

l_i——桩穿越第 i 层土的厚度,单位为 m;

q_{pk}——桩的极限端阻力标准值,单位为 kPa,如无当地经验值,可按表 8-2 取值;

A_p——桩端面积,单位为 m²。

表 8-1　抗压极限侧阻力标准值　　　　　　单位:kPa

土的名称	土的状态		混凝土桩	泥浆护壁钻(挖)孔灌注桩	干作业钻(挖)孔灌注桩
填土			22～30	20～28	20～28
淤泥			14～20	12～18	12～18
淤泥质土			22～30	20～28	20～28
黏性土	流塑	$I_L>1$	24～40	21～38	21～38
	软塑	$0.75<I_L\leqslant 1$	40～55	38～53	38～53
	可塑	$0.50<I_L\leqslant 0.75$	55～70	53～68	53～66
	硬可塑	$0.25<I_L\leqslant 0.50$	70～86	68～84	66～82
	硬塑	$0<I_L\leqslant 0.25$	86～98	84～96	82～94
	坚硬	$I_L\leqslant 0$	98～105	96～102	94～104

续表

土的名称	土的状态		混凝土桩	泥浆护壁钻(挖)孔灌注桩	干作业钻(挖)孔灌注桩
红黏土	$0.7 < a_w \leqslant 1$		$13 \sim 32$	$12 \sim 30$	$12 \sim 30$
	$0.5 < a_w \leqslant 0.7$		$32 \sim 74$	$30 \sim 70$	$30 \sim 70$
粉土	稍密	$e > 0.9$	$26 \sim 46$	$24 \sim 42$	$24 \sim 42$
	中密	$0.75 \leqslant e \leqslant 0.9$	$46 \sim 66$	$42 \sim 62$	$42 \sim 62$
	密实	$e < 0.75$	$66 \sim 88$	$62 \sim 82$	$62 \sim 82$
粉细砂	稍密	$10 < N \leqslant 15$	$24 \sim 48$	$22 \sim 46$	$22 \sim 46$
	中密	$15 < N \leqslant 30$	$48 \sim 66$	$46 \sim 64$	$46 \sim 64$
	密实	$N > 30$	$66 \sim 88$	$64 \sim 86$	$64 \sim 86$
中砂	中密	$15 < N \leqslant 30$	$54 \sim 74$	$53 \sim 72$	$53 \sim 72$
	密实	$N > 30$	$74 \sim 95$	$72 \sim 94$	$72 \sim 94$
粗砂	中密	$15 < N \leqslant 30$	$74 \sim 95$	$74 \sim 95$	$76 \sim 98$
	密实	$N > 30$	$95 \sim 116$	$95 \sim 116$	$98 \sim 120$
砾砂	稍密	$5 < N_{63.5} \leqslant 15$	$70 \sim 110$	$50 \sim 90$	$60 \sim 100$
	中密(密实)	$N_{63.5} > 15$	$116 \sim 138$	$116 \sim 130$	$112 \sim 130$
圆砾、角砾	中密、密实	$N_{63.5} > 10$	$160 \sim 200$	$135 \sim 150$	$135 \sim 150$
碎石、卵石	中密、密实	$N_{63.5} > 10$	$200 \sim 300$	$140 \sim 170$	$150 \sim 170$
全风化软质岩		$30 < N \leqslant 50$	$100 \sim 120$	$80 \sim 100$	$80 \sim 100$
全风化硬质岩		$30 < N \leqslant 50$	$140 \sim 160$	$120 \sim 140$	$120 \sim 150$
强风化软质岩		$N_{63.5} > 10$	$160 \sim 240$	$140 \sim 200$	$140 \sim 220$
强风化硬质岩		$N_{63.5} > 10$	$220 \sim 300$	$160 \sim 240$	$160 \sim 260$

注:① 对于尚未完成自重固结的填土和以生活垃圾为主的杂填土,不计算其侧阻力;
② a_w 为含水比,$a_w = w/w_L$,w 为土的天然含水率,w_L 为土的液限;
③ N 为标准贯入击数,$N_{63.5}$ 为重型圆锥动力触探击数;
④ 全风化、强风化软质岩和全风化、强风化硬质岩分别指母岩 $f_{rk} \leqslant 15$ MPa、$f_{rk} > 30$ MPa 的岩石。

3. 静力触探法

静力触探是将圆锥形的金属探头以静力方式按一定的速率均匀压入土中,借助探头的传感器,测出探头侧阻 f_s 及端阻 q_c。探头由浅入深测出各种土层的这些参数后,即可算出单桩极限承载力。根据探头构造的不同,静力触探头又可分为单桥探头和双桥探头两种。

单位:kPa

表 8-2　桩的极限端阻力标准值

土的名称	土的状态		混凝土预制桩桩长 l/m				泥浆护壁钻(冲)孔桩桩长 l/m				干作业钻孔桩桩长 l/m		
			$l\le9$	$9<l\le16$	$9<l\le30$	$l>30$	$5\le l<10$	$10\le l<15$	$15\le l<30$	$30\le l$	$5\le l<10$	$10\le l<15$	$15\le l$
黏性土	软塑	$0.75<I_L\le1$	210~850	650~1400	1200~1800	1300~1900	150~250	250~300	300~450	300~450	200~400	400~700	700~950
	可塑	$0.50<I_L\le0.75$	850~1700	1400~2200	1900~2800	2300~3600	350~450	450~600	600~750	750~800	500~700	800~1100	1000~1600
	硬可塑	$0.25<I_L\le0.50$	1500~2300	2300~3300	2700~3600	3600~4400	800~900	900~1000	1000~1200	1200~1400	850~1100	1500~1700	1700~1900
	硬塑	$0<I_L\le0.25$	2500~3800	3800~5500	5500~6000	6000~6800	1100~1200	1200~1400	1400~1600	1600~1800	1600~1800	2200~2400	2600~2800
粉土	中密	$0.75<e\le0.9$	950~1700	1400~2100	1900~2700	2500~3400	300~500	500~650	650~750	750~850	800~1200	1200~1400	1400~1600
	密实	$e<0.75$	1500~2600	2100~3000	2700~3600	3600~4400	650~900	750~950	900~1100	1100~1200	1200~1700	1400~1900	1600~2100
粉砂	稍密	$10<N\le15$	1000~1600	1500~2300	1900~2700	2100~3000	350~500	450~600	600~700	650~750	500~950	1300~1600	1500~1700
	中密、密实	$N>15$	1400~2200	2100~3000	3000~4500	3800~5500	600~750	750~900	900~1100	1100~1200	900~1000	1700~1900	1700~1900
细砂	中密、密实	$N>15$	2500~4000	3600~5000	4400~6000	5300~7000	650~850	900~1200	1200~1500	1500~1800	1200~1600	2000~2400	2400~2700
中砂	中密、密实	$N>15$	4000~6000	5500~7000	6500~8000	7500~9000	850~1050	1100~1500	1500~1900	1900~2100	1800~2400	2800~3800	3600~4400
粗砂	中密、密实	$N>15$	5700~7500	7500~8500	8500~10000	9500~11000	1500~1800	2100~2400	2400~2600	2600~2800	2900~3600	4000~4600	4600~5200
砾砂	中密、密实	$N>15$	6000~9500		9000~10500		1400~2000		2000~3200		3500~5000		
角砾、圆砾	中密、密实	$N_{63.5}>10$	7000~10000		9500~11500		1800~2200		2200~3600		4000~5500		
碎石、卵石	中密、密实	$N_{63.5}>10$	8000~11000		10500~13000		2000~3000		3000~4000		4500~6500		
全风化软质岩		$30<N\le50$	4000~6000				1000~1600				1200~2000		
全风化硬质岩		$30<N\le50$	5000~8000				1200~2000				1400~2400		
强风化软质岩		$N_{63.5}>10$	6000~9000				1400~2200				1600~2600		
强风化硬质岩		$N_{63.5}>10$	7000~11000				1800~2800				2000~		

当根据单桥探头静力触探法确定混凝土预制单桩极限承载力标准值 Q_{uk} 时,如无当地经验值,可按下式计算:

$$Q_{uk} = Q_{sk} + Q_{pk} = \mu \sum q_{sik} l_i + \alpha p_{sk} A_p \tag{8-3}$$

式中:μ——桩身周长,单位为 m;

q_{sik}——用静力触探比贯入阻力值估算的桩周第 i 层土的极限侧阻力标准值,单位为 kPa;

l_i——桩穿越第 i 层土的厚度,单位为 m;

p_{sk}——用桩端附近的静力触探比贯入阻力估算的极限端阻力标准值(平均值),单位为 kPa;

A_p——桩端面积,单位为 m²。

α——桩端阻力修正系数,可按表 8-3 取值。

表 8-3 桩端阻力修正系数

桩长/m	$l < 15$	$15 \leqslant l \leqslant 30$	$30 < l \leqslant 50$
α	0.75	0.75~0.90	0.90

当 $p_{sk1} \leqslant p_{sk2}$ 时

$$p_{sk} = \frac{1}{2}(p_{sk1} + \beta \cdot p_{sk2})$$

当 $p_{sk1} > p_{sk2}$ 时

$$p_{sk} = p_{sk2}$$

式中:p_{sk1}——桩端全截面以上 8 倍桩径范围内的比贯入阻力平均值;

p_{sk2}——桩端全截面以下 4 倍桩径范围内的比贯入阻力平均值,如桩端持力层为密实的砂土层,其比贯入阻力平均值 p_{sk} 超过 20 MPa 时,则需乘以表 8-4 中系数 C 予以折减后,再计算 p_{sk1} 及 p_{sk2} 值;

β——折减系数,按表 8-5 选用。

表 8-4 系数 C 取值

p_{sk}/MPa	20~30	35	>40
系数 C	5/6	2/3	1/2

表 8-5 折减系数 β 取值

p_{sk1}/p_{sk2}	$\leqslant 5$	7.5	12.5	$\geqslant 15$
β	1	5/6	2/3	1/2

当根据双桥探头(圆锥底面积 15 cm²,锥角 60°,摩擦套筒高 218.5 mm,侧面积 300 cm²)静力触探资料确定混凝土预制桩单桩竖向极限承载力标准值时,对于黏性土、粉土和砂土,如无当地经验值,可按下式计算:

$$Q_{uk} = Q_{pk} + Q_{sk} = \alpha q_c A_p + \mu \sum l_i \beta_i f_{si} \tag{8-4}$$

式中:α——桩端阻力修正系数,对黏性土、粉土取 2/3,对饱和砂土取 1/2;

q_c——桩端平面上、下探头阻力,单位为 kPa,取桩端平面以上 4d 范围内土层厚度的探头阻力加权平均值,再与桩端平面以下 1d 范围内的探头阻力进行平均(d 为桩径或桩截面的宽度）；

　　f_{si}——第 i 层土的探头平均侧阻力，单位为 kPa；

　　β_i——第 i 层桩的阻力综合修正系数，对黏性土，$\beta_i=10.04f_{si}-0.55$，对砂性土，$\beta_i=5.05f_{si}-0.45$。

三、单桩轴向抗拔力

　　建筑物基础承受上拔力的情况随生产建设的发展日益增多，主要如下。

　　（1）电视塔与高压输电线塔等高耸构筑物，海洋石油钻井平台，系泊桩等。

　　（2）以承受浮托力为主的地下结构，如深水泵站、地下室、船闸、船坞，或其他工业建筑的深坑。

　　（3）在水平荷载作用下出现上拔力的构筑物，如码头、桥台、叉斜桩、防波堤等。

　　对抗拔桩的设计，目前仍套用抗压桩的方法，抗拔承载力是计算后的侧摩擦阻力，这个摩擦阻力由桩的抗压侧阻力乘以一个经验折减系数而来。显然这种做法是不够妥当的，但因研究较少，不得不参考对抗压桩的研究成果。

　　一般认为，抗拔侧摩擦阻力小于抗压侧摩擦阻力，并且抗拔侧摩擦阻力在受荷后经过一段时间会因土层松动和残余强度等因素而有所降低，所以抗拔承载力更要通过抗拔荷载试验确定。

　　我国有些行业（如港口、电网工程）规范规定的抗拔侧摩擦阻力为抗压侧摩擦阻力的 0.6～0.8，有的规定为 0.4～0.7，有的相当于 0.6（交通），并将桩重考虑在抗拔容许承载力之内。影响单桩抗拔承载力的因素主要有桩的类型及施工方法、桩的长度、地基土的类别、土层的形成过程、桩形成后承受荷载的历史、荷载特性（只受上拔力或与其他类型荷载组合）。确定抗拔承载力时，要考虑上述因素的影响，区分不同情况选用计算方法与参数。

　　下面是《建筑桩基技术规范》（JGJ 94—2008）的有关规定。

　　对于设计等级为甲级和乙级建筑桩基，基桩的抗拔极限承载力应通过现场单桩上拔静载荷试验确定。单桩上拔静载荷试验及抗拔极限承载力标准值取值可按现行行业标准《建筑基桩检测技术规范》（JGJ 106—2014）进行。

　　当无当地经验值，群桩基础及设计等级为丙级建筑桩基时，基桩的抗拔极限承载力取值可按下列规定计算。

　　（1）群桩呈非整体破坏时，基桩的抗拔极限承载力标准值可按下式计算

$$T_{uk}=\sum\lambda_i q_{sik}u_i l_i \tag{8-5}$$

式中：T_{uk}——基桩抗拔极限承载力标准值，单位为 kN；

　　u_i——桩身周长，单位为 m，对等直径桩取 $u=\pi d$，对扩底桩按表 8-6 取值；

　　q_{sik}——桩侧第 i 层土的抗压极限侧阻力标准值，可按表 8-1 取值；

　　λ_i——抗拔系数，可按表 8-7 取值。

表 8-6　扩底桩桩身周长取值

自桩底起算的长度 l_i	≤$(4\sim10)d$	>$(4\sim10)d$
u_i	πD	πd

注：l_i 对软土取低值，对卵石、砾石取高值；l_i 取值按内摩擦角增大而增大。

表 8-7   抗拔系数取值

土类	λ 值
砂土	0.50～0.70
黏性土、粉土	0.70～0.80

注:桩长 l 与桩径 d 之比小于 20 时,λ 取小值。

(2)群桩呈整体破坏时,基桩的抗拔极限承载力标准值可按下式计算:

$$T_{gk} = \frac{1}{n} u_1 \sum \lambda_i q_{sik} l_i \qquad (8\text{-}6)$$

式中:u_1——桩群外围周长。

(3)季节性冻土上轻型建筑的短桩基础应按下列公式验算其抗冻拔稳定性:

$$\eta_f q_f u z_0 \leqslant T_{gk}/2 + N_G + G_{gp} \qquad (8\text{-}7)$$

$$\eta_f q_f u z_0 \leqslant T_{uk}/2 + N_G + G_p \qquad (8\text{-}8)$$

式中:η_f——冻深影响系数,按表 8-8 采用;

q_f——切向冻胀力,按表 8-9 采用;

z_0——季节性冻土的标准冻深;

T_{gk}——标准冻深线以下群桩呈整体破坏时基桩抗拔极限承载力标准值,可按上述定义确定;

T_{uk}——标准冻深线以下单桩抗拔极限承载力标准值,可按上述定义确定;

N_G——基桩承受的桩承台底面以上建筑物自重、承台及其上土重标准值。

表 8-8   冻深影响系数

标准冻深/m	$z_0 \leqslant 2$	$z_0 \leqslant 3.0$	$z_0 > 3.0$
η_f	1.0	0.9	0.8

表 8-9   切向冻胀力   单位:kPa

冻胀性分类	弱冻胀	冻胀	强冻胀	特强冻胀
黏性土、粉土	30～60	60～80	80～120	120～150
砂土、砾(碎)石(黏、粉粒含量＞15％)	＜10	20～30	40～80	90～200

四、桩的动力测试技术

桩的动力测试是在与单桩静荷载试验对比基础上发展起来的。动力测试方法具有轻便、快速、经济、覆盖率高等特点,它与静荷载试验结合,可获得动、静对比系数,并用于桩基工程质量普查工作和预估单桩承载力。

1. 桩的动力测试目的

(1)检验桩身的结构完整性,即有无离析、断裂、蜂窝、桩径变化等缺陷,并推断所在位置和严重程度。

(2)预估单桩承载力。

2. 测试方法

1) 球击法

在试验前,应将桩头浮浆和有裂隙部分打掉,至坚硬混凝土后凿平。现场测试仪器设备框图如图 8-3 所示。

在试验时,将质量为 10.0～20.0 kg 的铁球提到 0.5～1 m 高度,对准桩的中心位置自由落下,桩受瞬时荷载的冲击作用即产生自由振动;铁球撞击桩头后回弹到一定高度再次落下,给桩头施加第二次瞬时荷载。这样,安装在桩头两侧的传感器便接收到桩体自由振动的先后两次信号,信号经测振放大器放大后,送入记录仪,显示振动波形如图 8-4 所示。铁球的质量和落球高度视桩径和桩长而定,在一个工地同一类型的桩通常要求铁球质量和落球高度保持不变。每根桩要重复做三次,以获得清晰、完整的波形供资料分析用。

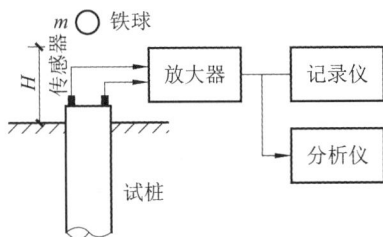

图 8-3　球击法仪器设备框图

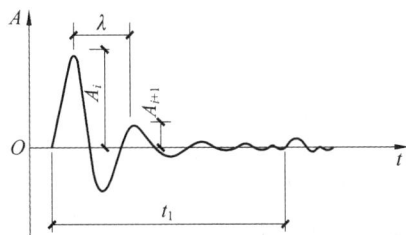

图 8-4　球击法振动波形

2) 桩基参数法

现场测试仪器设备如图 8-5 所示,测法包括频率法和频率初速度法,它们的不同之处为频率法测试时球撞击桩头中心,示波器只需测定桩的自由振动频率即可;频率初速度法测试是用带导杆的穿心锤激振桩头,拾振器不仅要测定桩的自由振动频率,还要测出回弹波形,并记录落球高度与回弹高度。两种方法的实测波形如图 8-6 所示。

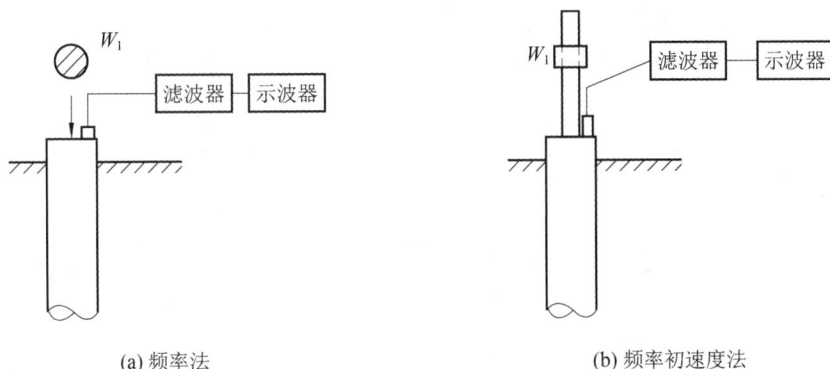

(a) 频率法

(b) 频率初速度法

图 8-5　桩基参数法设备

采用频率法时,根据波形可计算单桩竖向振动频率 $f_z(f_z = \mu/\lambda)$,再用有关公式计算承载力。当用频率初速度法时,还应按下式计算桩头的振动速度 u_0:

$$u_0 = 2A \cdot a \tag{8-9}$$

式中:a——全套测试仪器标定的灵敏度,单位为 m/s;

A——实测波形幅值。

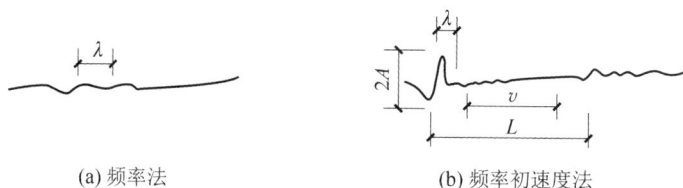

(a) 频率法   (b) 频率初速度法

图 8-6   桩基参数法波形

3）水电效应法

（1）试验仪器设备。仪器设备由振源系统、信号接收系统和信号处理系统组成，如图8-7所示。

（2）试验方法如下。

① 桩头经修整后，将混凝土水管安装于桩头上，管与桩的中心轴要一致，管与桩接触处用胶泥填实，以防漏水。

② 管内充满水，将放电头与水听器放入管内水中（见图 8-8）。

③ 连接仪器，接通电源，调试仪器至噪声电压最小时方可进行试验。

④ 试放电几次，调整放大器使磁带机上指针接近满量程又不超限时即可。

⑤ 按试验要求电压每隔 10 s 放一次电，一般要进行 5 次以上平行试验，以得到足够的样本数据记录在磁带上，供室内分析用。

⑥ 在同一工地的同一类桩可用几组电压（即不同的激振力）进行试验，以选择放电电压效果最好的一组。

⑦ 室内磁带机回放，用信号分析仪进行处理，可得原始波形图和频谱曲线供分析计算用。

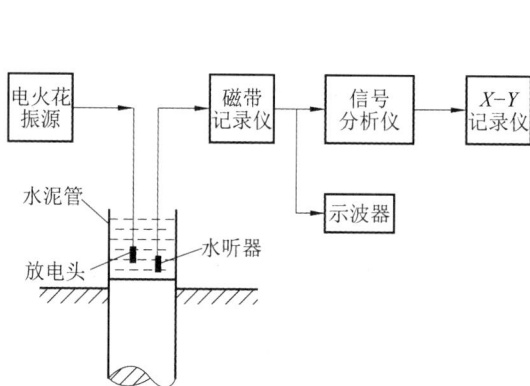

图 8-7   水电效应法仪器设备示意图

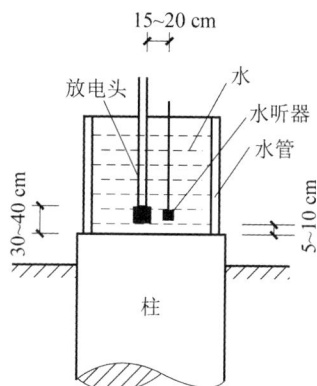

图 8-8   放电头与水听器放置位置示意图

3. 结果分析

根据原始波形和频谱图进行定性分析，如图 8-9 和表 8-10 所示。

(a) 完整桩波形和频谱图

(b) 桩中间有离析的波形和频谱图

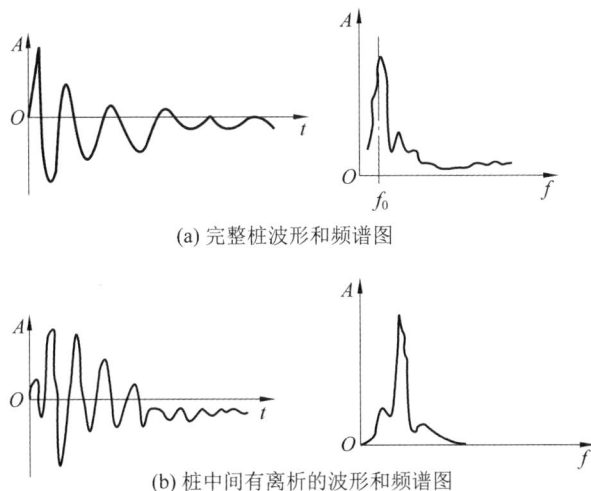

图 8-9 桩实测波形和频谱示意图

表 8-10 根据阻尼比和频谱曲线判别参考表

桩类别	阻尼比	桩的结构完整程度	频谱曲线
1 类桩	<0.05	混凝土质量较好,桩径均匀,桩身结构完整	频谱曲线只有一个主峰,波形上下对称
2 类桩	0.05~0.1	桩身结构基本完整、局部有轻微损伤、离析、桩径稍有变化	频谱曲线主峰值高,其他峰值较低,波形基本对称
3 类桩	0.1~0.2	桩身有严重损伤、断裂或离析	频谱曲线出现双峰值,波形上下不对称
4 类桩	>0.2	桩身完全坏坏,并有严重断裂或离析,甚至多处	频谱曲线出现多峰值,主峰不明显,波形曲线混乱

注:阻尼比 $D = \frac{1}{2}\ln\frac{A_i}{A_i+1}$。

波速 v_0 按下式计算:

$$v_0 = 2Lf_0 \tag{8-10}$$

式中:L——桩长,单位为 m;

f_0——频谱图中的主频,单位为 1/s。

若频谱图为多峰,峰值逐渐减小,且是信频关系,则也可能是完整桩;如果多峰的第二峰值比第一峰值大,且不是信频关系,则桩身可能有缺陷,其缺陷深度 L_1 的计算式如下:

$$L_1 = \frac{v_0}{2f_1} \tag{8-11}$$

式中:f_1——频谱图中峰值频率,单位为 1/s。

关于桩身混凝土质量的优劣,可根据实测波速参考表 8-11。

表 8-11 桩身与波速的关系

类别	波速/(m/s)	混凝土强度
优质	4000~4500	>C40
良好	3500~4000	C30~C40
可凝	3000~3500	C20~C30
较差	2500~3000	C10~C20
差	<2500	<C10

任务3　群桩承载力计算

一、群桩基础的工作特点

1. 群桩效应

桩基础一般由若干根单桩组成,上部用承台连成整体,通常称为群桩。确定群桩的竖向承载力必须研究单桩与群桩在承载力与沉降方面的相互关系。

端承桩组成的桩基,因桩的承载力主要是桩端较硬土层的支承力,故受压面积小,各桩间相互影响小,其工作性状与独立单桩相近,可以认为不发生应力叠加,故基础的承载力就是各单桩承载力之和。

摩擦桩组成的桩基,由于桩周摩擦力要在桩周土中传递,并沿深度向下扩散,桩间土受到压缩,产生附加应力。在桩端平面,附加应力的分布直径 $D(D=2l\tan\theta)$ 比桩径 d 大得多,当桩距小于 D 时在桩尖处发生应力叠加(见图 8-10)。因此,在相同条件下,群桩的沉降量比单桩的大。如果要保持相同的沉降量,就要减小各桩的荷载(或加大桩间距)。

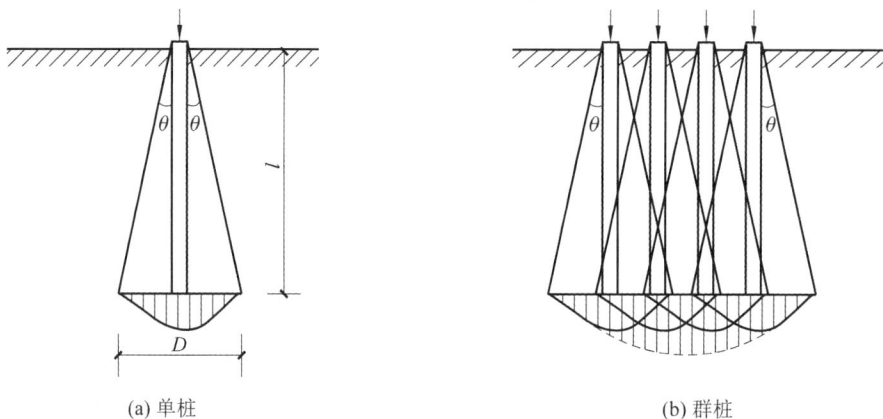

(a) 单桩　　　　　　　　　(b) 群桩

图 8-10　群桩下土体内应力叠加

群桩基础因承台、桩、土的相互作用使其桩侧阻力、桩端阻力、沉降等性状发生变化而与单桩明显不同,承载力往往不等于各单桩承载力之和,称为群桩效应。

影响群桩承载力和沉降量的因素较多,除了土的性质之外,主要是桩距、桩数、桩的长径比、桩长与承台宽度比、成桩方法等。可以用群桩的效率系数 η 与沉降比 v 两个指标反映群桩的工作特性。效率系数 η 是群桩极限承载力与各单桩单独工作时极限承载力之和的比值,可用来评价群桩中单桩承载力发挥的程度。沉降比 v 是相同荷载下群桩的沉降量与单桩工作时沉降量的比值,可反映群桩的沉降特性。

试验表明,对于砂土,摩擦型群桩效率一般都是 $\eta>1$。对于黏性土,高承台群桩的 η 不大于 1,而桩距足够大时接近 1;低承台群桩由于承台分担荷载的作用,η 一般大于 1。对于粉土,由于沉降硬化与低承台的增强效应,在常用桩距下 η 一般都大于 1,与砂土相近。

群桩的地基变形及破坏状态呈两种类型:当桩距较小、土质较好时,桩间土与桩群作为一个整体下沉,桩尖下土层受压缩,在极限荷载下,桩尖下土达到极限平衡状态,群桩呈整体破坏,类似于一个实体深基础;当桩距足够大、土质较软时,桩与周围土之间发生剪切变形,在极限荷载下,群桩呈刺入破坏。

因此,群桩的工作状态分为以下两类。

(1) 端承桩、桩距≥3 d,且桩数少于 9 根的摩擦桩、条形基础下的桩不超过两排的桩基,竖向抗压承载力为各单桩竖向抗压承载力的总和。

(2) 桩距<6 d、桩数≥9 根的摩擦桩基,可视作一假想的实体深基础,群桩承载力按实体基础进行地基强度设计或验算,并验算该桩基中各单桩所承受的外力(轴心受压或偏心受压)。当建筑物对桩基的沉降有特殊要求时,应作变形验算。

2.桩顶作用效应计算

对于一般建筑物和受水平力与力矩较小而桩径相同的高大建筑物群桩基础,按下列公式计算基桩的桩顶作用效应。

1) 竖向力

轴心竖向力作用下:

$$N_k = \frac{F_k + G_k}{n} \tag{8-12}$$

偏心竖向力作用下:

$$N_{ik} = \frac{F_k + G_k}{n} \pm \frac{M_{xk} y_i}{\sum y_j^2} \pm \frac{M_{yk} x_i}{\sum x_j^2} \tag{8-13}$$

式中: F_k ——荷载效应标准组合下,作用于承台顶面的竖向力,单位为 kN;

G_k ——桩基承台和承台上土自重标准值,对稳定的地下水位以下部分应扣除水的浮力,单位为 kN;

N_k ——荷载效应标准组合轴心竖向力作用下,基桩或复合基桩的平均竖向力,单位为 kN;

N_{ik} ——荷载效应标准组合偏心竖向力作用下,第 i 基桩或复合基桩的竖向力,单位为 kN;

M_{xk}、M_{yk} ——荷载效应标准组合下,作用于承台底面,绕通过桩群形心的 x、y 主轴的力矩,单位为 kN·m;

x_i、x_j、y_i、y_j ——第 i、j 桩基和复合桩基至 y 轴、x 轴的距离,单位为 m;

2) 水平力

$$H_{ik} = \frac{H_k}{n} \tag{8-14}$$

式中: H_k ——在荷载效应标准组合下作用于桩基承台底面的水平力,单位为 kN;

H_{ik} ——在荷载效应标准组合下作用于第 i 基桩或复合基桩的水平力,单位为 kN;

n ——桩基中的桩数。

二、群桩承载力

1. 桩基竖向承载力计算的一般规定

桩基中复合基桩或基桩的竖向承载力计算应符合下述极限状态计算表达式。

1）荷载效应标准组合

在轴心竖向力作用下：

$$N_k \leqslant R \tag{8-15}$$

在偏心竖向力作用下，除满足上式要求外，还应满足下式：

$$N_{k\max} \leqslant 1.2R \tag{8-16}$$

式中：N_k——在荷载效应标准组合轴心竖向力作用下基桩或复合基桩的平均竖向力；

$N_{k\max}$——在荷载效应标准组合偏心竖向力作用下桩顶最大竖向力；

R——基桩或复合基桩竖向承载力特征值。

2）地震作用效应和荷载效应标准组合

在轴心竖向力作用下：

$$N_{Ek} \leqslant 1.25R \tag{8-17}$$

在偏心竖向力作用下，除满足上式要求外，还应满足下式：

$$N_{Ek\max} \leqslant 1.5R \tag{8-18}$$

式中：N_{Ek}——在地震作用效应和荷载效应标准组合下基桩或复合基桩的平均竖向力；

$N_{Ek\max}$——在地震作用效应和荷载效应标准组合下基桩或复合基桩的最大竖向力。

2. 复合基桩竖向承载力特征值

按《建筑桩基技术规范》(JGJ 94—2008)的规定，复合基桩竖向承载力特征值的计算有以下几种情况。

（1）对于端承类型桩基、桩数少于 4 根的摩擦类型柱下独立桩基，或由于地层土性、使用条件等因素不宜考虑承台效应时，基桩竖向承载力特征值应取单桩竖向承载力特征值。

（2）对于符合下列条件之一的摩擦类型桩基，宜考虑承台效应，确定其复合基桩的竖向承载力特征值。

① 上部结构整体刚度较好、体型简单的建（构）筑物。

② 对差异沉降适应性较强的排架结构和柔性构筑物。

③ 按变刚度调平原则设计的桩基刚度相对弱化区。

④ 软土地基的减沉复合疏桩基础。

考虑承台效应的复合基桩竖向承载力特征值可按下列公式确定。

不考虑地震作用时 $$R = R_a + \eta_c f_{ak} A_c \tag{8-19}$$

考虑地震作用时 $$R = R_a + \frac{\xi_a}{1.25} \eta_c f_{ak} A_c \tag{8-20}$$

$$A_c = (A - nA_{ps})/n \tag{8-21}$$

式中：η_c——承台效应系数，可按表 8-12 取值；

f_{ak}——地基承载力特征值按厚度加权的平均值，各层土的范围为承台下 1/2 承台宽度

且不超过 5 m 深度;

A_c——计算基桩所对应的承台底净面积;

A_{ps}——桩身截面面积;

A——承台计算域面积,对于柱下独立桩基,A 为承台总面积,对于桩筏基础,A 为柱墙筏板的 1/2 跨距和悬臂边 2.5 倍筏板厚度所围成的面积,桩集中布置于单片墙下的桩筏基础,取墙两边各 1/2 跨距围成的面积,按条形基础计算 η_c;

ξ_a——地基抗震承载力调整系数,应按现行国家标准《建筑抗震设计规范》(GB 50011—2016)采用。

(3)当承台底为可液化土、湿陷性土、高灵敏度软土、欠固结土、新填土,沉桩引起超孔隙水压力和土体隆起时,不考虑承台效应,取 $\eta_c = 0$。承台效应系数 η_c 如表 8-12 所示。

表 8-12　承台效应系数 η_c

B_c/l	s_a/d				
	3	4	5	6	>6
≤0.4	0.06~0.08	14~0.17	0.22~0.26	0.32~0.38	0.50~0.80
0.4~0.8	0.08~0.10	0.17~0.20	0.26~0.30	0.38~0.44	
>0.8	0.10~0.12	0.20~0.22	0.30~0.34	0.44~0.50	
单排桩条形承台	0.15~0.18	0.25~0.30	0.38~0.45	0.50~0.60	

注:① 表中 s_a/d 为桩中心距与桩径之比;B_c/l 为承台宽度与桩长之比。当计算基桩为非正方形排列时,$s_a = (A/n)^{0.5}$,A 为承台计算域面积,n 为总桩数;
② 对桩布置于墙下的箱、筏承台,η_c 可按单排桩条形基础取值;
③ 对单排桩条形承台,当承台宽度小于 1.5d 时,η_c 按非条形承台取值;
④ 对采用后注浆重注桩的承台,η_c 宜取低值;
⑤ 对饱和黏性土中的挤土桩基、软土地基上的桩基承台,η_c 宜取低值的 4/5。

三、群桩地基强度验算

群桩地基强度验算是指验算假想实体基础底面(一般是桩尖平面处)的地基承载力是否满足需要,常用的有以下两种方法。

(1)将桩与桩间土一起视为实体基础,假定荷载从群桩顶最外缘以 $\phi_0/4$ 的倾角向下扩散(ϕ_0 为桩长范围内各土层内摩擦角的加权平均值,如图 8-11(a)所示)。

在轴心荷载作用下,桩端平面处的平均应力满足下列条件:

$$\frac{F+G}{A} \leqslant f_{ak} \tag{8-22}$$

在偏心荷载作用下,除满足上式外,还应满足下列条件:

$$\frac{F+G}{A} + \frac{M_x}{W_x} + \frac{M_y}{W_y} \leqslant 1.2 f_{ak} \tag{8-23}$$

$$A = \left(a_0 + 2l\tan\frac{\phi_0}{4}\right)\left(b_0 + 2l\tan\frac{\phi_0}{4}\right) \tag{8-24}$$

式中:F——上部结构作用于桩基上的竖向荷载设计值,单位为 kN;

G——假想实体基础自重,包括承台自重、桩重和图 8-11(a)中 1、2、3、4 范围内的土重,单位为 kN;

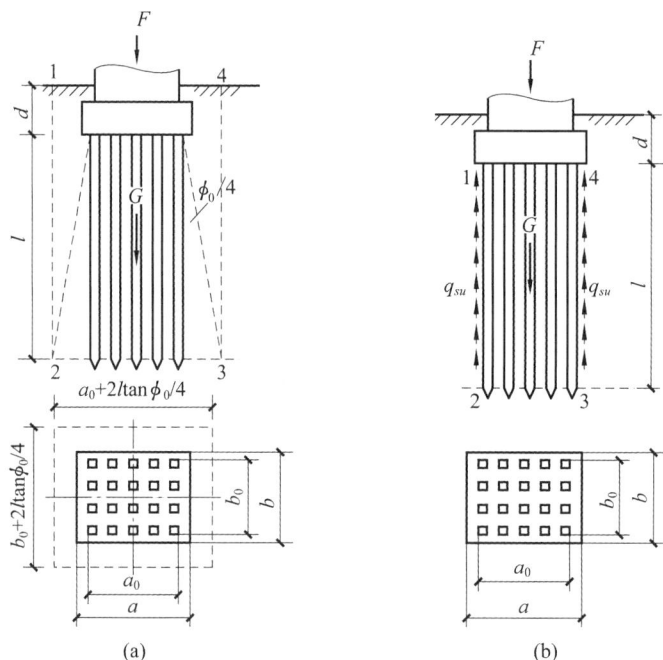

图 8-11　群桩地基强度验算

A——实体基础的底面积,单位为 m^2;

ϕ_0——桩长范围内各土层内摩擦角的加权平均值;

a_0、b_0——群桩外边缘围成的长度和宽度,单位为 m;

M_x、M_y——作用于实体基础底面 x、y 轴的弯矩设计值,单位为 kN;

W_x、W_y——实体基础底面积对 x、y 轴的截面抵抗矩,单位为 m^4;

f_{ak}——桩尖平面经修正后的地基承载力设计值,单位为 kPa。

(2)将桩与桩间土一起作为实体基础,考虑其侧面与土的摩擦力的支承作用,如图 8-11(b)所示,此时应满足下列条件:

$$\frac{F+G-\dfrac{\sum uq_{su}}{K}}{A} \leqslant f_{ak} \tag{8-25}$$

偏心荷载时

$$\frac{F+G-\dfrac{\sum uq_{su}}{K}}{A}+\frac{M_x}{W_x}+\frac{M_y}{W_y} \leqslant 1.2f_{ak} \tag{8-26}$$

式中:u——按土层分段的实体基础表面积(1、2、3、4 范围内),单位为 m^2;

q_{su}——各土层的极限摩擦力,对黏性土取 $q_{su}=q_u/2$,对砂土取 $q_{su}=e_0\tan\phi$,q_u 为各层土的无侧限抗压强度(e_0 为实体基础侧面静止土压力,单位为 kPa,ϕ 为内摩擦角);

K——安全系数,一般取 $K=3$。

其他符号意义同前。

四、桩基沉降计算

桩基沉降计算将群桩视作一个实体基础,按地基变形理论计算其沉降量。《建筑桩基技术规范》(JGJ 94—2008)规定:建筑桩基变形计算值不应大于桩基沉降变形允许值。

对桩端持力层为软弱土的一、二级建筑桩基,以及桩端持力层为黏性土、粉土或存在软弱下卧层的一级建筑桩基,应验算沉降,并应考虑上部结构与基础的共同作用。

群桩基沉降计算要求计算桩端以下地基沉降,计算深度范围内的变形量作为桩基沉降量。在计算时各层土的压缩模量 E_s 应按实际的自重应力和附加应力由试验曲线确定,或取相应压力范围为 $100\sim300$ kPa 的 E_s 值,否则相差太大。

需要计算变形的建筑物,其桩基变形计算值不应大于桩基变形允许值。

建筑物的桩基变形允许值与地基变形相似,桩基变形指标仍为沉降量、沉降差、整体倾斜(建筑物桩基倾斜方向两端点的沉降差与其距离之比)与局部倾斜(墙下条形承台沿纵向某一长度范围内桩基两点的沉降差与其距离之比)4 种。

计算桩基沉降变形时,桩基变形指标应按下列规定选用。

(1) 由于土层厚度与性质不均匀、荷载差异、体型复杂、相互影响等因素引起地基流降变形,砌体承重结构应由局部倾斜控制。

(2) 多层或高层建筑和高耸结构应由整体倾斜值控制。

(3) 当结构为框架、框架-剪力墙、框架-核心筒结构时,还应控制柱(墙)之间的差异沉降。

建筑桩基沉降变形允许值应按表 8-13 采用。

表 8-13　建筑桩基沉降变形允许值

变形特征		允许值
砌体承重结构基础的局部倾斜		0.002
各类建筑相邻柱(墙)基的沉降差 ① 框架、框架-剪力墙、框架-核心筒结构 ② 砌体墙填充的边排柱 ③ 基础不均匀沉降时不产生附加应力的结构		$0.002l_0$ $0.0007l_0$ $0.005l_0$
单层框架结构(柱距为 6 m)桩基的沉降量/mm		120
桥式吊车轨面的倾斜 (按不调整轨道考虑)	纵向	0.004
	横向	0.003
多层和高层建筑的整体倾斜	$H_g \leqslant 24$	0.004
	$24 < H_g \leqslant 60$	0.003
	$60 < H_g \leqslant 100$	0.0025
	$H_g > 100$	0.002
高耸结构桩基的整体倾斜	$H_g \leqslant 20$	0.008
	$20 < H_g \leqslant 50$	0.006
	$50 < H_g \leqslant 100$	0.005
	$100 < H_g \leqslant 150$	0.004
	$150 < H_g \leqslant 200$	0.003
	$200 < H_g \leqslant 250$	0.002

续表

变形特征		允许值
高耸结构基础的沉降量/mm	$H_g \leqslant 100$	350
	$100 < H_g \leqslant 200$	250
	$200 < H_g \leqslant 250$	150
体型简单的剪力墙结构 高层建筑桩基最大沉降量/mm		200

注:l_0 为相邻柱(墙)两测点间距离,H_g 为自室外地面算起的建筑物高度。

对表 8-13 中未包括的建筑桩基沉降变形允许值,应根据上部结构对桩基沉降变形的适应能力和使用要求确定。

《建筑桩基技术规范》(JGJ 94—2008)规定,对桩中心距不大于 6 倍桩径的桩基的最终沉降量的计算可采用等效作用分层总和法。等效作用面位于桩端平面,等效作用面积为桩承台投影面积,等效作用附加应力近似取承台底平均附加应力。等效作用面以下的应力分布采用各向同性均质直线变形体理论。最终沉降量计算如图 8-12 所示,桩基内任意点的最终沉降量可用角点式计算:

$$S = \psi\psi_e S' = \psi\psi_e \sum_{j=1}^{m} p_{0j} \sum_{i=1}^{n} \frac{z_{ij}\overline{a_{ij}} - z_{(i-1)j}\overline{a_{(i-1)j}}}{E_{si}} \tag{8-27}$$

式中:S——桩基最终沉降量,单位为 mm;

S'——采用布辛奈斯克解,按实体深基础分层总和法计算出的桩基沉降量,单位为 mm;

ψ——桩基沉降计算经验系数,当无地区经验值时,可按表 8-14 选用,对于采用后注浆施工工艺的灌注桩,桩基沉降计算经验系数应根据桩端持力土层类别乘以 0.7(砂、砾、卵石)~0.8(黏性土、粉土)的折减系数,当饱和土中采用预制桩(不含复打、复压、引孔沉桩)时,应根据桩距、土质、沉桩速率和顺序等因素乘以 1.3~1.8 的挤土效应系数,土的渗透性低、桩距小、桩数多、沉降速率快时取大值;

ψ_e——桩基等效沉降系数,$\psi_e = C_0 + \dfrac{n_b - 1}{C_1(n_b - 1) + C_2}$,$n_b$ 为桩数,$n_b = \sqrt{\dfrac{n \cdot B_c}{L_c}}$,系数 C_0、C_1、C_2 查表 8-15、表 8-16;

m——角点法计算点对应的矩形荷载分块数;

p_{0j}——角点法计算点对应的第 j 块矩形底面在荷载效应准永久组合下的附加应力,单位为 kPa;

n——桩基沉降计算深度范围内所划分的土

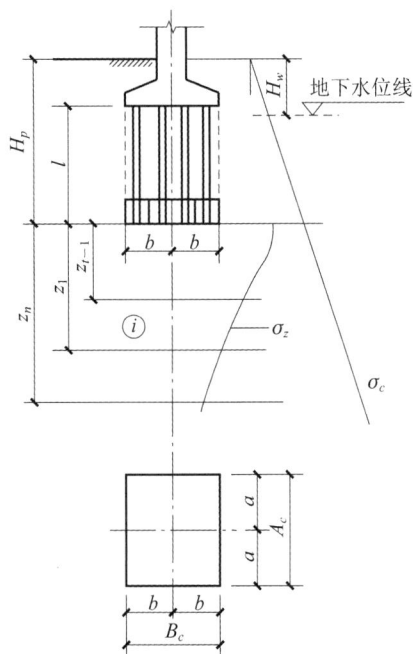

图 8-12 最终沉降量计算

层数(见图 8-12);

E_{si}——等效作用底面以下第 i 层土的压缩模量,采用地基土在自重压力至自重压力加附加应力作用时的压缩模量,单位为 MPa;

z_{ij}、$z_{(i-1)j}$——桩端平面第 j 块荷载计算点至第 i 层土、第 $i-1$ 层土底面的距离,单位为 m;

$\overline{a_{ij}}$、$\overline{a_{(i-1)j}}$——桩端平面第 j 块荷载计算点至第 i 层土、第 $i-1$ 层土底面深度范围内平均附加应力系数,可按学习情境 3 的表 3-5 采用。

表 8-14 桩基沉降计算经验系数 ψ

$\overline{E_s}$/MPa	≤10	15	20	35	≥50
ψ	1.2	0.9	0.65	0.50	0.40

表 8-15 桩基等效沉降系数 ψ_e 计算参数表 ($S_a/d=3$)

l/d		L_c/B_c									
		1	2	3	4	5	6	7	8	9	10
5	C_0	0.203	0.318	0.377	0.416	0.445	0.468	0.486	0.502	0.516	0.528
	C_1	1.483	1.723	1.875	1.955	2.045	2.098	2.144	2.218	2.256	2.290
	C_2	3.679	4.036	4.086	4.053	3.995	4.007	4.014	3.938	3.944	3.948
10	C_0	0.125	0.213	0.263	0.298	0.324	0.346	0.364	0.380	0.394	0.406
	C_1	1.419	1.559	1.662	1.705	1.770	1.801	1.801	1.891	1.913	1.935
	C_2	4.861	4.723	4.460	4.384	4.237	4.193	4.193	4.038	4.017	4.000
15	C_0	0.093	0.166	0.209	0.240	0.266	0.285	0.302	0.317	0.330	0.342
	C_1	1.430	1.533	1.619	1.646	1.703	1.723	1.741	1.801	1.817	1.832
	C_2	5.900	5.435	5.010	4.855	4.641	4.559	4.496	4.340	4.300	4.267
20	C_0	0.075	0.138	0.176	0.205	0.227	0.246	0.262	0.276	0.288	0.299
	C_1	1.461	1.542	1.619	1.635	1.687	1.700	1.712	1.772	1.783	1.793
	C_2	6.879	6.137	5.570	5.346	5.073	4.958	4.869	4.679	4.623	4.577
25	C_0	0.063	0.118	0.153	0.179	0.200	0.218	0.233	0.246	0.258	0.268
	C_1	1.500	1.565	1.637	1.544	1.693	1.699	1.706	1.737	1.774	1.780
	C_2	7.822	6.826	6.127	5.839	5.511	5.364	5.252	5.030	4.956	4.899
30	C_0	0.055	0.104	0.136	0.160	0.180	0.196	0.210	0.223	3.234	0.244
	C_1	1.542	1.595	1.663	1.662	1.709	1.711	1.712	1.775	1.777	1.780
	C_2	8.741	7.506	6.680	6.331	5.949	5.772	5.638	5.383	5.297	5.226
40	C_0	0.044	0.085	0.112	0.133	0.150	0.165	0.178	0.189	0.199	0.208
	C_1	1.632	1.667	1.729	1.715	1.759	1.750	1.743	1.808	1.804	1.799
	C_2	10.535	8.845	7.774	7.309	6.823	6.588	6.410	6.093	5.978	5.883
50	C_0	0.036	0.072	0.096	0.114	0.130	0.143	0.155	0.165	0.174	0.182
	C_1	1.726	1.746	1.805	1.778	1.819	1.801	1.786	1.855	1.843	1.832
	C_2	12.292	10.168	8.860	8.284	7.694	7.405	7.185	6.805	6.662	5.543
60	C_0	0.031	0.063	0.084	0.101	0.115	0.127	0.137	0.146	0.155	0.163
	C_1	1.822	1.828	1.885	1.845	1.885	1.858	1.834	1.907	1.888	1.870
	C_2	14.029	11.486	9.944	9.259	8.568	8.224	7.962	7.520	7.348	7.206

l/d		L_c/B_c									
		1	2	3	4	5	6	7	8	9	10
70	C_0	0.028	0.056	0.075	0.090	0.103	0.114	0.123	0.132	0.140	0.147
	C_1	1.920	1.913	1.968	1.916	1.954	1.918	1.885	1.962	1.936	1.911
	C_2	15.756	12.800	11.029	10.237	9.444	9.047	8.742	8.238	8.038	7.871
80	C_0	0.025	0.050	0.068	0.081	0.093	0.103	0.122	0.120	0.127	0.134
	C_1	2.019	2.000	2.053	1.988	2.025	1.979	1.938	2.019	1.985	1.954
	C_2	17.478	14.120	12.117	11.220	10.325	9.874	9.527	8.959	8.731	8.540
90	C_0	0.022	0.045	0.062	0.074	0.085	0.095	0.103	0.110	0.117	0.123
	C_1	2.118	2.087	2.139	2.060	2.096	2.041	1.991	2.076	2.036	1.998
	C_2	19.200	15.442	13.210	12.208	11.211	10.705	10.316	9.684	9.427	9.211
100	C_0	0.021	0.142	0.057	0.069	0.079	0.087	0.095	0.102	0.108	0.144
	C_1	2.218	2.174	2.225	2.133	2.168	2.103	2.044	2.133	2.086	2.042
	C_2	20.925	16.770	14.307	13.201	12.101	11.541	11.110	10.413	10.127	9.886

表 8-16　桩基等效沉降系数 ψ_e 计算参数表$(S_a/d=4)$

l/d		L_c/B_c									
		1	2	3	4	5	6	7	8	9	10
5	C_0	0.203	0.354	0.422	0.464	0.495	0.519	0.538	0.555	0.568	0.580
	C_1	1.445	1.786	1.986	2.101	2.213	2.286	2.349	2.434	2.484	2.530
	C_2	2.633	3.243	3.340	3.444	3.430	3.466	3.488	1.430	3.447	3.457
10	C_0	0.125	0.237	0.294	0.332	0.36	0.384	0.403	0.419	0.433	0.445
	C_1	1.378	1.570	1.695	1.756	1.830	1.870	1.906	1.972	2.000	2.027
	C_2	3.707	3.873	3.743	3.729	3.630	3.612	3.597	3.500	3.490	3.482
15	C_0	0.093	0.185	0.234	0.269	0.296	0.31	0.335	0.351	0.364	0.376
	C_1	1.384	1.524	1.626	1.666	1.729	1.757	1.781	1.843	1.863	1.881
	C_2	4.571	4.458	4.188	4.107	1.951	3.904	3.866	1.736	3.712	3.693
20	C_0	0.075	0.153	0.19	0.230	0.254	0.27	0.29	0.306	0.319	0.331
	C_1	1.40	1.521	1.611	1.638	1.695	1.713	1.730	1.791	1.805	1.818
	C_2	5.361	5.024	4.636	4.502	4.29	4.225	4.169	4.009	3.973	3.944
25	C_0	0.063	0.132	0.173	0.202	0.255	0.244	0.260	0.274	0.286	0.297
	C_1	1.441	1.534	1.616	1.633	1.686	1.698	1.708	1.770	1.779	1.786
	C_2	6.114	5.578	5.081	4.900	4.650	4.555	4.482	4.293	4.246	4.208
30	C_0	0.055	0.117	0.154	0.181	0.203	0.221	0.236	0.249	0.261	0.271
	C_1	1.477	1.555	1.633	1.640	1.691	1.696	1.701	1.764	1.768	1.771
	C_2	6.843	6.122	5.524	5.298	5.004	4.887	4.799	4.581	4.524	4.477
40	C_0	0.044	0.095	0.127	0.151	0.170	0.186	0.200	0.212	0.223	0.233
	C_1	1.555	1.611	1.68	1.673	1.720	1.714	1.708	1.774	1.770	1.765
	C_2	8.261	7.195	6.402	6.093	5.713	5.556	5.436	5.163	5.085	5.021
50	C_0	0.036	0.081	0.109	0.130	0.148	0.162	0.175	0.186	0.196	0.205
	C_1	1.636	1.674	1.740	1.718	1.762	1.745	1.730	1.800	1.787	1.775
	C_2	9.648	8.258	7.277	6.887	6.424	6.227	6.077	5.749	5.650	5.569

l/d		L_c/B_c									
		1	2	3	4	5	6	7	8	9	10
60	C_0	0.031	0.07	0.096	0.115	0.131	0.144	0.156	0.166	0.175	0.183
	C_1	1.719	1.742	1.805	1.768	1.810	1.783	1.758	1.832	1.811	1.791
	C_2	11.02	9.319	8.152	7.684	7.138	6.902	6.721	6.338	6.219	6.120
70	C_0	0.028	0.063	0.086	0.103	0.117	0.130	0.140	0.150	0.158	0.166
	C_1	1.803	1.81	1.872	1.82	1.861	1.824	1.789	1.867	1.839	1.812
	C_2	12.387	10.38	9.029	8.485	7.856	7.580	7.369	6.929	6.789	6.672
80	C_0	0.025	0.057	0.077	0.093	0.107	0.118	0.128	0.137	0.145	0.152
	C_1	1.887	1.882	1.940	1.876	1.914	1.866	1.822	1.904	1.868	1.834
	C_2	13.753	11.447	9.911	9.29	8.578	8.262	8.020	7.524	7.362	7.226
90	C_0	0.022	0.05	0.071	0.085	0.098	0.108	0.117	0.126	0.133	0.140
	C_1	1.972	1.953	2.009	1.931	1.967	1.909	1.857	1.943	1.899	1.858
	C_2	15.119	12.518	10.799	10.102	9.305	8.949	8.674	8.122	7.938	7.782
100	C_0	0.021	0.04	0.065	0.079	0.090	0.100	0.109	0.117	0.123	0.130
	C_1	2.057	2.025	2.079	1.986	2.021	1.953	1.891	1.981	1.931	1.883
	C_2	16.490	13.595	11.691	10.918	10.036	9.639	9.331	8.722	8.515	8.339

注:L_c——群桩基承台长度;B_c——群桩基承台宽度;l——桩长;d——桩径。

在计算矩形桩基中点沉降时,桩基沉降计算式(8-27)可简化成下式:

$$S = \psi\psi_e S' = 4\psi\psi_e p_0 \sum_{i=1}^{n} \frac{z_i \overline{a_i} - z_{i-1} \overline{a_{i-1}}}{E_{si}} \tag{8-28}$$

式中:p_0——在荷载效应准永久组合下承台底的平均附加应力,单位为 kPa;

$\overline{a_i}$、$\overline{a_{i-1}}$——平均附加应力系数,根据矩形长宽比 a/b 及深宽比 $z_i/b = 2z_i/B_c$、$z_{i-1}/b = 2z_{i-1}/B_c$ 查第一部分学习情境 3 中的表 3-1 选用。

桩基沉降计算深度 z_n 应按应力比法确定,即计算深度处的附加应力 σ_z 与土的自重应力 σ_c 应符合下列公式要求:

$$\sigma_c \leqslant 0.2\sigma_z \tag{8-29}$$

$$\sigma_z = \sum_{j=1}^{m} \alpha_j p_{0j} \tag{8-30}$$

式中:α_j——附加应力系数,可根据角点法划分的矩形长宽比及深宽比按第一部分学习情境 3 中的表 3-1 选用。

桩基等效沉降系数 ψ_e 可按下列公式简化计算:

$$\psi_e = C_0 + \frac{n_b - 1}{C_1(n_b - 1) + C_2} \tag{8-31}$$

$$n_b = \sqrt{n \cdot B_c/L_c} \tag{8-32}$$

式中:n_b——矩形布桩时的短边布桩数,当布桩不规则时可按式(8-32)近似计算,$n_b > 1$;

C_0、C_1、C_2——根据群桩距径比 s_a/d、长径比 l/d 及基础长宽比 L_c/B_c 按表 8-15 和表 8-16 确定;

L_c、B_c、n——矩形承台的长、宽及总桩数。

当布桩不规则时,等效距径比可按下式近似计算:

圆形桩

$$\frac{S_a}{d} = \frac{\sqrt{A_c}}{\sqrt{n \cdot d}}$$ (8-33)

方形桩

$$\frac{S_a}{d} = 0.886 \frac{\sqrt{A_c}}{\sqrt{n \cdot d}}$$ (8-34)

式中：A_c——桩基承台总面积，单位为 m^2；

　　b——方形桩截面边长，单位为 m。

在计算桩基沉降时，应考虑相邻基础的影响，采用叠加原理计算；等效作用附加压力及桩基等效沉降系数可按独立基础计算。

当桩基形状不规则时，可采用等代矩形面积计算桩基等效沉降系数，等效矩形的长宽比可根据承台实际尺寸和形状确定。

任务 4　单桩水平承载力

工业与民用建筑的桩基础一般以承受竖向荷载为主，但在风、地震、土压力、水压力等作用下，桩基础顶部作用有水平荷载。在某些情况下，如深基坑支护的锚桩、码头靠船和系缆绳的基础、往复式动力机械基础、海港护坡堤基础等，也可能有承受水平荷载较大的桩基础。这时需对桩基础的水平承载力进行验算。

一、水平荷载下桩的失效与变形

桩所受水平荷载一般都作用（或经平移后作用）于桩顶。桩顶在水平力与弯矩作用下，使桩身挤压土体，并受土体反力作用，发生横向弯曲变形，桩内产生内力。随着水平力的加大，桩的水平位移与土的变形增大。最后，土体明显开裂、隆起，桩的水平位移超过容许值，桩身产生裂缝以致断裂或拔出，桩基失效或破坏。实践证明，桩的水平承载力比竖向承载力低得多。

影响桩的水平承载力的因素很多，主要取决于桩的截面刚度、入土深度、桩侧土质条件、桩顶位移允许值、桩顶嵌固情况等。

由于桩与地基的相对刚度及桩长不同，桩在水平荷载作用下的变形（位）可分为三种类型。

1）刚性桩（短桩）

地基软弱，桩身较短，桩的抗弯刚度大大超过地基刚度，桩身如同刚体一样绕桩端附近某点转动或倾斜偏移，土体屈服挤出隆起，如图 8-13（a）所示。

2）半刚性桩（中长桩）

地基较密实，桩身较长，桩的抗弯刚度相对地基刚度较弱，桩身上部发生弯曲变形，下部完全嵌固在地基土中，桩身位移曲线只出现一个位移零点，即桩身只向原直立轴线一侧挠曲变形，如图 8-13（b）所示。

3) 柔性桩(长桩)

地基较松软,桩的长度足够长或刚度很小,桩身位移曲线上出现两个及以上位移零点和弯矩零点,即桩身向原直立轴线两侧弹性挠曲变形,且位移和弯矩随桩深衰减很快,计算时可视桩长为无限长,如图 8-13(c)所示。

半刚性桩和柔性桩统称为弹性桩。

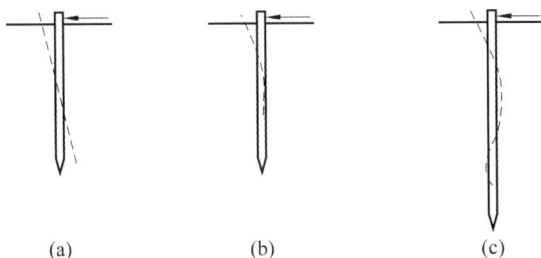

图 8-13 桩在水平荷载下的变形

上述三种桩的划分界限以桩身变形系数 a(也称桩特征值)与桩入土长度 h 的乘积大小划定。例如,我国一些设计规范中用的"m 法"以 $ah \geqslant 4$ 为长桩、以 $ah \leqslant 2.5$ 为短桩。

桩的水平承载力设计值一般采用现场静荷载试验和理论计算两类方法确定。

桩的现场静荷载试验在施工现场进行,所得结果较符合实际,可以结合具体的土层和桩基验证计算值。

水平承载力设计值的确定是观察各级荷载反复作用的位移值是否趋于稳定,初始阶段因荷载不大,位移值应趋于稳定。如果荷载加大到某一级时,桩的位移值不断增加且不稳定,则可认为该级荷载为桩的破坏荷载。因此,其前一级荷载为水平力的极限荷载,可取极限承载力的一半作为单桩水平承载力设计值(即安全系数 $F_s = 2$)。

二、单桩水平承载力的理论计算(m 法)

1. 地基水平抗力系数的分布形式

桩在水平力和弯矩作用下,在用理论方法计算桩的变位和内力时,通常采用按文克勒假定的弹性地基上的竖直梁计算方法。该方法假定桩的侧向地基抗力 p 与该点的水平位移 x 成正比,即

$$p = k_x \cdot x \tag{8-35}$$

式中:k_x——地基水平抗力系数(也称基床系数、地基系数)。

根据 k_x 不同,地基水平抗力系数可以分为以下四种常用形式:常数法(张氏法)、C 值法、m 法和 K 法,如图 8-14 所示。

常数法假定 k_x 为常数,适用于桩顶水平位移不大的情况,如高层建筑下抗风力的竖直桩或机器基础。C 值法与常数法类似,比较适用于黏性土。m 法是假定 $k_x = mz$,即假定 k_x 随深度 z 呈线性变化,m 值为常数,依土质而定,此法较适用于砂性土。m 法和 C 值法多应用于铁路和公路工程,并已积累了试验数据和经验。K 法在 20 世纪 50 年代的桥梁设计中

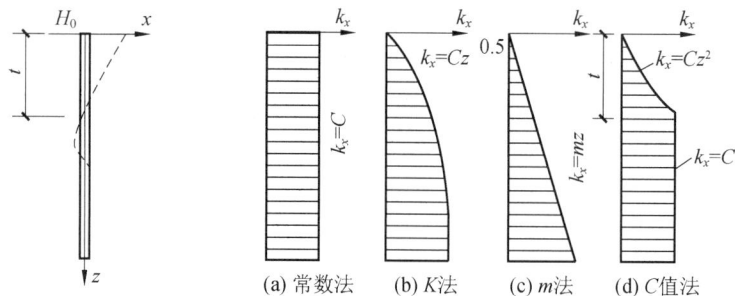

图 8-14　地基水平抗力系数 k_x 的几种典型分布

应用较多,近年已被 C 法和 m 法代替。

2. 挠曲微分方程和 m 法

单桩桩顶在水平力 H_0、弯矩 M_0 和地基对桩侧的水平抗力 P_x 作用下挠曲,根据 m 法的假定,$k_x = mz$ 桩的弹性曲线微分方程可写成以下形式:

$$\frac{\mathrm{d}^4 x}{\mathrm{d}z^4} + \frac{mb_0}{EI}zx = 0 \tag{8-36}$$

m 的具体含义是单位深度内水平抗力系数的比例系数,应根据单桩水平静荷载试验确定。在无试验资料时,可参照表 8-17 选取。

表 8-17　地基土水平抗力系数的比例系数 m 值

序号	地基土类别	预制桩、钢桩		灌注桩	
		$m/$（MN/m⁴）	相应单桩在地面处水平位移/mm	$m/$(MN/m⁴)	相应单桩在地面处水平位移/mm
1	淤泥,淤泥质土,饱和湿陷性黄土	2～4.5	10	2.5～6	6～12
2	流塑、软塑状黏性土,$c>0.9$ 的粉土,松散粉细砂,松散稍密填土	4.5～6	10	6～14	4～8
3	可塑状黏性土,$e=0.7～0.9$ 的粉土,湿陷性黄土,中密填土,稍密细砂	6～10	10	14～35	3～6
4	硬塑、坚硬状黏性土,湿陷性黄土,$e<0.7$ 的粉土,中密的中粗砂,密实填土	10～22	10	35～100	2～5
5	中密、密实的砾砂,碎石类土			100～300	1.5～3

注:① 当桩顶水平位移大于表列值或灌注桩配筋率>0.65%时,m 值应适当降低,当预制桩的水平位移小于 10 mm 时,m 值可适当提高;

② 当水平荷载为长期或经常出现的荷载时,应将表列数值乘以 0.4 以降低采用;

③ 当地基为可液化土层时,应将表列数值乘以土层液化折减系数 ϕ_L。

式(8-36)中 b_0 为桩身截面计算宽度,若令 a 为桩的变形系数(单位为 $1/\mathrm{m}$),则

$$a = \sqrt[5]{\frac{mb_0}{EI}} \tag{8-37}$$

代入式(8-36),得

$$\frac{\mathrm{d}^4 x}{\mathrm{d}z^4} + a^5 z x = 0 \tag{8-38}$$

利用幂级数积分后可得到该微分方程的解，通过梁的挠度 x 与弯矩 M、剪力 V 和转角 ϕ 的微分关系，求出桩身各截面的内力 M、V，以及位移 x、角位移 ϕ 和土的水平抗力 P_x。

对有关计算系数，一般已编制成表格，以供设计者采用，可参阅有关设计规范或手册。

当桩侧由几层土组成时，应求出主要影响深度 $h_m = 2(d+1)$（单位 m）范围内的 m 值为计算值，如三层土的有关值分别为 m_1、m_2、m_3 和 h_1、h_2、h_3，则

$$m = \frac{m_1 h_1^2 + m_2 (2h_1 + h_2) h_2 + m_3 (2h_1 + 2h_2 + h_3) h_3}{(h_1 + h_2 + h_3)^2} \tag{8-39}$$

如果 h_m 范围内只有两层土，则 $h_3 = 0$，即得相应的 m 值。

单桩受水平荷载作用引起的桩周土抗力分布范围大于桩径（宽），并且与桩截面形状有关，故需要计算宽度 b_0；当圆桩径 $d \leqslant 1$ m 时，$b_0 = 0.9(1.5d + 0.5)$；当 $d > 1$ m 时，$b_0 = 0.9(d + 1)$；当方桩边宽 $b \leqslant 1$ m 时，$b_0 = 1.5b + 0.5$；当 $b > 1$ m 时，$b_0 = b + 1$。

3. 桩身最大弯矩及其位置

设计承受水平荷载的单桩需要知道桩身的最大弯矩值及其作用截面位置，以便计算截面配筋。因此可简化为根据桩顶荷载 H_0 和 M_0 及桩的变形系数 a 计算以下系数：

$$C_1 = a M_0 / H_0 \tag{8-40}$$

由系数 C_1 从表 8-18 查得相应的换算深度 $h' = ah$，由此可求得最大弯矩的深度为

$$z' = h' / a \tag{8-41}$$

表 8-18　计算桩身最大弯矩及其位置的系数 C_1 和 C_2

$h' = ah$	C_1	C_2	$h' = ah$	C_1	C_2
0.0	∞	1.000	1.4	-0.145	-4.596
0.1	131.252	1.001	1.5	-0.299	-1.876
0.2	34.186	1.004	1.6	-0.434	-1.128
0.3	15.544	1.012	1.7	-0.555	-0.740
0.4	8.781	1.029	1.8	-0.665	-0.530
0.5	5.539	1.057	1.9	-0.768	-0.396
0.6	3.710	1.101	2.0	-0.865	-0.304
0.7	2.566	1.169	2.2	-1.048	-0.187
0.8	1.791	1.274	2.4	-1.230	-0.118
0.9	1.238	1.441	2.6	-1.420	-0.073
1.0	0.824	1.728	2.8	-1.635	-0.045
1.1	0.503	2.299	3.0	-1.893	-0.026
1.2	0.246	3.876	3.5	-2.994	-0.003
1.3	0.034	23.438	4.0	-0.045	-0.011

同时,由系数 C_1 查得相应的系数 C_2,即可由下式计算柱身最大弯矩值:

$$M_{max} = C_2 M_0 \tag{8-42}$$

表 8-18 是按长桩 $h = 4.0/a$ 编制的,即桩的入土深度应符合这一条件,一般房屋建筑均可满足,也可查阅《建筑桩基技术规范》(JGJ 94—2008)的附录表 C.0.3-1 进行计算。

桩顶刚结于承台的桩,其桩身内弯矩和剪力的有效深度为 $z = 4.0/a$,在此深度以下,M、V 实际上可忽略不计,只需按构造配筋或不配筋。

4. 单桩水平承载力设计值

当桩顶水平位移的允许值 x_{0a} 为已知时,可按下式计算单桩水平承载力设计值 R_h。

桩顶自由时

$$R_h = 0.41 a^3 EI x_{0a} - 0.665 a M_0 \tag{8-43}$$

桩顶刚结时

$$R_h = 1.08 a^3 EI x_{0a} \tag{8-44}$$

式中:R_h 的单位是 kN,x_{0a} 的单位是 m,M_0 的单位是 kN·m。

5. 桩基础的水平承载力

计算桩基础的水平承载力应将承台与桩(群)作为一个整体结构,求得承台的变位,计算各桩的内力,验算单桩承载力及桩的截面强度,计算工作比较复杂、烦琐。

在某些特定条件下,如全埋入土中的低承台桩基础,且水平力与弯矩均不大、桩数较多时,可采用简化计算方法。此时,弯矩的作用可按式(8-23)或式(8-26)进行验算,桩基础中单桩所受水平力按式(8-14)计算。桩基础的水平承载力为各单桩的总和,同时考虑桩基础承台边侧的被动土压力作用,其取值应根据承台变位判定被动土压力的发挥程度而定。当承台变位不大时,以采用静止土压力值为宜,根据土质软硬不同,一般可取静止土压力系数 $k_0 = 0.5 \sim 0.7$,对一般施工条件下夯实的填土,可取 $k_0 = 0.5$。

三、桩基水平承载力与位移

根据《建筑桩基技术规范》(JGJ 94—2008)的规定,计算桩基水平承载力与位移有以下几种情况。

(1)受水平荷载的一般建筑物和水平荷载较小的高大建筑物单桩基础和群桩中的桩基应满足下式要求:

$$H_{ik} \leqslant R_h \tag{8-45}$$

式中:H_{ik}——在荷载效应标准组合下,作用于桩基 i 桩顶处的水平力;

R_h——单桩基础或群桩中桩基水平承载力特征值,对单桩基础,可取单桩的水平承载力特征值 R_{ha}。

(2)单桩的水平承载力特征值的确定应符合下列规定。

① 对于受水平荷载较大的设计等级为甲级、乙级的建筑桩基,单桩水平承载力特征值应通过单桩水平静载试验确定,试验方法可按现行行业标准《建筑基桩检测技术规范》(JGJ 106—2014)执行。

② 对钢筋混凝土预制桩、钢桩、桩身正截面配筋率不小于 0.65% 的灌注桩,可根据静载

试验结果取地面处水平位移为 10 mm(对于水平位移敏感的建筑物取水平位移 6 mm)所对应的荷载的 75% 为单桩水平承载力特征值。

③ 对桩身配筋率小于 0.65% 的灌注桩,可取单桩水平静载试验临界荷载的 75% 为单桩水平承载力特征值。

④ 当缺少单桩水平静载试验资料时,可按下列公式估算桩身配筋率小于 0.65% 的灌注桩的单桩水平承载力特征值:

$$R_{ha} = \frac{0.75a\gamma_m f_t W_0}{\nu_M}(1.25 + 22\rho)\left(1 \pm \frac{\xi_N N}{\gamma_m f_t A_n}\right) \tag{8-46}$$

对于圆形截面桩:

$$W_0 = \frac{\pi d}{32}\{d^2 + 2(a_E - 1)\rho_g d_0^2\} \tag{8-47}$$

$$A_n = \frac{\pi}{4}d^2\{1 + (\alpha - 1)\rho_g\} \tag{8-48}$$

对于方形截面桩:

$$W_0 = \frac{b}{6}\{b^2 + 2(a_E - 1)\rho_g b_0^2\} \tag{8-49}$$

$$A_n = b^2\{1 + (\alpha_E - 1)\rho_g\} \tag{8-50}$$

式中:R_{ha}——单桩水平承载力特征值,± 号根据桩顶竖向力性质确定,压力取"+",拉力取"−";

γ_m——桩截面模量塑性系数,圆形截面 $\gamma_m = 2$,矩形截面 $\gamma_m = 1.75$;

f_t——桩身混凝土抗拉强度设计值;

W_0——桩身换算截面受拉边缘的截面模量;

d——桩直径;

d_0——扣除保护层厚度的桩直径;

b——方形截面边长;

b_0——扣除保护层厚度的桩截面宽度;

a_E——钢筋弹性模量与混凝土弹性模量的比值;

ν_M——桩顶(身)最大弯矩系数,按表 8-19 取值,当单桩基础和单排桩基纵向轴线与水平力方向垂直时,按桩顶铰接考虑;

ρ_g——桩身配筋率;

A_n——桩身换算截面面积;

ξ_N——桩顶竖向力影响系数,竖向压力取 0.5,竖向拉力取 1.0;

N——在荷载效应标准组合下桩顶的竖向力,单位为 kN。

α——桩的水平变形系数,按下式确定:

$$\alpha = \sqrt[5]{\frac{mb_0'}{EI}} \tag{8-51}$$

式中:m——桩侧土水平抗力系数的比例系数;

EI——桩身抗弯刚度,对钢筋混凝土桩,$EI = 0.85E_c I_0$,其中 I_0 为桩身换算截面惯性矩,圆形截面 $I_0 = W_0 d_0/2$,矩形截面 $I_0 = W_0 b_0'/2$;

b_0'——桩身的计算宽度,单位为 m。

表 8-19　桩顶(身)最大弯矩系数 ν_M 和桩顶水平位移系数 ν_x

桩顶约束情况	桩的换算埋深 a_h	ν_M	ν_x
铰接、自由	4.0	0.768	2.441
	3.5	0.750	2.502
	3.0	0.703	2.727
	2.8	0.675	2.905
	2.6	0.639	3.163
	2.4	0.601	3.526
固接	4.0	0.926	0.940
	3.5	0.934	0.970
	3.0	0.961	1.028
	2.8	0.990	1.054
	2.6	1.018	1.079
	2.4	1.045	1.095

注:① 铰接(自由)的 ν_M 是桩身的最大弯矩系数,固接的 ν_M 是桩顶的最大弯矩系数;

② 当 $a_h > 4$ 时,取 $a_h = 4.0$。

圆形桩:当直径 $d \leqslant 1$ m 时,$b_0 = 0.9(1.5d + 0.5)$;当直径 $d > 1$ m 时,$b_0 = 0.9(d + 1)$。

方形桩:当边宽 $b \leqslant 1$ m 时,$b_0 = 1.5b + 0.5$;当边宽 $b > 1$ m 时,$b_0 = b + 1$。

当桩的水平承载力由水平位移控制,且缺少单桩水平静荷载试验资料时,可按下式估算预制桩、钢桩、桩身配筋率不小于 0.65% 的灌注桩单桩水平承载力特征值:

$$R_h = 0.75\alpha^3 EIX_{0a}/\nu_x \tag{8-52}$$

式中:X_{0a}——桩顶水平位移允许值;

ν_x——桩顶水平位移系数,按表 8-19 取值,方法同 ν_M。

对于混凝土护壁的挖孔桩,在计算单桩水平承载力时,其设计桩径取护壁内直径。

在验算永久荷载控制的桩基水平承载力时,应将上述方法确定的单桩承载力特征值乘以调整系数 0.80;在验算地震作用的桩基水平承载力时,宜将上述方法确定的单桩水平承载力特征值乘以调整系数 1.25。

⑤ 对群桩基础(不含水平力垂直于单桩纵向轴线和力矩较大的情况)的桩基水平承载力特征值,应考虑承台、桩群、土相互作用产生的群桩效应,按下列各式确定:

$$R_h = \eta_h R_{ha} \tag{8-53}$$

考虑地震作用且 S_a/d:

$$\eta_h = \eta_i \eta_r + \eta_1 \tag{8-54}$$

其他情况:

$$\eta_h = \eta_i \eta_r + \eta_1 + \eta_b \tag{8-55}$$

$$\eta_i = \frac{\left(\dfrac{S_a}{d}\right)^{0.015n_2 + 0.45}}{0.15n_1 + 0.1n_2 + 1.9} \tag{8-56}$$

$$\eta_1 = \frac{mx_{0a}B_c' h_c^2}{2n_1 n_2 R_h} \tag{8-57}$$

$$\eta_b = \frac{\mu P_c}{n_1 n_2 R_h} \tag{8-58}$$

$$x_{0a} = \frac{R_{ha}\nu_x}{\alpha^3 EI} \tag{8-59}$$

$$B_c' = B_c + lm \tag{8-60}$$

$$p_c = \eta_c f_{ak}(A - nA_{ps}) \tag{8-61}$$

式中：η_h——群桩效应综合系数；

η_i——桩的相互影响效应系数；

η_r——桩顶约束效应系数，当桩顶嵌入承台长度 50～100 mm 时按表 8-20 取值；

η_1——承台侧向土抗力效应系数（承台侧面回填土为松散状态时取 $\eta_1=0$）；

η_b——承台底摩阻效应系数；

S_a/d——沿水平荷载主向的距径比；

n_1、n_2——沿水平荷载方向和垂直于水平荷载方向每排桩中的桩数；

m——承台侧面土水平抗力系数的比例系数，当无试验资料时可按表 8-17 取值；

x_{0a}——桩顶（承台）的水平位移允许值，当以位移控制时，可取 $x_{0a}=10$ mm（对水平位移敏感的结构物取 $x_{0a}=6$ mm），当以桩身强度控制（低配筋率灌注桩）时，可近似按式（8-57）确定；

B_c'——承台受侧向土抗力的计算宽度；

h_c——承台高度，单位为 m；

μ——承台底与地基土间的摩擦系数，可按表 8-21 取值；

p_c——承台底地基土分担的竖向总荷载标准值；

A——承台总面积；

A_{ps}——桩身截面面积。

表 8-20　桩顶约束效应系数 η_r

换算深度 $h'=ah$	2.4	2.6	2.8	3.0	3.5	≥4.0
位移（时）	2.58	2.34	2.20	2.13	2.07	2.05
强度控制（时）	1.44	1.57	1.71	1.82	2.00	2.07

表 8-21　承台底与地基土间的摩擦系数 μ

土的类别		μ
黏性土	可塑	0.25～0.30
	硬塑	0.30～0.35
	坚硬	0.35～0.45
粉土	密实、中密（稍湿）	0.30～0.40
中砂、粗砂、砾砂		0.40～0.50
碎石土		0.40～0.60
软质岩石		0.40～0.60
表面粗糙的硬质岩石		0.65～0.75

任务 5　桩及桩承台的设计与计算

一、桩基础设计的内容和步骤

桩基础的一般设计内容和步骤（程序）如下。

（1）调查研究，收集设计资料。需要掌握的资料如下。

① 建筑物上部结构的类型、平面尺寸、构造及使用要求。

② 上部结构传来的荷载大小及性质。

③ 工程地质勘察资料，在提出勘察任务书时，必须说明拟议中的桩基方案，以便勘察工作符合有关规范的一般规定和桩基工程的专门要求。

④ 当地的施工技术条件，包括成桩机具、材料供应、施工方法及施工质量。

⑤ 施工现场的交通、电源、邻近建筑物、周围环境及地下管线情况。

⑥ 当地及现场周围建筑基础工程设计及施工的经验教训等。

（2）选择桩的类型及其几何尺寸，包括桩的材料、顶底标高（即承台埋深）、持力层的选定。

（3）确定单桩承载力设计值。

（4）确定桩的数量及平面布置，包括承台的平面形状及尺寸。

（5）确定群桩或单桩基础的承载力，必要时验算群桩地基强度和变形（沉降量）。

（6）桩身构造设计与强度计算。

（7）桩基承台设计，包括构造、受弯、冲切、剪切计算。

（8）绘制桩基础施工图。

上列各项中（3）（5）项已如前所述，下面对（2）（4）（7）项分别介绍。

二、选择桩的类型及其几何尺寸

1. 桩类型的选择

选择桩的类型，要根据前段所列设计资料综合考虑，确定用摩擦桩还是用端承桩，是用预制桩还是灌注桩，用什么样类型的预制桩或灌注桩需作具体的技术与经济分析。必要时可考虑爆扩桩、组合式桩，或结合采用某些地基处理方法。

端承桩应在下列情况下选用：地层中有坚实的土层（砂、砾石、卵石、坚硬黏土）或岩层，且桩的长径比可以取得不太大或需要桩底扩大时应按端承桩设计。

摩擦桩应在下列情况下选用：地层中无坚实土层可作持力层，且不宜扩底；虽有较坚实土层，但埋深大，桩的长径比很大，传递到桩端荷载较小；施工技术方面，灌注桩桩底沉渣较厚，难以清底，或预制桩打入时挤土现象严重，出现上涌使得桩端阻力无法充分发挥。

预制钢筋混凝土桩适合下列情况下选用：持力层顶面起伏不大，且穿越土层为高、中压缩性土，或需贯穿厚度不大的中密砂层及不含大卵石或漂石的碎石类土；周围建筑物或地下管线对沉桩挤土效应不敏感，或无打桩振动、噪声污染限制；除桩尖外，不需要桩进入坚实持力层及单桩设计承载力不太大（＜3000 kN）等。

钢管桩目前在我国只宜在极少数深厚软土层上的高层建筑物或海洋平台基础中选用。

灌注桩宜在下列情况下选用：桩端持力层顶面起伏和坡角变化较大，土层厚薄不均，岩石风化程度差异较大，地层成因及构造复杂；桩基需埋深很大，预制桩难以施工；持力层为基岩，桩端需嵌入基岩；地层中有大孤石，或存在硬夹层；河床冲刷较大，河道不稳；地基土为黏性土、粉土、碎石土或基岩；根据土层情况和荷载分布，需要不同的桩长或桩径，需要扩底或变化截面及配筋率的桩；高重建筑物承载力很大的一柱一桩等。

对流塑状态淤泥质土，承水压力大、透水性强的地基土等，必须经过试桩取得经验后方可选用灌注桩。

2. 桩基持力层的选择

正确地选择桩基持力层,对发挥桩基的效益十分重要。有坚实土层和岩层作持力层最好;如果在一般桩长深度内无坚实土层,也可考虑选择中等强度的土层,如中密以上砂层或中等压缩性的一般黏性土等。

桩端进入持力层的深度,对黏性土和粉土不宜小于 $2d$,对砂土不宜小于 $1.5d$,对碎石类土不宜小于 d。当存在软弱下卧层时,桩基以下硬持力层厚度不宜小于 $4d$。当硬持力层较厚,且施工许可时,桩端进入持力层的深度尽可能达到桩端阻力的临界深度,以提高桩端阻力。临界深度值对砂、砾为 $3d\sim6d$,对粉土、黏性土为 $5d\sim10d$。嵌岩灌注桩的周边嵌入微风化或中等风化岩体的最小深度不宜小于 0.5 m。

另外要注意,同一基础相邻桩底标高差,对非嵌岩端承桩,不宜超过相邻桩中心距;对摩擦桩,在相同土层中不宜超过桩长的 $1/10$。

3. 桩的尺寸

桩的尺寸主要是桩长和截面尺寸(桩径或边长)。桩长(一般指桩身长,不包括桩尖)为承台底面标高与桩端标高的差。在确定持力层及其进入深度后,就要拟定承台底面标高,即承台埋置深度。

承台底面标高的选择应考虑上部建筑物的使用要求、柱下或墙下的桩基有无地下室箱形基础、承台或筏板基础的预估厚度及季节性冻土的影响等。一般应使承台顶面低于室外地面 100 mm 以上,如果有基础梁、筏板、箱基等,其厚(高)度应考虑在内;在季节性冻土地区,应按浅基础埋置深度的确定原则防止土的冻涨影响;为便于开挖施工,应尽量将承台埋置于地下水位以上。

对桩的截面尺寸(桩径或边长)的确定,要力求既满足使用要求,又能充分发挥地基土的承载性能;既符合成桩技术的现实工艺水平,又能满足工期要求和降低造价。

桩径(边长)的确定要先考虑不同桩型(或施工技术)的最小直径要求,如钢筋混凝土方桩边长不小于 250 mm;干作业钻孔桩和振动沉管灌注桩不小于 $\phi300$ mm;泥浆护壁回转或冲击钻孔桩不小于 4500 mm;人工挖孔桩不小于 1 m;钢管桩不小于 $\phi400$ mm 等。摩擦桩为获得较大比表面(桩侧表面积与体积之比),宜采用细长桩,不宜采用短粗桩。端承桩的持力层强度低于桩材强度且地基土层又适宜时,应优先考虑采用扩底灌注桩。

桩径的确定还要考虑单桩承载力的需求和布桩的构造要求。例如,条形基础不能用过大的桩距而使承台梁跨度过大,柱下独立基础不宜使承台板平面尺寸过大。一般,同一建筑的桩基采用相同桩径,但当荷载分布不均匀时,可根据荷载和地基土条件,采用不同桩径的桩(尤其是采用灌注桩时)。

当高承台桩基露出地面较高,或桩侧土为淤泥或自陷性黄土时,为保证桩身不产生压屈失稳,端承桩的长径比应取 $l/d\leqslant40$;按施工垂直度偏差需控制长径比,对一般黏性土、砂土端承桩的长径比应取 $l/d\leqslant60$,对摩擦桩则不限制。

三、确定桩的数量及其平面布置

1. 确定桩数

当桩的类型、基本尺寸和单桩承载力设计值确定后,可根据上部结构情况,按下式初步确定桩数：

$$n \geqslant \mu \frac{F_k + G_k}{R_a}$$ (8-62)

式中：n——桩数；

F_k——相应于荷载效应标准组合作用在桩基承台顶面的竖向力，单位为 kN；

G_k——桩基承台和承台上土自重标准值，单位为 kN；

R_a——单桩竖向承载力特征值，单位为 kN；

μ——系数，当桩基为轴心受压时 $\mu=1$，当偏心受压时 $\mu=1.1 \sim 1.2$。

可根据初步确定的桩数进行桩的平面布置，经有关验算可作必要的修改。

2. 桩的平面布置

桩基中各桩的中心距主要取决于群桩效应（包括挤土桩的挤土效应）和承台分担荷载的作用及承台用料等。《规范》规定，桩的中心距不宜小于 3 倍桩身直径；若为扩底灌注桩，不宜小于 15 倍扩底直径。《建筑桩基技术规范》（JGJ 94—2008）中规定桩的最小中心距如表8-22 所示。

表 8-22   桩的最小中心距

土类与成桩工艺		排数不少于 3 排，且桩数不少于 9 根的摩擦型桩基	其他情况
非挤土灌注桩		3.00d	3.0d
部分挤土桩		3.5d	3.0d
挤土桩	非饱和土	4.0d	3.5d
	饱和黏性土	4.5d	4.0d
钻、挖孔扩底桩		2D 或 D+2.0（当 D>2 m 时）	1.5D 或 D+1.5（当 D>2 m 时）
沉管夯扩、钻孔挤扩灌注桩	非饱和土	2.2D 且 4.0d	2.0D 且 3.5d
	饱和黏性土	2.5D 且 4.5d	2.2D 且 4.0d

注：① d 为圆桩直径或方桩边长，D 为扩大端设计直径；
    ② 当纵横向桩距不相等时，其最小中心距应满足"其他情况"一栏的规定；
    ③ 当为端承重桩时，非挤土灌注桩的"其他情况"一栏可减小至 2.5d。

若设计为大面积挤土桩群，则宜按表值适当加大桩距。

扩底灌注桩除应该符合表 8-22 的要求外，还应满足以下规定：对钻、挖孔灌注桩，桩距为 1.5D 或 D+1（当 D>2 m 时）；对沉管夯扩灌注桩，桩距 $\geqslant 2D$（D 为扩大端设计直径）。

进行桩位布置应尽可能使上部荷载的中心和桩群横截面的形心重合，应力求各桩受力相近，宜将桩布置在承台外围，而各桩应距离垂直于偏心荷载或水平力与弯矩较大方向的横截面轴线稍大些，以便使桩群截面对该轴具有较大的惯性矩。

桩的排列可采用行列式或梅花式，如图 8-15 所示，适用于较大面积的满堂桩基；箱基和带梁筏基及墙下条形基础的桩宜沿墙或梁下布置成单排或双排，以减小底板厚度或承台梁宽度，柱下独立基础的桩宜采用承台板，形状如图 8-16 所示。此外，为了使桩受力合理，在墙的转角及交叉处应布桩，窗下及门下尽可能不布桩。

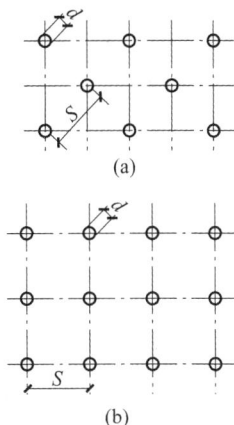

图 8-15　桩的排列

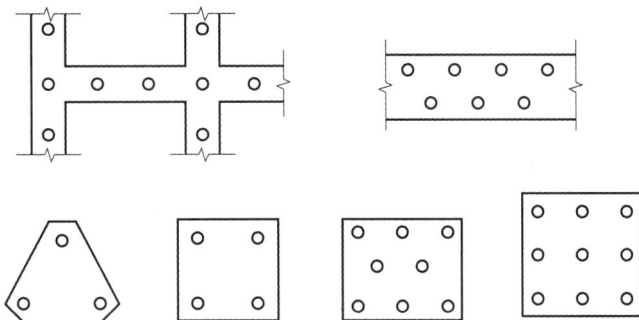

图 8-16　柱下桩基承台平面形状

四、桩基承台设计

1. 桩基承台的作用

桩基承台的作用包括下列三项。

（1）把多根桩连接成整体，共同承受上部结构荷载。

（2）把上部结构荷载通过桩基承台传递到各根桩的顶部。

（3）桩基承台为现浇钢筋混凝土结构，相当于一个浅基础，因此桩基承台本身具有类似于浅基础的承载能力，即桩基承台效应。

2. 桩基承台的种类

1）高桩承台

桩顶位于地面以上相当高度的承台称为高桩承台，如上海宝钢位于长江上运输矿石的栈桥桥台为高桩承台。

2）低桩承台

凡桩顶位于地面以下的桩基承台称低桩承台，通常建筑物基础承重的桩基承台都属于这一类。低桩承台与浅基础一样，要求承台底面埋置于当地冻结深度以下。

3. 桩基承台的材料与施工

（1）桩基承台应采用钢筋混凝土材料，现场浇筑施工。因各桩施工时桩顶的高度与间距不可能非常规则，要将各柱紧密连接成整体，桩基承台无法预制。

（2）承台混凝土强度等级应满足结构混凝土耐久性要求，对设计使用年限为 50 年的承台，根据现行国家标准《混凝土结构设计规范》（GB 50010—2015）的规定，当环境类别为二 a 类别时不应低于 C25，为二 b 类别时不应低于 C30。

（3）承台的钢筋配置应符合下列规定。

① 柱下独立桩基承台纵向受力钢筋应通长配置，对四桩以上（含四桩）承台宜按双向均匀布置，对三桩的三角形承台应按三向板带均匀布置，且最里面的三根钢筋围成的三角形应在柱截面范围内。纵向钢筋锚固长度自边柱内刻（当为圆桩时，应将其直径乘以 0.8 等效为方桩）算起，不应小于 $35d_g$（d_g 为钢筋直径）；当不满足时应将纵向钢筋向上弯折，此时水平

段的长度不应小于 $25d_g$，弯折段长度不应小于 $10d_g$，承台纵向受力钢筋的直径不应小于 12 mm，间距应大于 200 mm。柱下独立桩基承台的最小配筋率不应小于 0.15％。

② 柱下独立两柱承台应按《混凝土结构设计规范》(GB 50010—2015)中的受弯构件配置纵向受拉钢筋、水平及竖向分布钢筋。承台纵向受拉钢筋端部的锚固长度及构造应与柱下多桩承台的规定相同。

③ 条形承台梁的纵向主筋应符合《混凝土结构设计规范》(GB 50010—2015)关于最小配筋率的规定，主筋直径不应小于 12 mm，架立筋直径不应小于 10 mm，箍筋直径不应小于 6 mm。承台梁端部纵向受力钢筋的锚固长度及构造应与柱下多桩承台的规定相同。

④ 筏形承台板或箱形承台板在计算中当仅考虑局部弯矩作用时，考虑到整体弯曲的影响，在纵、横两个方向的下层钢筋配筋率不宜小于 0.15％；上层钢筋应按计算配筋率全部连通。当筏板的厚度大于 2000 mm 时，宜在板厚中间部位设置直径不小于 12 mm、间距不大于 300 mm 的双向钢筋网。

⑤ 承台底面钢筋的混凝土保护层厚度在有混凝土垫层时不应小于 50 mm，在无垫层时不应小于 70 mm；此外还不应小于桩头嵌入承台内的长度。

（4）钢筋保护层厚度不宜小于 50 mm。

4. 桩基承台的尺寸

1）桩基承台的平面尺寸

独立柱下桩基承台的最小宽度不应小于 500 mm，边桩中心至承台边缘的距离不应小于桩的直径或边长，且桩的外边缘至承台边缘的距离不应小于 150 mm。对于墙下条形承台梁，桩的外边缘至承台梁边缘的距离不应小于 75 mm。

2）桩基承台的厚度

桩基承台的最小厚度不应小于 300 mm。高层建筑平板式和梁板式筏形承台的最小厚度不应小于 400 mm，墙下布桩的剪力墙结构筏形承台的最小厚度不应小于 200 mm。

5. 桩基承台的内力

桩基承台的内力可按简化计算方法确定，并按《混凝土结构设计规范》(GB 50010—2015)进行局部受压、受冲切、受剪及受弯的强度计算，防止桩基承台破坏，保证工程的安全。

任务6　其他深基础

一、沉井基础

1. 沉井的工作原理

在深基础工程施工中，为了减少放坡大开挖的土方量，并保证陡坡开挖边坡的稳定性，人们开始利用沉井基础。沉井基础是一种竖向的简形结构物，通常用砖、素混凝土或钢筋混凝土材料制成。沉井施工过程是先在地面制作一个井筒形结构，然后从井筒内挖土，使沉井失去支承而靠自重作用下沉，直至设计高程为止，最后封底，如图 8-17 所示。沉井的井筒在施工期间作为支撑四周土体的护壁，竣工后即为永久性的深基础。

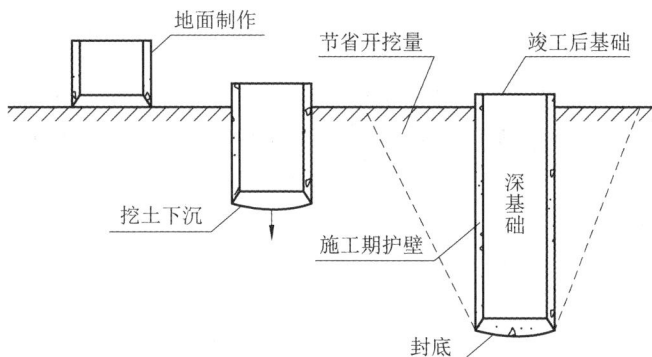

图 8-17 沉井的工作原理

2. 沉井的类型

1) 按沉井断面形状分类

(1) 单孔沉井。

沉井只有一个井孔,这是最常见的中小型沉井。沉井的平面形状有圆形、正方形、椭圆形和矩形等,如图 8-18(a)所示。沉井承受四周的土压力和水压力,从受力条件而言,圆形沉井较好,沉井的井壁薄些;方形或矩形沉井在水平向土压力和水压力的作用下,将产生较大的弯矩,井壁厚些。但从运用角度来看,方形与矩形较好。为了减小沉井下沉过程中方形和矩形沉井四角的应力集中,常将四周的直角做成圆角。

(2) 单排孔沉井。

这种沉井具有一排井孔,适用于长度大的工程,如图 8-18(b)所示。根据工程的用途,沉井的平面形状有矩形、长圆形等。沉井各井孔之间用隔墙隔开,这样既增加了沉井的整体刚度,又便于挖土和下沉。

(3) 多排孔沉井。

整个沉井由多道纵向隔墙与横向隔墙隔成多排井孔,如图 8-18(c)所示。因此,多排孔沉井成为刚度很大的空间结构,这种沉井适用于大型结构物。在施工过程中,有利于控制各个井孔挖土的进度,保证沉井均匀下沉,不致发生倾斜事故。

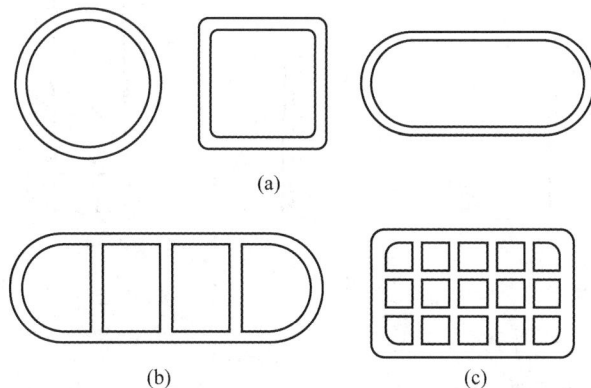

图 8-18 沉井按断面形状分类

2) 按沉井竖向剖面形状分类

(1) 柱形沉井。

柱形沉井在竖直方向的上下剖面均相同,为等截面柱的形状,如图 8-19(a)所示,大多数沉井属于这一种。

（2）锥形沉井。

为了减小沉井施工下沉过程中井筒外壁土的摩擦阻力，或为了避免沉井由硬土层进入下部软土层，沉井上部被硬土层夹住，使沉井下部悬挂在软土中发生拉裂。可将沉井井筒制成非等截面结构，成为上小下大的锥形，如图 8-19（b）所示。

（3）阶梯形沉井。

沉井所承受的土压力与水压力均随深度增加而增大，为了合理利用材料，可将沉井的井壁随深度分为几段，做成阶梯形，下部井壁厚度大、上部厚度小。这种沉井外壁所受的摩擦阻力可以减小，有利于下沉，如图 8-19（c）所示。

3）按沉井所用材料分类

（1）砖石沉井。

这种沉井适用于深度浅的小型沉井，或临时性沉井。例如，房屋纠倾工作井就用砖砌沉井，深度为 4~5 m。

（2）素混凝土沉井。

这种沉井适用于中小型永久工程，通常断面呈圆形。沉井底端的刃脚需配筋，便于下切土体，避免损伤井筒。

（3）钢筋混凝土沉井。

这种沉井适用于大中型工程。沉井可根据工程需要做成各种形状、各种规格的深度较大的沉井，应用十分广泛。

3. 沉井的结构

沉井的结构包括刃脚、井筒、内隔墙、底梁、封底与顶盖等部分，如图 8-20 所示。

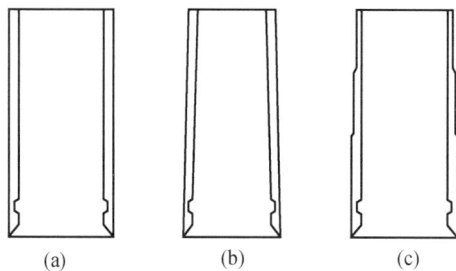

图 8-19   按沉井竖向剖面形状分类

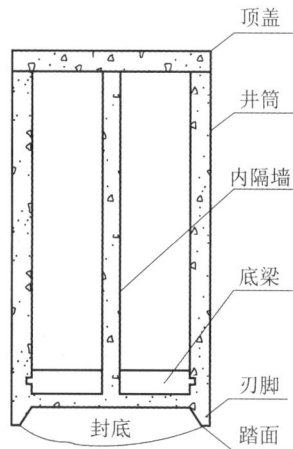

图 8-20   沉井的结构

1）刃脚与踏面

刃脚位于沉井的最下端，形如刀刃，在沉井下沉过程中起切土下沉的作用。刃脚并非真正的尖刃，其最底部为一水平面，称为踏面。踏面的宽度通常不小于 150 mm。当土质坚硬时，刃脚踏面用钢板或角钢加以保护。刃脚内侧倾斜面的水平倾角通常为 40°~60°。

2）井筒

沉井的井筒为沉井的主体。在沉井下沉过程中，井筒是挡土的围壁，应有足够的强度承受四周的土压力和水压力。一方面,井筒需要有足够的自重,以克服井筒外壁与土的摩擦阻力和刃脚踏面底部土的阻力,使沉井能在自重作用下徐徐下沉。另一方面,井筒内部的空间要容纳挖土工人或挖土机械在井内工作,以及满足潜水员排除障碍的需要,因此井筒内径最小不能小于 0.9 m。

3）内隔墙和底梁

大型沉井通常在沉井内部设置内隔墙,可减小受弯时的净跨度,以增加沉井的刚度。同时,内隔墙把整个沉井分成若干井孔,各井孔分别挖土,便于控制沉降和纠倾处理。有时在内隔墙下部设底梁,或单独做底梁。内隔墙与底梁的底面高程应高于刃脚踏面 0.5～1.0 m,以免妨碍沉井刃脚切土下沉。

4）封底

当沉井下沉至设计标高后,需用混凝土封底,以阻止地下水和地基土进入井筒。为使封底的现浇混凝土底板与井筒连接牢固,应在刃脚上方井筒的内壁预先设置一圈凹槽。

5）顶盖

当沉井作为水泵站等地下结构的空心沉井时,在沉井顶部需做钢筋混凝土顶盖。必要时,在水泵站等空心沉井顶面建造一间房屋作为工作室。

4. 沉井的施工

1）准备工作

（1）平整场地。

沉井施工场地要平整,平整范围要大于沉井外侧 1～3 m。

（2）放线定位。

应仔细测量沉井的平面位置,把沉井的中轴线和外围轮廓线放好,定位要准确,并经验收合格才能正式施工。

2）沉井制作

通常沉井在原位制作,可采用三种不同的方法。

（1）承垫木方法。

承垫木方法为传统方法,即在经过平整、放线定位的场地上铺一层砂垫层,厚 0.5 m 左右;在砂垫层上,在沉井刃脚部位对称、成对地安置适当的承垫木;再在各垫木之间填实砂土,然后按照设计的尺寸立模板、绑扎钢筋、浇筑第一节沉井,如图 8-21(a)所示。

（2）无垫木方法。

在均匀土层上,可采用无垫木方法,即浇筑一层与沉井井壁等厚的混凝土,代替承垫木和砂垫层。浇筑的混凝土为圆环状,位于沉井刃脚的下方,其目的在于保证沉井在制作过程中与下沉开始时处于竖直方向,如图 8-21(b)所示。

（3）土模法。

如果地基为均匀的黏性土,呈可塑或硬塑状态,则可采用土模法制作沉井。在定位放线的刃脚部位,按照设计的尺寸,仔细开挖黏性土基槽。利用地基黏性土作为天然模板,代替砂垫层、承垫木及人工制作的刃脚木模,如图 8-21(c)所示,这种方法可节省时间和费用。

应当注意,浇筑沉井混凝土时,应对称和均匀地进行,以防止沉井发生倾斜。当沉井采取分节制作时,只有在第一节混凝土达到设计强度的 70% 后,方可浇筑其上一节沉井的混凝

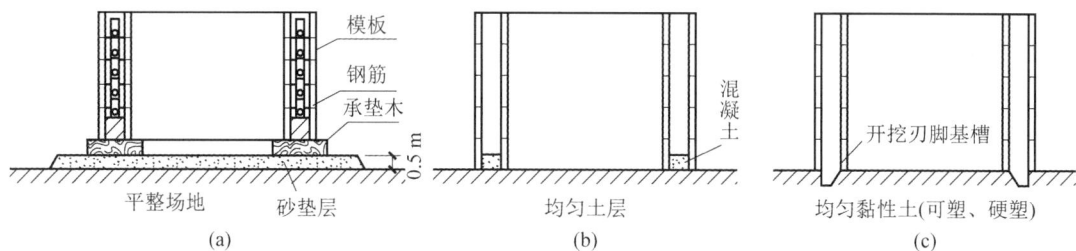

图 8-21 沉井制作方法

土。沉井制作的总高度不宜超过沉井的短边或直径的尺度,并不应超过 12 m。

3) 沉井下沉

(1) 材料强度要求。

待沉井第一节的混凝土或砌筑的砂浆达到设计强度,且其余各节混凝土或砂浆达到设计强度的 70%后,方可下沉。

(2) 抽出承垫木的要求。

沉井刃脚下的承垫木不能由 1 人顺次抽出,必须由 2 人对称地、同步地抽出承垫木。在每次抽出承垫木以后,应立即用砂填实其空位,严格防止由于抽出承垫木不当造成沉井倾斜。

(3) 沉井下沉方法。

通常沉井在天然地面下沉。如果在水面下沉,则需预先填筑砂岛或搭支架下沉。沉井在地面下沉的方法可分为以下几种。

① 人工挖土法。

对所在场地无地下水或地下水的水量不大的小型沉井,可用人工挖土法。挖土应分层、均匀、对称地进行,使沉井均匀、竖直下沉,避免发生倾斜。通常不从沉井刃脚踏面下直接挖土,避免造成局部沉井悬空。如果土质较软,则应先开挖沉井锅底中间部位,沿沉井刃脚周围保留土堤,使沉井挤土下沉。

② 排水下沉法。

先使用高压水枪,把沉井底部的泥土冲散(水枪的水压力通常为 2.5~3.0 MPa)并稀释成泥浆,然后用水力吸泥机吸出井外。这种方法适用于地层土质稳定、不会产生流砂的情况。

③ 不排水下沉法。

不排水下沉法要求将沉井内的水位始终保持高于井外水位 1~2 m,采用机械抓斗水下出土。当地层土质不稳定、地下水涌水量较大时可用此法,以防止井内排水产生流砂。

在大型多孔沉井挖土下沉时,要求各孔同步挖土,各井孔中的土面高差不应超过 1 m,以利于沉井均匀下沉。

(4) 测量监控。

为了保证沉井均匀下沉,测量监控十分重要,尤其对平面尺寸大或深度大的沉井。对大中型沉井,通常要求每班至少测量 2 次。若发现沉井倾斜,则应立刻通报,并迅速采取相应措施及时进行纠倾。

4) 沉井封底

当沉井下沉至设计标高时,应进行沉降观测。只有 8 小时内沉井的下沉量不大于

10 mm,方可进行封底。沉井封底方法分为两种。

（1）干封法。

干封法适合在沉井底部无地下水的情况下浇筑底板混凝土,这种方法成本低、工期短、质量好,是最常用的封底方法,具体做法如下。

当沉井底部土层全部挖至设计标高后,清除虚土,并在底部挖一个 0.5～1.0 m 的深坑作为集水井;用水泵在集水井中抽水,使地下水位下降至沉井底面以下;将集水井以外的全部底板一次浇筑混凝土,可以掺入早强剂使底板混凝土尽快达到设计强度;最后快速封堵集水井,如图 8-22(a)(b)所示。

（2）水下封底法。

若抽水时产生流砂而无法采用干封法,则可采用水下封底法,具体方法如下。

在沉井开挖下沉至设计标高后,将井底的浮土清除干净,如果为软土,则应铺 200～300 mm 碎石垫层;安装水下浇筑混凝土的钢导管,导管的直径为 200～300 mm,要求导管具有足够的强度,且导管内壁表面光滑。各导管管段的接头应密封良好并便于装拆。导管浇筑混凝土的有效作用半径可取 3～4 m,根据沉井底面尺寸计算与排列所需的导管。

注意:水下浇筑混凝土的强度等级应比设计强度提高 10%～15%;水灰比不宜大于0.6,并有良好的和易性;初期坍落度宜为 14～16 cm,后期应为 16～22 cm;水泥用量一般为 350～400 kg/m³。

浇筑水下混凝土要求导管插入混凝土的深度不小于 1 m,水下混凝土面平均上升速度小于 0.25 m/h,坡度不应大于 1:5,同时应在沉井全部底面上连续浇筑、一次完成,如图8-22(c)所示。

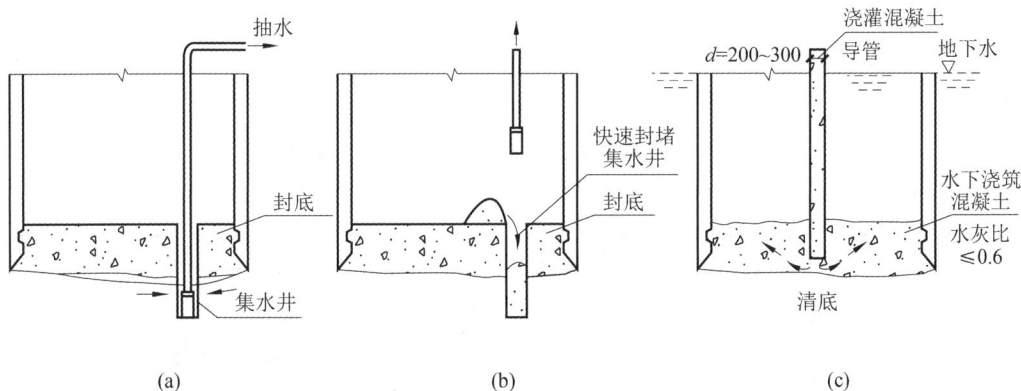

图 8-22 沉井封底方法

待水下混凝土达到设计强度后,方可从井内抽水。

5）施工特殊问题处理

（1）沉井突然大幅度下沉。

在软土地基沉井施工中,常发生沉井突然大幅度下沉问题。例如,某工程的一个沉井,一次突沉 3 m 多,分析突沉的原因发现,由于沉井井筒外壁土的摩擦阻力很小,当刃脚附近的土体被挖除后,沉井失去支撑而剧烈下沉。这种突沉容易使沉井发生倾斜或超沉,应该避免。因此,在软土地区设计与制作沉井时,可以加大刃脚踏面的宽度,并使刃脚斜面的水平倾角不大于 60°。必要时采用加设底梁等措施,防止沉井突然大幅度下沉。

（2）沉井倾斜。

沉井倾斜是沉井下沉过程中经常发生的问题,需注意防止并及时纠正。沉井倾斜应以预防为主,加强测量监控。发现沉井倾斜应及时通报并迅速采取措施,如在沉降较少的一侧加紧挖土,在沉井顶部加荷载等。例如,上海某研究所一个深达40 m钢筋混凝土的沉井在沉井下沉只差几米时发生了较大倾斜而停工处理。纠倾的第一项措施:在沉井沉降少的一侧井内,用高压水枪冲击,使井筒刃脚失去支承,但无效。第二项措施:在沉井沉降少的一侧井外挖土,以卸除部分土的摩阻力,仍无效。第三项措施:在沉井沉降少的一侧挖土,同时向底部灌膨润土泥浆,进一步减小沉井外壁土的摩擦力,还无效。常规的方法都没能解决问题,因为沉井深达40 m,纠倾需克服极大的反向被动土压力。最后用特制粗钢缆套在沉井沉降多的一侧的顶部,采用往沉降少的方向扳拉的方法,才使沉井逐渐恢复竖直位置,花费了大量时间。沉井倾斜后纠倾如图8-23所示。

(3)沉井不下沉。

有时在井内挖土后沉井不下沉,甚至将刃脚底掏空还不下沉。遇到这类情况,应先调查分析其原因,再采取相应的措施。如果沉井外壁摩擦阻力太大,可采用在井筒外挖土、冲水或灌膨润土泥浆等方法,以减去其摩擦阻力。若沉井刃脚遇到障碍物,则应让潜水员进行水下清理。

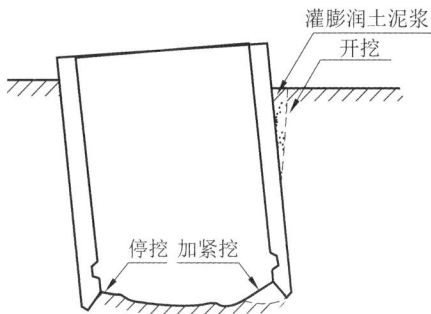

图 8-23　沉井倾斜后纠倾

二、墩基础

墩基础是在就地成孔后浇灌混凝土而成的深基础,一般只在重型建筑物的基础工程中使用。

与桩比较,墩基础的特点是截面尺寸大(通常大于1 m),因而承载能力比桩大得多。这样,上部结构的荷载只需通过单个或少数几个墩基础,就能比较直接地传递给场地下部的坚实土层或岩层。因此,墩基础所需的承台面积很小,这对处理荷载大而集中的建筑物地基基础问题是很有利的。从荷载传递性质来看,墩基础与桩基有些相似,但在作用机理上存在一些差异。这两类基础的最大区别在于施工方法不同。

早期的墩基础施工用人工开挖坑孔,用木板或钢圈支承孔壁,随着开挖工作的进展,支撑系统不断向下设置。这种施工方法在未遇到地下水时尚无问题,但较费时费工。当穿越地下水位以下的粉砂土或粉土层时,常发生流砂现象,造成施工困难。

当墩基础的数量很少或施工设备有限时,如在墩基础埋深范围内无地下水存在或便于降低地下水位时,也可考虑采用敞坑开挖的施工方法。用这种方法建造的墩基础可以采用砖石材料,可以做成实心或空心的各种形状。

发展至今,墩基础的施工已广泛采用钻、挖、冲等成孔机械(钻孔墩),因而墩基础和钻孔灌注桩之间也就没有明显的界线了。近年来,钻孔墩的直径和长度已大大增加,甚至出现底部直径扩大到7.5 m的墩基础及支承在岩层上承受荷载高达70 MPa的钻孔墩。

对墩基础施工要精心进行,具体过程包括:准确定桩位,开挖成孔要规整、足尺,桩底虚土要清除干净,验孔,安放钢筋笼,装导管,连续浇筑混凝土。采用人工挖桩孔应注意安全,预防孔壁坍塌;同时应有通风设备,防止中毒。每一根桩都必须有施工的详细记录,确保质量。

三、地下连续墙

地下连续墙(以前又称为槽壁法)是区别于传统施工方法的一种较为先进的地下工程结构形式施工方法。它是在地面上用特殊的挖槽设备,沿着深开挖工程的周边(如地下结构物的边墙),在泥浆护壁的情况下,开挖一条狭长的深槽,在槽内放置钢筋笼并浇灌水下混凝土,筑成一段钢筋混凝土墙段,然后将若干墙段连接成整体,形成一条连续的地下墙体。地下连续墙可供截水防渗或挡土承重用。

1. 地下连续墙的优点

地下连续墙施工方法与其他施工方法相比有许多优点。

(1)适用于各地多种土质情况。目前在我国除岩溶地区和承压水头很高的砂砾层以外,在其他各种土质中都可采用地下连续墙。在一些复杂的条件下,它几乎成为唯一可采用的有效的施工方法。

(2)施工工时振动小、噪声低,有利于城市建设中的环境保护。

(3)能在建筑物、构筑物密集地区施工。由于地下连续墙的刚度大,能承受较大的侧向压力,在基坑开挖时变形小、周围地面的沉降少,因而不会影响或较少影响邻近的建筑物或构筑物。国外在距离已有建筑物基础几厘米处就可进行地下连续墙施工。我国的实践也已证明,距离现有建筑物基础 1 m 左右就可以顺利进行施工。

(4)能兼作临时设施和永久的地下主体结构。地下连续墙具有强度高、刚度大的特点,不仅能用于深基础护壁的临时支护结构,而且在采取一定结构构造措施后可用作地面离层建筑基础或地下工程的部分结构,在一定条件下可大幅度减少工程总造价,获得经济效益。

(5)可结合逆作法施工,缩短施工总工期。一种称为逆作法的新颖施工方法是在地下室顶板完成后,同时进行多层地下室和地面高层房屋的施工,一改传统施工方法"先地下后地上"的施工步骤,大大压缩了施工总工期。然而,逆作法施工通常要采用地下连续墙的施工工艺和施工技术。

2. 地下连续墙施工方法的局限性和缺点

(1)对于岩溶地区含承压水头很高的砂砾层或很软的黏土(尤其当地下水位很高时),如果不采用其他辅助措施,目前尚难采用地下连续墙施工。

(2)如果施工现场组织管理不善,可能会造成现场潮湿和泥泞,影响施工的条件,并且会增加废弃泥浆处理工作。

(3)如果施工不当或土层条件特殊,则容易出现不规则超挖和槽壁坍塌。

(4)现浇地下连续墙的墙面通常较粗糙,如果对墙面要求较高,则墙面的平整处理会增加工期和造价。

(5)地下连续墙如果仅用作施工期间的临时挡土结构,则在基坑工程完成后就失去其使用价值,所以当基坑开挖不深时,采用地下连续墙方法不如采用其他方法经济。

(6)需有一定数量的专用施工机具和具有一定技术水平的专业施工队伍,这些使该项技术推广受到一定限制。

经过多年实践,地下连续墙已在我国得到广泛应用,如高层建筑的深大基坑、大型地下商场和地下停车场、地下铁道车站及地下泵站、地下变电站、地下油库等地下特殊构筑物,采用地下连续墙的基坑长、宽已达几百米,基坑开挖深度已达 30 m 以上,连续墙深度已超过 50 m。

3. 地下连续墙的适用范围

由于通常情况下地下连续墙的造价高于钻孔灌注桩和深层搅拌层桩,因此,必须经过认真的技术经济比较后才可决定采用。一般在以下几种情况宜采用地下连续墙。

(1) 处于软弱地基的深大基坑,周围又有密集的建筑群或重要的地下管线,对基坑工程周围地面沉降和位移值有严格限制的地下工程。

(2) 既可作为土方开挖时的临时基坑围护结构,又可作主体结构的一部分地下工程。

(3) 采用逆作法施工,地下连续墙同时作为挡土结构、地下室外墙、地面高层房屋基础的工程。

4. 地下连续墙的分类

地下连续墙按其填筑的材料分为土质墙、混凝土墙、钢筋混凝土墙(又有现浇和预制之分)和组合墙(预制钢筋混凝土和现浇混凝土的组合,或预制钢筋混凝土和自凝水泥膨润土泥浆的组合);按其成墙方式,分为桩排式、壁板式、桩壁组合式;按其用途分为临时挡土墙、防渗墙、用作主体结构兼作临时挡土墙的地下连续墙、用作多边形基础兼作墙体的地下连续墙。

所谓桩排式地下连续墙实际上就是把钻孔灌注桩并排连接所形成的地下墙,在上海地区的深基坑围护结构中使用相当广泛。由于它可归类于钻孔灌注桩,在此处不作讨论。

目前,我国建筑工程中应用最多的还是现浇钢筋混凝土壁板式地下连续墙,这也是本书讨论重点。壁板式地下连续墙既可作为临时性的挡土结构,也可兼作地下工程永久性结构的一部分,其构造形式可分为四种,如表 8-23 所示,其中分离壁、整体壁、重壁方式均是基坑开挖以后再浇筑一层内衬而成,内衬厚度可取 20～40 cm。

表 8-23　壁板式地下连续墙的构造形式

5. 地下连续墙施工方法简介

地下连续墙采用逐段施工方法,并且周而复始地进行。地下连续墙施工程序图如图 8-24 所示,每段的施工过程大致可分为五步。

(1) 利用专用挖槽机械开挖地下连续墙槽段,在进行挖槽过程中,沟槽内始终充满泥浆,以保证槽壁的稳定。

（2）当槽段开挖完成后，在沟槽两端放入接头管（又称锁口管）。

（3）将事先加工好的钢筋笼插入槽段内，下沉到设计高度。当钢筋笼太长，一次吊沉困难时，必须将钢筋笼分段焊接，逐节下沉。

（4）在插入用于水下灌筑混凝土的导管后，即可进行混凝土灌筑。

（5）在混凝土初凝后，及时拔去接头管。这样，便形成一个单元的地下连续墙。

地下连续墙的整个施工工艺过程还包括施工前的准备，泥浆的制备、处理和废弃等许多细节。图 8-25 展示了地下连续墙的整个施工过程，其中筑导墙、制备与处理泥浆、挖深槽、制备与吊装钢筋笼及浇筑混凝土是地下连续墙施工中主要的工序。

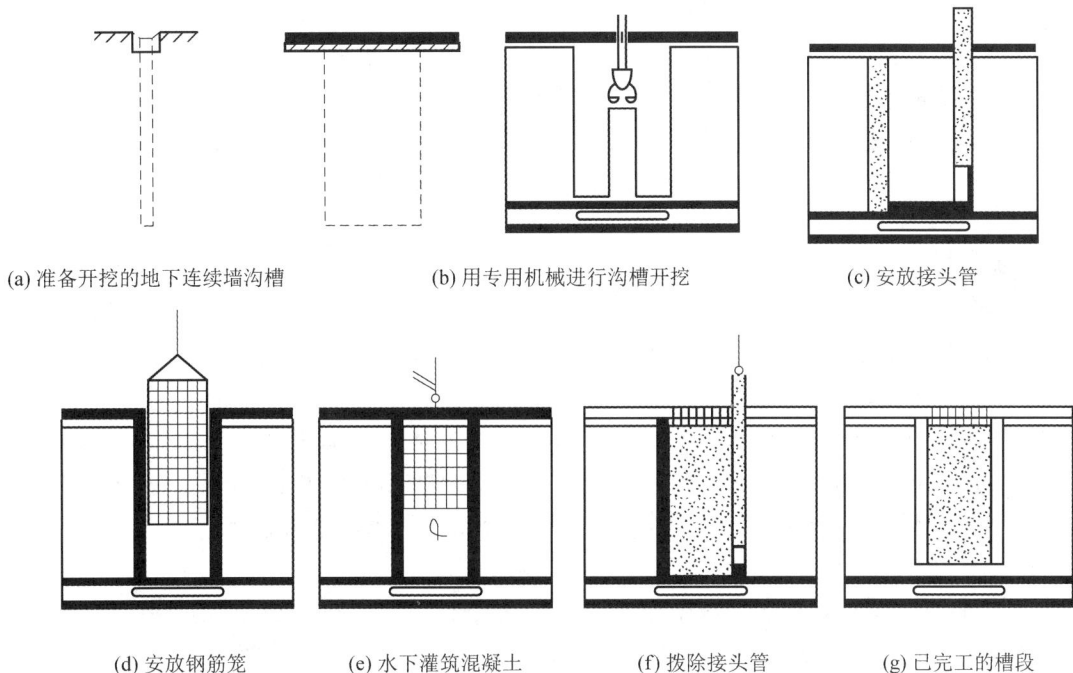

(a) 准备开挖的地下连续墙沟槽　　(b) 用专用机械进行沟槽开挖　　(c) 安放接头管

(d) 安放钢筋笼　　(e) 水下灌筑混凝土　　(f) 拔除接头管　　(g) 已完工的槽段

图 8-24　地下连续墙施工程序图

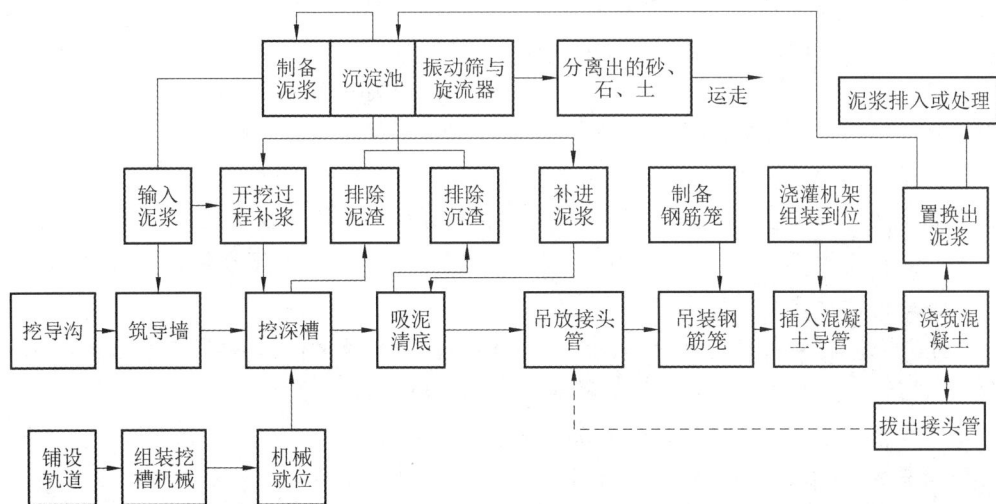

图 8-25　现浇钢筋混凝土地下连续墙的施工过程

知识拓展

直径 1 m，插进地下 142 m！罕见超长桩基施工实录

"地下 142 m 的桩，没有任何先例……你们项目团队还有点年轻。"业主的怀疑声回荡在项目团队心中。把直径仅仅 1 m 的桩插进地下 142 m，而这根远超规范要求细长比 1‰的桩在穿过最高强度达 110 MPa 的孤石斜面时，不能有超过 5 cm 的位移，这就像把一根面条笔直地插进砂石堆中。

这个难题深深困扰着中建二局三公司南京华能双子座项目团队所有人。这个项目团队确实年轻，平均年龄才 27 岁。桩，却不浅：中国第一高楼上海中心大厦桩深 80 m 左右，而南京华能双子座的桩将比它深 62 m，并且双子座的地质环境远比上海中心大厦复杂得多！这里有薄岩石层、烂泥、孤石，勘察钎里的土样变化莫测。数十万年前，长江畔的地质运动导致两个地质带冲撞，出现了地质断裂、构造裂隙、岩溶破碎，地质环境极其恶劣。如何充分发挥党支部的战斗堡垒作用，激发团队党员干部的先锋作用，成为当务之急。

筑就坚强堡垒，凝聚磅礴力量

面对难题，与其畏缩不前，不如奋力而为。项目党支部迅速成立，由党支部书记和项目经理牵头，组织总体策划攻坚目标落地，以党建为引领，以技术攻坚为核心，以履约和成本管控为两翼支撑，成立了"党建引领""优效""扎根""成控"四个攻坚小组，层层分解攻坚目标。针对 EPC 工程总承包项目，以设计策划和招采策划为重点，持续开展并落实项目策划工作，确保攻坚总目标落地。

"能不能参考喀斯特溶洞地质成桩工艺，用'砸大锤'的方式把桩打下去呢？""不行！因为地下含有强度不一、极不规则的裂隙填充，一'砸'就偏了。""用'子弹头'钻头旋挖呢？""桩是不偏了，却破不开坚石。""用'尖刀头'钻头？""能破坚石，但遇着泥石交界处易卡钻。"在项目的"党员活动室"，数个创意之光亮起又熄灭。

"有没有一种钻头，既能破坚石，还能一不偏钻，二不卡钻？"一个奇特想法闪现，思想碰撞出火花。"没有哪一种钻头能行。那针对不同地质环境，使用不同钻头呢？"借助超高精度地质环境 BIM 模型，这个本来天方夜谭的想法，竟有可能可以实现。

为了让想法变为现实，项目迅速成立党员突击队，结合专业分包，5 步 1 孔，17000 余平方米的土地下密布 1400 余个探测孔。将所有取样的地勘报告录入 BIM 模型，这个首次应用于地质勘探领域的 BIM 模型直观、立体地展示了地下世界，让团队成员对几米深的地方有几块硬度多大的石头都了如指掌。

用"子弹头"钻头飞速下挖，遇顽石换"坚刀头"钻头破坚，辅以项目自主研发的"牙轮"钻，在泥石交界处"精雕细琢"。根据不同土质特性精心调配护壁泥浆，采用正循环及液压冲击气举反循环组合工艺高效清除钻掘渣土，并针对不同岩层强度差异调整钻进压力参数，确保该超深桩施工过程平稳、可控、垂直度精准。随着粗粝的钻头"咬"碎了坚硬无比的石头，142 m 桩的成桩难题终被攻克！

突出党建引领，深化技术创新

还没来得及欢呼，又一个难题——"超深水下混凝土浇筑"横亘在大家面前。项目党员又积极投身到解决这个问题中。

"混凝土一倒下去就黏住了，我们不敢尝试。"搅拌站和浇筑队伍的话语给大伙浇了一盆冷水。一旦出现浇筑不实、桩中堵塞的情况，整个桩就废了。"按我们说的做，出了问题我们扛！"项目党员果断地对他们说。

经过精心调配和反复试验，C55级超深水下自密实混凝土问世。第一注混凝土"嗖"地飞入浇筑导管中，落至基岩上，在水中如昙花般缓缓绽放。"流态完美！"众人欢呼，既是党员又是项目总工的张忠浩颤抖的手也终于平静了下来。

乘胜追击，浇筑不断。10小时后，142 m的桩成功扎根于长江南畔。"这根桩就是长江漫滩构造裂隙岩溶地质环境下国内超高层建筑最深的钻孔灌注桩。"所有人都自豪地说道。

党建引领，攻坚克难。这个团队把党员的智慧和血性凝聚在科技创新上。一个个技术"硬骨头"都在这个团队的勠力同心下化作了"勋章"。如今，"勋章"再添一枚——一颗来自地下140 m、印着深深钻头齿痕的石头！党员们以披荆斩棘的攻坚精神，全面开启新基建的新高度，让中建二局三公司在建筑史上留下了浓墨重彩的一笔。

学习资源

思考题二维码　　　习题二维码

小　结

1. 桩的类型

（1）桩按承载性能分为摩擦桩和端承桩。

（2）按桩身材料分为木桩、混凝土桩、钢筋混凝土桩、钢桩。

（3）按成桩方法分为非挤土桩、部分挤土桩、挤土桩。

（4）按桩径大小分为小直径桩、中等直径桩、大直径桩。

2. 单桩承载力的计算方法

（1）经验参数法。

（2）原位测试法。

（3）单桩轴向抗拔力的计算。

3. 桩的动力测试技术

桩的动力测试是在与单桩静荷载试验对比的基础上发展起来的。动力试桩方法具有轻便、快捷、经济、覆盖率高等特点。它与静荷载试验结合，可获得动、静对比系数，并用于桩基工程质量普查工作和预估单桩承载力。动测法分为球击法、桩基参数法、水电效应法。

4. 群桩承载力计算

影响群桩承载力和沉降量的因素较多，除了土的性质之外，主要是桩距、桩的长径比、桩长与承台宽度比、成桩的方法等。可以用群桩的效率系数 η 与沉降比 ν 两个指标反映群桩的工作特性，并按《建筑桩基技术规范》(JGJ 94—2008)计算桩基竖向承载力设计值。

5. 单桩水平承载力

单桩水平承载力设计值一般采用现场静荷载试验和理论计算两类方法确定。

6. 桩承台设计计算

明确桩承台的作用，选择桩承台的种类及所用材料和施工方法，初步确定桩承台的尺寸并进行强度验算。

7. 其他深基础

主要包括沉井、墩基础和地下连续墙。

学习情境 9
地基处理

单元导读

但凡建筑物或构筑物都是建于地基之上的,要保证它们能安全建设及使用,均需所在地基的承载能力、压缩性、变形性质以及渗透性等满足相应要求。针对达不到相应要求的地基,就要进行地基处理。本单元将介绍地基处理和复合地基的基本概念、地基处理方法与技术相关知识,为相应工程的地基处理打下扎实的理论基础,也为以后分析工程问题提供理论依据。

基本要求

通过本单元学习,能明确地基处理和复合地基的基本概念,掌握常见地基处理方法的基本原理、设计与施工要点、质量检验方法;能依据地基条件、地基处理方法的适用范围及选用原则初步选择地基处理方法。

重点

常见地基处理方法的基本原理、设计与施工要点、质量检验方法。

难点

依据地基条件、地基处理方法的适用范围及选用原则,初步选择地基处理方法。

思政元素

培养热爱建筑专业的情感;培养扎扎实实、从细微处着手的严谨求学学风;拥有成为优秀工作人员的信心和决心。

知识链接

　　地基虽不是建筑物或构筑物的组成部分,但其的稳定性对建筑物或构筑物实施和安全使用而言,是关键中的关键,而基础建设中会遇到一些软弱地基和特殊地基。

　　软弱地基即为由软弱土组成的地基。软弱土是指淤泥、淤泥质土、部分冲填土、杂填土及其他高压缩性土。特殊地基带有地区特点,包括软土、湿陷性黄土、膨胀土、红黏土和冻土等地基。软弱土质具有含水量高、孔隙性高、渗透性弱、压缩性高、抗剪强度低、触变性和蠕变性显著等特性。特殊土的工程特性:① 湿陷性黄土,在干燥时具有较高的强度,而遇水后即使在其自重作用下也会发生剧烈而大量的沉陷(称为湿陷性);② 红黏土,天然含水量和孔隙比很大,高塑性,但其强度高、压缩性低,不具有湿陷性,工程性能良好;③ 膨胀土,黏粒含量多、含水量小、孔隙比小、膨胀率大。

　　基于软土地基和特殊土的上述工程特性,在该类地基上修建建筑物,必须重视地基变形和稳定问题。因此在软土地基上建造建筑物,要求对软土地基进行处理。

任务1　概论

　　随着现代化进程的加快,我国工程建设规模日益扩大,难度不断加大,对地基提出了更高的要求。人们常将不能满足建(构)筑物对地基要求的天然地基称为软弱地基或不良地基。软弱地基通常需要在经过人工处理后再建造基础,这种地基加固称为地基处理。《建筑地基处理技术规范》(JGJ 79—2012)定义地基处理是提高地基强度,改善其变形性质或渗透性质而采取的技术措施。

　　建(构)筑物的地基问题包括以下三类:地基承载力及稳定性问题;沉降、水平位移及不均匀沉降问题;渗流问题。当天然地基存在上述三类问题之一或其中几个问题时,需要采用各种地基处理措施,形成人工地基,以满足建(构)筑物对地基的各项要求,保证其安全和正常使用。

　　地基处理的对象是软弱地基和特殊地基。

　　地基处理方法的分类有多种,按时间可分临时处理和永久处理;按处理深度可分浅层处理和深层处理;按土性对象可分砂性土处理和黏性土处理、饱和土处理和非饱和土处理;按性质可分物理处理、化学处理、生物处理;按加固机理可分为置换、排水固结、灌浆、振密或挤密、加筋、冷热处理、托换、纠偏等。

　　选用地基处理方法的原则是坚持技术先进、经济合理、安全适用、确保质量。对每一具体工程来讲,应从地基条件、处理要求、工程费用及材料、机具来源等各方面进行综合考虑,因地制宜确定合适的地基处理方法。必须指出,地基处理方法很多,每种地基处理方法都有一定的适用范围、局限性和优缺点。

自国外 1962 年首次开始使用"复合地基"(composite foundation)概念以来,复合地基已成为很多地基处理方法理论分析及公式建立的基础和根据。复合地基是指天然地基在地基处理过程中部分土体得到增强或被置换,或在天然地基中设置加筋材料,加固区是由基体(天然地基土体)和增强体两部分组成并共同承担荷载的人工地基。加固区整体上具有非均质性和各向异性。按地基中增强体的方向,复合地基可分为竖向增强体复合地基和水平向增强体复合地基,如图 9-1 所示。

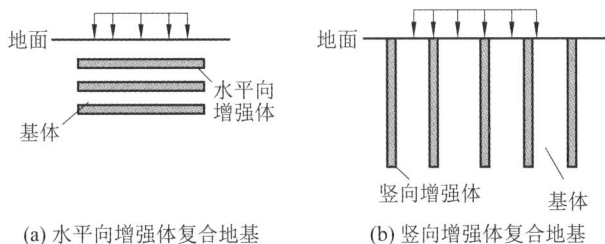

(a) 水平向增强体复合地基 (b) 竖向增强体复合地基

图 9-1 复合地基

竖向增强体复合地基根据增强体性质可分为散体材料桩复合地基、柔性桩复合地基和刚性桩复合地基。工程中常用的复合地基计算方法还不成熟,正在不断发展中。

我国地域辽阔,自然地理环境不同,土质各异,地基条件区域性较强。随着现代化建设步伐的加快,土木工程面临的地基问题日益复杂,地基处理领域已成为土木工程中最活跃的领域之一。同时,地基处理新技术、新工艺、新方法、新材料不断涌现。限于篇幅,本书仅选择常用的地基处理方法作一简介。

任务 2　换填法

一、换填法的原理及适用范围

当软弱土层地基的承载力和变形不能满足建筑物的要求,且软弱土层的厚度不很大时,可将基础底面以下处理范围内的软弱土层部分或全部挖去,然后分层回填强度较高、压缩性较低且无腐蚀性的砂石、素土、灰土、工业废渣等材料,经压实或夯实使之达到所要求的密实度,形成良好的人工地基。这种地基处理的方法也称为换填垫层法或开挖置换法。

换填垫层根据换填材料的不同可分为土、砂石垫层和土工合成材料加筋垫层等。不同材料的垫层,其主要作用如下。

1. 提高地基承载力

软弱土层被挖除,换以强度较高的砂或其他材料,提高地基承载力,例如,灰土垫层可达 300 kPa,碎石垫层可达 200～400 kPa。

2. 减少沉降量

在总沉降量中,地基浅层部分的沉降占比较大。以条形基础为例,在相当于基础宽度的深度范围内的沉降量占总沉降量的 50％左右,如以密实砂或其他填筑材料代替上部软弱土层,就可以减少这部分的沉降量。由于砂垫层或其他垫层对应力的扩散作用,使作用在下卧土层上的压力较小,这样也会相应减少下卧土层的沉降量。

3. 加速软弱土层的排水固结

垫层材料透水性大,软弱土层受压后,垫层作为良好的排水面,促进基础下面的孔隙水压力迅速消散,加速垫层下软弱土层的固结和强度的提高,避免地基土的塑性破坏。

4. 防止冻胀

因粗颗粒的垫层材料孔隙大,可以消除毛细现象,防止寒冷地区土中结冰造成的冻胀。这时垫层的底面应满足当地冻结深度要求。

5. 消除膨胀土的胀缩作用

在膨胀土地基上可选用砂、碎石、块石、煤渣、二灰或灰土等材料作为垫层以消除胀缩作用。

换填垫层适用于浅层软弱土层或不均匀土层的地基处理。不同的垫层有不同的适用范围,如表 9-1 所示。

表 9-1　垫层的适用范围

垫层种类		适用范围
砂(砂砾、碎石)垫层		用于中小型建筑工程的浜、塘、沟等局部处理。适用于一般饱和、非饱和的软弱土和水下黄土地基处理,不宜用于湿陷性黄土地基,也不适宜用于大面积堆载、密集基础和动力基础的软土地基处理,不宜用于有地下水且地下水流速快、流量大的地基处理,不宜采用粉细砂作垫层
土垫层	素土垫层	适用于中小型工程及大面积回填、湿陷性黄土地基的处理
	灰土或二灰垫层	适用于中小型工程,尤其适用于湿陷性黄土地基的处理
粉煤灰垫层		用于厂房、机场、港区陆域和堆场等大、中小型工程的大面积填筑,粉煤灰垫层在地下水位以下时,其强度降低幅度在 30％左右
渣垫层		用于中小型建筑工程,尤其适用于地坪、堆场等工程大面积的地基处理,以及场地平整、铁路、道路地基处理等。但对于受酸性或碱性废水影响的地基不得用矿渣作垫层

二、设计要点

垫层的设计不仅要满足建筑物对地基变形及稳定的要求,而且应符合经济合理的原则。设计的主要内容是合理确定垫层厚度和宽度。现以砂(或砂石、碎石)垫层设计为例介绍如下。

1. 垫层厚度的确定

砂垫层厚度如图 9-2 所示,应根据置换软弱土层的深度、下卧土层的承载力确定,即垫层底面处土的自重应力与附加应力之和不大于同一标高处软弱土层的地基承载力特征值,其表达式为

$$p_z + p_{cz} \leqslant f_{az} \tag{9-1}$$

式中：f_{az}——垫层底面处经深度修正后土层的地基承载力特征值，单位为 kPa；

p_z——相应于荷载效应标准组合时垫层底面处的附加应力值，单位为 kPa；

p_{cz}——垫层底面处土的自重应力值，单位为 kPa。

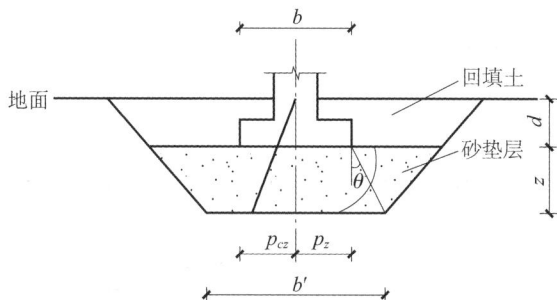

图 9-2　垫层内压力分布

在具体计算时，一般可根据垫层的承载力特征值确定基础宽度，再根据下卧土层的承载力确定垫层的厚度。垫层厚度不宜小于 0.5 m，也不宜大于 3 m。垫层太厚，造价太高，且施工困难，太薄（<0.5 m）则垫层作用不明显。通常砂垫层厚度为 1~2 m。

垫层底面处的附加应力值 p_z 可分别按式（9-2）和式（9-3）简化计算。

条形基础：

$$p_z = \frac{b(p_k - p_c)}{b + 2z\tan\theta} \tag{9-2}$$

矩形基础：

$$p_z = \frac{bl(p_k - p_c)}{(b + 2z\tan\theta)(l + 2z\tan\theta)} \tag{9-3}$$

式中：p_k——相应于荷载效应标准组合时基础底面处的平均应力，单位为 kPa；

p_c——基础底面处土的自重应力，单位为 kPa；

l、b——基础底面的长度和宽度，单位为 m；

z——基础底面下垫层的厚度，单位为 m；

θ——垫层的应力扩散角，单位为°，宜通过试验确定，当无试验资料时，可按表 9-2 采用。

表 9-2　垫层材料的压力扩散角

	换填材料				
z/b	中砂、粗砂、砾砂、圆砾、角砾、石屑、卵石、碎石、矿渣	黏性土和粉土（8<I_P<14）	灰土	一层加筋	二层及二层以上加筋
0.25	20°	6°	28°	25°~30°	28°~38°
≥0.50	30°	23°			

注：① 当 z/b<0.25 时，除灰土取 θ=28°、一层加筋取 θ=25°、二层及二层以上加筋取 θ=28°外，其余材料均取 θ=0°，必要时宜由试验确定。

② 当 0.25<z/b<0.50 时，θ 值可内插求得。

2. 垫层宽度的确定

垫层的宽度应满足基础底面应力扩散的要求，并要防止垫层向两侧挤出，一般可按下式计算：

$$b' \geqslant b + 2z\tan\theta \tag{9-4}$$

式中：b'——垫层底面宽度，单位为 m；

　　θ——压力扩散角，可按表 9-2 采用；当 $z/b < 0.25$ 时，仍按表 9-2 中 $z/b = 0.25$ 取值。

整片垫层的宽度可根据施工的要求适当加宽。垫层顶面宽度可以从垫层底面两侧向上，按基坑开挖期间保持边坡稳定的当地经验放坡确定。垫层顶面每边超出基础底边的长度不宜小于 0.3 m。

3. 垫层承载力的确定

垫层承载力宜通过现场试验确定，对一般工程，当无试验资料时，可按表 9-3 选用，并应验算下卧层的承载力。

表 9-3　各种垫层的承载力

施工方法	换填材料类别	压实系数 λ_c	承载力特征值 f_{ak}/kPa
碾压、挤密或夯实	碎石、卵石	0.94～0.97	200～300
	砂夹石（其中碎石、卵石占全重的 30%～50%）		200～250
	土夹石（其中碎石、卵石占全重的 30%～50%）		150～200
	中砂、粗砂、砾砂、角砾、圆砾、石屑		150～200
	粉质黏土		130～180
	灰土	0.95	200～250
	粉煤灰	0.90～0.95	150～200

注：① 压实系数 λ_c 为土的控制干密度 ρ_d 与最大干密度 $\rho_{d\max}$ 的比值；土的最大干密度宜采用击实试验确定，碎石或卵石的最大干密度可取 2.2 t/m³。

　　② 当采用轻型击实试验时，压实系数 λ_c 应取高值；当采用重型击实试验时，λ_c 可取低值。

4. 沉降计算

对于重要的建筑，如果垫层下存在软弱下卧层，则应进行地基变形计算。建筑物基础沉降等于垫层自身的变形量 S_1 与下卧土层的变形量 S_2 的和。对于超出原地面标高的垫层或换填材料的密度高于天然土层密度的垫层，宜早换填并考虑其附加的荷载对建筑物及邻近建筑物的影响。

三、施工要点

1. 垫层材料的选择

不同垫层材料有不同的要求。砂垫层材料应选用级配良好的中粗砂，含泥量不超过 3%，不含植物残体、垃圾等杂质。当使用粉细砂时，应掺入 25%～30% 的碎石或卵石，其最大粒径不宜大于 50 mm。

素土垫层的土料中有机质含量不得超过 5%，也不得有冻土或膨胀土，不得夹有砖、瓦和石块等渗水材料。当含有碎石时，其粒径不宜大于 50 mm。

灰土垫层宜采用 2∶8 或 3∶7 的灰土。土料宜用黏性土及塑性指数大于 4 的粉土，不得含松软杂质,并应过筛,其粒径不得大于 15 mm。石灰宜用新鲜的消石灰,其粒径不得大于 5 mm。

流垫层的矿渣应质地坚硬、性能稳定和无侵蚀性。小面积垫层一般用 8～40 mm 与 40～60 mm 的分级矿渣,或 0～60 mm 的混合矿渣;大面积铺垫可采用混合矿渣或原状矿渣回填,最大粒径不大于 200 mm。

2. 垫层压实方法的确定

机械碾压法是采用各种压实机械来压实地基土。此法常用于基坑底面积宽大、开挖土方量较大的工程。

重锤夯实法是用起重机将夯锤提升到某一高度,然后自由落锤,不断重复夯击以加固地基。重锤夯实法一般适用于地下水位距地表 0.8 m 以上稍湿的黏性土、砂土、湿陷性黄土、杂填土和分层填土。

平板振动法是使用振动压实机处理无黏性土或黏粒含量少、透水性较好的松散杂填土振实地基的一种方法。一般经振实的杂填土地基承载力可达 100～120 kPa。

3. 分层铺填并压实

除接触下卧软土层的垫层底层应根据施工机械设备及下卧层土质条件确定厚度外,一般情况下垫层的分层铺填厚度可取 200～300 mm。

4. 含水率控制

为获得最佳夯压效果,宜采用垫层材料的最优含水率 w_{op} 作为施工控制含水率。粉质黏土和灰土垫层土料的施工含水率宜控制在最优含水率 $w_{op} \pm 2\%$ 的范围内,粉煤灰垫层的施工含水率宜控制在 $w_{op} \pm 4\%$ 的范围内。最优含水率可通过击实试验确定,也可按当地经验取用。

5. 铺筑前应先行验槽

基坑内浮土应予以清除,边坡必须稳定,防止塌土。在基坑(槽)两侧附近有古井、古墓、洞穴、旧基础、暗塘等软硬不均的部位时,应根据要求先行处理,并经检验合格后,方可铺填垫层。

6. 避免软弱土层结构扰动

垫层下卧层为淤泥或淤泥质土时,因其有一定的结构强度,一旦被扰动,则强度大大降低,变形大量增加,影响到垫层及建筑的安全使用。通常的做法是:开挖基坑时应预留厚约 300 mm 的保护层,待做好铺填垫层的准备后,对保护层挖一段,随即用换填材料铺填一段,直到完成全部垫层,以保护下卧软土层不被破坏。

7. 垫层底面宜设在同一标高上

如果深度不同,则基坑底面应挖成阶梯或斜坡搭接,并按先深后浅的顺序进行垫层施工,搭接处应夯压密实。

在粉质黏土及灰土垫层分段施工时,不得在柱基、墙角及承重窗间墙下接缝,上下两层的缝距不得小于 500 mm,接缝处应夯压密实。灰土应拌和均匀并应均匀铺填夯压。灰土夯实压密后 3 天内不得受水浸泡。

当垫层竣工后,应及时进行基础施工与基坑回填。

四、质量检验

垫层质量检验包括分层施工质量检查和工程质量验收。

（1）分层施工的质量以达到设计要求的密实度要求为标准。

一般来讲，中砂砂垫层的干重度≥16 kN/m²，粗砂砂垫层的干重度根据经验应适当提高；废渣垫层表面应坚实、平整、无明显缺陷，压陷差＜2 mm；灰土垫层的压实系数一般应达0.93～0.95。

（2）对素土、灰土和砂垫层可用贯入仪检验垫层质量，对砂垫层也可用钢筋检验，并均应通过现场试验，以控制压实系数所对应的贯入度为合格标准。压实系数可用环刀法或其他方法测定。

（3）测点布置。

对于整片垫层，当面积≤300 m² 时，环刀法为 30～50 m² 布置一个，贯入法为 10～15 m² 布置一个；当面积＞300 m² 时，环刀法为 50～100 m² 布置一个，贯入法为 20～30 m² 布置一个。对于条形基础下垫层，参照整片基础要求，且满足环刀法每 20 m 至少布置一个、贯入法每 10 m 至少布置一个。对于单独基础下垫层，参照整片垫层要求，且不少于两个。

（4）垫层工程质量验收可通过荷载试验进行。

在有充分试验依据时，也可采用标准贯入试验或静力触探试验。当有成熟试验表明通过分层施工质量检查，满足工程需求时，可不进行工程质量的整体验收。

任务3　固结法的原理与工艺

一、预压法

1. 预压法的原理及适用范围

预压法是指一种在建（构）筑物建造前地基处理的方法，先在拟建场地上一次性施加或分级施加荷载，使土体中孔隙水排出，孔隙体积变小，土体沉降固结，土体的抗剪强度增强，地基承载力和稳定性提高，土体的压缩性减小，经过一定时间后，地基的固结沉降基本完成或大部分完成，再将预压荷载卸去。

预压法
预压法以事先预测的固结沉降和固结使地基强度增强为目标。预压法处理地基应预先通过勘察查明土层在水平和竖直方向的分布、层理变化，查明透水层的位置、地下水类型及水源补给情况等，并应通过土工试验确定土层的先期固结压力、孔隙比与固结压力的关系、渗透系数、固结系数、三轴试验抗剪强度指标以及原位十字板抗剪强度等。

为了改变地基原有的排水边界条件，增加孔隙水排出的通道，缩短排水距离，加速地基土的固结，常在地基土中设置竖向排水体和水平向排水体。常见竖向排水体有砂井、袋装砂井、塑料排水板等;常用水平向排水体为砂垫层。

施加的荷载主要是使土中孔隙水产生压差而渗流,从而使土固结,常用的方法有堆载法、真空法、降低地下水位法、联合法等。

堆载预压通常有两种情况。

(1)堆载预压。在建(构)物建造以前,在场地先进行堆载预压,待建筑物施工时再移去预压荷载,堆载预压减小建筑物沉降的原理如图 9-3 所示。由图可知,如果不先经预压,直接在场地建造建筑物,则沉降-时间曲线如①所示,最终沉降量为 S_f'。经过堆载预压,建筑物使用期间的沉降-时间曲线如②所示,其最终沉降量为 S_f。可见,通过预压,建筑物使用期间的沉降大大减小。

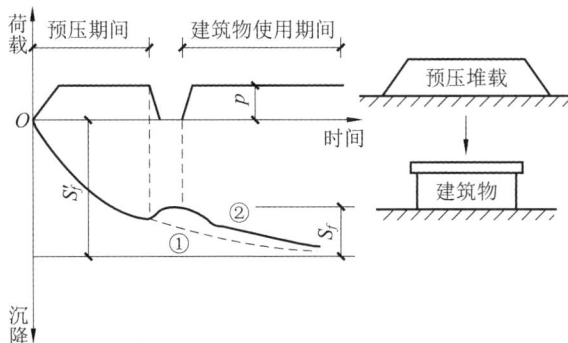

图 9-3　堆载预压

(2)超载预压。在预压过程中,将已超过使用荷载 p_f 的超载 p_S 先加上去,待沉降满足要求后,将超载移去,再建造建(构)筑物,如图 9-4 所示,建(构)物的沉降 S_f 将很小。

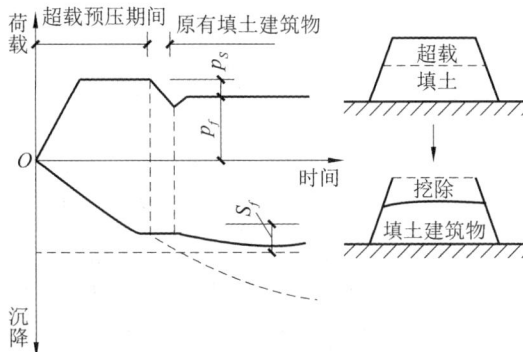

图 9-4　超载预压

预压法是处理软黏土地基的有效方法之一,适用于淤泥、淤泥质土和冲填土等饱和黏性土的地基处理,也可用于可压缩粉土、有机质黏土和泥炭土地基等。预压法已成功地应用于码头、堆场、道路、机场跑道、油罐、桥台、房屋建筑等对沉降和稳定性要求比较高的建(构)筑物地基。

2.砂井预压法

砂井预压法是在软弱地基中设置砂井作为竖向排水通道,并在砂井顶部设置砂垫层作为水平排水通道,在砂垫层上部压载以产生超静水压力,使土体中孔隙水较快地通过砂井砂垫层排出,以达到加速土体固结、增强地基土强度的目的。

1）砂井的构造和布置

（1）砂井的直径和间距。

砂井的直径和间距主要取决于黏性土层的固结特性和工期要求。因缩小砂井的间距要比增大砂井的直径更有利于加速土层的固结,原则上以"细而密"为布置方案。井径不宜过大或过小,过大不经济,过小则施工中易造成灌砂率不足、缩颈或砂井不连续等质量问题。工程上常用的普通砂井直径可取 30～50 cm,袋装砂井直径可取 7～12 cm;塑料排水带可按式(9-5)进行当量换算直径。

$$d_p = \frac{2(b+\delta)}{\pi} \tag{9-5}$$

式中:d_p——塑料排水带当量换算直径;

b——塑料排水带宽度;

δ——塑料排水带厚度。

砂井的间距通常可按井径比 $n(n=d_e/d_w$,d_e 为每个砂井的有效影响范围的直径,d_w 为砂井直径)确定。塑料排水带或袋装砂井的间距可按 $n=15～22$ 选用,普通砂井的间距可按 $n=6～8$ 选用。

（2）砂井的长度。

砂井的长度选择与土层分布、地基中附加应力大小、地基变形和稳定性要求及工期等因素有关。当软黏土层不厚时,排水井应贯穿软黏土层;当软黏土层较厚但间有砂层或砂透镜体时,排水井应尽可能挖至砂层或砂透镜体;当黏土层很厚又无砂透水层时,可按建筑物对地基变形及稳定性的要求决定。对以地基抗滑稳定性控制的工程,如路堤、土坝、岸坡、堆料场等,砂井深度应至少超过最危险滑动面 2 m。从沉降考虑,砂井长度应穿过主要的压缩层。工程应用中砂井长度一般为 10～20 m。

（3）砂井的平面布置。

砂井在平面上可布置成正三角形（梅花形）或正方形,以正三角形排列较为紧凑和有效,如图 9-5 所示。

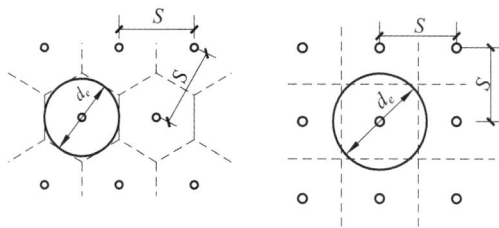

图 9-5　砂井平面布置及影响范围土柱体剖面图

一根砂井的有效排水圆柱体的直径 d_e 和砂井间距 S 的关系如下。

正三角形布置:$d_e=1.05S$。

正方形布置:$d_e=1.13S$。

砂井的布置范围一般以建筑物基础范围稍大为好,因为基础以外一定范围内的地基中仍然产生建筑物荷载引起的压应力和剪应力,如能加速基础外地基土的固结,对提高地基的稳定性和减小侧向变形及由此引起的沉降均有好处。扩大的范围为由基础的轮廓线向外增大 2～4 m。

（4）砂垫层。

在砂井顶面应铺设排水砂垫层，以连通各个砂井形成通畅的排水面，将水排到场地以外。砂垫层厚度宜大于 500 mm；在水下施工时，砂垫层厚度一般为 1000 mm 左右。为节省砂料，可采用连通砂井的纵横砂沟代替整片砂垫层，砂沟的深度一般为 500～1000 mm，砂沟的宽度取砂井直径的 2 倍。

2）施工要点

（1）砂井施工工艺。

砂井施工工艺如图 9-6 所示。

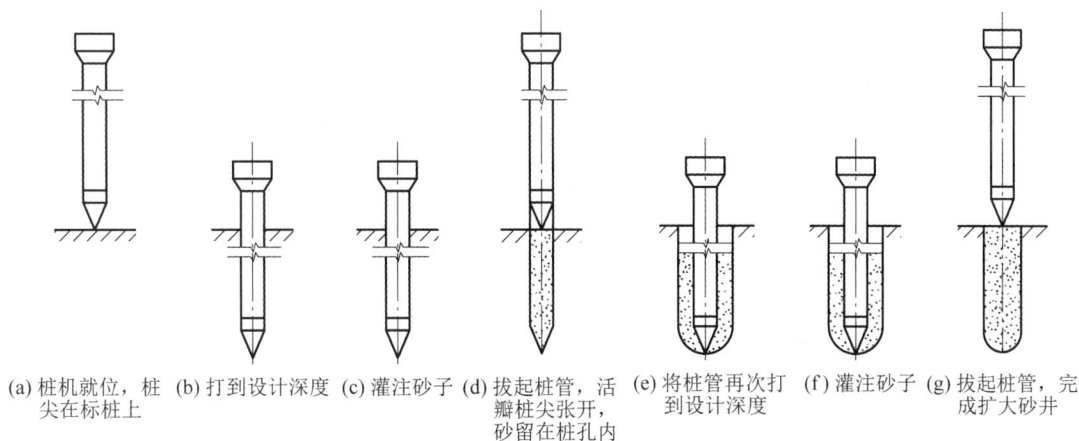

(a) 桩机就位，桩 (b) 打到设计深度 (c) 灌注砂子 (d) 拔起桩管，活 (e) 将桩管再次打 (f) 灌注砂子 (g) 拔起桩管，完
尖在标桩上　　　　　　　　　　　　　　瓣桩尖张开，　　到设计深度　　　　　　成扩大砂井
　　　　　　　　　　　　　　　　　　　砂留在桩孔内

图 9-6　砂井施工工艺

（2）砂料的选择。

应尽可能选用渗透性好的砂料，以减小砂井阻力的影响。一般宜选用黏粒含量小于 3% 的中粗砂或矿渣，但渗透系数不得小于10^{-2} cm/s。

垫层的砂料宜采用透水性好的中粗砂，黏粒含量不宜大于 3%，砂垫层的干密度宜大于 1.5 t/m³，其渗透系数不宜小于10^{-2} cm/s。

（3）质量控制。

① 应保证达到要求的灌砂密实度自上而下保持连续，不出现井颈，且不扰动砂井周围土的结构；砂井的长度、直径和间距应满足设计要求；砂井位置的允许偏差为该井的直径，垂直度的偏差不应大于 1.5%；实际灌砂量不得小于计算的 95%，对灌砂量未达到设计要求的砂井，应在原位将桩管打入，灌砂复打一次。

② 施工期间应进行现场测试。

a. 边桩水平位观测。

主要用于判断地基的稳定性，决定安全的加荷速率，要求边桩位移速率应控制在3～5 mm/d。

b. 地面沉降观测。

主要控制地面沉降速度，要求最大沉降速率不宜超过 10 mm/d。

c. 孔隙水压力观测。

用于计算土体固结度、强度及强度增长，分析地基的稳定，从而控制堆载速度，防止堆载过多、过快而导致地基破坏。

3. 真空预压法

真空预压法是先在需加固的软土地基表面铺设砂垫层,然后埋设垂直排水管道,再用不通气的封闭膜使其与大气隔绝,通过砂垫层内埋设的吸水滤管用真空装置进行抽气,并保持较高的真空度,在土的孔隙水中产生负的孔隙水压力,使土体内部与排水通道、垫层之间形成压差,将土体中的孔隙水和空气逐渐吸出,使土体固结,如图 9-7 所示。真空预压法是以大气压力作为预压荷载的。

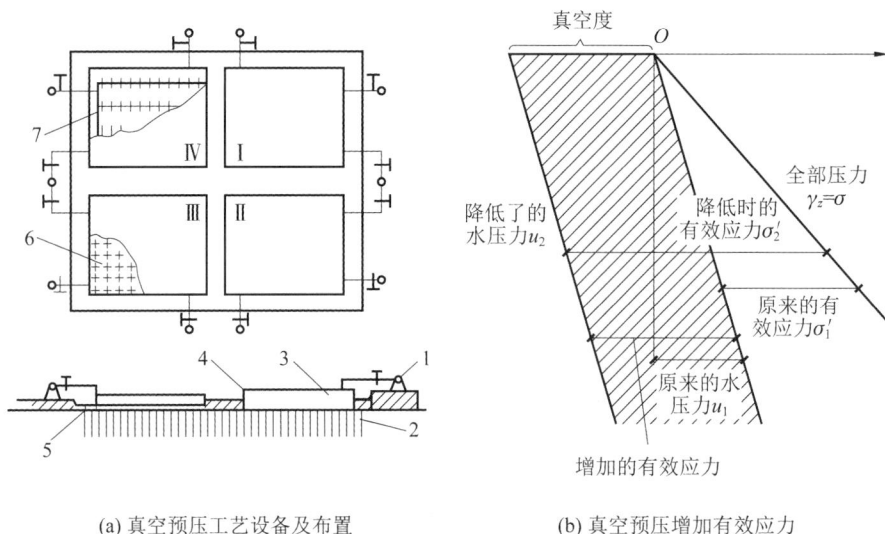

(a) 真空预压工艺设备及布置　　(b) 真空预压增加有效应力

图 9-7　真空预压法示意图

1——真空装置;2,6——袋装砂井;3——砂垫层;4——封闭膜;5——回填沟槽;7——膜下管道

真空预压法最早由瑞典皇家地质学院 W. Kjellman 教授于 1952 年提出,但一直未能很好地用于实际工程。我国自 1980 年起,由天津大学与交通部第一航务工程局结合实际工程进行了大规模的现场和室内试验研究,膜下真空度达到 80～95 kPa(610～730 mmHg),在天津新港、连云港碱厂等近 300 万平方米工程中成功使用。就单块薄膜面积达 30000 m² 的场地,历时 40～70 d,固结度达 80%,承载力可提高到 3 倍。目前我国的真空预压技术在真空度和大面积加固方面处于国际领先地位。

1) 真空预压法的特点及适用范围

(1) 设备及施工工艺简单,省略了加荷、卸荷工序,缩短了预压时间,节省大量原材料和运输能力,无噪声,无振动,无污染,技术经济效果显著。

(2) 在真空预压进程中,加固土体内外大气压差、孔隙水的渗透方向、渗透力引起的附加应力等均指向加固土体,所引起的侧向变形也指向加固土体。真空预压可一次施加,地基不会发生剪切破坏而引起地基失稳,可有效缩短总的排水固结时间。

(3) 真空法所产生的负压使地基土的孔隙水加速排出,可缩短固结时间;同时由于孔隙水排出、地下水位降低,由渗流力和降低水位引起的土中有效自重应力也随之增大,提高了加固效果;并且负压可通过管路送到任何场地,适应性强。

(4) 适用于饱和均质黏性土及含薄层砂夹层的黏性土,特别适用于新淤填土、超软土地基的加固。

2）真空预压法施工

（1）工艺流程。

为保证地基在较短的预压时间内达到加固效果，一般真空预压和竖向排水体联用，其工艺流程如图9-8所示。

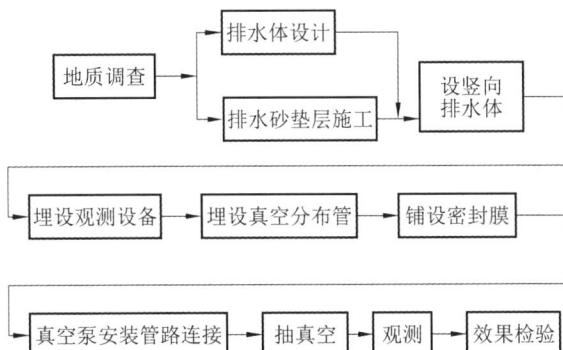

图9-8 工艺流程

（2）真空分布管的埋设。

真空分布管排列一般采用条形或鱼刺形两种排列方法，如图9-9所示。铺设距离要适当，使真空分布管排列均匀，管上部应覆盖100～200 mm厚的砂层。

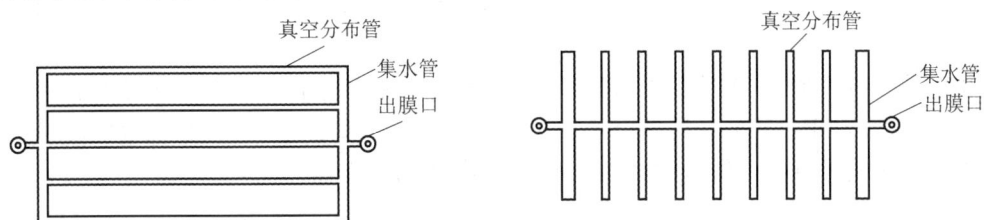

图9-9 真空分布管排列示意图

（3）密封膜的施工。

密封膜的施工是真空预压法成败的关键，一般采用2～3层密封膜，按先后顺序同时铺设，并于加固区四周离基坑线外缘2 m开挖深0.8～0.9 m的沟槽，将膜的周边放入沟槽内，用黏土或粉质黏土回填压实，要求气密性好，即密封不漏气，或采用板桩覆水封闭，以膜上全面覆水较好，既增强密封性，又可减缓密封膜的老化。薄膜周边密封方法如图9-10所示。

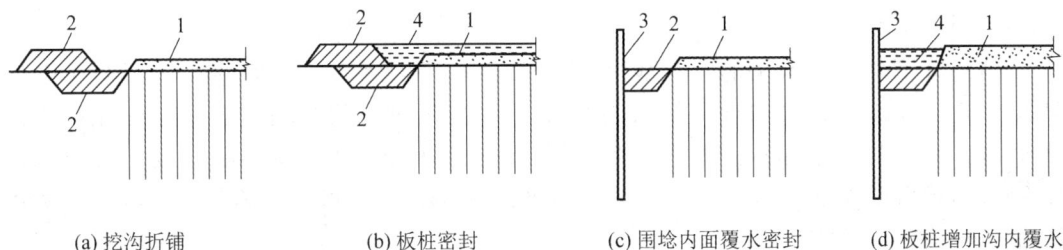

(a)挖沟折铺　　　(b)板桩密封　　　(c)围堤内面覆水密封　　　(d)板桩增加沟内覆水

图9-10 薄膜周边密封方法

1——密封膜；2——填土压实；3——钢板桩；4——覆水

（4）质量控制。

真空分布管的距离要适当，使真空管分布均匀，包管滤膜渗透系数不小于10^{-2} cm/s；真空系及膜内真空度应达到 96 kPa 和 73 kPa 以上；地表总沉降应符合一般堆载预压时的沉降规律。如果发现异常，应及时采取措施，以免影响最终加固效果。

4. 其他预压法

1）降水预压法

降水预压法是通过降低地下水位使降水范围内计算土的自重应力所用的重度由浮重度变为自然重度，由此增加了土的有效固结应力，使土层固结变形，土的性质得到改善。

降低地下水位预压法可和真空法或堆载预压法联合使用，其工程效果更好。例如，河北某化肥厂尿素散装仓库采用砂井降低地下水位和堆土预压处理，取得了良好效果。

降低地下水位预压法最适用于软土地基上部易于降低地下水位的砂或砂质土，不适宜在渗透性比较小的软土地基中采用。当应用真空装置降水时，地下水位大约能降低 6 m，预压荷载可达 60 kPa 左右，相当于堆高 3 m 左右的砂石，其效果是很可观的。

降水预压法无需堆载，并且降水预压使土中孔隙水压力降低，渗流附加力指向固结区，所以不会使土体产生破坏，可一次降水至预定深度，从而缩短固结时间。但降水预压可能会引起相邻建筑物相同的附加差异沉降，施工时必须高度重视。

2）电渗法

在土中插入金属电极并通直流电，由于直流电场作用，土中水会从阳极流向阴极，这种现象称为电渗。如果将水从阴极排出而在阳极不予补光，借助电渗作用可逐渐排除土中水，引起土层的固结沉降。

电渗法在饱和粉土、粉质黏土、正常固结黏土及孔隙水电解浓度低的情况下非常经济、有效，工程中可利用它降低黏性土中的含水率或地下水位来提高土坡或基坑边坡的稳定性，也可利用它加速堆载预压饱和黏性土地基的固结、提高强度等。

强夯法和强夯置换法

二、强夯法

强夯法又称动力固结法，由法国 Menard 技术公司于 1969 年创立并应用。这种方法是将重锤（一般 10～40 t）提升到高处使其自由落下（落距一般为 10～40 m），给地基以反复冲击和振动，从而提高地基的强度并降低其压缩性。强夯法是在重锤夯实法的基础上发展起来的，但加固原理不同。

1. 加固原理

夯锤自由下落产生巨大的强夯冲击能量，使土中产生很大的应力和冲击波，致使土中孔隙压缩，土体局部液化，夯击点周围一定深度内产生裂隙，形成良好的排水通道，使土中的孔隙水（气）溢出，土体固结，从而降低土的压缩性，提高地基承载力。资料显示，经过强夯的黏性土，其承载力可增加 100%～300%，粉砂可增加 400%，砂土可增加 200%～400%。强夯加固土体的主要作用如下。

1）密实作用

强夯产生的冲击波破坏了土体的原有结构，改变了土体中各类孔隙的分布状态以及相对含量，使土体得到密实。另外，土体中多含有以微气泡形式存在的气体，其含量为 1%～4%。实测资料表明：夯击使孔隙水和气体的体积减小，土体得到密实。

2）局部液化作用

在夯锤反复作用下,夯锤和土中将引起很大的超静孔隙水压力,随着夯击次数的增加,超静孔隙水压力也不断提高,致使土中有效应力减小。当土中某点的超静孔隙水压力等于上覆的土压力时,土中的有效应力完全消失,土的抗剪强度降为零,土体达到局部液化。

3）固结作用

当强夯在地基中产生的超静孔隙水压力大于土粒间的侧向压力时,土粒间便会出现裂隙,形成排水通道,增大了土的渗透性,孔隙水得以顺利排出,加速了土的固结。

4）触变恢复作用

经过一定时间后,由于土颗粒重新紧密接触,自由水又重新被土颗粒吸附而变成结合水,土体又恢复并达到更高的强度,即饱和软土的触变恢复作用。

5）置换作用

利用强夯的冲击力,强行将砂、碎石、石块等挤填到饱和软土层中,置换原饱和软土,形成桩柱或密实砂石层。与此同时,该密实砂石层还可作为下卧软弱土的良好排水通道,加速下卧土层的排水固结,从而使地基承载力提高,沉降减小。

2. 适用范围

强夯法适用于处理碎石土、砂土、低饱和度的粉土与黏性土、湿陷性黄土、素填土和杂填土等地基,它不仅能提高地基土的强度,降低土的压缩性,还能提高土抗振动液化的能力和消除土的湿陷性,所以还适用于处理可液化砂土地基和湿陷性黄土地基等。但对饱和软黏土地基,如淤泥和淤泥质土地基,强夯处理效果不显著,应慎重使用。

应用强夯法处理的工程范围是很广的,如在各类工业民用建筑、仓库、油罐、贮仓、公路、铁路路基、飞机场跑道、码头及大型设备基础等地基的处理中均取得了成功。

3. 设计要点

强夯法设计的主要参数为有效加固深度、夯击能、夯击次数、夯击遍数与间隔时间、夯击点布置及范围等。

1）有效加固深度

强夯法的有效加固深度应根据现场试夯或当地经验值确定,也可用下式估算:

$$H = K \sqrt{\frac{Wh}{10}} \tag{9-6}$$

式中:H——有效加固深度,单位为 m;

W——锤重,单位为 kN;

h——落距,单位为 m;

K——修正系数,一般为 $0.34 \sim 0.8$,如黄土的修正系数为 $0.34 \sim 0.50$。

强夯法的有效加固深度在缺少试验资料或经验值时可按表 9-4 预估。

表 9-4　强夯法的有效加固深度　　　　　　　单位:m

单击夯击能/(kN·m)	碎石土、砂土等粗颗粒土	粉土、黏性土、湿陷性黄土等细颗粒土
1000	4.0~5.0	3.0~4.0
2000	5.0~6.0	4.0~5.0
3000	6.0~7.0	5.0~6.0

续表

单击夯击能/(kN·m)	碎石土、砂土等粗颗粒土	粉土、黏性土、湿陷性黄土等细颗粒土
4000	7.0～8.0	6.0～7.0
5000	8.0～8.5	7.0～7.5
6000	8.5～9.0	7.5～8.0
8000	9.0～9.5	8.0～9.0
10000	10.0～11.0	9.5～10.5
12000	11.5～12.5	11.0～12.0
14000	12.5～13.5	12.0～13.0
15000	13.5～14.0	13.0～13.5
16000	14.0～14.5	13.5～14.0
18000	14.5～15.5	—

2）夯击能

单击夯击能是表示每击能量大小的参数,其值等于锤重和落距的乘积。目前我国采用的最大单击夯击能为 8000 kN·m,国际上曾经用过的最大单击夯击能为 50000 kN·m,加固深度达 40 m。

单位夯击能是指单位面积上所施加的总夯击能。根据我国的工程实践,一般情况下,对于粗颗粒土,单位夯击能可取 1000～3000 kN/m;对于细颗粒土,单位夯击能为1500～4000 kN/m。

3）夯击次数

对于不同地基土来说,夯击次数应不同,一般应通过现场试夯确定。以夯坑的压缩量最大、夯坑周围隆起量最小为原则,可从现场试夯得到的锤击数和夯沉量关系曲线确定。最后两击的平均夯沉量不宜大于下列数值:当单击夯击能小于 3000 kN·m 时为 50 mm;当单击夯击能不小于 3000 kN·m、不足 6000 kN·m 时为 100 mm;当单击夯击能不小于 6000 N·m、不足 10000 kN·m 时为 200 mm;当单击夯击能不小于 10000 kN·m、不足 15000 kN·m 时为 250 mm;当单击夯击能不小于 15000 kN·m 时为 300 mm。要求夯坑周围地面不发生过大的隆起。此外,还要考虑施工方便,不能因夯坑过深而发生起锤困难的情况。

4）夯击遍数与间隔时间

夯击遍数应根据地基土的性质确定。一般来说,由粗颗粒土组成的渗透性强的地基,夯击遍数可少些;由细颗粒土组成的渗透性低的地基,夯击遍数要求多些。根据我国工程实践,一般情况下,采用夯击遍数 2、3 遍,再以低能量满夯一遍。

两遍夯击之间应有一定的时间间隔,以利于土中超静孔隙水压力的消散,所以间隔时间取决于超静孔隙水压力的消散时间。当缺少实测资料时,可根据地基土的渗透性确定,对渗透性较差的黏性土,地基的间隔时间应不少于 3～4 周;对渗透性好的地基,可连续夯击。

5）夯击点布置及范围

夯击点位置可根据基底平面形状,采用等边三角形、等腰三角形或正方形布置。第一遍夯击点间距可取夯锤直径的 2.5～3.5 倍,第二遍夯击点位于第一遍夯击点之间。以后各遍夯击点间距可适当减小。对处理深度较深或单击夯击能较大的工程,第一遍夯击点间距宜适当增大。对于办公楼、住宅建筑,承重墙及纵墙和横墙交接处墙基下均有夯击点;对于工业厂房,可按柱网设置夯击点。

强夯处理范围应大于建筑物基础范围,每边超出基础外缘的宽度宜为基底下设计处理深度的 1/2～2/3,并不宜小于 3 m。对可液化地基,扩大范围不应小于可液化土层厚度的 1/2,并不应小于 5 m;对湿陷性黄土地基,还应符合现行国家标准《湿陷性黄土地区建筑标准》(GB 50025—2018)中有关的规定。

4. 施工过程

为使强夯加固地基得到预想的加固效果,应正确、适宜地组织施工,加强施工管理非常重要。同时,强夯法施工应按正式的施工方案及试夯确定的技术参数进行。

1) 施工步骤

(1) 清理并平整施工场地。

(2) 标出第一遍夯点位置,并测量场地高度。

(3) 起重机就位,夯锤置于夯点位置。

(4) 测量夯前锤顶高程。

(5) 将夯锤起吊到预定的高度,开启脱钩装置,待夯锤脱钩自由下落后,放下吊钩,测量锤顶高程。若发现因坑底倾斜而造成夯锤歪斜,则应及时将坑底整平。

(6) 重复第(5)步,按设计规定的夯击次数及控制标准完成一个夯点的夯击。当夯坑过深出现提锤困难,又无明显隆起,且尚未达到控制标准时,宜将夯坑回填不超过 1/2 深度后继续夯击。

(7) 换夯点,重复第(3)至第(6)步,完成第一遍全部夯点的夯击。

(8) 用推土机将夯坑填平,并测量场地高度。

(9) 在规定的间歇时间后,按上述步骤逐次完成全部夯击遍数,最后用低能量满夯,将场地表层松土夯实,并测量夯后场地高程。

2) 强夯过程的记录及数据

(1) 每个夯点的每击夯沉量、夯坑深度、开口大小、夯坑体积、填料量都必须记录。

(2) 记录场地隆起量、下沉量,特别是在邻近有建(构)筑物时需详细记录。

(3) 每遍夯后记录场地的夯沉量、填料量。

(4) 附近建筑物的变形监测。

(5) 孔隙水压力增长、消散监测,每遍或每批夯点的加固效果检测,为避免时效影响,最有效的是检验土密度,其次为静力触探,以及时了解加固效果。

(6) 满夯前应根据设计基底标高考虑夯沉预留量并平整场地,使满夯后接近设计标高。

(7) 记录最后二击的贯入度,看是否满足设计或试夯要求值。

3) 施工注意事项

(1) 强夯的施工顺序是先深后浅,即先加固深层土,再加固中层土,最后加固浅层土。

(2) 在饱和软黏土场地上施工时,为保证吊车的稳定,需铺设一定厚度的粗粒料垫层,垫层料的粒径不应大于 10 cm,也不宜用粉细砂。

(3) 注意吊车、夯锤附近人员的安全。

5. 质量检验

1）检验的数量

强夯地基检验的数量应根据场地的复杂程度和建筑物的重要性决定。对于简单场地上的一般建筑物，每个建筑物地基的检验点不小于 3 处。对于复杂场地，应根据场地变化类型，每个类型不少于 3 处。强夯面积超出 1000 m² 以内应增加 1 处。

2）检验的时间

经强夯处理的地基，其强度是随时间增加而逐步恢复和提高的。因此，在强夯施工结束后应间隔一定时间方能对地基质量进行检验，间隔时间可根据土的性质而定，时间越长，强度提高越多。一般对于碎石和砂土地基，间隔时间可取 1～2 周；对于粉土和黏性土地基，间隔时间可取 2～4 周；对于强夯置换地基，间隔时间可取 4 周；对于其他高饱和度的土，测试间隔时间还可适当延长。

3）检验方法

宜根据土性选用原位测试和室内土工试验方法。一般工程应采用两种或两种以上的方法进行检验，对于重要工程应增加检验项目。

4）检查强夯施工过程中的各种测试数据和施工记录及施工后的质量检验报告

对不符合设计要求的，应补夯或采用其他有效措施。

任务 4 挤密桩的原理与施工工艺

挤密桩法是以振动、冲击或带套管等方法成孔，然后向孔中填入砂、碎石、土或灰土、石灰、渣土或其他材料，再加以振实成桩，并进一步挤密桩间土的方法，其加密原理一方面是通过工程挤密、振密桩间土，另一方面是桩体与桩间土形成复合地基。挤密桩按填料类别可分为土或灰土挤密桩、石灰桩、碎石（砂）桩、渣土桩等；按施工方法可分为振冲挤密桩、沉管振动挤密桩、爆破挤密桩等。

一、土或灰土挤密桩

土或灰土挤密桩是用沉管、冲击或爆炸等方法在地基中挤土（桩孔直径宜为 300～600 mm，可根据所选用的成孔设备或成孔方法确定），然后向孔内夯填素土或灰土（灰土是将不同比例的消石灰和土掺和而成）形成的。成孔时，桩孔部位的土被侧向挤出，从而使桩间土得到挤密。对灰土挤密桩而言，桩体材料、石灰和土之间产生一系列物理和化学反应，凝结成一定强度的桩体。桩体和桩间挤密土共同组成人工复合地基。

土或灰土挤密桩法适用于处理地下水位以上的湿陷性黄土、素填土和杂填土等地基，处理深度宜为 5～15 m。当以消除地基的湿陷性为主要目的时，宜选用土挤密桩法；当以提高地基的承载力或水稳定性为主要目的时，宜选用灰土挤密桩法。当地基土的含水率大于

23%及其饱和度大于0.65时,桩孔可能缩颈和出现回淤问题,挤密效果差,也较难施工,故不宜选用土或灰土挤密桩法加固地基。

土挤密桩法是苏联阿别列夫教授1934年首创的。我国自20世纪50年代中期开始在西北地区试用,60年代中期成功地创造了具有中国特色的灰土挤密桩法。自1972年开始,我国黄土地区的土桩和灰土桩已成功地建成数百幢工业与民用建筑。目前灰土挤密桩法已成功地用于50 m以上的高层建筑的地基处理,有的处理深度已超过15 m,在桩型方面发展了大孔径灰土桩,当桩底有较好持力层时,可采用人工挖孔,夯入灰土(渣)作为大直径或深基础承受荷载。土或灰土挤密桩法已成为我国黄土地区建筑地基处理的主要方法之一。

二、石灰桩

石灰在我国至少有四千余年的生产历史,是一种古老的建筑材料。用石灰加固软弱地基已有两千年历史。著名的长城、西藏佛塔、北京御道、漳州民居、古罗马的加普亚军用大道等地基均采用石灰加固。据文献记载,我国是研究应用石灰桩最早的国家。

石灰桩是指采用机械或人工在地基中成孔,然后灌入生石灰块或按一定比例加入粉煤灰、炉渣、火山灰等掺和料及少量外加剂进行振密或夯实而形成的桩体,石灰桩与经改良的桩周土共同组成石灰桩复合地基以支承上部建筑物。石灰桩法适用加固杂填土、素填土和黏性土地基,有经验时也可用于粉土、淤泥和淤泥质土地基,一般加固深度从几米到十几米。在日本其加固深度已达60 m,成桩直径达800~1750 mm。石灰桩不适用于地下水位下的砂类土。

石灰桩既有别于砂桩、碎石桩等散体材料桩,又与混凝土桩等刚性桩不同。其主要特点是在形成桩身强度的同时也加固了桩间土。

按用料和施工工艺,石灰桩法分为以下三类。

(1)石灰桩法(石灰块灌入法)。

采用钢套管成孔,然后在孔中灌入新鲜生石灰块,或在生石灰中掺入适量水硬性掺和料(粉煤灰和火山灰,一般的配合比为8∶2或7∶3)。在拔管的同时进行振密和捣密,利用生石灰吸收桩间土体的水分进行水化反应,此时生石灰的吸水膨胀、发热及离子交换作用使桩间土体的含水率降低、孔隙比减小、土体挤密和桩柱体硬化。桩和桩间土共同承担外荷载,形成一种复合地基。

(2)石灰土桩法(粉灰搅拌法)。

石灰土桩法是粉体喷射搅拌法的一种,通过特制的搅拌机将石灰粉加固料与原位软土搅拌均匀,促使软土硬结,形成石灰土桩。

(3)石灰浆压力喷注法。

采用压力将石灰浆或石灰-粉煤灰(二灰)浆喷射注入地基土的孔隙内或预先钻的桩孔内,使灰浆在地基土中扩散和硬凝,形成不透水的网状结构层,从而达到加固的目的。

三、碎石(砂)桩

1.加固原理及适用范围

碎石桩和砂桩总称碎石(砂)桩,又称粗颗粒土桩,是指用振动、冲击或水冲等方式在软弱地基中成孔后,再将碎石或砂挤压到成孔中,形成大直径的碎石(砂)所构成的密实桩体。

碎石(砂)桩的主要加固作用如下。

1)挤密作用

当采用沉管法或干振法施工时,由于在成桩过程中桩管对周围砂层产生很大的横向挤压力,桩管中的砂挤向桩管周围的砂层,使桩管周围的砂层孔隙比减小,密实度增大,这就是挤密作用。有效挤密范围可达 3～4 倍桩直径。

2)排水作用

碎石(砂)桩在地基中形成渗透性良好的人工竖向排水减压通道,有效地消散和防止超静孔隙水压力的增高和砂土产生液化,并可加快地基的排水固结。

3)置换作用

在黏性土(特别是饱和软土)地基,以良好性能的碎石(砂)来替换不良的地基土,使地基中密实度高和直径大的桩体与原黏性土构成复合地基而共同承载上部荷载。

4)垫层作用

若软弱土层厚度不大,则桩体可贯穿整个软弱土层,直达相对硬层,此时桩体在荷载作用下主要起应力集中的作用,从而使软土负担的压力相应减少;如果软弱土层较厚,则桩体可不贯穿整个软弱土层,此时加固的复合土层起垫层的作用,垫层将荷载扩散使应力分布趋于均匀。

5)加筋作用

碎石桩作为复合地基,除了可以提高地基承载力、减少地基沉降外,还可以提高土体的抗剪强度,增大土坡的抗滑稳定性筋体。

此外,对松散砂土进行振冲法施工,使填料和地基土在挤密的同时获得强烈的预震,增强砂土的抗液化能力。

碎石(砂)桩适用于处理松散砂土、素填土、杂填土、粉土等地基。在处理饱和软黏土地基时必须通过试验确定其适用性。

2.设计要点

(1)碎石(砂)桩复合地基处理范围应根据建筑物的重要性和场地条件确定,宜在基础外缘扩大 1～3 排桩。当要求消除地基液化时,基础外缘扩大宽度不应小于基底下可液化土层厚度的 1/2,且不应小于 5 m。

(2)桩位布置。对大面积满堂处理,可采用三角形、正方形、矩形布桩;对条形基础,可沿基础轴线布桩,当单排桩不能满足设计要求时,可采用多排布桩;对单独基础,可采用三角形、正方形、矩形或混合型布桩。桩位布置示意图如图 9-11 所示。

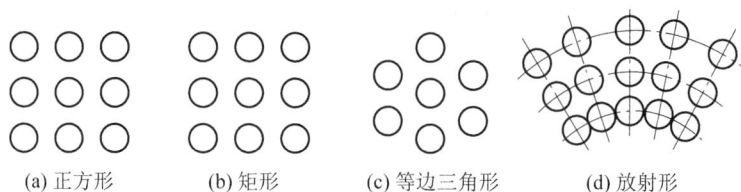

(a) 正方形　　(b) 矩形　　(c) 等边三角形　　(d) 放射形

图 9-11　桩位布置示意图

（3）桩长的确定。当相对硬层的埋藏深度不大时，应按相对硬层埋藏深度确定；当相对硬层的埋藏深度较大时，应按建筑物地基的变形允许值确定。桩长不宜短于 4 m。在可液化的地基中，桩长应按要求的抗震处理深度确定。

（4）碎石（砂）桩直径可根据地基土质情况、成桩方式和成桩设备等因素确定，其平均直径可按每根桩所用填料量计算。对采用振冲法成孔的碎石桩，直径通常取 800～1200 mm；当采用振动沉管法成桩时，直径通常取 300～600 mm。

（5）振动沉管法桩体材料可用碎石、卵石、角砾、圆砾、砾砂、粗砂、中砂或石屑等硬质材料，含泥量不得大于 5%，最大粒径不宜大于 50 mm。

（6）在桩顶和基础之间宜铺设一层 300～500 mm 厚的碎石（砂）垫层。

（7）桩距的计算。

在初步设计时，桩的间距可按下式估算。

等边三角形布置：

$$s = 0.95\xi d \sqrt{\frac{1+e_0}{e_0-e_1}} \tag{9-7}$$

正方形布置：

$$s = 0.89\xi d \sqrt{\frac{1+e_0}{e_0-e_1}} \tag{9-8}$$

$$e_1 = e_{max} - D_{r1}(e_{max} - e_{min}) \tag{9-9}$$

式中：s——碎石（砂）桩距，单位为 m；

d——碎石（砂）桩直径，单位为 m；

e_0——地基处理前砂土的孔隙比，可按原状土样确定，也可根据动力或静力触探等对比试验确定；

e_1——地基处理后要求达到的孔隙比；

e_{max}、e_{min}——砂土的最大、最小孔隙比，可按现行国家标准《土工试验方法标准》（GB/T 50123—2019）的有关规定确定；

ξ——修正系数，当考虑振动下沉密实作用时可取 1.1～1.2，当不考虑振动下沉密实作用时可取 1.0；

D_{r1}——地基挤密后要求砂土达到的相对密实度，可取 0.70～0.85。

黏性土地基可根据式（9-10）或式（9-11）计算。

等边三角形布置：

$$s = 1.08 \sqrt{A_e} \tag{9-10}$$

正方形布置：

$$s = \sqrt{A_e} \tag{9-11}$$

$$A_e = \frac{A_p}{m} \tag{9-12}$$

式中：A_e——每根桩承担的处理面积，单位为 m²；

A_p——桩的截面面积，单位为 m²；

m——面积置换率。

（8）承载力计算。

由于碎石（砂）桩体均由散体颗粒组成，其桩体的承载力主要取决于桩间土的侧向约束

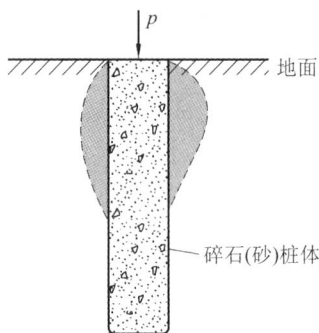

图 9-12 桩体的鼓胀破坏形式

能力,对这类桩最可能的破坏形式为桩体的鼓胀破坏,如图 9-12 所示。

一般可采用下式估算单桩极限承载力特征值:

$$\{f_p\}_{\max} = 20c_u \tag{9-13}$$

式中:$\{f_p\}_{\max}$——单桩极限承载力特征值,单位为 kPa;

c_u——地基土的不排水抗剪强度,单位为 kPa。

在黏性土和碎石(砂)桩所构成的复合地基上作用荷载为 p 时,天然地基承载力特征值为 f_{sk},则复合地基的承载力特征值可用式(9-14)或参考式(9-15)求得:

$$f_{spk} = \{1 + m(n-1)\}\alpha f_{sk} \tag{9-14}$$

$$f_{spk} = \{1 + m(n-1)\}f_{sk} \cdot \frac{1}{n} \tag{9-15}$$

式中:n——复合地基桩土应力比,在无实测资料时可取 1.5~2.5,原土强度低取大值,原土强度高取小值;

m——复合地基置换率,$m = d^2/d_e^2$,d 为桩身平均直径,单位为 m,d_e 为一根桩分担的处理地基面积的等效圆直径,单位为 m,等边三角形布桩 $d_e = 1.05s$,正方形布桩 $d_e = 1.13s$,矩形布桩 $d_e = 1.13\sqrt{s_1 s_2}$,s、s_1、s_2 分别为桩间距、纵向桩间距和横向桩间距;

f_{spk}——复合地基承载力特征值,单位为 kPa;

f_{sk}——天然地基承载力特征值,单位为 kPa;

α——桩间土承载力提高系数,应按静载荷试验确定。

(9)沉降计算。复合地基的压缩模量可按下式计算:

$$E_{sp} = \{1 + m(n-1)\}E_s \tag{9-16}$$

式中:E_{sp}——复合地基的压缩模量,单位为 MPa;

E_s——桩间土的压缩模量,单位为 MPa,宜按当地经验值取值,如果无当地经验值,可取天然地基压缩模量。

3. 施工方法

目前,碎石(砂)桩施工方法多种多样,本书仅介绍振冲法和沉管法。

1)振冲法

振冲法以起重机吊起振冲器(见图 9-13),启动潜水电动机后,带动偏心体,使振冲器产生高频振动,同时开动水泵,利用喷嘴喷射高压水流,在边振边冲的联合作用下,将振冲器沉到土中的设计深度。经过清孔后,就可以从地面向孔中逐段填入碎石(砂),每段填料均在振动作用下被振挤密实,达到所要求的密实度,之后提升振冲器。如此重复填料和振密直至地面,从而在地基中形成一根大直径的密实的桩体。

振冲法施工可按下列步骤进行(见图 9-14)。

(1)清理平整施工场地,布置桩位。

(2)施工机具就位,使振冲器对准桩位。

(3)启动供水泵和振冲器,水压可用 200~600 kPa,水量速度可用 200~400 L/min,将振冲器徐徐沉入土中,造孔速度宜为 0.5~2.0 m/min,直至达到设计深度。记录振冲器经各深度的水压、电流和留振时间。

（4）造孔后边提升振冲器边冲水直至孔口，再放至孔底，重复两三次扩大孔径并使孔内泥浆变稀，开始填料制桩。

（5）大功率振冲器投料可不提出孔口，小功率振冲器下料困难时，可将振冲器提出孔口填料，每次填料厚度不宜大于 50 cm。将振冲器沉入填料中进行振密制桩，当电流达到规定的密实电流值和规定的留振时间后，将振冲器提升 30～50 cm。

（6）重复以上步骤，自下而上逐段制作桩体直至孔口，记录各段深度的填料量、最终电流值和留振时间，并均应符合设计规定。

（7）关闭振冲器和水泵。

2）沉管法

沉管法最初主要用于制作砂桩，近年开始用于制作碎石桩，这是一种干法施工。按成桩工艺可分为振动成桩法（含一次拔管法、逐步拔管法、重复压拔管法三种）和冲击成桩法（含单管法和双管法两种）两类。现以双管锤击成桩法为例，介绍成桩工艺步骤（见图 9-15）。

（1）桩管垂直就位。

（2）启动蒸气桩锤或柴油锤，将内、外管同时打入土层中并至设计标高。

（3）拔起内管至一定高度，打开投料口，将砂料投入外管内。

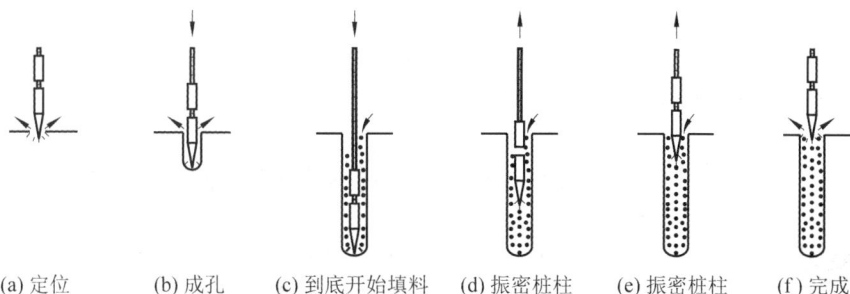

图 9-13 振冲器构造示意图

1——水管；2——吊管；3——活节头；
4——电动机垫板；5——潜水电动机；
6——转子；7——电动机轴；8——联轴节；
9——空心轴；10——壳体；11——翼板；
12——偏心体；13——向心轴承；
14——推力轴承；15——射水管

(a) 定位　　(b) 成孔　　(c) 到底开始填料　　(d) 振密桩柱　　(e) 振密桩柱　　(f) 完成

图 9-14 振冲法施工过程示意图

（4）关闭投料口，放下内管，使内管压在砂料面上，拔起外管，使外管上端与内管和桩锤接触。

（5）启动桩锤，锤击内、外管将砂料压实。

（6）拔起内管，向外管里加砂料，每次投料为两手推车，约 0.30 m³。

（7）重复步骤（4）～（6），直至拔管接近桩顶。

（8）制桩达到桩顶，即最后 1～2 次加料时，每次加 1 手推车或 1.5 手推车砂料，进行锤击压实至桩顶标高，进行封顶。

4. 质量检验

碎石（砂）桩施工结束后，除砂土地基外，应间隔一定时间方可进行质量检验。对粉质黏土

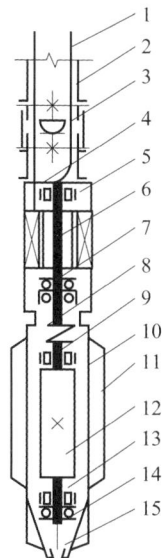

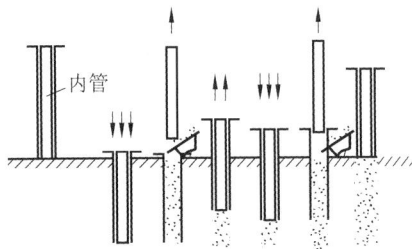

图 9-15　双管锤击成桩工艺示意图

地基,间隔时间可取 21～28 d;对粉土地基可取 14～21 d;对砂土和杂填土地基,不宜少于 7 d。

桩的施工质量检验可采用单桩荷载试验,检验数量不应少于总桩数的 0.5%,且不少于 3 根。对大型的、重要的或场地复杂的碎石(砂)桩工程应进行复合地基的处理效果检验,检验点数量可按处理面积大小取 2～4 组。

四、渣土桩

渣土桩是指用建筑垃圾、生活垃圾和工业废料形成的无黏结强度的桩。此项技术既可消纳垃圾又可加固地基,具有显著的社会和经济效益。

渣土桩施工的方法很多,归纳起来,主要有垂直振动法成桩和垂直夯击法成桩两类。渣土桩使桩体密实,挤密效果显著,承载力提高幅度大。另外,对于粒径小的渣土桩,为了提高其效果,可以在渣土料中加入一定比例的黏结剂,如石灰、水泥等,使桩身黏结强度提高,加固效果更好。

渣土桩在工程实践中已成功应用,具有广阔的前景。

五、水泥粉煤灰碎石桩(CFG 桩)

水泥粉煤灰碎石桩简称 CFG 桩,是由碎石、石屑、砂和粉煤灰掺适量水泥,加水拌和制成的一种具有一定黏结强度的桩。通过调整水泥掺量及配比,可使桩体强度等级在 C5～C20 之间变化。20 世纪 80 年代,中国建筑科学研究院开始立项研究 CPG 桩复合地基成套技术,1995 年被列为国家级重点推广项目。目前,CFG 桩可加固多层建筑和 30 层以下的高层建筑地基,从民用建筑到工业厂房地基均可使用。就土性而言,CFG 桩可用于填土、饱和及非饱和黏性土。

CFG 桩

1. 桩体材料

CFG 桩的骨料为碎石,掺入石屑是填充碎石的孔隙,使其级配良好,对桩体强度起重要作用。相同碎石和水泥掺量,掺入石屑可比不掺石屑强度增加 50% 左右。碎石粒径一般为 20～50 mm;石屑的粒径一般为 2.5～10 mm。

粉煤灰是燃煤发出厂排出的一种工业废料,既是 CFG 桩中的细骨料,又有低强度水泥作用,可使桩体具有明显的后期强度。

水泥一般采用 42.5 级普通硅酸盐水泥。

2. 加固机理

CFG 桩加固软弱地基,桩和桩间土一起通过褥垫层形成 CFG 桩复合地基,如图 9-16 所示。加固软弱地基主要有三种作用。

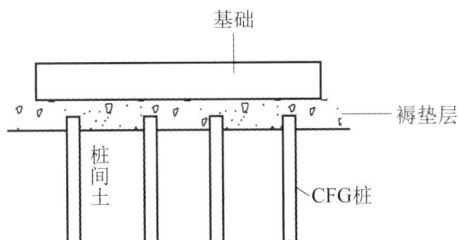

图 9-16　CFG 桩复合地基示意图

(1) 桩体作用。

CFG 桩体具有一定黏结强度,在荷载作用下桩体的压缩性明显比其周围软土小,基础传给复合地基的附加应力随地基的变形逐渐集中到桩体上,呈现明显的应力集中现象,复合地基的 CFG 桩起到了桩体的作用。

(2) 挤密作用。

在施工时,振动和挤压作用使得桩间土得到挤密,加固后桩间土的物理力学性质明显得到改善。

(3) 褥垫层作用。

CFG 桩复合地基的许多特性都与褥垫层有关,因此褥垫层技术是 CFG 桩复合地基的一种核心技术。由级配砂石、粗砂、碎石等散体材料组成的褥垫层可保证桩、土共同承担上部荷载,并有效调整桩、土荷载分担比,减小基础底面的应力集中。通过褥垫层厚度的调整,可以调整桩、土水平荷载的分担比。结合大量工程实践,褥垫层厚度取 10~30 cm 为好。

3. 施工要点

CFG 桩常用的施工方法有振动沉管灌注成桩、长螺旋钻孔灌注成桩、泥浆护壁钻孔灌注成桩、长螺旋钻孔泵压混合料成桩等。实际工程中振动沉管灌注成桩施工较多。下面介绍振动沉管灌注成桩工艺。

(1) 沉管。

桩机进场就位,调整沉管使其与地面垂直,确保垂直度偏差不大于 1%,启动电机沉管至预定标高,并作好记录。

(2) 投料。

混合料按设计配比经搅拌机加水拌和均匀,待沉管至设计标高后尽快投料,直至管内混合料面与钢管料口齐平。

(3) 振动拔管。

启动马达,留振 5~10 s 开始拔管,拔管速度控制在 1.2~1.5 m/min,边振边拔直至地面。当确认成桩符合设计要求后,用粒状材料或湿黏土封顶,然后移机进行下一根桩施工。

(4) 施工顺序。

应考虑新打桩对已打桩的影响,连续施打可能造成桩的缺陷使桩位被挤扁或缩颈,但很少发生桩的完全断开;若采用隔桩跳打,则先打桩的桩径较少发生缩小或缩颈现象。如果土质较硬,则在已打桩中间补打新桩时,已打的桩可能产生被震裂或震断现象。

在软土中,桩距较大可采用隔桩跳打;在饱和的松散粉土中,如果桩距较小,则不宜采用隔桩跳打方案;满堂布桩,无论桩距大小,均不宜从四周向内推进施工。施打新桩时与已打桩间隔时间不应少于 7 d。

(5)保护桩长与桩头处理。

成桩时预先设定加长的一段桩长,待基础施工时将其剔掉即为保护桩长。当设计桩顶标高离地表距离不大于 1.5 m 时,保护桩长可取 50～70 cm,上部用土封顶;当桩顶标高离地表较大时,保护桩长可设置 70～100 cm,上部用粒状材料封顶,直到地表。

CFG 桩施工完毕,待桩体达到一定强度(一般 3～7 d)方可进行基槽开挖,可采用机械和人工开挖方式进行。人工开挖滞留厚度一般不宜小于 70 cm。多余桩头需要剔除,凿开桩头,并适当高出桩间土 1～2 cm。

(6)铺设褥垫层。

褥垫层所用材料多为级配砂,最大粒径一般不超过 3 cm,或采用粗砂、中砂等。褥垫层厚度一般为 10～30 cm。虚铺后多采用静力压实,当桩间土含水率不大时方可夯实。

(7)质量检验。

施工前可进行工艺试验,以考查设计的施工顺序和桩距能否保证桩身质量。施工过程中,要特别做好施工场地标高观测、桩顶标高观测,对桩顶上升量较大的桩或怀疑发生质量事故的桩要开挖查看。一般施工结束 28 d 后做桩、土及复合地基的检测,以进行地基加固效果鉴定。

任务5　化学加固

化学加固是指利用水泥浆液、黏土浆液或化学浆液,通过灌注压入、高压喷射或机械搅拌,使浆液与土颗粒胶结起来,以改善土的物理和力学性质的地基处理方法。下面介绍几种常用的化学加固方法。

一、灌浆法

灌浆法是指利用液压、气压或电动化学原理,通过注浆管把浆液均匀地注入地层中,浆液以填充、渗透和挤密等方式,赶走土颗粒间或岩石裂隙中的水分和空气后占据其位置,经人工控制一定时间后,浆液将原来松散的土粒或裂隙胶结成一个整体,形成一个结构新、强度大、防水性能好和化学稳定性良好的结石体。

灌浆的主要目的如下。

(1)防渗。降低渗透性,减小渗流量,提高抗渗能力,降低孔隙压力。

(2)堵漏。封填孔洞,堵截流水。

(3)加固。提高岩土的力学强度和变形模量,恢复混凝土结构及水工建筑物的整体性。

（4）纠偏。使已发生不均匀沉降的建筑物恢复原位或减少其偏斜度。

灌浆法在我国煤炭、冶金、水电、建筑、交通等部门广泛使用，并取得了良好的效果。

灌浆法按加固原理可分为渗透灌浆、压密灌浆、劈裂灌浆和电动化学灌浆。

灌浆工程中所用的浆液由主剂、溶剂及各种附加剂混合而成，通常所说的灌浆材料是指浆液中所用的主剂。灌浆材料按形态可分为颗粒型浆材、溶液型浆材和混合型浆材三大类。颗粒型浆材以水泥为主剂，故通常称为水泥浆材；溶液型浆材由两种或多种化学材料配制，故通常称为化学浆材；混合型浆材由上述两类浆材按不同比例混合而成。在国内外灌浆工程中水泥一直是用途最广和用量最大的浆材，其主要特点为结石强度高、耐久性好、无毒、料源广且价格低。

袖阀管法是土木工程界广泛应用的注浆方法，该方法分为四个步骤（见图 9-17）。

（1）钻孔（见图 9-17(a)）。通常用优质泥浆（如膨润土浆）进行护壁，很少用套管护壁。

（2）插入袖阀管（见图 9-17(b)）。为使套壳料的厚度均匀，应设法使袖阀管位于钻孔的中心。

（3）浇注套壳料（见图 9-17(c)）。用套壳料置换孔内泥浆，浇注时应避免套壳料进入袖阀管内，并严防孔内泥浆混入套壳料中。

（4）灌浆（见图 9-17(d)）。待套壳料具有一定强度后，在袖阀管内放入带双塞的灌浆管进行灌浆。

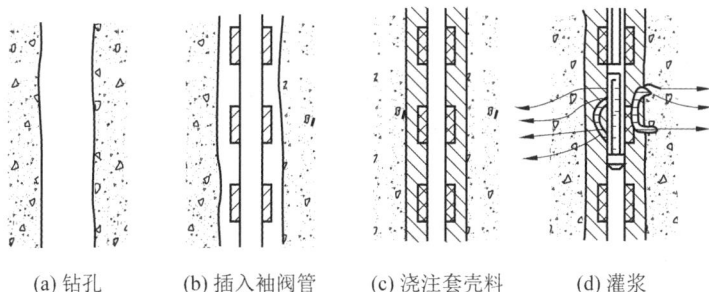

(a) 钻孔　　　(b) 插入袖阀管　　　(c) 浇注套壳料　　　(d) 灌浆

图 9-17　袖阀管法施工程序

计算机监测系统在灌浆施工中的广泛应用不仅大大提高了工作效率，还能更好地控制灌浆工序和了解灌浆过程，促进灌浆法从一门工艺转变为一门学科。

二、深层搅拌法

1. 加固机理及适用范围

深层搅拌法是通过特制深层搅拌机械沿深度将固化剂（水泥浆、水泥粉或石灰粉等加一定的掺和剂）与地基土强制就地搅拌，利用固化剂和软土之间所产生的一系列物理和化学反应使软土硬结成具有整体性、水稳定性和一定强度的地基。深层搅拌法适用于处理淤泥、淤泥质土、粉土和含水率较高且地基承载力特征值不大于 120 kPa 的黏性土地基，并可根据处理地基工程需要加固成块状、圆柱状、壁状、格栅状等形状的水泥土，主要用于形成复合地基、基坑支挡结构、地基中止水帷幕及其他用途。深层搅拌法施工速度快，无公害，施工过程无振动、无噪声、无地面隆起，不排污，不排土，不污染环境，对邻近建筑物不产生有害影响，具有较好的经济和社会效益。自我国 1977 年引进深层搅拌法以来,该法已在全国得到广泛应用。

深层搅拌法的固化剂主要是水泥浆或水泥粉。当水泥浆与软黏土拌和后,水泥颗粒表面的矿物很快与黏土中的水发生水解和水化反应,在颗粒间生成各种水化物。这些水化物有的继续硬化,形成水泥石骨料,有的与周围具有一定活性的黏土颗粒发生反应,通过离子交换和团粒化作用使较小的土颗粒形成较大的土团粒,通过凝硬反应,逐渐生成不溶于水的稳定的结晶化合物,从而使土的强度提高。水泥水化物中游离的氢氧化钙能够吸收水中和空气中的二氧化碳,发生碳酸化反应,生成不溶于水的碳酸钙,这种碳酸化反应也能使水泥土增加强度。土和水泥水化物之间的物理和化学反应过程是比较缓慢的,水泥土硬化需要一定的时间。根据水泥土的基本特性,其强度标准值宜取 90 d 龄期试块的无侧限抗压强度。

2. 设计要点

水泥土中水泥含量通常用水泥掺和比α_w表示,即

$$\alpha_w = \frac{掺和的水泥重量}{被拌和的黏土重量} \times 100\%$$

试验表明,影响水泥土强度的主要因素有水泥掺和比、水泥强度、养护龄期、土样含水率、土中有机质含量、外掺剂及土体围压等。在工程实践中,水泥掺入比一般为 7%～15%。

深层搅拌桩加固范围取决于基础尺寸及软土范围。当软土厚度不大时,桩体应穿透软土达到硬土层。深层搅拌桩可采用正方形或等边三角形布桩。当搅拌桩处理范围以下存在软弱下卧层时,需进行下卧层强度验算。

搅拌桩复合地基的变形包括复合土层的压缩变形和桩端以下未处理土层的压缩变形两部分。复合土层的压缩变形值可根据上部荷载、桩长、桩身强度等取 10～30 mm。桩端以下未处理土层的压缩变形可按《规范》规定的分层总和法计算确定。

3. 施工机具及施工工艺

深层搅拌机械分为喷浆型和喷粉型两种类型。目前较为常用的有 SJB-Ⅰ、SJB-Ⅱ型深层双轴搅拌机,GZB-600 型深层单轴搅拌机,DJB-14D 型深层单轴搅拌机等。

喷浆型和喷粉型的深层搅拌施工工艺有所不同。喷浆型深层搅拌施工顺序(见图 9-18)如下。

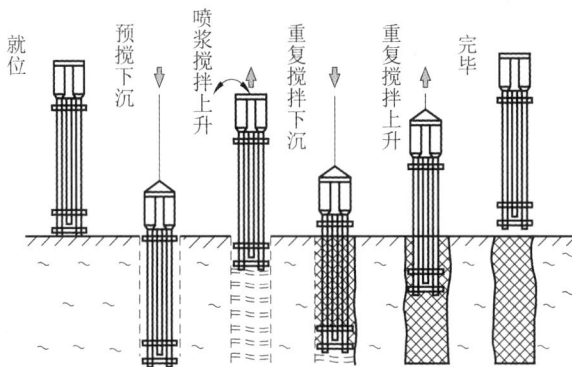

图 9-18 喷浆型深层搅拌施工顺序

(1) 就位。起重机(或塔架)悬吊深层搅拌机到达指定桩位,使中心管(双搅拌机型)或钻头(单轴型)中心对准设计桩位。当地面起伏不平时,应使起吊设备保持水平。

（2）预搅下沉。待深层搅拌机的冷却水循环正常后，启动搅拌电机，放松起重机钢丝绳，使搅拌机沿导向架搅拌下沉，下沉的速度可由电机的电流监测表控制，工作电流不应大于 70 A。如果下沉速度太慢，可从输浆系统补清水以利钻进。

（3）制备水泥浆。待深层搅拌机下沉到一定深度时，开始按设计确定的配合比拌制水泥浆，待压浆前将水泥浆倒入集料斗中。

（4）喷浆搅拌上升。搅拌机下沉到设计深度后，开启灰浆泵将水泥压入地基中，并且边喷浆边旋转搅拌钻头，同时按照设计确定的提升速度提升深层搅拌机。

（5）重复搅拌下沉、上升。搅拌机提升到设计加固范围的顶面标高时，集料斗中的水泥浆正好排空。为使软土和水泥浆搅拌均匀，可再次将搅拌机边旋转边沉入土中，至设计加固深度后再将搅拌机提升出地面。

（6）清洗。向集料斗中注入适量的清水，开启灰浆泵，清洗全部管路中残余的水泥浆，直至基本清洗干净，并将黏附在搅拌头上的软土清除干净。

（7）移位。深层搅拌机移位，重复上述（1）～（6）步，再进行下一根桩的施工。

4. 施工质量控制和检验

施工质量控制主要如下。

（1）垂直度。搅拌桩的垂直度偏差不得超过 1.5%。

（2）桩位偏差不大于 50 mm。

（3）水泥应符合设计要求。

（4）施工时主要控制下沉速度、上升速度、水泥用量、喷浆（粉）的连续性与均匀性，确保搅拌施工的均匀性。

（5）施工记录应详细、完善。

施工过程中应随时检查施工记录，并对每根桩进行质量评定。对不合格的桩应根据其位置和数量等具体情况，分别采取补桩或加强邻桩等措施。搅拌桩应在成桩后 7 d 内用轻便触探器钻取柱身以加固土样，观察搅拌均匀程度，同时根据轻便触探击数用对比法判断桩身强度。检验桩的数量（应不少于已完成桩数的 2%）。

对下列情况还应进行取样、单桩荷载试验或开挖检验。

（1）经触探检验对桩身强度有怀疑的，应钻取桩身芯样，制成试块，并测定桩身强度。

（2）对场地复杂或施工有问题的桩应进行单桩荷载试验，检验其承载力。

（3）对相邻桩搭接要求严格的工程，应在桩养护到一定龄期时选取数根桩体进行开挖，检查桩顶部分外观质量。

在基槽开挖后，应检验桩位、桩数与桩顶质量，如果不符合规定要求，则应采取有效补救措施。

三、高压喷射注浆法

高压喷射注浆法就是利用钻机把带有喷嘴的注浆管钻入（或置入）土层预定的深度后，以 20～40 MPa 的压力把浆液或水从喷嘴中喷射出来，产生高压喷射流冲击破坏土层，形成预定形状的空间，当能量大、速度快和脉动状喷射流的动压力大于土层结构强度时，土颗粒便从土层中剥落下来，一部分细粒土随浆液或水冒出地面，其余土颗粒在喷射流的冲击力、离心力和重力等作用下,与浆液搅拌混合,并按一定浆土的比例和质量大小有规律地重新排列。这样注入的浆液将冲下的部分土混合凝结成加固体,从而达到加固土体的目的。它具有增大地基承载力、止水防渗、减少支挡结构物土压力、防止砂土液化和降低土的含水率等多种作用。

高压喷射注浆法适用于处理淤泥、淤泥质土、黏性土、粉土、黄土、砂土、人工填土和碎石土等地基。当土中含有较多的大粒径块石、坚硬黏性土、大量植物根茎或过多的有机质时,应根据现场试验结果确定其适用程度。在工程实践中,此法可适用于已有建筑和新建建筑的地基处理、深基坑侧壁挡土或挡水、基坑底部加固、防止管涌与隆起、坝的加固与防水帷幕等工程,但对已知地下水流速度大和已涌水工程,应慎重使用。

高压喷射注浆法形成的固结体形状与喷射流移动方向有关,一般分为旋转喷射(简称旋喷)、定向喷射(简称定喷)和摆动喷射(简称摆喷)三种形式,如图 9-19 所示。

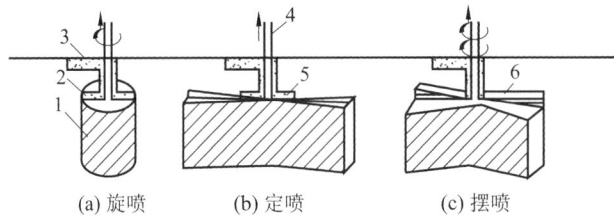

图 9-19　高压喷射注浆形式
1——桩;2——射流;3——冒浆;4——喷射注浆;5——板;6——墙

高压喷射注浆法的基本工艺类型有单管法、二重管法、三重管法、多重管法、多孔管法五种方法。

1. 单管法

单管法利用钻机等设备把安装在注浆管(单管)底部侧面的特殊喷嘴置入土层预定深度,用高压泥浆泵等装置,以 20～40 MPa 的压力把浆液从喷嘴中喷射出去冲击破坏土体,同时借助注浆管的旋转和提升运动,使浆液与从土体上落下来的土粒搅拌混合,经过一定时间的凝结固化,在土中形成圆柱状的旋喷固结体,如图 9-20(a)所示。

2. 二重管法

二重管法使用双通道的二重注浆管。当二重注浆管钻进土层的预定深度后,通过在管底部侧面的一个同轴双重喷嘴同时喷射出高压浆液和空气两种介质的喷射流冲击破坏土体,即从高压泥浆泵等高压发生装置喷射出 20～40 MPa 压力的浆液,从内喷嘴中高速喷出,并用 0.7 MPa 左右的压力把压缩空气从外嘴喷出。在高压浆液和外圈环绕气流的共同作用下,破坏土体的能量显著增大,最后土中形成较大的固结体。固结体的直径显然大于单管直径,如图 9-20(b)所示。

3. 三重管法

三重管法分别使用输送水、气、浆三种介质的三重注浆管,在高压水泵等高压发生装置产生 20～40 MPa 的高压水喷射流的周围环绕一股 0.5～0.7 MPa 的圆筒状气流,进行高压水喷射流和气流同轴喷射冲切的土体,形成较大的空隙,再另由泥浆泵注入压力为 0.5～5 MPa 的浆液填充,喷嘴做旋转和提升运动,最后使它们在土中凝固为较大的固结体,如图 9-20(c)所示。

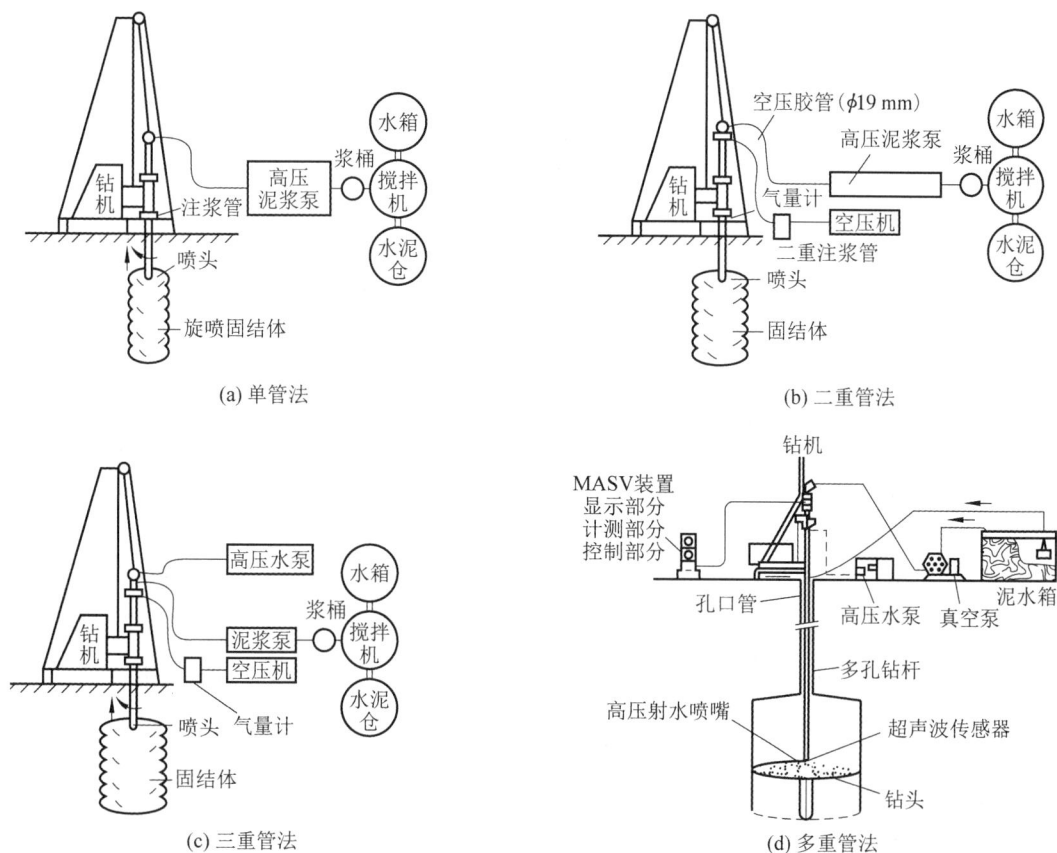

图 9-20　高压喷射注浆工艺类型示意图

4. 多重管法

多重管法(见图 9-20(d))需要先打一个导孔置入多重管,利用压力大于或等于 40 MPa 的高压水流旋转运动切制破坏土体,被冲下来的土、砂和砾石等立即用真空泵从管中抽出到地面,如此反复冲出土体和抽泥,并以自身的泥浆护壁在土中冲出一个较大的空洞,依靠土中自身泥浆的重力和喷射余压使空洞不坍塌。装在喷头上的超声波传感器及时测出空洞的直径和形状,由电脑绘出空洞图形。当空洞的形状、大小和高低符合设计要求后,根据工程要求选用浆液、砂浆、砾石等材料进行填充,在地层中形成一个大直径的柱状固结体。固结体在砂性土中最大直径可达 4 m,信息管理上传电脑,施工人员完全掌握固结体的直径和质量。

5. 多孔管法

多孔管法也称全方位高压喷射法。分别以高压水喷射流和高压水泥浆加四周环绕空气流的复合喷射流两次冲击切削破坏土体,固结体的直径较大。浆液凝固时间的长短可通过喷嘴注入速凝液的量调控,最短凝固时间可做到瞬时凝固,这是其他高压喷射注浆法难以达到的。施工时可根据地压的变化调整喷射压力、喷射量、空气压力和空气量,增大固结效果。固结体的形状不仅可做成圆形,还可做成半圆形。

高压喷射注浆质量检验可采用开挖检查、钻孔取芯、标准贯入、荷载试验或压水试验等方法进行检验。检验点的数量为施工注浆孔数的 2‰~5‰,对不足 20 孔的工程,至少应检验 2 个点。质量检验应在高压喷射注浆结束 4 周后进行。

任务 6　其他地基处理方法

一、加筋法

加筋法是在土中加入条带、纤维或网格等抗拉材料,依靠它们改善土的力学性能,提高土的强度和稳定性的方法。加筋法的概念早就存在,以天然植物作加筋已有几千年的历史。我国陕西半坡村发现的仰韶遗址(距今已有五六千年)利用草泥修筑墙壁。现代加筋法始于20世纪60年代初期,法国工程师 Henri Vidal 把加筋技术从朴素、直观的认知和经验提高到新的理论阶段。我国在20世纪70年代开始进行加筋土的科研和探讨,随后在铁路、煤炭、公路、水利、建筑等部门不断得到应用和发展。

加筋法的基本原理可以理解为:土的抗拉能力低,甚至为零,抗剪强度也非常有限;在土体中放置筋材,构成土-筋材的复合体,当受外力作用时,复合体将会产生体变,引起筋材与其周围土之间的相对位移趋势,但两种材料的界面上有摩擦阻力和咬合力,限制了土的侧向位移。

加筋法的种类与结构措施很多,下面仅对加筋土挡墙、土工合成材料、土层锚杆和土钉墙进行简介。

1. 加筋土挡墙

加筋土挡墙是由填土、在填土中布置一定量的带状拉筋及直立的墙面板三部分组成一个整体的复合结构,如图 9-21 所示。这种结构内部存在墙面土压力、拉筋的拉力、填料与拉筋间的摩擦力等相互作用的内力,这些力互相平衡,保证了这个复合结构的内部稳定。加筋土结构能抵抗筋尾部填土产生的侧压力,保证了加筋土挡墙的外部稳定,从而使整个复合结构稳定。

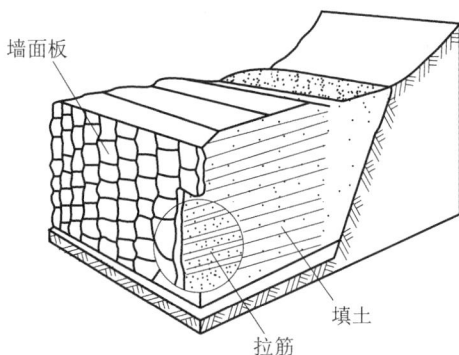

墙面板

填土

拉筋

图 9-21　加筋土挡墙示意图

加筋土挡墙具有以下特点。

(1) 可做成很高的垂直填土,节约大量土地资源,有巨大的经济效益。

(2) 墙面板、拉筋等构件可实现工厂化生产,不仅质量可靠,而且能降低原材料的消耗。

（3）只需配备压实机械，施工易于掌握，可节省劳动力和缩短工期。

（4）挡土墙结构轻型，造价低。

（5）加筋土挡墙具有柔性结构的性能，可承受较大的地基变形，故可应用于软土地基中。

（6）整体性较好，具良好的抗震性能。

（7）面板的形式可根据需要拼装完成，造型美观，适用于城市道路的支挡工程。

加筋土适用于山区或城市道路的挡土墙、护坡、路堤、桥台、河坝及水工结构和工业结构等工程上，此外还可用于滑坡治理。

2. 土工合成材料

土工合成材料是指以聚合物为原料的材料总称，它是土木工程领域中的一种土木工程材料。土工合成材料的主要功能为反滤、排水、加筋、隔离等，不同材料的功能不尽相同，但同一种材料往往兼有多种功能。土工合成材料可分为土工织物、土工膜、特种土工合成材料和复合型土工合成材料四大类，目前在工程实际使用中广泛使用的主要是土工织物和土工膜。现以土工织物为主进行简介。

土工织物是聚酯纤维（涤纶）、聚丙纤维（腈纶）和聚丙烯纤维（丙纶）等高分子化合物（聚合物）加工后合成的，一般用无纺布制成，将聚合物原料经过熔融挤压喷出纺丝，直接平铺成网，然后用黏合剂黏合、热压黏合或针刺黏合等方法将网联结成布。土工织物产品因制造方法和用途不一，其宽度和重量的规格变化很大，用于岩土工程的宽度为 $2\sim18$ m，重量大于或等于 0.1 kg/m^2，开孔尺寸（等效孔径）为 $0.05\sim0.5$ mm；导水性不论竖直向或水平向，其渗透系数 $k\geqslant10^{-2}$，抗拉强度为 $10\sim30$ kN/m（高强度的达 $30\sim100$ kN/m）。

土工织物的特点：质地柔软，重量轻，整体连续性好；施工方便，抗拉强度高，没有显著的方向性，各向强度基本一致；弹性、耐磨、耐腐蚀性、耐久性和抗微生物侵蚀性好，不易虫蛀霉烂。土工织物具有毛细作用，内部具有大小不等的网眼，有较好的渗透性和良好的疏导作用，水可横向、竖向排出。材料为工厂制品，保证质量，施工简易，造价低。在加固软弱地基或边坡工程中，土工织物作为加筋使用形成复合地基，可提高土体强度，使承载力增大 $3\sim4$ 倍，显著减少沉降，提高地基的稳定性。虽然土工织物抗老化能力较低，但如果埋入土中，则没有影响，可使用 40 年以上。

3. 土层锚杆

土层锚杆是一种埋入土层深处的受拉杆件，它一端与工程构筑物相连，另一端锚固在土层中，把来自外界的荷载通过拉杆传递到锚固体，再由锚固体将荷载分散到周围稳定土体中，从而减轻构筑物自重和节约工程材料。锚杆构造示意图如图 9-22 所示。

土层锚杆的开发和应用是岩土工程的新发展，它使用在一些需要将拉力传递到稳定土体的工程结构中，如边坡稳定、基坑围护、地下结构抗浮等，如图 9-23 所示。

从锚固体向地基的传力方式来看，土层锚杆大致可分为摩擦型、支承型、摩擦-支承型三种，如图 9-24 所示。

土层锚杆的设计与施工必须有工程地质和水文地质勘察资料，并清理施工区域场地环境。在土层锚杆施工前，应在施工地质条件相同的地区做土层锚杆基本试验，确定其设计和施工参数，并做好相应的抗拔力试验。当土层锚固段处于软土层中时，应注意土层锚杆的蠕变和锚杆的松弛，并应施加预应力。

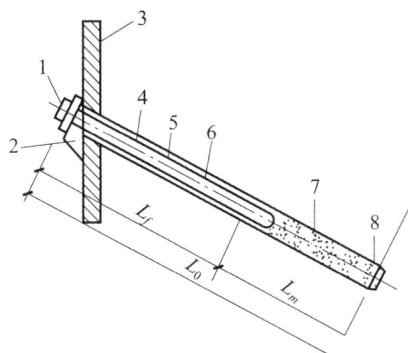

图 9-22 锚杆构造示意图

1——锚头;2——锚头垫座;3——支护主柱;4——钻孔;5——套管;6——拉杆;7——锚固体;

8——锚底板;L_f——自由段长度;L_m——锚固段长度;L_0——锚杆长度

(a) 边坡稳定

(b) 基坑围护与地下结构抗浮

(c) 防止桥台和输电塔的倾覆

(d) 桥基加固

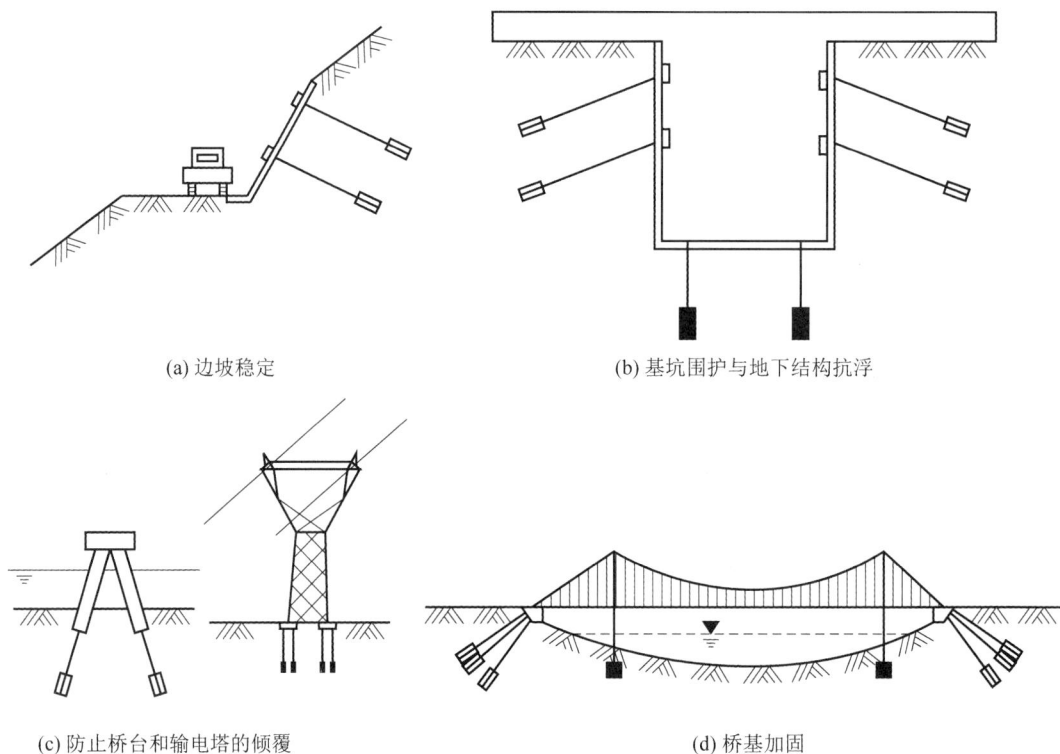

图 9-23 土层锚杆的使用

4. 土钉墙

土钉是一种原位加固土的技术,就像是在土中设置钉子,故名土钉。按施工方法,土钉可分为钻孔注浆型土钉、打入型土钉和射入型土钉三类。土钉的施工方法及特点如表 9-5 所示。

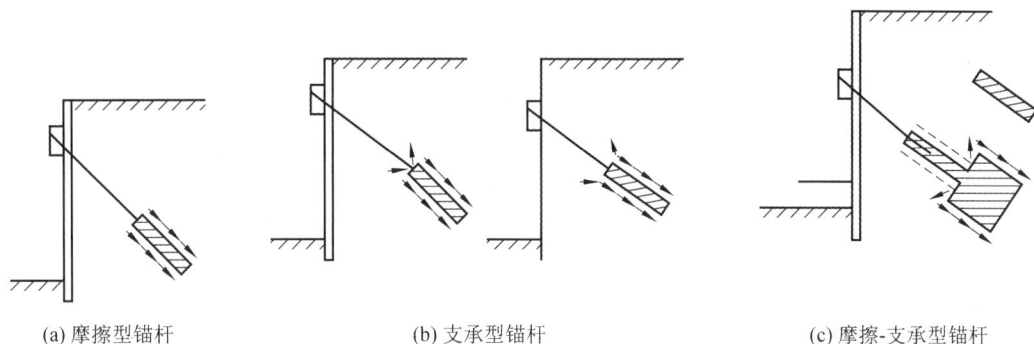

(a) 摩擦型锚杆　　　　　　　　(b) 支承型锚杆　　　　　　　　(c) 摩擦-支承型锚杆

图 9-24　土层锚杆类型

表 9-5　土钉的施工方法及特点

土钉的类型 （按施工方法）	施工方法及原理	特点及应用状况
钻孔注浆型土钉	先在土坡上钻一定深度的直径为 100～200 mm 的横孔，然后插入钢筋、钢杆或钢铰索等小直径杆件，再用压力注浆充填孔穴，形成与周围土体密实黏合的土钉，最后在土坡坡面设置与土钉端部联系的构件，并用喷射混凝土组成土钉面层结构，从而构成一个具有支撑能力且能够支挡其后加固体的加筋域	土钉中应用最多的形式，可用于永久性或临时性的支挡工程
打入型土钉	将钢杆打入土中。多用等翼角钢（∟50×50×5～∟60×60×5）作为钢钉，采用专门施工机械，如气动土钉机，快速、准确地将钉杆打入土中。长度一般不超过 6 m，用气动土钉每小时可施工 15 根。其提供摩阻力较低，因而要求钉杆表面积和设置密度均大于钻孔注浆型土钉	长期的防腐工作难以保证，目前多用于临时性支挡工程
射入型土钉	由采用压缩空气的射钉机根据任意选定的角度将直径为 25～38 mm、长为 3～6 m 的光直钢杆（或空心钢管）射入土中。钉杆可采用镀锌或环氧防腐套。钉杆头通常配有螺纹，以附设面板。射钉机可置于标准轮式或履带式车辆上，带有专门的伸臂	施工快速、经济，适用于多种土层，但目前应用还不广，有很大的发展潜力

　　土钉墙是由原位土体、设置在土体中的土钉与坡面上的喷射混凝土三部分组成的土钉加固技术的总称。土钉墙主要用于基坑工程围护和天然边坡加固，是一项实用的原位岩土加筋技术。土钉墙的结构及部分应用领域如图 9-25 所示。

　　土钉墙适用于黏性土、砂性土、黄土等地基。对标准贯入锤击数低于 10 击或相对密度低于 0.3 的砂土边坡，采用土钉墙一般是不经济的；对不均匀系数小于 2 的级配不良的砂土，不能采用土钉墙；土钉墙也不适用于软黏土地基中基坑工程的围护。对侵蚀性土，土钉墙不能作为永久性结构。

　　由于土钉墙加固技术具有施工机械简单、施工灵活、对场地邻近建筑物影响小、经济效益明显等特点，其应用发展日趋普遍。

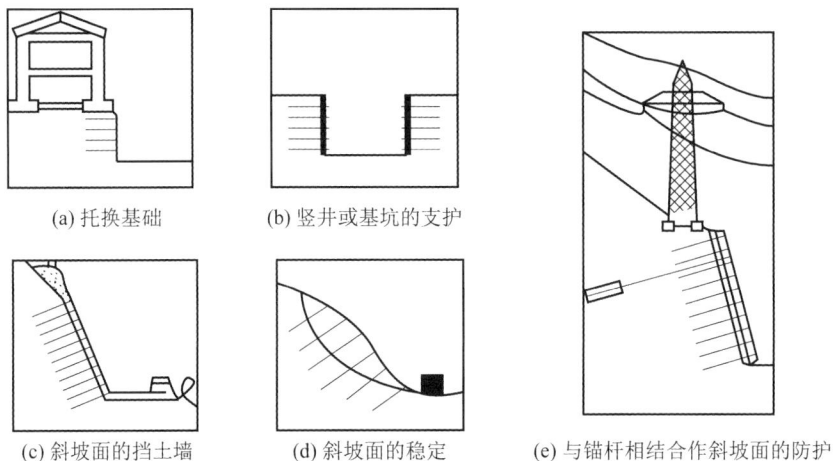

(a) 托换基础   (b) 竖井或基坑的支护   (c) 斜坡面的挡土墙   (d) 斜坡面的稳定   (e) 与锚杆相结合作斜坡面的防护

图 9-25 土钉墙的结构及部分应用领域

二、托换法

托换法也称托换技术，是指解决已有建筑物的地基处理、基础加固（或改建、增层和纠偏），或解决已有建筑物基础下需要修建地下工程（包括地下铁道要穿越既有建筑物），或解决因邻近需要新建工程而影响到已有建筑物安全等问题的处理方法或技术的总称。

托换技术的起源可追溯到古代，但直到 20 世纪 30 年代，在兴建美国纽约市的地铁时才得到迅速发展。我国托换技术的工程数量和规模随着建设的发展在不断地增长，托换技术是一种建筑技术难度较大、费用较高、责任性较强的特殊施工技术，因为它可能涉及生命和财产安全，并需要应用各种地基处理技术，同时需要善于巧妙和灵活地综合选用这些技术。

采用托换技术进行施工时，应掌握以下资料。

（1）现场的工程地质和水文地质资料，必要时应进行补充勘察工作。

（2）被托换建筑物的结构设计、施工竣工后沉降观测和损坏原因的分析资料。

（3）场地内地下管线、邻近建筑物和自然环境对既有建筑物在托换时或竣工后可能产生影响的调查资料。

1. 桩式托换

桩式托换是指所有采用桩的形式进行托换的方法的总称。其内容十分广泛，在此仅介绍几种常用的方法。

1）静压桩托换

静压桩托换是采用静压方式进行沉桩托换。若利用建筑物上部结构自重作支承反力，采用普通千斤顶将桩分节压入土中称为顶承式静压桩，如图 9-26 所示。预试桩托换与顶承式静压桩托换的施工方法基本相同，其主要特点是，当桩管压至预定深度后，用两个并排设置的千斤顶放在基础底和钢管顶之间，两个千斤顶之间要有足够空间，以便安放楔紧的工字钢柱，如图 9-27 所示。用千斤顶对桩顶加荷至设计荷载的 150%。待下沉并稳定后，取一段工字钢竖放在两个千斤顶之间，再用锤打紧钢模，取出千斤顶，采用干填法或在压力不大的条件下将混凝土灌注到基础底面，将桩顶和工字钢柱用混凝土包起来，施工即完成。

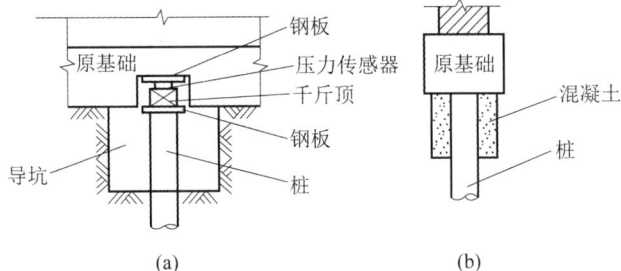

图 9-26　顶承式静压桩示意图

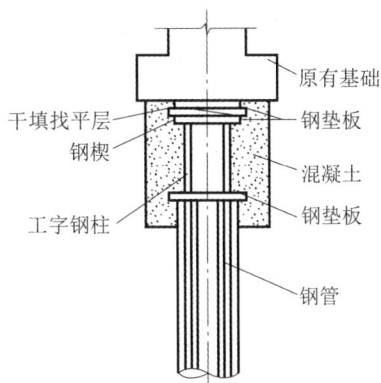

图 9-27　预试桩托换示意图

　　自承式静压桩是利用静压机械加配重作为反力,通过油压系统,将预制桩分节压入土中,桩身接头采用硫黄砂浆连接。例如,某商品住宅用此法加固,该房屋为条形基础,在条形基础边侧用压桩机压入截面为 200 mm×200 mm 的钢筋混凝土预制桩,桩长 4～8 m,在桩顶设置连梁和横梁支承上部荷载,效果明显,加固后使用正常。

　　锚杆静压桩利用锚杆承受反力进行压桩。先在基础上凿出压桩孔及锚杆孔并埋设锚杆,设置压桩架和千斤顶,将桩逐节压入原有基础的压桩孔中,当达到要求的设计深度时,将桩与基础用微膨胀混凝土封住,当混凝土达到设计强度后,该桩便能承受上部荷载,从而达到提高基础承载力和控制沉降的目的。锚杆静压桩装置示意图如图 9-28 所示。

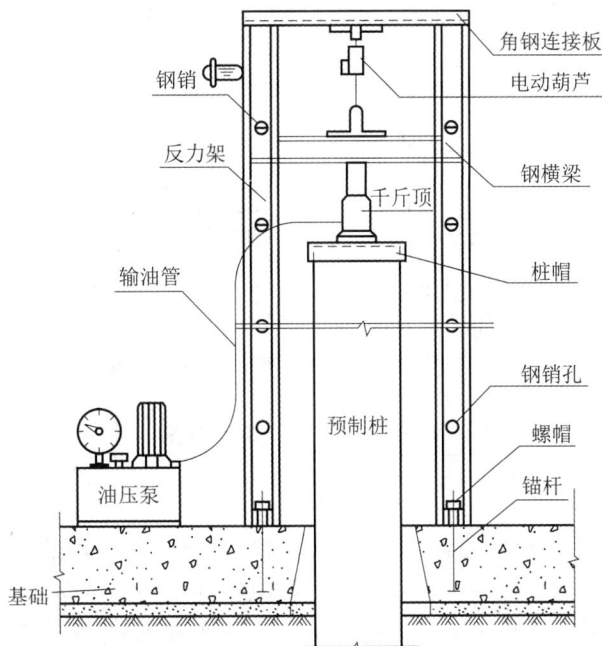

图 9-28　锚杆静压桩装置示意图

　　2）树根桩托换

　　树根桩是一种小直径的钻孔灌注桩,其直径宜为 100～300 mm,桩长不宜超过 30 m。施工时一般利用钻机成孔,满足设计要求后,放入钢筋或钢筋笼,同时放入注浆管,用压力注入水泥浆或水泥砂浆而成桩。也可放入钢筋笼后再灌入碎石,然后注入水泥浆或水泥砂浆而成桩。小直径钻孔灌注桩可以竖向、斜向设置,因其网状布置形如树根而得名。

树根桩技术在 20 世纪 30 年代初由意大利 Fondedile 公司的 F. Lizzi 首创,随后得到广泛的应用。1985 年,我国上海东湖宾馆加层中第一次正式采用树根桩技术,随后众多的工程采用了树根桩技术,目前树根桩技术主要用于古建筑修复、原有建筑物地基加固、岩土边坡稳定加固、楼房加层改造工程地基加固和危房加固工程的地基加固等。树根桩加固示意图如图 9-29 所示。

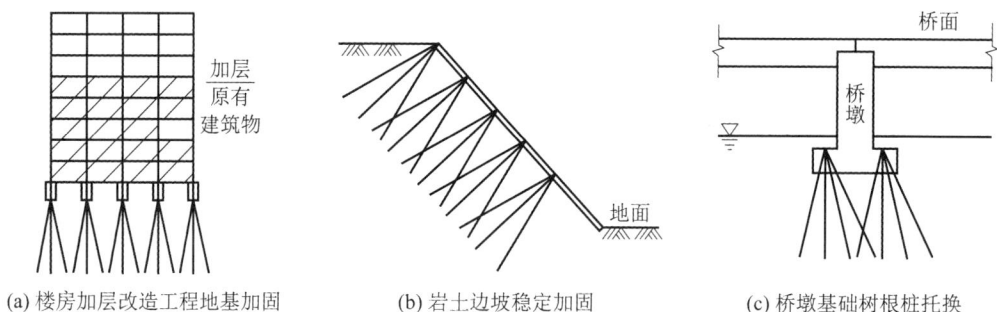

(a) 楼房加层改造工程地基加固　　(b) 岩土边坡稳定加固　　(c) 桥墩基础树根桩托换

图 9-29　树根桩加固示意图

3) 灌注桩托换

用于托换工程的灌注桩,按其成孔方法常用的有钻孔灌注桩和人工挖孔灌注桩两种,就灌注的材料而言,有混凝土、钢筋混凝土、灰土等。灌注桩托换示意图如图 9-30 所示。

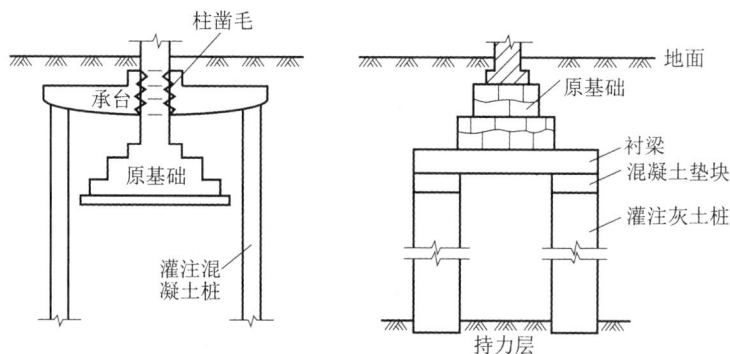

图 9-30　灌注桩托换示意图

2. 灌浆托换法

灌浆托换法在托换工程中经常使用。灌浆可以达到地基处理的目的,但其效果是否达到完善的标准(如灌浆范围的限定、浆液流失的控制、环境污染的防止、施工速度的提高、灌浆成本的降低)与灌浆设计和施工的工艺有关。工程实践表明,灌浆工程的机动性很大,采用不同的设计方案、选用不同的浆液和工艺,其加固效果和费用大不相同。因此,为了使灌浆技术更加完美,必须重视灌浆的工艺。例如,我国北京西汉博物馆车马坑文物保护工程中,巧妙地利用坑底 1.5 m 处存在的一条细小的水平构造缝,通过压力灌浆冲刷割裂粉细砂层,构筑了一层均匀的厚约 0.4 m 的隔水层,从而创造性地完成了文物保护工程。

3. 基础加宽技术

在许多已有建筑物的改建增层工程中,常因基底面积不足而使地基承载力和变形无法满足要求,导致建筑物开裂或倾斜。此时可采用基础加宽的托换方法,如图 9-31 所示。这种方法施工简单、造价低廉、质量容易保证、工期较短,各设计单位乐于采用。

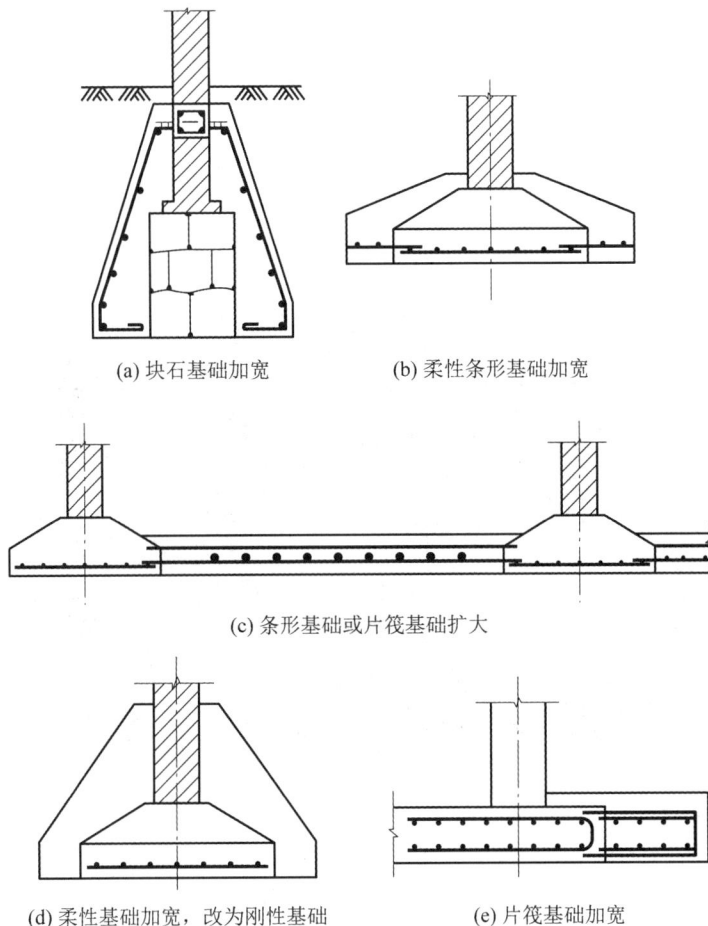

(a) 块石基础加宽　　　　　(b) 柔性条形基础加宽

(c) 条形基础或片筏基础扩大

(d) 柔性基础加宽,改为刚性基础　　　(e) 片筏基础加宽

图 9-31　基础加宽托换方法示意图

基础加宽效果是明显的。通过基础加宽可以扩大基础底面积,有效降低基底接触压力,如原筏板基础面积为 12 m×45 m＝540 m²,若四周各加宽 1.0 m,则基础底面积扩大为 658 m²,若原基底接触压力为 220 kPa,则基础加宽后基底接触压力减小为 181 kPa。

加宽部分与原有基础部分的连接极为重要。通常通过钢筋锚杆将加宽部分与原有基础部分连接,并将原有基础凿毛、浇水湿透,使两部分混凝土能较好连成一体。

4. 建筑物纠偏

建筑物纠偏是指已有建筑物偏离垂直位置发生倾斜而影响正常使用时所采取的托换措施。造成建筑物整体倾斜的主要因素是地基的不均匀沉降,而纠偏是利用地基新的不均匀沉降来调整建筑物已存在的不均匀沉降,用以达到新的平衡和矫正建筑物的倾斜。

倾斜建筑物纠偏主要有两类:一类是对沉降少的一侧促沉;另一类是对沉降多的顶升。促沉纠偏的方法有掏土纠偏、浸水纠偏、降水纠偏、堆载加压纠偏、锚桩加压纠偏、锚杆静压桩加压纠偏等。顶升纠偏的方法有机械顶升、压浆顶升等。

建筑物纠偏是一项技术难度较大的工作,它需要对已有建筑物结构、基础、地基以及相邻建筑物有详细了解,需要岩土工程、结构工程、施工工程等多方面的知识。纠偏过程是建筑物结构、基础和地基中应力位移的调整过程,不能急于求成,只能缓慢进行,否则会适得其反。

知识拓展

眉县净光寺塔"站直"了

"十塔九斜"是我国古塔的一种常见现象。倾斜产生的裂缝严重威胁古塔的安全。1981 年 8 月 4 日凌晨,法门寺真身宝塔因倾斜过度,一半轰然倒塌,倒塌的声响震撼数十里;1994 年,武功县省级重点文物保护单位报该寺塔被迫拆除。

专家介绍,陕西省的黄土湿陷性问题比较严重,在长期降雨的影响下,地面容易出现不均匀沉降。据统计,陕西省目前共有 100 余座古塔,都存在不同程度的倾斜。

净光寺塔位于陕西省宝鸡市眉县县政府大院内,建于唐代晚期。该塔高 22 m,是一座楼阁式 7 层砖塔。纠偏前,塔顶中心点已偏离垂直中心线近 2 m,向北侧明显倾斜。从塔的高度来看,其塔体倾斜到这个程度已是全省斜塔中倾斜最厉害的,并且塔基深入地面仅 1.5 m,底层塔体剥蚀严重,整个塔体岌岌可危,随时都有倒塌的可能。

净光寺塔的东北侧 10 m 处就是居民住宅楼,一旦古塔倒塌,后果不堪设想。据悉,从 1996 年起,陕西省便开始对净光寺塔进行观测。1997 年,省文物局针对此塔的纠偏召开了方案论证会,其后又进行了多次论证。

2001 年 8 月,该塔正式实施纠偏。据悉,纠偏主要采用掏土、注水的办法,即在与古塔倾斜方向相反的塔基下挖探沟,然后在探沟的一定部位向塔底部钻一排孔,并注水软化土层,从而使古塔倾斜方向相反的塔基下沉,导致塔体回倾。11 月份,注水回填工程告一段落,古塔纠正了 91.28 cm。随后,文物部门开始对古塔每隔一个月监测一次,同时注水,使其继续回倾。截至 2002 年 8 月 5 日,该塔又恢复了 10 cm 左右,已处于安全状态,肉眼已很难看出倾斜度了。

小　结

1. 地基处理的概念

软弱地基通常需要经过人工处理后再建造基础,这种地基加固称为地基处理。

地基处理的对象是软弱地基和特殊土地基。

地基处理方法的分类:按时间分为临时处理和永久处理;按处理深度分为浅层处理和深层处理;按土性对象分为砂性土处理和黏性土处理、饱和土处理和非饱和土处理;按性质分为物理处理、化学处理、生物处理;按加固机理分为置换、排水固结、灌浆、振密或挤密、加筋、托换、纠偏等。

2. 地基处理的常用方法

常用的方法有换填法、预压法(常用堆载预压法和真空预压法)、强夯法、挤密法、化学加固法、加筋法、托换法以及建筑物纠偏等。

参 考 文 献

[1] 中华人民共和国住房和城乡建设部.GB 50007—2011 建筑地基基础设计规范[S].北京:中国建筑工业出版社,2012.

[2] 中华人民共和国住房和城乡建设部.GB/T 50123—2019 土工试验方法标准[S].北京:中国计划出版社,2019.

[3] 中华人民共和国住房和城乡建设部.JGJ 79—2012 建筑地基处理技术规范[S].北京:中国建筑工业出版社,2012.

[4] 中华人民共和国建设部.GB 50021—2009 岩土工程勘察规范[S].北京:中国建筑工业出版社,2009.

[5] 李广信、张丙印、于玉贞.土力学[M].3 版.北京:清华大学出版社,2022.

[6] 高向阳.土力学[M].2 版.北京:北京大学出版社,2018.

[7] 《工程地质手册》编委会.工程地质手册[M].4 版.北京:中国建筑工业出版社,2007.

[8] 《岩土工程手册》编写委员会.岩土工程手册[M].北京:中国建筑工业出版社,1994.

[9] 华南工学院,南京工学院,浙江大学,等.地基及基础[M].北京:中国建筑工业出版社,1991.

[10] 盖尔德·古德胡斯.土力学[M].朱百里,译.上海:同济大学出版社,1986.

[11] 陈希哲.土力学地基基础[M].4 版.北京:清华大学出版社,2004.

[12] 杨进良.土力学[M].3 版.北京:中国水利水电出版社,2006.

[13] 林宗元.岩土工程治理手册[M].沈阳:辽宁科学技术出版社,1993.

[14] 叶书麟,韩杰,叶观宝.地基处理与托换技术[M].北京:中国建筑工业出版社,1997.

[15] 张乾青,张忠苗.桩基工程[M].2 版.北京:中国建筑工业出版社,2018.

[16] 叶书麟,叶观宝.地基处理[M].2 版.北京:中国建筑工业出版社,2004.